普通高等教育"十二五"机电类规划教材

机电传动与控制
（第2版）

王宗才　主编

电子工业出版社
Publishing House of Electronics Industry
北京·BEIJING

内 容 简 介

全书分为2篇，共8章，内容包括直流电动机的工作原理和特性，三相异步电动机的工作原理及特性，常用控制电动机的工作原理和应用，电动机的选择，机电传动系统的继电器−接触器控制，可编程序控制器控制和微机控制。

本书课程体系新，内容实用，重点突出。全书分为机电传动系统的驱动元件、电动机与机电传动系统的控制两篇，层次分明又相互联系，知识体系完整。

本书适合用作为高等工科院校机械电子工程、机械工程及自动化及相关机电类专业的本科生、研究生教材，也可供高职高专等相关专业使用及有关的工程技术人员参考。

未经许可，不得以任何方式复制或抄袭本书之部分或全部内容。
版权所有，侵权必究。

图书在版编目（CIP）数据

机电传动与控制／王宗才主编．—2版．—北京：电子工业出版社，2014.2
普通高等教育"十二五"机电类规划教材
ISBN 978-7-121-21904-7

Ⅰ．①机… Ⅱ．①王… Ⅲ．①电力传动控制设备－高等学校－教材 Ⅳ．①TM921.5

中国版本图书馆 CIP 数据核字（2013）第 274366 号

策划编辑：李 洁
责任编辑：刘 凡
印　　刷：北京京师印务有限公司
装　　订：北京京师印务有限公司
出版发行：电子工业出版社
　　　　　北京市海淀区万寿路173信箱　邮编 100036
开　　本：787×1 092　1/16　印张：26.5　字数：678 千字
版　　次：2011年6月第1版
　　　　　2014年2月第2版
印　　次：2019年5月第7次印刷
定　　价：49.80 元

凡所购买电子工业出版社图书有缺损问题，请向购买书店调换。若书店售缺，请与本社发行部联系，联系及邮购电话：（010）88254888，88258888。
质量投诉请发邮件至 zlts@phei.com.cn，盗版侵权举报请发邮件至 dbqq@phei.com.cn。
本书咨询联系方式：lijie@phei.com.cn。

第 2 版前言

《机电传动与控制》教材自 2011 年出版以来，经兄弟院校使用，反映良好，同时也给出了一些中肯的意见和建议，另外，随着教学改革的不断深入及相关学科技术的发展，机电控制的内容也需要补充完善，为此，根据大家的意见和教学实践，考虑到学科发展和专业改革需要，对第 1 版的内容进行了修订。主要修订和补充内容说明如下：

（1）教材的体系和风格不变，贴近实际，强调应用，方便自学。

（2）鉴于 PLC 在工程中的广泛应用，对第 7 章的内容进行了补充：

① 增加 S7-200 PLC 功能指令的介绍及应用实例；

② 增加 PLC 人机界面设计的介绍与应用；

③ 增加 PLC 可靠性设计的介绍。

（3）鉴于变频器在工程中的广泛应用，丰富了对变频器相关内容的介绍，重点突出变频器的应用。

（4）重新编写了各章的习题与思考题，方便学生学习。

（5）订正了第 1 版中出现的错误。

本书适合作为高等工科院校机械电子工程、机械工程及自动化及相关机电类专业的本科生、研究生教材，也可供高职高专等相关专业使用及有关的工程技术人员参考。**本书的教学资源（PPT 课件，习题答案或提示，课程设计指导，S7-200 快速参考手册等）请登录华信教育资源网（www.hxedu.com.cn）免费索取。**

河南工业大学王宗才任本书主编，负责全书修订的组织、统稿和改稿工作。本书的绪论、第 1、7 章由河南工业大学王宗才编写；第 2、4 章由河南理工大学张小明编写；第 3、5 章由河南理工大学杜习波编写；第 6 章由新乡学院郭宏亮编写；第 8 章由河南工业大学邱超编写。

在本书修订过程中，参考了许多教材和相关资料，在此向这些教材和资料的作者致以深切的感谢。本书的修订，得到了电子工业出版社的大力支持和帮助，在此也一并表示衷心的感谢。

限于编者水平及时间紧迫，书中难免存在错漏和不妥之处，恳请广大读者批评指正。

编 者

2013 年 12 月

第 1 版前言

机电传动与控制是高等工科院校中一门应用性很强的技术基础课，同时又具有专业课的性质，涉及的基础理论和实际知识面广，是电磁学、动力学、热力学、电气控制、伺服控制等学科知识的综合。随着计算机技术、电力电子技术、自动控制技术的发展，机电传动系统的控制已由继电器——接触器硬接线的常规控制转向以微机为核心的软件控制。特别是可编程控制器（PLC），它具有抗干扰能力强、可靠性和性能价格比高、编程方便、易于应用等特点，在机电传动系统中得到了广泛的应用。

为了适应新技术的发展，满足工程实际的需要，我们编写了这本教材。本书分为两篇，共8章内容。第1篇介绍机电传动系统的驱动元件，包括第1章电动机概述、第2章直流电动机、第3章交流电动机、第4章控制电动机、第5章机电传动控制系统中电动机的选择。第2篇介绍机电传动系统的控制，包括第6章机电传动系统继电器——接触器控制、第7章机电传动系统可编程序控制器控制、第8章机电传动系统微机控制。本书层次分明又相互联系，知识体系完整。在内容组织上，本书突出新（新技术、新元件），侧重应用，适当淡化纯理论分析，彰显应用实例。每章后均有习题与思考题，便于学生课后练习。

本书适合作为高等工科院校机械电子工程、机械工程及自动化及相关机电类专业的本科生、研究生教材，也可供高职高专、函大、夜大及职大等相关专业使用及有关的工程技术人员参考。

本书由河南工业大学王宗才任主编，负责全书的组织、统稿和改稿工作。本书的绪论、第1章、第7章由河南工业大学王宗才编写；第2章、第4章由河南理工大学张小明编写；第3章、第5章由河南理工大学杜习波编写；第6章由新乡学院郭宏亮编写；第8章由河南工业大学邱超编写。

在本书的编写过程中，参考了大量相关教材和资料，在此对这些教材和资料的作者致以深切的感谢。在本书的出版过程中，得到了电子工业出版社的大力支持和帮助，在此也一并表示衷心的感谢。

由于编者水平及编写时间所限，书中难免存在错误和不妥之处，恳请广大读者给予批评指正。

编 者

目　　录

绪　论 ··· 1
　一、机电传动系统的组成 ··· 1
　二、机电传动及其控制系统的发展概况 ·· 1
　三、机电传动系统的动力学基础 ·· 3
　四、课程的性质与任务 ··· 10
　习题与思考题 ·· 10

第1篇　机电传动系统的驱动元件

第1章　电动机概述 ·· 15
　1.1　电动机的型号与分类 ··· 15
　1.2　电动机外壳防护等级 ··· 17
　1.3　电动机中的电磁定律 ··· 18
　1.4　电动机中使用的材料 ··· 22
　1.5　电动机中的电磁功率损耗 ··· 22
　习题与思考题 ·· 23

第2章　直流电动机 ·· 24
　2.1　直流电动机的结构和分类 ··· 24
　　2.1.1　直流电动机的基本结构 ·· 24
　　2.1.2　直流电动机的分类 ··· 28
　2.2　直流电动机的工作原理 ·· 29
　2.3　直流电动机的额定参数 ·· 32
　2.4　直流电动机的机械特性 ·· 33
　　2.4.1　他励直流电动机的机械特性 ·· 33
　　2.4.2　串励直流电动机的机械特性 ·· 41
　　2.4.3　复励直流电动机的机械特性 ·· 43
　2.5　他励直流电动机的启动特性 ·· 43
　2.6　他励直流电动机的调速特性 ·· 46
　　2.6.1　改变电枢电路外串电阻调速 ·· 48
　　2.6.2　改变电动机电枢供电电压调速 ··· 49
　　2.6.3　改变电动机主磁通调速 ··· 51
　2.7　他励直流电动机的制动特性 ·· 54
　　2.7.1　能耗制动 ·· 55
　　2.7.2　反接制动 ·· 58
　　2.7.3　反馈制动 ·· 61
　习题与思考题 ·· 64

第3章　交流电动机 ·· 67
　3.1　三相异步电动机的结构和工作原理 ·· 67
　　3.1.1　三相异步电动机的基本结构 ·· 67

3.1.2 三相异步电动机的工作原理 ································· 69
　　　3.1.3 三相异步电动机的旋转磁场 ································· 69
　　　3.1.4 定子绕组出线端子的连接方式 ······························· 72
　3.2 三相异步电动机的定子电路和转子电路 ································· 73
　　　3.2.1 三相异步电动机的定子电路 ··································· 73
　　　3.2.2 三相异步电动机的转子电路 ··································· 75
　　　3.2.3 三相异步电动机的额定参数 ··································· 76
　　　3.2.4 三相异步电动机的功率传递 ··································· 77
　3.3 三相异步电动机的电磁转矩与机械特性 ································· 78
　　　3.3.1 三相异步电动机的电磁转矩 ··································· 78
　　　3.3.2 三相异步电动机的机械特性 ··································· 79
　3.4 三相异步电动机的启动方法 ··· 82
　　　3.4.1 三相笼型异步电动机的启动方法 ······························· 82
　　　3.4.2 绕线式三相异步电动机的启动方法 ····························· 87
　　　3.4.3 特殊三相笼型异步电动机 ····································· 89
　3.5 三相异步电动机的调速方法 ··· 91
　　　3.5.1 调压调速 ··· 91
　　　3.5.2 转子电路串电阻调速 ··· 92
　　　3.5.3 变极对数调速 ··· 93
　　　3.5.4 变频调速 ··· 94
　3.6 三相异步电动机的制动 ··· 97
　　　3.6.1 反馈制动 ··· 97
　　　3.6.2 反接制动 ··· 98
　　　3.6.3 能耗制动 ··· 99
　3.7 单相异步电动机 ·· 100
　　　3.7.1 单相异步电动机的工作原理 ·································· 100
　　　3.7.2 单相异步电动机的启动方法 ·································· 102
　　　3.7.3 单相异步电动机的调速方法 ·································· 103
　3.8 三相同步电动机 ·· 104
　　　3.8.1 三相同步电动机的结构 ······································ 104
　　　3.8.2 三相同步电动机的工作原理 ·································· 105
　　　3.8.3 三相同步电动机的启动方法 ·································· 106
　　　3.8.4 三相同步电动机的特点 ······································ 108
　习题与思考题 ··· 108
第4章 控制电动机 ··· 110
　4.1 伺服电动机 ·· 110
　　　4.1.1 交流伺服电动机 ·· 111
　　　4.1.2 直流伺服电动机 ·· 115
　　　4.1.3 两相交流伺服电动机与直流伺服电动机的性能比较 ·············· 118
　4.2 力矩电动机 ·· 119
　　　4.2.1 永磁式直流力矩电动机的结构特性 ···························· 119

4.2.2　直流力矩电动机的特点 ···120
4.3　小功率同步电动机 ···121
　　　4.3.1　永磁式同步电动机 ···121
　　　4.3.2　磁阻式电磁减速同步电动机 ···123
　　　4.3.3　磁滞式同步电动机 ···124
4.4　步进电动机 ···126
　　　4.4.1　步进电动机的结构与分类 ···126
　　　4.4.2　步进电动机的工作原理 ···128
　　　4.4.3　步进电动机的运行特性 ···131
　　　4.4.4　步进电动机的主要性能指标 ···134
　　　4.4.5　步进电动机的选择 ···135
4.5　直线电动机 ···135
　　　4.5.1　直线异步电动机 ···136
　　　4.5.2　直线直流电动机 ···139
　　　4.5.3　直线同步电动机 ···141
　　　4.5.4　直线步进电动机 ···142
习题与思考题 ··144

第5章　机电传动控制系统中电动机的选择 ··146
5.1　电动机功率选择的原则 ···146
5.2　电动机的温度变化规律 ···147
5.3　不同工作制电动机功率的选择 ···148
　　　5.3.1　连续工作制电动机功率的选择 ···148
　　　5.3.2　短时工作制电动机功率的选择 ···151
　　　5.3.3　重复短时工作制电动机功率的选择 ···152
5.4　电动机功率选择的统计法和类比法 ···154
5.5　电动机种类、电压、转速和结构形式的选择 ···154
　　　5.5.1　根据生产机械的负载性质来选择电动机的类型 ···154
　　　5.5.2　电动机电压等级的选择 ···155
　　　5.5.3　电动机额定转速的选择 ···155
　　　5.5.4　电动机结构形式的选择 ···156
习题与思考题 ··156

第2篇　机电传动系统的控制

第6章　机电传动系统的继电器-接触器控制 ··159
6.1　常用低压电器 ··160
　　　6.1.1　低压开关 ··161
　　　6.1.2　低压断路器 ··163
　　　6.1.3　接触器 ··165
　　　6.1.4　继电器 ··167
　　　6.1.5　熔断器 ··173
　　　6.1.6　主令电器 ··175
6.2　电气控制系统的电路图及绘制原则 ···179

		6.2.1 电气控制系统图中的图形符号和文字符号	179
		6.2.2 电气原理图	180
		6.2.3 电气元件布置图	182
		6.2.4 电气安装接线图	183
	6.3	三相笼型异步电动机的基本控制线路	184
		6.3.1 三相笼型异步电动机全压启动控制线路	184
		6.3.2 三相笼型异步电动机降压启动控制线路	185
		6.3.3 三相笼型异步电动机正反转控制线路	191
		6.3.4 三相笼型异步电动机制动控制线路	193
		6.3.5 多速三相笼型异步电动机控制线路	199
		6.3.6 三相笼型异步电动机的其他控制线路	200
	6.4	继电器-接触器控制系统的设计	203
		6.4.1 继电器-接触器控制系统设计的基本内容	203
		6.4.2 电气原理图设计的基本步骤及一般规律	203
		6.4.3 电气控制线路设计举例	205
	习题与思考题		210

第7章 机电传动系统的可编程序控制器控制 211

	7.1	可编程序控制器概述	211
		7.1.1 可编程序控制器的产生	211
		7.1.2 可编程序控制器的特点	212
		7.1.3 可编程序控制器的主要功能及应用	214
		7.1.4 可编程序控制器与继电器-接触器控制系统的区别	215
		7.1.5 可编程序控制器的发展趋势	216
	7.2	可编程序控制器的组成与工作原理	219
		7.2.1 可编程序控制器的基本组成	219
		7.2.2 可编程序控制器的工作原理及主要技术指标	223
		7.2.3 可编程序控制器的分类	225
		7.2.4 可编程序控制器的编程语言	225
	7.3	S7-200 系列 PLC 的基础知识	228
		7.3.1 S7-200 系列 PLC 的硬件系统	228
		7.3.2 S7-200 系列 PLC 的内部资源及寻址方式	235
		7.3.3 S7-200 系列 PLC 的指令系统及编程软件	242
	7.4	S7-200 系列 PLC 的基本指令及编程方法	244
		7.4.1 基本逻辑指令及使用举例	244
		7.4.2 定时器指令和计数器指令	254
		7.4.3 顺序控制指令	260
		7.4.4 程序控制指令	262
		7.4.5 梯形图编程的基本规则及注意事项	269
	7.5	S7-200 系列 PLC 的功能指令及应用	272
		7.5.1 运算指令	272
		7.5.2 数据处理指令	281

		7.5.3 表功能指令	289
		7.5.4 转换指令	292
		7.5.5 特殊指令	299
	7.6	典型简单电路的 PLC 程序设计	325
		7.6.1 启动、保持、停止电路	325
		7.6.2 互锁电路	326
		7.6.3 脉冲信号发生电路	326
		7.6.4 脉冲宽度可调电路	327
		7.6.5 长计数电路	327
		7.6.6 长定时电路	328
		7.6.7 报警电路	329
		7.6.8 单按钮启停电路	330
	7.7	PLC 控制系统的设计及应用	331
		7.7.1 PLC 控制系统设计概述	331
		7.7.2 PLC 控制系统的硬件设计	333
		7.7.3 PLC 程序设计常用的方法	339
		7.7.4 人机界面设计	350
		7.7.5 提高 PLC 控制系统可靠性的措施	354
		7.7.6 PLC 工程应用实例	362
	习题与思考题		371
第8章	机电传动系统的微机控制		375
	8.1	微机控制系统的组成与特点	375
	8.2	直流电动机的调速控制系统	378
		8.2.1 直流电动机的调速方法	378
		8.2.2 直流电动机的脉宽调制（PWM）电路	378
		8.2.3 直流电动机调速的微机控制系统	382
	8.3	三相交流异步电动机的变频调速控制系统	384
		8.3.1 三相交流异步电动机的变频调速概述	384
		8.3.2 变频器简介	387
		8.3.3 SPWM 电压型变频器	392
		8.3.4 通用变频器的介绍及应用	396
		8.3.5 PLC 控制变频器的方法及应用	399
	8.4	步进电动机的微机控制	402
		8.4.1 步进电动机的脉冲分配	402
		8.4.2 步进电动机的驱动电路	405
		8.4.3 步进电动机的细分电路	408
		8.4.4 步进电动机的微机控制	408
		8.4.5 步进电动机的 PLC 控制	410
	习题与思考题		411
参考文献			413

绪 论

一、机电传动系统的组成

机电传动系统（又称电力传动系统或电力拖动系统）是以电动机为原动机驱动生产机械的系统的总称。它的目的是将电能转变为机械能，实现生产机械的启动、停止及速度调节，满足各种生产工艺过程的要求，实现生产过程的自动化。该系统不仅包括拖动生产机械的电动机，而且包含控制电动机的一整套控制系统。机电传动系统的组成框图如图 0-1 所示。

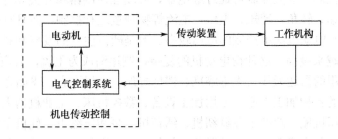

图 0-1 机电传动系统的组成框图

二、机电传动及其控制系统的发展概况

1. 机电传动的发展

机电传动是随着电动机的发展而发展的。1866 年，德国工程师西门子制成发电机；1870 年，比利时人格拉姆发明了电动机，电力开始取代蒸汽成为拖动机器的新能源。随后，各种用电设备相继出现。1882 年，法国学者德普勒发明了远距离送电的方法。同年，美国著名发明家爱迪生创建了美国第一个火力发电站，把输电线接成网络。从此，电力作为一种新能源而得到了广泛应用。而在当时，电动机刚刚在工业上初步应用，各种电动机初步定型，电动机设计理论和电动机设计计算也初步建立。

随着社会生产的发展和科技的进步，对电动机也提出了更高的要求，如性能良好、运行可靠、单位容量的质量轻、体积小等。而且随着自动控制系统的发展要求，在旋转电动机的理论基础上，又派生出多种精度高、响应快的控制电动机，成为电动机学科的一个独立分支。目前，动力电动机正向着大型化、巨型化发展，而专用电动机正向着高精度、长寿命、微型化发展。

由于各类电动机已成为各种机电系统中极为重要的元件,所以机电传动便发展成为把电子学、电动机学和控制论结合在一起的新兴学科。

机电传动的发展大体上经历了成组拖动、单电动机拖动和多电动机拖动三个阶段。在电力拖动代替蒸汽或水力拖动之初,其方式是成组拖动。所谓成组拖动,就是指一台电动机拖动一根天轴(或地轴),然后再由天轴(或地轴)通过皮带轮和皮带分别拖动各生产机械,从电动机到各个生产机械的能量传递及各个生产机械之间的能量分配完全采用机械的方法完成。这种传动方式效率低,劳动条件差,一旦电动机发生故障,将造成成组的生产机械停车。所谓单电动机拖动,就是指用一台电动机拖动一台生产机械。它虽较成组拖动前进了一步,但当一台生产机械的运动部件较多时,机械传动机构仍十分复杂。所谓多电动机拖动,就是指一台生产机械的每一个运动部件分别由一台专门的电动机拖动。例如,龙门刨床的刨台、左右垂直刀架与侧刀架、横梁及其夹紧机构均分别由一台电动机拖动,这种拖动方式不仅大大简化了生产机械的传动机构,而且控制灵活,为生产机械的自动化提供了有利的条件,因此,现代化机电传动基本上均采用这种拖动形式。

2. 电动机控制系统的发展

对电动机的控制可分为简单控制和复杂控制两种。简单控制是指对电动机进行启动、制动、正反转控制和顺序控制。这类控制可通过继电器、可编程控制器和开关元件来实现。复杂控制是指对电动机的转速、转角、转矩、电压、电流等物理量进行控制,而且有时往往需要非常精确的控制。以前,对电动机简单控制的应用较多。但是随着生产的发展和科技水平的提高,人们对自动化的需求越来越高,这使得电动机的复杂控制逐渐成为主流,其应用领域极为广泛,例如,军事和航天用的雷达天线、火炮瞄准、惯性导航、卫星姿态、飞船光电池对太阳跟踪的控制等;工业方面的各种加工中心、专用加工设备、数控机床、工业机器人、塑料机械、印刷机械、绕线机、纺织机械、新型工业缝纫机、绣花机、泵和压缩机、轧机主传动、轧辊等设备的控制;办公设备中的光盘驱动器、绘图仪、扫描仪、打印机、传真机、复印机等的控制;音像设备和家用电器中的录像机、数码相机、数码摄像机、DVD、洗衣机、冰箱、空调、电扇、电动自行车等的控制。随着自动控制理论的不断发展及新型电力电子功率器件的不断涌现,电动机的控制也发生了深刻的变化,正在不断地完善和提高。

最早的机电传动控制系统是 20 世纪初出现的继电器-接触器自动控制系统,它属于有触点断续控制系统。该系统仅借助简单的接触器与继电器,实现对控制对象的启动、停车及有级调速等控制,其控制速度较慢,控制精度较差。

接着,出现了直流发电机-电动机调速系统。由于该种系统需要旋转变流机组(至少包括两台与调速电动机容量相当的旋转电动机),还要一台励磁发动机,所以设备多、体积大、费用高、效率低、安装需打地基、运行有噪声、维护不方便。20 世纪 50 年代,采用了水银整流器(大容量时)和闸流管(小容量时)静止变流装置来代替旋转变流机组。到了 20 世纪 60 年代,出现了晶闸管-直流电动机无级调速系统。晶闸管出现以后,又陆续出现了其他种类的电力电子器件,如门极可关断晶闸管(GTO)、电力功率晶体管(GTR)、电力场效应晶体管(电力 MOSFET)、绝缘栅双极型晶体管(IGBT)等。由于这些器件的电压、电流定额及其他电气特性均得到了很大的改善,所以它们具有效率高、控制特性好、反应快、寿命长、可靠性高、维护容易、体积小、质量轻等优点,这就为机电传动控制系统开辟了新纪元。到了 20 世纪 80 年代,由于逆变技术、脉宽调制技术、矢量控制技术的出现和发展,使交流电动机无级调速系统得到了迅速发展。由于交流电动机没有电刷与换向器，较之直流电动机具有结构简单、价格便宜、维护方便、惯性小等一系列优点，而且其单机容量可以做得很大，电压等级可以做得很高，可以实现高速拖动等，所以交流机电传动系统取代直流机电传动系统已经是无可争议的事实了。目前已出现了多种以多用芯片或 DSP 为核心的变频器调速系统，它们使交流电动机的控制变得更简单、可靠性更高、拖动系统的性能更好。它们的出现为机电传动系统的控制开辟了新纪元。

随着数控技术的发展和计算机的应用，特别是微型计算机的出现和应用，控制系统又发展到一个新阶段——采样控制。采样控制也是一种断续控制，但是和最初的断续控制不同，它的控制间隔（采样周期）比控制对象的变化周期短得多。因此，它在客观上完全等效于连续控制。采样控制把电力电子技术与微电子技术、计算机技术紧密地结合在一起，推动着机电控制技术向着集成化、智能化、信息化、网络化方向发展。

三、机电传动系统的动力学基础

机电传动系统是一个由电动机拖动、通过传动机构带动生产机械运转的整体。为了使该系统稳定运行，就需要知道电动机的工作特性及生产机械的负载特性。尽管电动机种类繁多、工作特性各异，生产机械的负载特性也可以是多种多样的，但从动力学的角度来分析，它们都应服从动力学的基本规律。

1. 单轴机电传动系统的运动方程式

如图 0-2 所示为一单轴机电传动系统。由电动机 M 产生的转矩 T_M 用来克服负载转矩 T_L，带动生产机械运动。

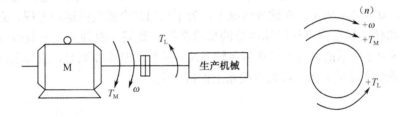

图 0-2 单轴机电传动系统

根据动力学列运动平衡方程式，则有

$$T_M - T_L = J\frac{d\omega}{dt} \tag{0-1}$$

式中　T_M——电动机的输出转矩（N·m）；

T_L——电动机的负载转矩（N·m）；

ω——电动机的角速度（rad/s）；

J——转动惯量（kg·m^2）。

在实际工程计算中，经常用转速 n(r/min)代替角速度 ω(rad/s)。其关系为 $\omega=2\pi n/60=n/9.55$，则式（0-1）就变为

$$T_M - T_L = \frac{1}{9.55} J \frac{dn}{dt} \qquad (0\text{-}2)$$

式（0-1）就是单轴机电传动系统的运动方程式。它是研究机电传动系统最基本的方程式，决定着系统运动的特征。当 $T_M > T_L$ 时，$\frac{d\omega}{dt} > 0$，系统加速；当 $T_M < T_L$ 时，$\frac{d\omega}{dt} < 0$，系统减速；当 $T_M = T_L$ 时，$\frac{d\omega}{dt} = 0$，系统恒速。系统处于加速或减速的运动状态称为动态，系统处于恒速的运动状态称为稳态或静态。

由于传动系统有各种运动状态，以及工作机械负载性质的不同，输出转矩 T_M 和负载转矩 T_L 不仅大小不同，方向也是变化的，所以对式（0-1）中的转速、转矩符号给出一种约定（通常以转速 n 的方向作为参考来确定 T_M、T_L 的正负，如图 0-3 所示）：当 T_M 与 $n(+)$ 同向时为正，此时 T_M 为驱动转矩；当 T_M 与 $n(+)$ 反向时为负，此时 T_M 为制动转矩。T_L 与 $n(+)$ 反向时为正（制动），反之为负（拖动）。

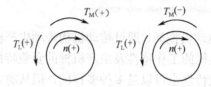

图 0-3　T_M、T_L 符号的约定

2. 多轴机电传动系统的运动方程式

式（0-1）是图 0-2 所示的单轴机电传动系统的运动方程式。但在实际机电传动系统中，电动机与生产机械之间往往设有减速齿轮箱、蜗轮、蜗杆、传动带等减速装置，这就形成了多轴机电传动系统，如图 0-4 所示。在这种情况下，为了列出这个系统的运动方程，必须先将各转动部分的转矩和转动惯量或直线运动部分的质量都折算到某一根轴上，一般折算到电动机轴上，即折算成图 0-2 所示的最简单的典型单轴系统。折算的基本原则是，折算前的多轴系统与折算后的单轴系统在能量关系上或功率关系上保持不变。

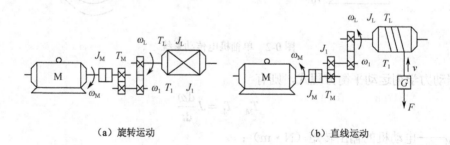

（a）旋转运动　　　　　　　　　　（b）直线运动

图 0-4　多轴机电传动系统

1）负载转矩的折算

当负载转矩是静态转矩时，可根据静态时的功率守恒原则进行折算。

对于旋转运动，如图 0-4（a）所示，当系统匀速运动时，生产机械的负载功率为

$$P_L = T_L \omega_L$$

式中 T_L——生产机械的负载转矩（N·m）；
ω_L——生产机械的旋转角速度（rad/s）。

电动机输出功率为

$$P_M = T_M \omega_M$$

式中 T_M——电动机的输出转矩（N·m）；
ω_M——电动机转轴的角速度（rad/s）。

由于系统处于匀速运行时，电动机输出功率应该等于整个系统的负载功率，即相当于电动机轴上有一等效的负载转矩 T_{eq}，故有

$$P_M = T_{eq} \omega_M$$

考虑到传动机构在传递功率的过程中有损耗，这个损耗可以用传动效率 η 来表示，即

$$\eta = \frac{P_L}{P_M} = \frac{T_L \omega_L}{T_{eq} \omega_M}$$

于是可得折算到电动机轴上的负载转矩为

$$T_{eq} = \frac{T_L \omega_L}{\eta \omega_M} = \frac{T_L}{\eta i} \tag{0-3}$$

式中 η——电动机拖动生产机械运动时的传动效率；
i——传动机构的速比，$i = \omega_M / \omega_L$。

对于直线运动，如图0-4（b）的卷扬机所示，若生产机械直线运动部件的负载力为 F，运动速度为 v，则所需的机械功率为

$$P_L = Fv$$

它反映在电动机轴上的机械功率为

$$P_M = T_{eq} \omega_M$$

式中 T_{eq}——负载力 F 在电动机轴上产生的等效负载转矩。

如果是电动机拖动生产机械旋转或移动（如卷扬机拖动重物上升），则传动机构中的损耗应由电动机承担，根据功率平衡关系，有

$$T_{eq} \omega_M = Fv / \eta$$

将 $\omega_M = 2\pi n_M / 60$ 代入上式可得

$$T_{eq} = 9.55 Fv / (n_M \eta) \tag{0-4}$$

式中 n_M——电动机轴的转速（r/min）。

如果是生产机械拖动电动机旋转（如在卷扬机下放重物时，电动机处于制动状态），则传动机构中的损耗由生产机械的负载来承担，于是有

$$T_{eq} \omega_M = Fv \eta'$$

则

$$T_{eq} = 9.55 Fv \eta' / n_M \tag{0-5}$$

式中 η'——生产机械拖动电动机运动时的传动效率。

2）转动惯量的折算

转动惯量与运动系统的动能有关，因此，可根据动能守恒原则进行折算。设 J_{eq} 表示折算到电动机轴上的总转动惯量，对于图0-4（a）所示的旋转运动有

$$\frac{1}{2} J_{eq} \omega_M^2 = \frac{1}{2} J_M \omega_M^2 + \frac{1}{2} J_1 \omega_1^2 + \frac{1}{2} J_L \omega_L^2$$

则

$$J_{eq} = J_M + \frac{J_1}{i_1^2} + \frac{J_L}{i_L^2} \tag{0-6}$$

式中　J_M、J_1、J_L——电动机轴、中间传动轴、生产机械轴上的转动惯量；
　　　ω_M、ω_1、ω_L——电动机轴、中间传动轴、生产机械轴上的角速度；
　　　i_1——电动机轴与中间传动轴之间的速比，$i_1=\omega_M/\omega_1$；
　　　i_L——电动机轴与生产机械轴之间的速比，$i_L=\omega_M/\omega_L$。

当速比 i_1 较大时，中间传动机构的转动惯量 J_1 在折算后占整个系统的比重不大。为计算方便起见，实际工程中多用适当加大电动机轴上的转动惯量 J_M 的方法来考虑中间传动机构的转动惯量 J_1 的影响，于是有

$$J_{eq} = \delta J_M + \frac{J_L}{i_L^2} \tag{0-7}$$

式中　δ——一般为 1.1~1.25。

对于图 0-4（b）所示的直线运动，设直线运动部件的质量为 m，根据动能守恒有

$$\frac{1}{2}J_{eq}\omega_M^2 = \frac{1}{2}J_M\omega_M^2 + \frac{1}{2}J_1\omega_1^2 + \frac{1}{2}J_L\omega^2 + \frac{1}{2}mv^2$$

则折算到电动机轴上的总转动惯量为

$$J_{eq} = J_M + \frac{J_1}{i_1^2} + \frac{J_L}{i_L^2} + m\frac{v^2}{\omega_M^2} \tag{0-8}$$

3）多轴机电传动系统的具体运动方程式

依照上述折算方法，就可把具有中间传动机构、带有旋转运动部件或直线运动部件的多轴机电传动系统，折算成等效的单轴拖动系统，将所求得的 T_{eq}、J_{eq} 代入式（0-1）就可得到多轴机电传动系统的运动方程式为

$$T_M - T_{eq} = J_{eq}\frac{d\omega_M}{dt} \tag{0-9}$$

或

$$T_M - T_{eq} = \frac{1}{9.55}J_{eq}\frac{dn_M}{dt} \tag{0-10}$$

3. 机电传动系统的负载特性

在前面所讨论的机电传动系统的运动方程式中，负载转矩 T_L 可能是不变的常数，也可能是转速 n 的函数。同一转轴上负载转矩和转速之间的函数关系，称为机电传动系统的负载特性，也就是生产机械的负载特性，有时也称为生产机械的机械特性。为了便于和电动机的机械特性配合起来分析传动系统的运行情况，今后提及生产负载的负载特性时，除特别说明外，均指电动机轴上的负载转矩和转速之间的函数关系，即 $n=f(T_L)$。

不同类型的生产机械在运动中受阻力的性质不同，其负载特性曲线的形状也有所不同。典型的负载特性大体上可以归纳为以下几种。

1）恒转矩型负载特性

这一类型的负载转矩 T_L 与转速 n 无关，即不管转速怎样变化，负载转矩不变。恒转矩型负载有反抗性恒转矩负载和位能性恒转矩负载两种，如图 0-5 所示。

（1）反抗性恒转矩负载。反抗性转矩也称为摩擦转矩，是因摩擦、非弹性体的压缩、拉伸与扭转等作用所产生的负载转矩，机床加工过程中切削力所产生的负载转矩就是反抗性转矩。反抗性转矩的方向恒与运动方向相反，当运动方向发生改变时，负载转矩的方向也会随着改变，

因而它总是阻碍运动的。按前面介绍的关于转矩正方向的约定可知，反抗性转矩恒与转速 n 取相同的符号，即 n 为正方向时 T_L 为正，特性曲线在第一象限；n 为反方向时 T_L 为负，特性曲线在第三象限，如图 0-5（a）所示。

（2）位能性恒转矩负载。位能性转矩与反抗性转矩不同，它是由物体的重力和弹性体的压缩、拉伸与扭转等作用所产生的负载转矩，卷扬机起吊重物时重力所产生的负载转矩就是位能性转矩。位能性转矩的作用方向恒定，与运动方向无关，它在某方向阻碍运动，而在相反方向则促进运动。由于重力的作用，卷扬机起吊重物时的方向永远向着地心，因此，由它产生的负载转矩永远作用在使重物下降的方向。当电动机拖动重物上升时，T_L 与 n 方向相反；当重物下降时，T_L 则与 n 方向相同。不管 n 为正向还是反向，T_L 都不变，其特性曲线在第一、第四象限，如图 0-5（b）所示。不难理解，在运动方程式中，反抗性转矩 T_L 的符号总是正的；位能性转矩 T_L 的符号则有时为正，有时为负。

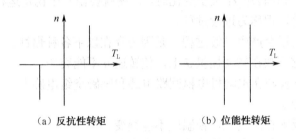

(a) 反抗性转矩　　　　　　(b) 位能性转矩

图 0-5　两种恒转矩型负载

2）离心式通风机型负载特性

这一类型的负载是按离心力原理工作的，如离心式鼓风机、水泵等的负载转矩 T_L 与 n 的二次方成正比，即 $T_L = Kn^2$，K 为常数，其负载特性如图 0-6 所示。

3）直线型负载特性

这一类型负载的负载转矩 T_L 随 n 的增加成正比地增大，即 $T_L = Kn$，K 为常数，其负载特性如图 0-7 所示。

实验室中作模拟负载用的他励直流发电机，当励磁电流和电枢电阻固定不变时，其电磁转矩与转速即成正比。

4）恒功率型负载特性

这一类型负载的负载转矩 T_L 与转速 n 成反比，即 $T_L = K/n$，或 $K = T_L n \propto P$（常数），其负载特性如图 0-8 所示。例如，车床加工，在粗加工时，切削量大，负载阻力大，开低速；在精加工时，切削量小，负载阻力小，开高速。当选择这样的方式加工时，不同转速下的切削功率基本不变。

除了上述几种类型的负载特性外，还有一些生产机械具有各自的负载特性，如带曲柄连杆机构的生产机械，它们的负载转矩 T_L 是随转角的变化而变化的，而球磨机、碎石机等生产机械的负载转矩则随时间的变化而作无规律的随机变化等。

还应指出，实际使用中的负载可能是单一类型的，也可能是几种类型的综合。例如，实际使用中的通风机除了主要具有通风机性质的负载特性外，轴上还有一定的摩擦转矩 T_0，因此，其负载特性应为 $T_L = T_0 + Kn^2$。

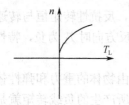 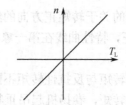 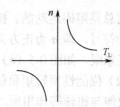

图 0-6　离心式通风机型负载特性　　　图 0-7　直线型负载特性　　　图 0-8　恒功率型负载特性

4. 机电传动系统的过渡过程

机电传动系统可能处于两种运行状态：静态（稳态）或动态（暂态）。当系统以恒速运转时，电动机的电磁转矩 T_M 与负载转矩 T_L 相平衡（$T_M-T_L=0$），系统处于稳定运行状态；当电动机的电磁转矩 T_M 或负载转矩 T_L 发生变化时，系统就要由一个稳定运行状态变化到另一个稳定运行状态，这个变化过程称为过渡过程。

机电传动系统之所以会产生过渡过程，是因为存在以下各种惯性。

（1）机械惯性：它反映在转动惯量 J 上，使转速 n 不能突变。

（2）电磁惯性：它反映在电动机电枢回路电感和励磁绕组电感上，分别使电枢回路电流 I_a 和励磁磁通 Φ 不能突变。

（3）热惯性：它反映在温度上，使温度不能突变。

由于热惯性较大，而温度变化较转速、电流等参量变化要慢得多，一般可不考虑，所以可只考虑机械惯性和电磁惯性。

由于有机械惯性和电磁惯性，当对机电传动系统进行控制（如启动、制动、反向和调速），系统中的电气参数（如电压、电阻、频率）发生突然变化，以及传动系统的负载突然变化时，传动系统的转速、转矩、电流、磁通等的变化都要经过一定的时间，因而形成机电传动系统的电气机械过渡过程。在过渡过程中，电动机的转速、转矩和电流都要按一定的规律变化，它们都是时间的函数。

除了通风机、水泵等不经常启动、制动而长期运转的工作机械外，大多数的生产机械对机电传动系统的过渡过程都提出了各种各样的要求。例如，龙门刨床的工作台、可逆式轧钢机、轧钢机的辅助机械等，它们在工作中需要经常进行启动、制动、反转和调速，因此，都要求过渡过程尽量快，以缩短生产周期中的非生产时间，提高生产率。又如升降机、载人电梯、地铁、电车等生产机械，它们对启动、制动过程则要求平滑，加、减速度变化不能过大，以保证安全和舒适。再如造纸机、印刷机等生产机械，要求必须限制加速度的大小，如果超过允许值，则可能损坏机器部件或可能生产出次品。另外，过渡过程中能量损耗的大小、系统的准确停车与协调运转等，都对机电传动系统的过渡过程提出了不同的要求。为满足各种要求，必须研究过渡过程的基本规律，研究系统各参量对时间的变化规律，如转速、转矩、电流等对时间的变化规律，才能正确地选择机电传动装置，为机电传动自动控制系统提供控制原则，设计出完善的启动、制动等自动控制线路，以便改善产品质量，提高生产率和减轻劳动强度。这就是研究过渡过程的目的和实际意义。

由式（0-1）可知

$$dt = J\frac{d\omega}{T_M-T_L} = J\frac{d\omega}{T_d} = \frac{1}{9.55}\frac{J}{T_d}dn \tag{0-11}$$

式中 $T_d=T_M-T_L$ 称为动态转矩。

由式（0-11）可以看出，机电传动系统过渡过程的时间，与系统的转动惯量 J 成正比，与速度改变量成正比，而与动态转矩成反比。因此，要想有效地缩短过渡过程的时间，应设法减少 J、加大动态转矩 T_d。

由式（0-7）可知，机电传动系统的转动惯量 J 中大部分是电动机转子的转动惯量 J_M，因此，减少电动机转子的转动惯量就成为加快过渡过程的重要措施。一些小惯量直流电动机（如平滑电枢型、空心电枢型直流电动机）的出现正是基于此目的。目前，直流力矩电动机有取代小惯量直流电动机的趋势。直流力矩电动机的转动惯量虽然较大，但它的最大转矩 T_{max} 约为额定转矩 T_N 的 5~10 倍，即 $T_d=T_{max}-T_L$ 大，则 J/T_d 的值不比小惯量电动机差，且其低速时转矩大，可以直接驱动生产机械，而不用齿轮减速机构，这样与机械匹配就容易得多，再加上结构简化，没有齿隙存在，从而可使系统精度得到提高。另外，因电枢粗短，散热好，过载持续时间可以较长，性能好的力矩电动机可在三倍于额定转矩（或电流）的过载条件下工作 30 分钟后仍保持正常，所以直流力矩电动机在快速直流拖动系统中已得到广泛应用。

由式（0-11）可知，动态转矩 $T_d=T_M-T_L$ 越大，系统的加速度也越大，过渡过程的时间就越短。因此，希望在整个过渡过程中的电流（或转矩）大，以加快过渡过程，但又要限制其最大值，使它不要超过电动机所允许的最大电流 I_{max} 或最大转矩 T_{max}。

5. 机电传动系统稳定运行的条件

在机电传动系统中，电动机与生产机械连成一体，为了使该系统运行合理，电动机的机械特性与生产机械的负载特性应尽量相配合。特性配合好的最基本要求是系统能稳定运行。

机电传动系统的稳定运行包含两重含义：一是系统应能以一定速度匀速运转；二是系统受某种外部干扰作用（如电压波动、负载转矩波动等）而使运行速度稍有变化时，应保证系统在干扰消除后能恢复到原来的运行速度。

保证系统匀速运转的必要条件是电动机轴上的拖动转矩 T_M 与折算到电动机轴上的负载转矩 T_L 大小相等，方向相反，相互平衡。从 TOn 坐标平面上看，这意味着电动机的机械特性曲线 $n=f(T_M)$ 和生产机械的负载特性曲线 $n=f(T_L)$ 必须有交点，如图 0-9 所示，图中的曲线 1 表示电动机的机械特性，曲线 2 表示电动机拖动的生产机械的负载特性（恒转矩型），两特性曲线有交点 a 和 b。交点常称为机电传动系统的平衡点。

但是机械特性曲线存在交点只是保证系统稳定运行的必要条件，还不是充分条件。在图 0-9 中，a 点才是系统的稳定平衡点，因为在系统出现干扰时，如负载转矩突然增加了 ΔT_L，T_L 变为 T_L'，这时电动机来不及反应，仍工作在原来的 a 点，其转矩为 T_M，于是 $T_M<T_L'$，由式（0-1）可知，系统要减速，转速要下降到 n_a'。从电动机机械特性的 AB 段可看出，电动机转矩 T_M 将增大为 $T_M'=T_M+\Delta T_M$，电动机的工作点转移到 a' 点。当干扰消除（$\Delta T_L=0$）后，必有 $T_M'>T_L$ 迫使电动机加速，转速上升，而 T_M 又要随转速的上升而减小，直到 $\Delta n=0$，$T_M=T_L$，系统重新回到原来的运行点 a。反之，若 T_L 突然减小，转速上升，当干扰消除后，也能回到 a 点工作，因此 a 点是系统的稳定平衡点。在 b 点，若 T_L 突然增加，转速要下降，从电动机机械特性的 *BC* 段可看出 T_M 要减小，当干扰消除后，则有 $T_M<T_L$，使得转速又下降，T_M 随转速的下降而进一步减小，使转速进一步下降，一直到转速 $n=0$，电动机停转；反之，若 T_L 突然减小，转速上升，使 T_M 增大，促使 n 进一步上升，直至越过 B 点进入 AB 段的 a 点工作。因此，b 点不是系统的稳定平衡点。由上述分析可知，对于恒转矩型负载，当电动机的转速增加时，必须具有向下倾

斜的机械特性，系统才能稳定运行。若特性上翘，便不能稳定运行。

从以上分析可以总结出机电传动系统稳定运行的必要充分条件是：

（1）电动机的机械特性曲线 $n=f(T_M)$ 和生产机械的负载特性曲线 $n=f(T_L)$ 必须有交点；

（2）当转速大于平衡点所对应的转速时，$T_M<T_L$，即若干扰使转速上升，当干扰消除后应有 $T_M-T_L<0$。而当转速小于平衡点所对应的转速时，$T_M>T_L$，即若干扰使转速下降，当干扰消除后应有 $T_M-T_L>0$。

只有满足上述两个条件的平衡点，才是机电传动系统的稳定平衡点。也就是说，只有这样的特性配合，系统在受到外界干扰后，才具有恢复到原平衡状态的能力而进入稳定运行状态。

例如，在图 0-10 中，曲线 1 和 2 是电动机和负载的机械特性曲线，图中的 b 点符合系统稳定运行的条件。

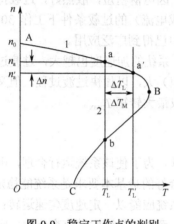

图 0-9　稳定工作点的判别

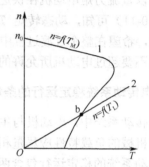

图 0-10　稳定工作点的判别

四、课程的性质与任务

机电传动与控制是一门应用性很强的技术基础课，同时又具有专业课的性质，涉及的基础理论和实际知识面广，是电磁学、动力学、热力学、电气控制、伺服控制等学科知识的综合。

本课程内容分为两大部分。第一部分介绍机电传动系统的驱动元件，包括第 1～5 章，主要内容有直流电动机的工作原理及特性，三相异步电动机的工作原理及特性，常用控制电动机的工作原理和应用及电动机的选择。第二部分介绍机电传动系统的控制，包括第 6～8 章，主要内容有三相笼型异步电动机的继电器-接触器控制，电动机的可编程序控制器控制和电动机的微机控制。

本课程的特点是理论性强、实践性强，课程内容与工程应用紧密结合。在用理论分析机电传动系统的实际问题时，必须结合机电传动的具体结构，采用工程观点和分析方法，因此学习本门课程时应该特别注意理论联系实际。

习题与思考题

0-1 多轴机电传动系统为什么要折算成单轴机电传动系统？转矩折算依据什么原则？转动

惯量折算依据什么原则？

0-2 为什么在一个机电传动系统中，低速轴的转矩大，高速轴的转矩小？

0-3 说明在图 0-11 所示的几种情况下，系统的运动状态是加速、减速，还是匀速？（图中箭头方向表示转矩的实际作用方向）

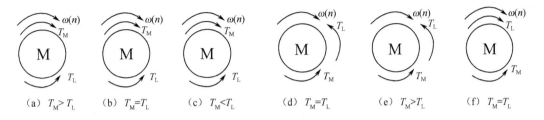

图 0-11 题 0-3 的图

0-4 在图 0-12 中，曲线 1 和 2 分别为电动机和负载的机械特性，试判断哪些是系统的稳定平衡点？哪些不是？

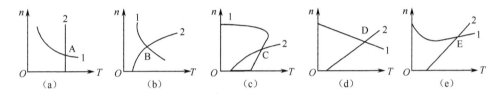

图 0-12 题 0-4 的图

0-2 为什么在一个粗糙的表面上，推上物体所需要用的力较小？

0-3 试画出图 0-11 所示的几种情况下，某物块运动状态是加速、减速，还是匀速？（图中箭头表示速度的方向或作用力的方向）

图 0-11　题 0-3 用图

0-4 在图 0-12 中，指出第 1 和第 2 分测验者的功率最大以及他们在转移上二次谁跑得更远；谁跑得更慢……哪段距离不同？

图 0-12　题 0-4 用图

第1篇

机电传动系统的驱动元件

第1章
电动机概述

电动机作为最主要的动力源或运动源,在生产和生活中占有重要地位。在机械、冶金、纺织、石油、煤炭和化工及其他工业企业中,人们利用电动机把电能转换成机械能,去拖动机床、起重机、轧钢机、电铲、搅拌机等各种生产机械,从而满足生产工艺过程的要求;在交通运输业中,需要大量的牵引电动机和船用、航空电动机;随着农业机械化的发展,在电力排灌、播种、收割等农用机械中都需要规格不同的电动机;在航空航天和国防科学等领域的自动控制技术中,各种各样的控制电动机用作检测、随动、执行和计算等元件;在品种繁多的家用电器中,也离不开功能各异的小功率电动机;在医疗、文教和日常生活中,电动机的应用也十分广泛。

1.1 电动机的型号与分类

1. 电动机分类

电动机种类繁多,可以按不同的标准分类。
1)按工作电源分类
根据工作电源的不同,电动机可分为交流电动机和直流电动机。
直流电动机按结构及工作原理可分为无刷直流电动机和有刷直流电动机。
交流电动机可分为单相交流电动机和三相交流电动机。
2)按结构及工作原理分类
交流电动机按结构及工作原理可分为同步电动机和异步电动机。
同步电动机又可分为永磁同步电动机、磁阻同步电动机和磁滞同步电动机。
异步电动机又可分为笼型异步电动机和绕线转子异步电动机。
3)按用途分类
电动机按其用途可分为驱动电动机和控制电动机。
驱动电动机又可分为电动工具(包括钻孔、抛光、磨光、开槽、切割、扩孔等工具)用电动机、家电(包括洗衣机、电风扇、电冰箱、空调器、录音机、录像机、影碟机、吸尘器、照相机、电吹风、电动剃须刀等)用电动机及其他通用小型机械设备(包括各种小型机床、小型机械、医疗器械、电子仪器等)用电动机。
控制电动机又分为步进电动机和伺服电动机等。
4)按运转速度分类
电动机按运转速度可分为高速电动机、低速电动机、恒速电动机、调速电动机。

低速电动机又可分为齿轮减速电动机、电磁减速电动机、力矩电动机等。

调速电动机又可分为电磁调速电动机、直流调速电动机、PWM 变频调速电动机和开关磁阻调速电动机等。

5）按运动形式分类

电动机按运动形式可分为旋转电动机和直线电动机。

2. 电动机的型号表示

我国电动机产品型号的编制方法是按国家标准 GB 4831—84《电动机产品型号编制方法》实施的，由产品代号、规格代号、特殊环境代号、补充代号等组成，并按顺序排列。

（1）产品代号。产品代号由类型代号、特点代号、设计序号和励磁代号组成。

类型代号表示电动机的类型。常用电动机类型代号有：Y（J）—异步电动机；T—同步电动机；Z—直流电动机；Q—潜水电泵；F—纺织用电动机；H—交流换向器电动机。

特点代号表示电动机的性能、结构或用途。常用电动机特点代号有：O—封闭；R—绕线式；B—防爆；D—多速；Q—高启动转矩；K—高速；S—双鼠笼；H—高转差率；T—通风机等。

设计序号表示产品设计顺序，对第一次设计的产品，不标设计序号。

（2）规格代号。规格代号包括机座号或中心高尺寸、机座长度代号、功率、转速、极数、电压等级等。其中机座长度代号用国际通用字母表示，L—长机座，M—中机座，S—短机座。

（3）特殊环境代号，表示电动机使用环境，如：T—热带用；TH—湿热带用；TA—干燥带用；G—高原用；H—船用；W—户外用；F—化工防腐用等。

（4）补充代号。该代号不常用。

例如，电动机型号为 Y100L2—4—WF 表示中心高为 100mm，长机座，2 号铁芯长度，4 极，户外化工防腐用异步电动机。机座长度代号后的数字为铁芯长度代号。

电动机型号为 JQO2—52—4 表示封闭式高启动转矩异步电动机，5 号机座、2 号铁芯长度、4 极。

我国生产的异步电动机种类众多，应用广泛，下面列出一些常见的产品系列。

Y 系列为小型笼型全封闭自冷式三相异步电动机，用于金属切削机床、通用机械、矿山机械、农业机械等，也可用于拖动静止负载或惯性负载较大的机械，如压缩机、传送带、磨床、锤击机、粉碎机、小型起重机、运输机械等。

JQ2 和 JQO2 系列是高启动转矩异步电动机，用在启动静止负载或惯性负载较大的机械上。JQ2 是防护式，JQO2 是封闭式。

JS 系列是中型防护式三相笼型异步电动机。

JR 系列是防护式三相绕线式异步电动机，用在电源容量小、不能用同容量笼型电动机启动的生产机械上。

JSL2 和 JRL2 系列是中型立式水泵用的三相异步电动机，其中 JSL2 是笼型，JRL2 是绕线型。

JZ2 和 JZL2 系列是起重和冶金用的三相异步电动机，其中 JZ2 是笼型，JZL2 是绕线型。

JD2 和 JDO2 系列是防护式和封闭式多速异步电动机。

BJO2 系列是防爆式笼型异步电动机。

JPZ 系列是旁磁式制动异步电动机。

JZZ 系列是锥形转子制动异步电动机。
JZT 系列是电磁调速异步电动机。

1.2 电动机外壳防护等级

电动机外壳防护等级的标志由表征字母"IP"(International Protection,国际防护)及附加在其后的两个表征数字组成,如 IP44。

第一位表征数字表示第一种防护,即防止人体触及或接近壳内带电部分和壳内转动部件,以及防止固体异物进入电动机,其防护等级如表 1-1 所示,数字越大表示其防护等级越高。

表 1-1 第一位表征数字表示的防护等级

第一位表征数字	简 述	详 细 定 义
0	无防护电动机	无专门防护
1	防止大于 50mm 的固体物体侵入	防止人体(如手掌)因意外而接触到电动机内部的零件 防止较大尺寸(直径大于 50mm)的外物侵入
2	防止大于 12mm 的固体物体侵入	防止人的手指或长度不超过 80mm 的类似物接触到电动机内部的零件 防止中等尺寸(直径大于 12mm)的外物侵入
3	防止大于 2.5mm 的固体物体侵入	防止直径或厚度大于 2.5mm 的工具、电线或类似的小外物侵入而接触到电动机内部的零件
4	防止大于 1.0mm 的固体物体侵入	防止直径或厚度大于 1mm 的工具、电线或类似的小外物侵入而接触到电动机内部的零件
5	防尘电动机	完全防止外物侵入,虽不能完全防止灰尘进入,但侵入的灰尘量并不会影响电动机的正常工作

第二位表征数字表示第二种防护,即防止由于电动机进水而引起有害影响,该表征数字表示的防护等级如表 1-2 所示,数字越大表示其防护等级越高。

表 1-2 第二位表征数字表示的防护等级

第二位表征数字	简 述	详 细 定 义
0	无防护电动机	无专门防护
1	防滴电动机	垂直滴下的水滴(如凝结水)对电动机应无有害影响
2	15°防滴电动机	当电动机由正常位置向任何方向倾斜至 15°以内时,垂直滴水对电动机应无有害影响
3	防淋水电动机	与垂直线成 60°范围内的淋水应无有害影响
4	防溅水电动机	承受任何方向的溅水应无有害影响
5	防喷水电动机	承受任何方向的喷水应无有害影响
6	防海浪电动机	承受猛烈的海浪冲击或强烈喷水时,电动机的进水量应不达到有害的程度
7	防浸水电动机	当电动机浸入规定压力的水中,经规定时间后,电动机的进水量不应达到有害程度
8	潜水电动机	电动机在制造厂规定的条件下能长期潜水。一般为水密型,某些类型电动机也可允许水进入,但不应达到有害程度

另外,当只需用一位表征数字表示某一防护等级时,被省略的数字应以字母"X"代替,如 IPX5。当防护的内容有所增加时,可用补充字母表示,补充字母放在数字之后或紧跟"IP"之后。

1.3 电动机中的电磁定律

电动机的形式和种类很多,但其工作原理都是基于电磁感应定律和电磁力定律的。下面介绍分析电动机工作原理时所用到的几条定律。

1. 安培环路定理(或称全电流定理)

只要导体中有电流流过,就会在导体周围产生磁场,这就是电流的磁效应,即所谓"电生磁"。磁场的分布用磁力线来表示。当电流通过一根直的导体,在导体周围产生的磁场用磁力线描述时,磁力线是以导体为轴线的同心圆,磁力线的方向可根据电流的方向用右手螺旋定则确定,如图 1-1(a)所示。如果电流通过导体绕成的线圈,此时产生的磁场的磁力线方向仍可用右手螺旋定则确定,使弯曲的四指方向与电流方向一致,则大拇指的方向即为线圈内磁力线的方向,如图 1-1(b)所示。

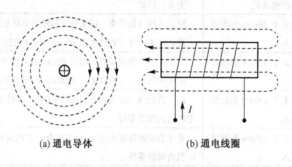

(a) 通电导体   (b) 通电线圈

图 1-1 电流方向与磁力线方向的关系

(1) 磁感应强度 B。磁感应强度 B 用来表示磁场的大小和方向。将磁力线上每点的切线方向规定为磁感应强度的方向,用磁力线的疏密程度表示磁感应强度的大小。磁感应强度的单位为 T(特斯拉)。

(2) 磁通量 Φ。穿过磁场中某一截面 S 的磁力线数称为通过该截面的磁通量,简称磁通(Φ),并有

$$\Phi = \int_S B\cos\theta \, dS \tag{1-1}$$

式中 θ——磁力线与截面法线的夹角。

若磁场均匀,且磁场与截面垂直,则式(1-1)可简化为

$$\Phi = BS \tag{1-2}$$

磁通量的单位为 Wb(韦伯)。

由式(1-2)可知,当磁场均匀,且磁场与截面垂直时,磁感应强度的大小可以用下式表示:

$$B = \frac{\Phi}{S} \tag{1-3}$$

因此,磁感应强度又称磁通密度。

(3) 磁场强度 H。磁场强度 H 是为建立电流与由其产生的磁场之间的数量关系而引入的物理量,其方向与 B 相同,其大小与 B 之间相差一个导磁介质的磁导率 μ,即

$$H = \frac{B}{\mu} \text{ 或 } B = \mu H \tag{1-4}$$

磁导率μ是反映导磁介质导磁性能的物理量,磁导率μ越大的介质,其导磁性能越好。磁导率的单位是 H/m(亨利/米)。真空中的磁导率$\mu_0 = 4\pi \times 10^{-7}$ H/m,其他导磁介质的磁导率通常用μ_0的倍数来表示,即$\mu = \mu_r \mu_0$。μ_r为导磁介质的相对磁导率。磁性材料的相对磁导率为2000～6000,但不是常数;非铁磁性材料的相对磁导率$\mu_r \approx 1$,且为常数。磁场强度的单位为A/m(安培/米)。

(4)全电流定律。磁场中沿任一闭合回路l对磁场强度H的线积分等于该闭合回路所包围的所有导体电流的代数和。其数学表达式为

$$\oint_l H \mathrm{d}l = \sum_{k=1}^n I_k \tag{1-5}$$

这就是全电流定律,当导体电流的方向与积分路径的方向符合右手螺旋定则时为正,反之为负。

若闭合回路沿线长度为L,磁场强度H处处相等,且闭合回路所包围的总电流由通过电流i的N匝线圈提供,则式(1-5)可写成

$$HL = Ni \tag{1-6}$$

2. 磁路的欧姆定律

如同电流流过的路径称为电路一样,磁力线流通的路径称为磁路。工程上将全电流定律用于磁路时,通常把磁力线分成若干段,使每一段的磁场强度H为常数,则线积分$\oint_l H \mathrm{d}l$可用式$\sum H_k l_k$来代替,则全电流定律可以表示为

$$\sum H_k l_k = \sum I \tag{1-7}$$

式中 H_k——第k段的磁场强度;
l_k——第k段的磁路长度。

对如图 1-2 所示的磁路,若线圈匝数为N,线圈中的电流为I,则有

$$H_1 l_1 + H_2 l_2 = NI$$

因为$H = \dfrac{B}{\mu}$,$B = \dfrac{\Phi}{S}$,代入上式即得

$$\frac{\Phi}{\mu_1 S_1} l_1 + \frac{\Phi}{\mu_2 S_2} l_2 = \Phi R_{m_1} + \Phi R_{m_2} = NI = F$$

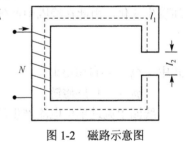

图 1-2 磁路示意图

式中 $R_{m_1} = \dfrac{l_1}{\mu_1 S_1}$、$R_{m_2} = \dfrac{l_2}{\mu_2 S_2}$——分别为第 1 段、第 2 段磁路的磁阻;

ΦR_{m_1}、ΦR_{m_2}——分别为第 1 段、第 2 段磁路的磁压降;

S_1、S_2——分别为第 1 段、第 2 段磁路的截面积;

$F = NI$——为磁路的磁动势(磁通势)。

一般情况下,当磁路分为n段时,则有

$$\Phi R_{m_1} + \Phi R_{m_2} + \cdots + \Phi R_{m_n} = F \tag{1-8}$$

即

$$\Phi = \frac{F}{R_{m_1} + R_{m_2} + \cdots + R_{m_n}} = \frac{F}{R_m} \tag{1-9}$$

该公式称为磁路的欧姆定律。

根据 $R_{m_k} = \frac{l_k}{\mu_k S_k}$ 可知，各段磁路的磁阻与磁路的长度成正比，与磁路的截面积和磁路的磁介质成反比。由于铁磁材料的磁导率 μ 比真空等非铁磁性材料的磁导率 μ 大得多，所以 R_m 小得多。同时，由于铁磁材料的磁导率 μ 不是常数，所以磁阻 R_m 也不是常数。

磁路的欧姆定律与电路的欧姆定律仅是数学形式上的类似，而本质不同：
（1）电路中有电流就有功率损耗，而在磁路中的恒定磁通下没有功率损耗；
（2）电流全部在导体中流动，而在磁路中没有绝对的磁绝缘体，除在铁芯的磁通外，空气中也有漏磁通；
（3）电阻为常数，磁阻为变量；
（4）对于线性电路可应用叠加原理，而当磁路饱和时为非线性电路，不能应用叠加原理。

3. 电磁感应定律

磁场变化会在线圈中产生感应电动势，感应电动势的大小与线圈的匝数 N 和线圈所交链的磁通对时间的变比率成正比，这是电磁感应定律，如图 1-3 所示。当按惯例规定电动势的正方向与产生它的磁通的正方向之间符合右手螺旋定则时，感应电动势的计算公式为

$$e = -N\frac{d\Phi}{dt} = -\frac{d\psi}{dt} \tag{1-10}$$

式中　$\psi = N\Phi$ ——线圈交链的总磁通，称为磁链。

按照楞次定律确定的感应电动势的实际方向与按照惯例规定的感应电动势的正方向正好相反，因此感应电动势公式右边总有一个负号。

通常，电动机中的感应电动势根据其产生原因的不同，可以分为以下三种。

（1）自感电动势 e_L。当线圈中流过交变电流 i 时，由 i 产生的与线圈自身交链的磁链随时间发生变化，由此在线圈中产生的感应电动势称为自感电动势，用 e_L 表示，其计算公式为

$$e_L = -N\frac{d\Phi_L}{dt} = -\frac{d\psi_L}{dt} \tag{1-11}$$

式中　Φ_L ——自感磁通；
　　　ψ_L ——自感磁链。

线圈中流过单位电流产生的自感磁链称为线圈的自感系数 L，即

$$L = \frac{\psi_L}{i} \tag{1-12}$$

当自感系数 L 为常数时，自感电动势的计算公式可改为

$$e_L = -\frac{d\psi_L}{dt} = -L\frac{di}{dt} \tag{1-13}$$

因为自感磁链 $\psi_L = N\Phi_L$，自感磁通 $\Phi_L = \frac{Ni}{R_m} = Ni\lambda_m$（$\lambda_m$ 为磁导），故有

$$L = \frac{\psi_L}{i} = \frac{N\Phi_L}{i} = \frac{N(Ni\lambda_m)}{i} = N^2\lambda_m \tag{1-14}$$

式（1-14）表明，线圈的自感系数与线圈匝数的平方和磁导的乘积成正比。

(2) 互感电动势 e_M。在相邻的两个线圈中，当线圈 1 中的电流 i_1 交变时，它产生的与线圈 2 相交链的磁通 Φ_{21} 也产生变化，由此在线圈 2 中产生的感应电动势称为互感电动势，用 e_{M2} 表示，其计算公式为

$$e_{M2} = -N_2 \frac{d\Phi_{21}}{dt} = -\frac{d\psi_{21}}{dt} \tag{1-15}$$

式中 e_{M2}——线圈 2 中产生的互感电动势；

$\psi_{21} = N_2\Phi_{21}$——线圈 1 产生而与线圈 2 相交链的互感磁链。

如果引入线圈 1 和 2 之间的互感系数 M，则互感电动势的计算公式可改写为

$$e_{M2} = -\frac{d\psi_{21}}{dt} = -M\frac{di_1}{dt} \tag{1-16}$$

因为互感磁链 $\psi_{21} = N_2\Phi_{21}$，互感磁通 $\Phi_{21} = \frac{N_1 i_1}{R_{12}} = N_1 i_1 \lambda_{12}$，故有

$$M = \frac{\psi_{21}}{i_1} = \frac{N_1 N_2}{R_{12}} = N_1 N_2 \lambda_{12} \tag{1-17}$$

式中 R_{12}——互感磁链所经过磁路的磁阻；

λ_{12}——互感磁通所经过磁路的磁导。

式（1-17）表明，两线圈之间的互感系数与两个线圈匝数的乘积 $N_1 N_2$ 和磁导成正比。

(3) 切割电动势 e。如果磁场恒定不变，导体或线圈与磁场的磁力线之间有相对切割运动时，在线圈中产生的感应电动势称为切割电动势，又称速度电动势。若磁力线、导体与切割运动三者方向相互垂直，则由电磁感应定律可知切割电动势的计算公式为

$$e = Blv \tag{1-18}$$

式中 B——磁场的磁感应强度；

l——导体切割磁力线部分的有效长度；

v——导体切割磁力线的线速度。

切割电动势的方向可用右手定则确定，如图 1-4 所示。

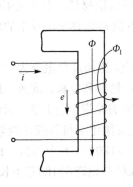
图 1-3 感应电动势

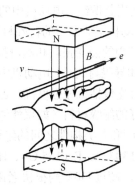
图 1-4 右手定则

4. 电磁力定律

载流导体在磁场中会受到电磁力的作用。当磁场力和导体方向相互垂直时，载流导体所受的电磁力的计算公式为

$$F=BlI \quad (1-19)$$

式中 F——载流导体所受的电磁力；
B——载流导体所在处的磁感应强度；
l——载流导体处在磁场中的有效长度；
I——载流导体中流过的电流。

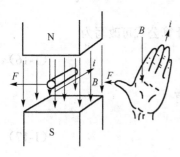

图1-5 左手定则

电磁力的方向可以由左手定则判定，如图1-5所示。

综上所述，电磁作用原理基本上包括以下3个方面。

(1) 有电流必定产生磁场，即"电生磁"。电流方向由右手螺旋定则确定，其大小关系符合全电流定律 $\oint H \cdot dl = \sum I$。

(2) 磁场变化会在导体或线圈中产生感应电动势，即"磁变生电"。变压器电动势的方向由楞次定律确定，大小关系符合电磁感应定律的基本公式 $e = -N\dfrac{d\Phi}{dt} = -\dfrac{d\psi}{dt}$；切割电动势的方向用右手定则确定，计算其大小的公式为 $e=Blv$。

(3) 载流导体在磁场中要受到电磁力的作用，即"电磁生力"，电磁力的方向由左手定则确定，计算其大小的公式为 $F=BlI$。

以上3个方面可以简单地概括为"电生磁，磁变生电，电磁生力"，这11个字是分析各种电动机工作原理的共同理论基础。

1.4 电动机中使用的材料

由于电动机是依据电磁感应定律实现能量转换的，所以电动机中必须要有电流通道和磁通通道，即通常所说的电路和磁路，并要求由性能优良的导电材料和导磁材料构成。具体来说，电动机中的导电材料是绕制线圈（在电动机学中将一组线圈称为绕组）用的，要求其导电性能好，电阻损耗小，一般选用紫铜线。电动机中的导磁材料又叫做铁磁材料，主要采用硅钢片，也称电工钢片。硅钢片是电动机工业专用的特殊材料，其磁导率极高（可达真空磁导率的数百乃至数千倍），可减小电动机铁芯中的磁滞损耗和涡流损耗。

除导电材料和导磁材料外，电动机中还需要有能将电、磁两部分融合为一个有机整体的结构材料。这些材料首先包括机械强度高、加工方便的铸铁、铸钢和钢板，此外，还包括大量介电强度高、耐热性能好的绝缘材料（如聚酯漆、环氧树脂、玻璃丝带、电工纸、云母片、玻璃纤维板等），用于导体之间和各类构件之间的绝缘处理。电动机常用绝缘材料按性能划分为 A（105℃）、E（120℃）、B（130℃）、F（155℃）、H（180℃）、C（>180℃）6个等级。B级绝缘材料可在130℃下长期使用，超过130℃则很快老化，而H级绝缘材料允许在180℃下长期使用。

1.5 电动机中的电磁功率损耗

电动机中的电磁功率损耗由铜损（Copper losses）、涡流损耗（Eddy current losses）、磁滞损耗（Hysteresis losses）三大部分组成，这三种损耗均正比于磁场交变的频率 f。

1. 铜损

铜损是由线圈的电阻所引起的,其损耗值与电流的平方成正比,因此电流大小是决定导线截面积的主要因素。单位面积流过的电流称为电流密度,一般铜导线电流密度的选取范围为1~10,电流密度降低,则元件温升减小。

线圈中导线的线电阻与电流频率有关,随着流过导线的电流频率增大,线电阻增大。这是由于电流流过导线时,导线周围产生磁场,磁场强度H与距离的平方成反比,因此在导线中心磁场强度最大,导线中心的感抗比靠近导线表面区域的感抗大,使得电流流动趋向感抗小的区域,即电流向导体表面集中,这就相当于增加了导线的电阻率,这种现象称为趋肤效应(skin effect),趋肤深度与频率的平方根成反比。解决趋肤效应的办法就是增加导体的表面积,即用一束彼此绝缘的细直径导体代替大直径导体,这一束细导体称为多线头导体。

2. 涡流损耗

电动机中的铁芯材料含有金属成分,当铁芯通过交变磁通时,与磁力线正交的平面中产生感应电动势,从而形成感应电流,这种电流在铁芯内自成闭合回路,很像水的漩涡,因此叫做涡电流,简称涡流。因涡流而产生的能量损耗称为涡流损耗,此损耗是纯粹的热损耗。涡流损耗的大小与磁场的变化频率、涡流电阻的大小等因素有关。

为减少涡流损耗,交流电动机中广泛采用表面涂有薄层绝缘漆或绝缘氧化物的薄硅钢片叠压制成的铁芯,这样涡流被限制在狭窄的薄片之内,当磁通穿过薄片的狭窄截面时,这些回路中的净电动势较小,回路的长度较大,回路的电阻很大,涡流大为减弱。再加上这种薄片材料的电阻率大(硅钢的涡流损失只有普通钢的1/5~1/4),从而使涡流损失大大减少。

3. 磁滞损耗

在外磁场的作用下,导磁材料中的一部分与外磁场方向相差不大的磁畴发生了"弹性"转动,这就是说当外磁场去掉时,磁畴仍能恢复原来的方向;而另一部分磁畴要克服磁畴壁的摩擦发生刚性转动,即当外磁场去除时,磁畴仍保持磁化方向。因此磁化时,送到磁场的能量分为两部分:前者转为势能,即去掉外磁化电流时,磁场能量可以返回电路;而后者克服摩擦使铁芯发热消耗掉,这就是磁滞损耗。

习题与思考题

1-1 交流电动机有哪些类型?直流电动机有哪些类型?
1-2 说明电动机外壳防护等级的含义。
1-3 说明电磁感应定律和电磁力定律的含义。
1-4 电动机中的材料如何选择?

第 2 章 直流电动机

直流电动机以其良好的启动性能和调速性能著称，在某些要求启动转矩大或对其调速性能要求较高的生产机械，如电车、轧钢机、大型起重设备、龙门刨自动控制系统等中，得以广泛应用。与交流电动机相比，直流电动机的结构较复杂，成本较高，可靠性较差，这使得它的应用受到限制。近年来，与电力电子装置结合而具有直流电动机性能的电动机不断涌现，使直流电动机有被取代的趋势。

本章主要介绍直流电动机的结构和分类、工作原理、额定参数、机械特性，以及他励直流电动机的启动特性、调速特性和制动特性等。

2.1 直流电动机的结构和分类

2.1.1 直流电动机的基本结构

直流电动机的用途和功率不同，其结构形式也各有不同，因此，在生产、生活中使用着各种结构形式的直流电动机。但不管结构形式如何变化，从原理上讲它都是由一些基本部件组成的。总体来说，直流电动机由定子（固定部分）和转子（转动部分）两部分组成。

直流电动机运行时静止不动的部分称为定子，其主要作用是产生磁场。定子由机座、主磁极、换向极、端盖、轴承和电刷装置等组成。直流电动机运行时转动的部分称为转子，其主要作用是产生电磁转矩和感应电动势，它是直流电动机进行能量转换的枢纽，因此通常又称为电枢。转子由转轴、电枢铁芯、电枢绕组、换向器和风扇等组成。直流电动机的装配结构图如图 2-1 所示。直流电动机的剖面图如图 2-2 所示。

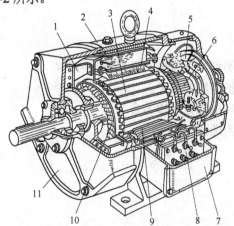

1—风扇；2—机座；3—电枢铁芯；4—主磁极；5—电刷装置；6—换向器；7—接线盒；8—接线板；9—励磁绕组；10—电枢绕组；11—端盖

图 2-1 直流电动机的装配结构图

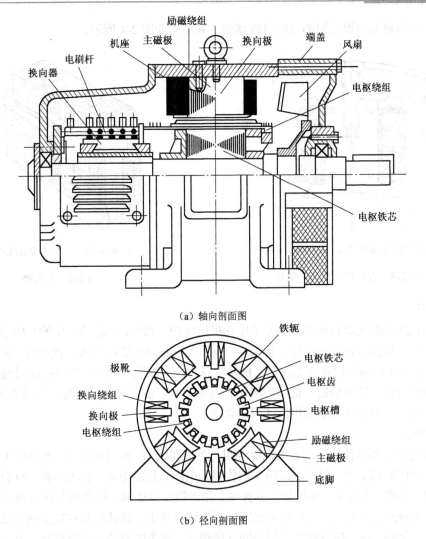

(a) 轴向剖面图

(b) 径向剖面图

图 2-2 直流电动机的剖面图

1. 定子部分

1) 主磁极

主磁极的作用是产生气隙磁场，它由主磁极铁芯和励磁绕组两部分组成。主磁极铁芯一般用 0.5～1.5mm 厚的硅钢板冲片叠压铆紧而成，分为极身和极靴两部分。上面套励磁绕组的部分称为极身，下面扩宽的部分称为极靴。为使主磁通在气隙中分布更合理，极靴比极身要宽些，这样既可以调整气隙中磁场的分布，又便于固定励磁绕组。励磁绕组用绝缘铜线绕制而成，套在主磁极铁芯上。主磁极成对出现，沿圆周 N、S 极交替布置、均匀分布，并用螺钉固定在机座上，如图 2-3 所示。

2) 换向极

换向极用来改善直流电动机的换向，减少电动机运行时电刷与换向器之间可能产生的换向火花。换向极又称附加极，它由换向极铁芯和套在换向极铁芯上的换向极绕组组成。换向极铁芯常用整块钢或厚钢板制成，匝数不多的换向极绕组与电枢绕组串联。换向极的极数一般与主磁极的极数相同,换向极与电枢之间的气隙可以调整。其结构如图2-4所示。

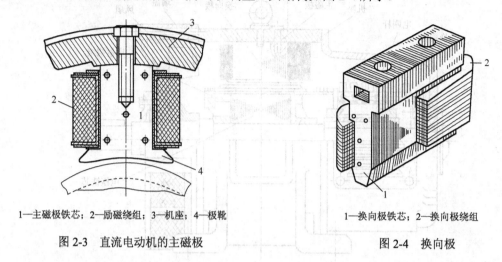

1—主磁极铁芯;2—励磁绕组;3—机座;4—极靴

图2-3 直流电动机的主磁极

1—换向极铁芯;2—换向极绕组

图2-4 换向极

3）机座

定子的机座既是电动机的外壳,又是电动机磁路的一部分,如图2-1中的2所示。为保证机座具有足够的机械强度和良好的导磁性能,一般采用低碳钢铸成或钢板焊接而成。机座的作用有两个：一是作为电动机的结构框架；二是机座本身也是磁路的一部分,借以构成磁极之间磁的通路,磁通通过的部分称为磁轭。机座的两端有端盖,中、小型电动机的前、后端盖都装有轴承,用于支撑转轴；大型电动机则采用座式滑动轴承。

4）电刷装置

电刷装置的作用是使转子部分的电枢绕组与外电路接通,将直流电压、电流引出或引入电枢绕组。它与换向器相配合,起整流或逆变的作用。电刷装置由电刷、弹簧压板、刷握、刷杆、刷杆座等组成,如图2-5所示。电刷放在刷握内,用弹簧压板压紧,使电刷与换向器之间有良好的滑动接触,刷握固定在刷杆上,刷杆装在圆环形的刷杆座上,刷杆座装在端盖或轴承内盖上。由于电刷有正、负极之分,所以刷杆必须与刷杆座绝缘。整个电刷装置可以移动,用于调整电刷在换向器上的位置。

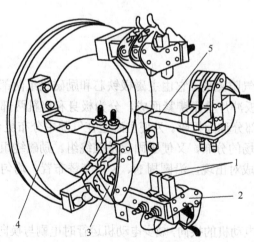

1—电刷;2—刷握;3—弹簧压板;4—刷杆座;5—刷杆

图2-5 电刷装置

5）端盖

端盖装在机座两端并通过端盖中的轴承支撑转子。端盖将定、转子连为一体，同时还对电动机内部起到防护作用。

2. 转子部分

1）电枢铁芯

电枢铁芯是直流电动机主磁路的主要部分，一般采用由 0.5mm 厚的硅钢片冲制而成的冲片叠压而成。电枢铁芯的外圆开有电枢槽，槽内嵌放电枢绕组。电枢铁芯冲片的形状如图 2-6（a）所示。为改善通风，电枢铁芯冲片可沿轴向分成几段，以构成径向通风道。冲片叠压而成的电枢铁芯固定在转轴或转子支架上：小型直流电动机的电枢铁芯冲片直接压装在轴上；大型直流电动机的电枢铁芯先压装在转子支架上，然后再将支架固定在轴上。

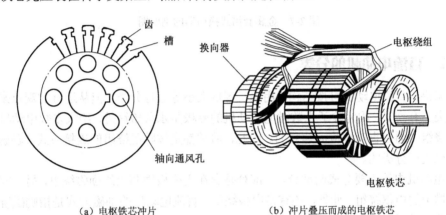

（a）电枢铁芯冲片　　　（b）冲片叠压而成的电枢铁芯

图 2-6　电枢铁芯

2）电枢绕组

电枢绕组由许多按一定规律连接的线圈组成，是直流电动机的主要电路部分。它的作用是产生感应电动势和电磁转矩，从而实现机电能量的转换。电枢绕组是通过将绝缘铜线制成线圈（元件），然后嵌放在电枢铁芯槽内而制成的。每个线圈（元件）有两个出线端，分别接到换向器的两个换向片上。所有线圈按一定规律连接成一闭合回路。

3）换向器

换向器是直流电动机的重要部件。在直流发电机中，它将电枢绕组内部的交流电动势转换为电刷间的直流电动势；在直流电动机中，它将电刷上的直流电流转换为绕组内的交流电流。换向器由许多梯形铜排制成的彼此绝缘的换向片组成，其常用的结构形式如图 2-7 所示。换向片可以为燕尾形，片间用云母片绝缘，换向片数与线圈元件数相同。小型直流电动机常使用塑料换向器，这种换向器用换向片排成圆筒，再通过热压制成。

4）转轴、支架和风扇

对于小容量直流电动机而言，电枢铁芯就装在转轴上；对于大容量直流电动机而言，为了减少硅钢片的消耗和减轻转子的重量，转轴上装有金属支架，电枢铁芯装在金属支架上。此外，转轴上还装有风扇，以加强对电动机的冷却。

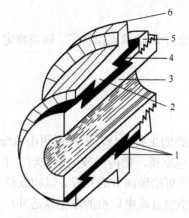

1—云母绝缘；2—换向片；3—套筒；4—V形环；5—螺帽；6—片间云母

图 2-7 金属套筒式换向器的剖面图

2.1.2 直流电动机的分类

一般来讲，直流电动机可按结构、用途、容量大小等进行分类。但从运行的观点来看，按励磁方式分类更有意义，因为除了少数微型电动机的磁极是永久磁铁外，绝大多数电动机的磁场都是在磁极绕组中通以直流电流而建立。因此，通常都是按励磁绕组的连接方式（励磁方式）对直流电动机进行分类的。

直流电动机电路主要分成两部分，一部分是套在主磁极铁芯上的励磁绕组，另一部分是嵌在电枢铁芯槽中的电枢绕组。此外，还有换向极绕组。直流电动机的励磁方式是指励磁绕组如何连接及如何获取励磁电流。根据励磁方式的不同，直流电动机分为他励、并励、串励和复励四种，如图 2-8 所示。虽然励磁所需的功率只有电动机功率的 1%~3%，但励磁方式却对直流电动机的运行性能有非常大的影响。

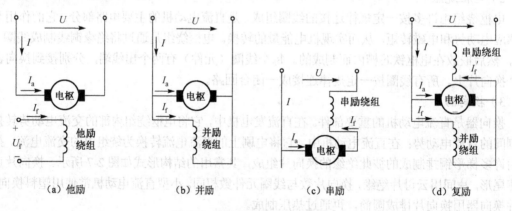

图 2-8 直流电动机的励磁方式

（1）他励式：励磁绕组和电枢绕组分别由两个电源供电；其特点是励磁电流 I_f 与电枢电压 U 及负载电流无关。

（2）并励式：励磁绕组与电枢绕组并联连接，由外部电源一起供电；其特点是励磁电流 I_f 的大小不仅与励磁回路电阻有关，还受电枢端电压 U 的影响。

（3）串励式：励磁绕组与电枢绕组串联连接，由外部电源一起供电；其特点是励磁电流 I_f 与电枢电流 I_a 相等，电枢电流变化，励磁电流就变化。

（4）复励式：励磁绕组中既有并励绕组又有串励绕组，串励绕组和并励绕组共同接在主磁极上，且并励绕组匝数较多，串励绕组匝数较少。两个绕组产生的磁势方向相同时称为积复励，两个磁势方向相反时称为差复励。通常采用积复励方式。

2.2 直流电动机的工作原理

1. 直流电动机的工作原理概述

如图 2-9 所示是一台两极直流电动机的工作原理示意图。图中的 N、S 是静止的磁极，它产生磁通。能够在两磁极之间转动的铁芯和线圈 abcd 称为转子（通称电枢）。线圈的两个端头接在相互绝缘的两个铜质半圆环上（称为换向片），在空间静止的电刷 A 和 B 与换向片滑动接触，使旋转的线圈与外面静止的电路相连接。将外部直流电源加于电刷 A（正极）和 B（负极）上时，线圈 abcd 中便流过电流。在导体 ab 中，电流由 a 指向 b；在导体 cd 中，电流由 c 指向 d，其方向如图 2-9（a）中的箭头所示。我们知道，位于磁场中的载流导体必然受到电磁力的作用，电磁力方向可用左手定则判定，这一电磁力形成了作用于电枢铁芯的转矩，该转矩称为电磁转矩，为逆时针方向。这样，电枢就沿着逆时针方向旋转。当电枢旋转 180° 时，导体 ab 转到 S 极下，导体 cd 转到 N 极下，如图 2-9（b）所示。由于此时电流仍从电刷 A 流入，使得导体 cd 中的电流变为由 d 流向 c，而导体 ab 中的电流变为由 b 流向 a，从电刷 B 流出，用左手定则判别可知，电磁转矩的方向仍是逆时针方向。

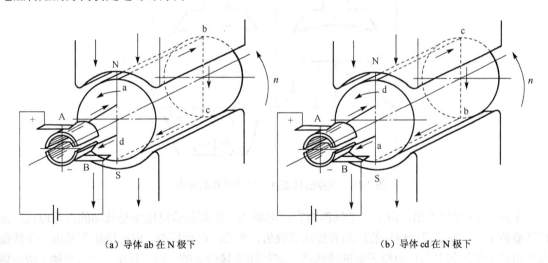

（a）导体 ab 在 N 极下 　　　　　　　　（b）导体 cd 在 N 极下

图 2-9　一台两极直流电动机的工作原理示意图

由此可见，加在直流电动机上的直流电源，借助于换向器和电刷的作用，使直流电动机电枢线圈中流过的电流方向交变，进而使电枢产生的电磁转矩的方向恒定不变，确保直流电动机朝确定的方向连续旋转，这就是直流电动机的基本工作原理。实际使用的直流电动机转子上的绕组不是仅由一个线圈构成，而是由多个线圈连接而成，以产生足够大的电磁转矩并且减少电磁转矩的波动。

从以上分析可以看出，直流电动机具有可逆性，即既可作为电动机使用，也可作为发电机使用。当使用外部直流电源，经电刷与换向器装置将直流电流引向电枢绕组时，此电流与主磁极的N、S极产生的磁场互相作用，产生转矩，驱动转子与连接在其上的机械负载工作，此时电动机作为直流电动机运行；当原动机驱动电枢绕组在主磁极的N、S极之间旋转时，电枢绕组上感应出电动势，经电刷与换向器装置整流为直流后，引向外部负载（或电网），对外供电，此时电动机作为直流发电机运行。

2. 直流电动机的感应电动势和电磁转矩

1) 直流电动机的感应电动势

不管是发电机还是电动机，由于其转子线圈在磁场中转动切割磁力线，则线圈中必然会产生感应电动势。对每根导体而言，其感应电动势的瞬时值为

$$e_j = B_j l v \tag{2-1}$$

式中 B_j——某导体 j 所在处的气隙磁通密度；

l——电枢导体的有效长度；

v——导体切割气隙磁场的速度。

在已制成的电动机中，导体的有效长度 l 为定值。如果电动机以恒定转速 n 旋转，则 v 为常数。由式（2-1）可知，电势 e_j 与磁通密度 B_j 成正比。也就是说，当电枢恒速旋转时，导体内的感应电动势随时间变化的规律与磁通密度沿气隙的分布规律相同。在实际电动机中，气隙磁通密度沿空间分布的规律如图 2-10 所示，因此导体内的感应电动势的波形也如图 2-10 所示。

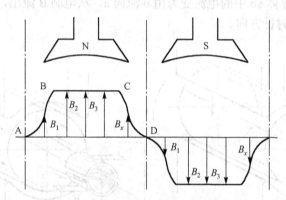

图 2-10 气隙磁通密度沿空间分布的规律

从图 2-10 可以看出，对于一个线圈而言，电刷 A、B 间的输出电压是脉动的直流电压，而且其数值不大，为了消除电压的脉动并提高其幅值，在实际电动机中，电枢绕组不是由一个线圈而是由若干个均匀分布在电枢表面的线圈按一定规律连接而成的。由于每个元件（线圈）边在磁场中所处的位置不同，所以不同元件边的导体的感应电动势 e_j 也不同。设电枢绕组总导体数为 N，有 $2a$ 条并联支路，则每条支路中的串联导体数为 $N/2a$，则电刷之间的感应电动势为

$$E_a = \sum_{j=1}^{N/2a} e_j = lv \sum_{j=1}^{N/2a} B_j \tag{2-2}$$

在式（2-2）中，各处的气隙磁通密度 B_j 不尽相同，为计算简单，B_j 可用平均磁通密度 B_{av} 来代替。如果每极磁通 Φ 为已知，电动机极距为 τ，电动机的磁极对数为 p，则有 $\Phi = B_{av} l \tau$；电

枢表面导体的线速度 $v = 2p\tau \dfrac{n}{60}$ (m/s)，其中 n 为电枢旋转速度，将这些关系代入式（2-2）可得

$$E_a = K_e \Phi n \tag{2-3}$$

式中　E_a——电枢电动势（V）；

　　　Φ——一对磁极的磁通（Wb）；

　　　n——电枢旋转速度（r/min）；

　　　K_e——电动势常数，与电动机结构有关，$K_e = \dfrac{pN}{60a}$。

式（2-3）是直流电动机的一个很重要而且也是最基本的关系式。由式（2-3）可知：感应电动势 E_a 与每极磁通量 Φ 及电枢旋转速度 n 的乘积成正比，其大小取决于每极磁通量、极对数 p、电动机的转速（即电枢旋转速度）及绕组导体数和连接方法；E_a 的方向取决于 Φ 和 n 的方向，改变 Φ 的方向（即改变励磁电流 I_f 的方向）或者转向，即可改变 E_a 的方向。在直流电动机中，E_a 的方向始终与外加直流电源的方向相反，因此称其为反感应电动势。

2）直流电动机的电磁转矩

同样，不管是发电机还是电动机，只要其转子线圈中有电流存在，则处于磁场中的线圈导体必然会受到电磁力的作用。若磁场与导体相互垂直，则作用在电枢绕组中某一导体（导体 j）上的电磁力为

$$f_j = B_j l i = B_j l \dfrac{I_a}{2a} \tag{2-4}$$

式中　B_j——导体所处磁场的磁通密度；

　　　i——流经导体的电流；

　　　l——导体的有效长度；

　　　I_a——流经电刷的电流，$i = \dfrac{I_a}{2a}$。

导体 j 产生的电磁转矩为

$$T_j = f_j \dfrac{D}{2} = B_j l \dfrac{I_a}{2a} \dfrac{D}{2} \tag{2-5}$$

式中　T_j——作用在电枢上的电磁转矩；

　　　D——电枢直径。

设电枢有 N 根导体，则电枢总的电磁转矩为

$$T = \sum_{j=1}^{N} T_j \tag{2-6}$$

同样，为计算简单，设每一极面下的平均气隙磁通密度为 B_{av}，则一根导体的平均电磁转矩为

$$T_{av} = B_{av} l \dfrac{I_a}{2a} \dfrac{D}{2} \tag{2-7}$$

总电磁转矩为

$$T = N T_{av} = N B_{av} l \dfrac{I_a}{2a} \dfrac{D}{2} \tag{2-8}$$

将 $\Phi = B_{av} l \tau$ 和 $\pi D = 2p\tau$ 代入式（2-8），可得

$$T = \frac{1}{2\pi}\frac{p}{a}N\Phi I_a = K_m \Phi I_a \qquad (2\text{-}9)$$

式中 T ——电枢绕组的电磁转矩（N·m）；

Φ ——一对磁极的磁通（Wb）；

K_m ——转矩常数，$K_m = \frac{1}{2\pi}\frac{p}{a}N = 9.55K_e$。

式（2-9）和式（2-3）一样，是直流电动机很重要的关系式之一。由式（2-9）可知：电动机的电磁转矩 T 与每极磁通量 Φ 和电枢电流 I_a 的乘积成正比；T 的方向取决于 Φ 和 I_a 的方向，改变 Φ 的方向（即改变励磁电流 I_f 的方向），即可改变 T 的方向。

直流发电机和直流电动机的电磁转矩的作用是不同的。发电机的电磁转矩是阻转矩，它与电枢转动的方向或原动机的驱动转矩的方向相反。电动机的电磁转矩是驱动转矩，它使电枢转动。

2.3 直流电动机的额定参数

直流电动机的机壳上都有一个铭牌，上面标有直流电动机的型号和各种额定数据等。额定数据是正确选用直流电动机的依据。常见的直流电动机的铭牌数据如表 2-1 所示。

表 2-1 常见的直流电动机的铭牌数据

直流电动机			
型号	Z4—112/2—1	励磁方式	并励
额定功率	5.5kW	励磁电压	180V
额定电压	440V	励磁电流	0.4A
额定电流	15A	额定效率	81.2%
额定转速	3000r/min	绝缘等级	B 级
定额	连续	出厂日期	××××年××月
××××××电动机厂			

1. 额定电压 U_N

额定电压是指直流电动机能够安全工作时，电枢绕组上输入电压的额定值，单位为 V（伏）。

2. 额定电流 I_N

额定电流是指直流电动机按照规定的工作方式运行时，电枢绕组上允许流过的电流的额定值，单位为 A（安培）。

3. 额定功率 P_N

额定功率是指直流电动机按照铭牌规定的工作方式运行时，转轴上输出的机械功率，即 $P_N = U_N I_N \eta_N$，单位为 W（瓦）。当额定功率大于 1000W 或 1000 000W 时，则用 kW（千瓦）或 MW（兆瓦）表示。

4. 额定转速 n_N

额定转速是指在额定电压、额定电流和输出额定功率的情况下运行时，直流电动机的旋转速度，单位为 r/min（转/分）。

5. 额定励磁电流 I_{fN}

额定励磁电流指直流电动机在额定状态时的励磁电流值，单位为 A（安培）。

6. 额定励磁电压 U_{fN}

额定励磁电压是指直流电动机在额定情况下工作时，励磁绕组所加的电压，单位为 V（伏）。

有些物理量虽然不标在铭牌上，但它们也是额定值，如在额定运行状态下的转矩、效率分别称为额定转矩、额定效率等。当直流电动机运行时，如果各个物理量均为额定值，就称直流电动机工作在额定运行状态，也称满载运行。在额定运行状态下，直流电动机利用充分，运行可靠，并具有良好的性能。如果直流电动机的电枢电流小于额定电流，则称为欠载运行；如果电动机的电枢电流大于额定电流，则称为过载运行。欠载运行，直流电动机利用不充分，效率低；长期过载运行，会使直流电动机过热，降低其使用寿命，甚至会造成损坏。因此，应根据实际使用情况，合理选择容量，使直流电动机运行在额定运行状态。

2.4 直流电动机的机械特性

当直流电动机用于拖动生产机械时，无论在稳定运转过程或过渡过程，均需要满足生产机械对转矩和转速的要求。直流电动机的机械特性是指在电枢电压、励磁电流、电枢总电阻均为常数的条件下，直流电动机的转速 n 与电磁转矩 T 之间的关系曲线，即 $n=f(T)$，又称转矩-转速特性。机械特性是直流电动机的重要特性，对于了解直流电动机的运行情况、机械性能及正确选择和使用都是很重要的。

2.4.1 他励直流电动机的机械特性

1. 机械特性方程式

为了研究直流电动机的转速 n 与电磁转矩 T 之间的关系，首先要建立两者之间的关系式。如图 2-11 所示为他励直流电动机的原理电路图。

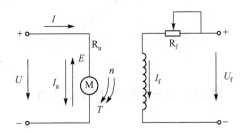

图 2-11 他励直流电动机的原理电路图

图 2-11 中左边为电枢回路，右边为励磁回路。电枢回路的电压平衡方程式为

$$U = E_a + I_a R_a \tag{2-10}$$

由电动机学知，电动机产生的电磁转矩及电枢电动势分别为

$$E_a = K_e \Phi n \tag{2-11}$$

$$T = K_m \Phi I_a \tag{2-12}$$

联立求解式 (2-10)、式 (2-11)、式 (2-12)，可得

$$n = \frac{U}{K_e \Phi} - \frac{R_a}{K_e \Phi} I_a = \frac{U}{K_e \Phi} - \frac{R_a}{K_e K_m \Phi^2} T \tag{2-13}$$

式中　U——外加电枢电压（V）；
　　　E_a——感应电动势（V）；
　　　I_a——电枢电流（A）；
　　　R_a——电枢回路内阻（Ω）；
　　　Φ——每极磁通（Wb）；
　　　K_e、K_m——电动机结构常数。

励磁电流 I_f 的大小与电枢电流 I_a 的大小无关，它的大小只取决于 R_f 和 U_f 的大小，当 R_f 和 U_f 一定时，$I_f = U_f / R_f$ 为定值，即磁通 Φ 为定值。当 U、Φ、R_a 都保持为常数时，式（2-13）表示的就是转速 n 与电磁转矩 T 之间的函数关系，即他励直流电动机的机械特性。可以把式（2-13）改写成如下形式：

$$n = n_0 - \beta T \tag{2-14}$$

式中　n_0——理想空载转速，$n_0 = \dfrac{U}{K_e \Phi}$；
　　　β——机械特性的斜率，$\beta = \dfrac{R_a}{K_e K_m \Phi^2}$。它表示电动机机械特性的硬度，即电动机的转速随转矩的改变而变化的程度。

式（2-13）、式（2-14）可用曲线表示，如图 2-12 所示，它是穿越三个象限的一条直线，并且与横、纵坐标相交。下面讨论机械特性上的两个特殊点。

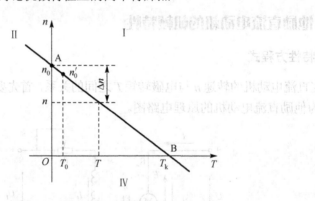

图 2-12　他励直流电动机的机械特性

1）理想空载点

图 2-12 中的 A 点即为理想空载点。在 A 点，电磁转矩 $T=0$，$I_a=0$，电枢电压降 $I_a R_a = 0$，电枢电动势 $E_a = U$，转速 $n = n_0 = \dfrac{U}{K_e \Phi}$，$n_0$ 称为理想空载转速。他励直流电动机的理想空载转速与带负载后的转速之差称为转速降，用 Δn 表示，即

$$\Delta n = n_0 - n = \frac{R_a}{K_e K_m \Phi^2} T$$

实际上,当他励直流电动机旋转时,不论是否拖动负载,它总要克服空载转矩 T_0。因此,他励直流电动机的实际空载转速 n_0' 低于理想空载转速 n_0,实际空载转速为

$$n_0' = n_0 - \beta T_0$$

2）堵转点

图 2-12 中的 B 点即为堵转点。在 B 点，$n=0$，因此 $E_a = 0$。由于 $U = E_a + I_a R_a$，所以电枢电流 $I_a = U/R_a = I_K$，称为堵转电流，与 I_K 相对应的电磁转矩 $T_K = K_m \Phi I_K$ 称为堵转转矩。

为了衡量机械特性曲线的平直程度，引进一个机械特性硬度的概念，其定义为：

$$K = \frac{dT}{dn} = \frac{\Delta T}{\Delta n} \times 100\%$$

转矩变化 dT 与所引起的转速变化 dn 的比值，称为机械特性的硬度。根据 K 值的不同，可将电动机机械特性分为以下三类：

（1）绝对硬度特性（$K \to \infty$），如交流同步电动机的机械特性；

（2）硬度特性（$K > 10$），如他励直流电动机的机械特性，交流异步电动机机械特性的上半部分；

（3）软特性（$K < 10$），如串励直流电动机的机械特性和复励直流电动机的机械特性。

2. 固有机械特性

当他励直流电动机的电枢电压及磁通均为额定值（即 $U = U_N$，$\Phi = \Phi_N$），且电枢回路没有外接电阻时的机械特性称为固有机械特性（如图 2-13 所示），其方程式为

$$n = \frac{U}{K_e \Phi_N} - \frac{R_a}{K_e K_m \Phi_N^2} T \tag{2-15}$$

固有机械特性的理想空载转速及斜率分别为 $n_0 = U_N/(K_e \Phi_N)$、$\beta_N = R_a/(K_e K_m \Phi_N^2)$，因此固有机械特性也可表示为

$$n = n_0 - \beta_N T$$

在固有机械特性上，当电磁转矩为额定转矩时，其对应的转速称为额定转速，即

$$n_N = n_0 - \beta_N T_N = n_0 - \Delta n_N \tag{2-16}$$

式中 Δn_N——额定转速降，$\Delta n_N = \beta_N T_N$。

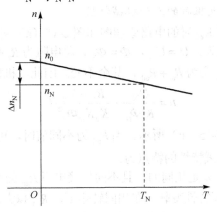

图 2-13 他励直流电动机的固有机械特性

图 2-13 中的他励直流电动机的固有机械特性曲线是一条略微向下倾斜的直线。由于电枢回

路内阻 R_a 很小，所以固有机械特性斜率 β_N 的值较小，属于硬特性。

在生产实际中，应根据生产机械和工艺过程的具体要求来决定选用何种机械特性的电动机。例如，一般金属切削机床、连续式冷轧机、造纸机等需选用硬特性的电动机；而对起重机、电车等则需选用软特性的电动机。

前面讨论的是他励直流电动机正转时的机械特性，它在 $T-n$ 直角坐标平面上的第一象限内。实际上它既可正转，也可反转。不难分析，他励直流电动机反转时的机械特性应在 $T-n$ 直角坐标平面上的第三象限内。他励直流电动机正、反转时的固有机械特性如图 2-14 所示。

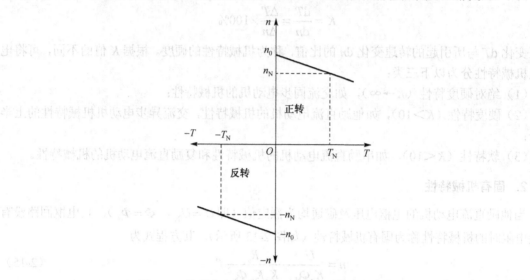

图 2-14　他励直流电动机正、反转时的固有机械特性

3. 人为机械特性

固有机械特性需满足三个条件，即 $U=U_N$、$\Phi=\Phi_N$ 和电枢回路没有外接电阻。改变其中任何一个条件，都会使电动机的机械特性发生变化。人为机械特性是指通过改变这些参数所得到的机械特性。

1）电枢回路中串接附加电阻时的人为机械特性

电枢回路中串接附加电阻 R_{ad} 时的电路原理图如图 2-15（a）所示。

这时，机械特性的条件变为：$U=U_N$，$\Phi=\Phi_N$，总电阻为 R_a+R_{ad}。与固有机械特性相比，只是电枢回路中的总电阻由 R_a 变为 R_a+R_{ad}，其余不变。因此，机械特性方程式变为

$$n=\frac{U_N}{K_e\Phi_N}-\frac{R_a+R_{ad}}{K_eK_m\Phi_N^2}T \tag{2-17}$$

人为机械特性曲线如图 2-15（b）所示。当 R_{ad} 为不同值时，可得到不同的曲线。通过与固有特性的比较可以看出人为机械特性的特点为：

（1）两者的理想空载转速 n_0 是相同的，且不随串接电阻 R_{ad} 的变化而变化；

（2）转速降 Δn 变大了，即特性变软。在相同转矩下，R_{ad} 越大，特性越软。当 R_{ad} 取不同值时，可得到一簇由同一点（0，n_0）出发的人为机械特性曲线。

电枢回路中串接附加电阻时的人为机械特性可用于直流电动机的启动及调速。

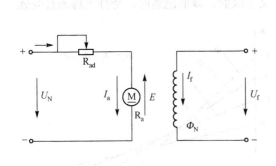
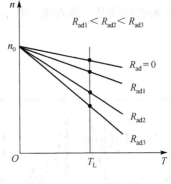

(a) 电路原理图　　　　　　　　(b) 人为机械特性曲线

图 2-15　电枢回路中串接附加电阻时的他励直流电动机

2) 改变电枢电压时的人为机械特性

此时，机械特性的条件变为：U 可调，$\Phi=\Phi_N$ 和电枢回路没有外接电阻。只是 U 发生了改变，因此，机械特性方程式变为

$$n=\frac{U}{K_e\Phi_N}-\frac{R_a}{K_eK_m\Phi_N^2}T \tag{2-18}$$

改变电枢电压时的人为机械特性如图 2-16 所示。当 U 为不同值时，可得到不同的曲线。该机械特性的特点为：

(1) 理想空载转速 n_0 随电压 U 的变化而变化，特性斜率 β 不变；

(2) 转速降 Δn 不变，因此当在电枢电压 U 不同时，可得到一簇平行于固有机械特性曲线的人为机械特性曲线；

(3) 由于 $R_{ad}=0$，所以其特性较串联电阻时硬；

(4) 当 $T=$ 常数时，降低电压，可使电动机转速 n 降低。

由于电动机电枢绕组绝缘耐压强度的限制，电枢电压只允许在其额定值以下调节，所以不同电枢电压值的人为机械特性曲线均在固有机械特性曲线之下。

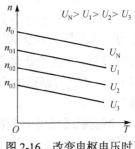

图 2-16　改变电枢电压时的人为机械特性

改变电枢电压时的人为机械特性常用于需要平滑调速的场合。

3) 改变磁通时的人为机械特性

一般情况下，他励直流电动机在额定磁通下运行时，电动机磁路已接近饱和。因此，改变磁通实际上只能是减弱磁通。此时，机械特性的条件变为：$U=U_N$，Φ 可调和电枢回路没有外接电阻。与固有机械特性相比，只是 Φ 发生了改变，因此，机械特性方程式变为

$$n=\frac{U_N}{K_e\Phi}-\frac{R_a}{K_eK_m\Phi^2}T \tag{2-19}$$

改变磁通时的电路原理图与人为机械特性曲线分别如图 2-17（a）、(b) 所示。当 Φ 为不同值时，可得到不同的曲线。改变磁通时，人为机械特性的特点为：

(1) 理想空载转速 n_0 随磁通 Φ 的减弱而上升；

(2) 转速降 Δn（或斜率 β）与 Φ^2 成反比，因此减弱磁通会使转速降 Δn（或斜率 β）加大，机械特性变软；

（3）特性曲线是一簇直线，既不平行，又非放射。减弱磁通时，特性上移而且变软。

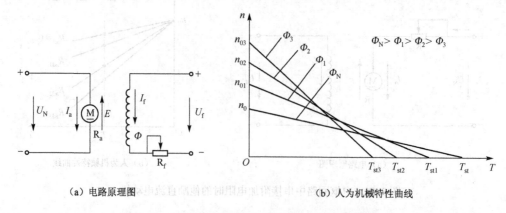

(a) 电路原理图　　　　　　　　　(b) 人为机械特性曲线

图 2-17　改变磁通时的电路原理图和人为机械特性

从图 2-17（b）中可以看出，每条人为机械特性曲线均与固有机械特性曲线相交，交点左边的一段在固有机械特性曲线之上，右边的一段在固有机械特性曲线之下。而在额定运转条件（额定电压、额定电流、额定功率）下，他励直流电动机总是工作在交点的左边区域内。必须注意的是：当磁通过分削弱后，如果负载转矩不变，将使电动机的电流大大增加而严重过载。另外，当励磁电流 $I_f = 0$ 时，从理论上说，空载时的电动机转速将趋于∞，但实际上当励磁电流为 0 时，电动机还有剩磁，转速虽不会趋于∞，但会上升到机械强度所不允许的数值，通常称为"飞车"；当电动机轴上的负载转矩大于电磁转矩时，电动机不能启动，电枢电流为 I_{st}，长时间的大电流会烧坏电枢绕组。因此，他励直流电动机启动前必须先加励磁电流，在运转过程中，决不允许励磁电路断开或励磁电流为零，为此，他励直流电动机在使用中一般都设有"失磁"保护。

减弱磁通可用于平滑调速。由于磁通只能减弱，所以只能从额定转速向上进行调速，但由于他励直流电动机的换向能力和机械强度的限制，所以向上调速的范围是不大的。

4. 绘制机械特性曲线

1）固有机械特性曲线的绘制

他励直流电动机的固有机械特性和人为机械特性都是直线，因此只要找出特性上任意两点，就可以绘制这条直线。绘制固有机械特性时，通常选择理想空载点（0, n_0）和额定工作点（T_N, n_N）这两个特殊点。根据他励直流电动机铭牌上给出的额定功率 P_N、额定电压 U_N、额定电流 I_N 和额定转速 n_N 等数据，就可求出 R_a、$K_e\Phi_N$、n_0、T_N 等。其计算步骤如下：

(1) 计算电枢电阻 R_a。普通直流电动机在额定状态下运行时，额定铜耗约占总损耗的 50%～75%，特殊电动机除外。他励直流电动机的总损耗为

$$\sum \Delta P_N = 输入功率 - 输出功率 = U_N I_N - P_N = U_N I_N - \eta_N U_N I_N = (1 - \eta_N) U_N I_N$$

则有

$$I_a^2 R_a = (50\% \sim 75\%)(1 - \eta_N) U_N I_N$$

式中　$\eta_N = P_N / (U_N I_N)$，额定工作条件下电动机的效率。

由于此时 $I_a = I_N$，所以可得

$$R_a = (50\% \sim 75\%)\left(\frac{U_N I_N - P_N}{I_N^2}\right) \tag{2-20}$$

需注意的是，P_N 的单位应换算成 W。

（2）计算 $K_e \Phi_N$。额定运行条件下的反感应电动势 $E_N = K_e \Phi_N n_N = U_N - I_N R_a$，因此有

$$K_e \Phi_N = (U_N - I_N R_a)/n_N \tag{2-21}$$

（3）计算理想空载转速 n_0。

$$n_0 = \frac{U_N}{K_e \Phi_N}$$

（4）计算额定电磁转矩 T_N。

$$T_N = K_m \Phi_N I_N = 9.55 K_e \Phi_N I_N \tag{2-22}$$

2）人为机械特性的绘制

求出电枢电阻 R_a、$K_e \Phi_N$ 后，各种人为机械特性的绘制也就比较容易了。

（1）电枢串电阻人为机械特性的绘制。绘制电枢串电阻的人为机械特性时，同样选择两个特殊点。

理想空载点：$n = n_0$，$T = 0$。

额定工作点：$n = n_{RN}$，$T = T_N$。

与固有机械特性相比，理想空载点没变，额定工作点却由于电枢外串电阻 R_{ad} 而发生了变化，在额定负载转矩下，对应的电动机转速为

$$n_{RN} = n_0 - \frac{R_a + R_{ad}}{9.55(K_e \Phi_N)^2} T_N$$

计算出 n_{RN} 后，过（n_0, 0），（n_{RN}, T_N）两点连一条直线，即得到电枢串电阻的人为机械特性曲线。

（2）降低电源电压人为机械特性的绘制。绘制降低电源电压的人为机械特性时，同样也选择两个工作点。

理想空载点：$n = n_0'$，$T = 0$；

额定工作点：$n = n_N'$，$T = T_N$。

降低电源电压时，理想空载转速随之降低，则有

$$n_0' = \frac{U}{K_e \Phi_N}$$

对应额定转矩下的电动机转速变为

$$n_N' = \frac{U}{K_e \Phi_N} - \frac{R_a}{9.55(K_e \Phi_N)^2} T_N$$

计算出 n_0'、n_N' 后，过（n_0', 0），（n_N', T_N）两点连一条直线，即得到降低电压的人为机械特性曲线。

（3）减弱磁通人为机械特性的绘制。绘制减弱磁通的人为机械特性时，也选择两个工作点。

理想空载点：$n = n_0''$，$T = 0$；

额定工作点：$n = n_N''$，$T = T_N$。

减弱磁通时，理想空载转速随之升高，则有

$$n_0'' = \frac{U_N}{K_e \Phi}$$

$$n_N'' = \frac{U_N}{K_e \Phi} - \frac{R_a}{9.55(K_e \Phi)^2} T_N$$

计算出 n_0''、n_N'' 后，过（n_0''，0），（n_N''，T_N）两点连一条直线，即得到减弱磁通的人为机械特性曲线。需注意的是，减弱磁通时，$T=T_N$ 这点所对应的电枢电流 I_a 大于额定电流 I_N，即有

$$I_a = \frac{T_N}{9.55 K_e \Phi}$$

【例题2-1】 一台他励直流电动机，其铭牌数据为：$P_N=10\text{kW}$，$U_N=220\text{V}$，$I_N=50\text{A}$，$n_N=1500\text{r/min}$，额定负载，试绘制并计算：

(1) 固有机械特性；
(2) 电枢回路串电阻 $R_{ad}=0.4\Omega$ 时的人为机械特性和转速 n_{RN}；
(3) 电源电压降低为110V时的人为机械特性和转速 n_N'；
(4) 减弱磁通 $\Phi = 0.8\Phi_N$ 时的人为机械特性和转速 n_N''。

解： (1) 固有机械特性。

计算电枢电阻 R_a：

$$R_a \approx \frac{1}{2}\left(\frac{U_N I_N - P_N}{I_N^2}\right) = \frac{1}{2}\left(\frac{220 \times 50 - 10 \times 10^3}{50^2}\right) = 0.2 \text{（}\Omega\text{）}$$

计算 $K_e \Phi_N$：

$$K_e \Phi_N = \frac{U_N - I_N R_a}{n_N} = \frac{220 - 50 \times 0.2}{1500} = 0.14 \text{ [V/(r/min)]}$$

计算理想空载转速：

$$n_0 = \frac{U_N}{K_e \Phi_N} = \frac{220}{0.14} = 1571 \text{（r/min）}$$

额定电磁转矩 T_N：

$$T_N = 9.55 K_e \Phi_N I_N = 9.55 \times 0.14 \times 50 = 66.85 \text{（N·m）}$$

通过（$T=0, n_0=1571\text{r/min}$）和额定工作点（$T_N=66.85\text{N·m}, n_N=1500\text{r/min}$）在坐标系中绘出固有机械特性，如图2-18中的直线1所示。

(2) 电枢回路串电阻 $R_{ad}=0.4\Omega$ 时的人为机械特性。

理想空载转速不变，$T=T_N$ 时，他励直流电动机的转速为

$$n_{RN} = n_0 - \frac{R_a + R_{ad}}{K_e K_m \Phi_N^2} T_N = n_0 - \frac{R_a + R_{ad}}{9.55(K_e \Phi_N)^2} T_N = 1571 - \frac{0.2+0.4}{9.55 \times 0.14^2} \times 66.85 = 1357 \text{（r/min）}$$

通过（$T=0$，$n_0=1571\text{r/min}$）和工作点（$T_N=66.85\text{N·m}$，$n_{RN}=1357\text{r/min}$）两点连一直线，即可得到电枢回路串电阻 $R_{ad}=0.4\Omega$ 时的人为机械特性，如图2-18中的直线2所示。

(3) 电源电压降低为110V时的人为机械特性。

计算理想空载转速 n_0'：

$$n_0' = \frac{U}{K_e \Phi_N} = \frac{110}{0.14} = 786 \text{（r/min）}$$

此时 Δn_N 不变,因此对应于 $T=T_N$ 的转速为

$$n'_N = n'_0 - \Delta n_N = 786 - (1571 - 1500) = 715 \ (r/min)$$

通过（$T=0$, $n'_0 = 786 r/min$）和工作点（$T_N = 66.85 N\cdot m$, $n'_N = 715 r/min$）两点连一直线,即可得到电源电压降低为110V时的人为机械特性,如图2-18中的直线3所示。

（4）减弱磁通 $\Phi = 0.8\Phi_N$ 时的人为机械特性。

计算理想空载转速 n''_0:

$$n''_0 = \frac{U_N}{K_e\Phi} = \frac{U_N}{0.8 K_e \Phi_N} = \frac{220}{0.8 \times 0.14} = 1964 \ (r/min)$$

$$n''_N = n''_0 - \frac{R_a}{0.8^2 \times 9.55 \times K_e^2 \Phi_N^2} T_N = 1964 - \frac{0.2}{0.8^2 \times 9.55 \times 0.14^2} \times 66.85 = 1852 \ (r/min)$$

通过（$T=0$, $n''_0 = 1964 r/min$）和工作点（$T_N = 66.85 N\cdot m$, $n''_N = 1852 r/min$）两点连一直线,即可得到减弱磁通 $\Phi = 0.8\Phi_N$ 时的人为机械特性,如图2-18中的直线4所示。注意减弱磁通时,$T=T_L$ 所对应的电枢电流大于额定电流 I_N。

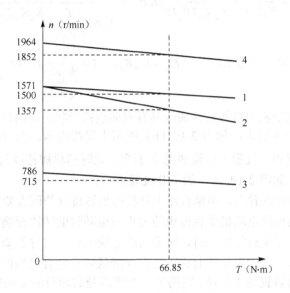

图2-18 例2-1的机械特性曲线图

2.4.2 串励直流电动机的机械特性

串励直流电动机的电路原理图如图2-19（a）所示,其最大特点就是励磁绕组与电枢绕组串联,励磁线圈电流和电枢线圈电流相同,即 $I_f = I_a = I$。因此,其机械特性与他励直流电动机有明显的不同。

在磁路不饱和时,可以近似认为每极磁通和电枢电流成正比,即 $\Phi = K_1 I$,K_1 为比例常数,则转矩可表示为

$$T = K_m \Phi I = K_m(K_1 I)I = K_m K_1 I^2 = K_2 I^2$$

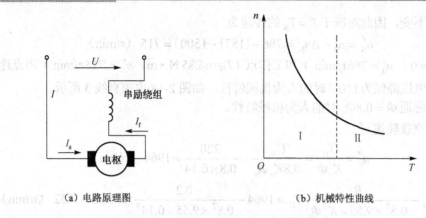

(a) 电路原理图　　　　　　　　　　(b) 机械特性曲线

图 2-19　串励直流电动机的机械特性

其机械特性表达式可写成

$$n = \frac{U}{K_e\Phi} - \frac{R_a}{K_e K_m \Phi^2}T = \frac{U}{K_e K_1 I} - \frac{R_a}{K_e K_m (K_1 I)^2}K_2 I^2 = \frac{U}{K_e K_1 \sqrt{\frac{T}{K_2}}} - \frac{R_a}{K_e K_m K_1^2}K_2 = \frac{A}{\sqrt{T}} - B \quad (2\text{-}23)$$

式中　K_1、K_2、A、B——常数，其中 $K_2 = K_m K_1$，$A = \dfrac{U}{K_e K_1}\Big/\sqrt{K_2}$，$B = \dfrac{R_a}{K_e K_m K_1^2}K_2$。

此时，串励直流电动机的机械特性曲线具有双曲线的形状，n 轴是它的一条近似渐近线，理想空载转速 n_0 趋近于无穷大，如图 2-19（b）的第 Ⅰ 段线所示。当电动机负载较重，电枢电流较大时，磁路趋于饱和，气隙主磁通 Φ 基本不变，此时的机械特性与他励直流电动机相似，其形状近似一条直线，如图 2-19（b）的第 Ⅱ 段线所示。

从图 2-19（b）中可以看出，串励直流电动机的机械特性的硬度要比他励直流电动机小得多，即为软特性。串励直流电动机负载转矩的大小对电动机的转速影响很大，当负载转矩较大时，电动机转速较低；当负载转矩小时，转速又能很快上升。这对于牵引机车一类的运输机械来说是一个很可贵的特性。因为重载时它可以自动降低运行速度以确保运行安全，而轻载时又可以自动升高运行速度以提高生产率。它的另一个优点是启动时的励磁电流大，因为 $\Phi = K_1 I_a$，$T = K_m \Phi I_a = K_m K_1 I_a^2 = K_2 I_a^2 \propto I_a^2$，当电网或电动机允许启动电流为一定值时，串励直流电动机的启动转矩较他励直流电动机要大。因此，串励直流电动机多用于起重运输机械，如市内、矿区电气机车等。

串励直流电动机也可反向运转，但不能使用改变电源极性的方法，因为这时的电枢电流 I_a 与磁通 Φ 同时反向，使电磁转矩 T 依然保持原来的方向，则电动机不可能反转。改变电枢或励磁绕组的接线极性可使其反转，反转时其机械特性形状与正转时相同，但位于第三象限。

这里强调指出，对于串励直流电动机而言，当电枢电流趋近于零时，磁通 Φ 也趋近于零，从式（2-13）可以看出，这时的转速将趋近于无穷大。虽然当 $I_a \approx 0$ 时，磁路中存在着剩磁，但其值很小，转速仍将很高，以至于会出现所谓的"飞车"事故。因此，通常串励直流电动机不允许在空载或轻载（小于额定负载的 15%～20%）下运行，也不允许使用皮带等容易发生断裂或滑脱的传动机构，而应采用齿轮或直接采用联轴器进行耦合。

2.4.3 复励直流电动机的机械特性

复励直流电动机的主磁极上装有两个励磁绕组,一个与电枢绕组串联,另一个与电枢绕组并联,其电路原理图如图 2-20(a)所示。

复励直流电动机通常接成积复励形式。由于它既有并励绕组,又有串励绕组,故其特性介于并励直流电动机与串励直流电动机之间。若励磁绕组以并励为主,则其机械特性接近于并励直流电动机。但由于有串励磁动势的存在及补偿电枢反应的去磁作用,所以其机械特性较硬。若励磁绕组中的串励磁动势起主要作用,则其机械特性接近于串励直流电动机,且由于有并励磁动势存在,所以不会使其空载时出现"飞车"现象。当负载增大时,电枢电流增大,总磁通随之增大,从而使得其转速比并励直流电动机下降更多,此时的机械特性曲线如图 2-20(b)所示。

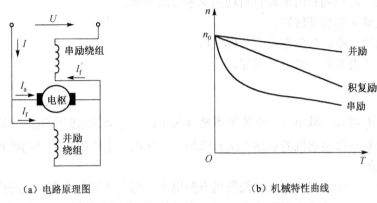

(a)电路原理图　　　　　　　(b)机械特性曲线

图 2-20　复励直流电动机的特性

2.5 他励直流电动机的启动特性

1. 启动特性

电动机接通电源后,转速从 $n=0$ 上升到稳定负载转速 n_L 的过程称为启动过程或启动。电动机启动时,应先给电动机的励磁绕组通入额定励磁电流,以便在气隙中建立额定磁通,然后才能接通电枢回路。

把他励直流电动机的电枢绕组直接接到额定电压的电源上,这种启动方法称为直接启动。启动时,要求电动机有足够大的启动转矩 T_{st} 拖动负载转动起来。启动转矩就是电动机在启动瞬间($n=0$)所产生的电磁转矩,也称堵转转矩,其计算公式为

$$T_{st} = K_m \Phi_N I_{st} \tag{2-24}$$

式中　I_{st}——启动电流,它是 $n=0$ 时的电枢电流,也称堵转电流。

对他励直流电动机而言,在启动开始瞬间,由于机械惯性的影响,电动机转速 $n=0$,$E_a=0$,而 R_a 一般很小,当将电动机直接接入电网并施加额定电压时,启动电流为 $I_{st}=U_N/R_a$,这个电流很大,一般情况下能达到其额定电流的 10~20 倍。过大的启动电流可能产生如下危害。

1)对电动机本身的影响

(1)使电动机在换向过程中产生危险的火花,烧坏整流子。

（2）过大的电枢电流使电枢绕组受到过大的电磁力，可能引起绕组的损坏。

2）对机械系统的影响

与启动电流成正比的启动转矩使运动系统的动态转矩很大，过大的动态转矩会在机械系统和传动机构中产生过大的冲击，使机械传动部件损坏。

3）对供电电网的影响

过大的启动电流将使保护装置动作，切断电源造成事故，或者引起电网电压的下降，影响其他负载的正常运行。

因此，一般情况下，不允许他励直流电动机在额定电压下直接启动。在保证产生足够的启动转矩下，要采取措施减小启动电流 I_{st}，通常他励直流电动机瞬时过载电流不得超过（1.5~2）I_N。事实上，研究他励直流电动机的启动方法只是为了缓解这一矛盾。

由上述可见，对他励直流电动机启动的基本要求应有：

（1）要有足够大的启动转矩；

（2）启动电流要小，限制在安全范围之内；

（3）启动设备要简单、经济、可靠。

2. 启动方法

由 $I_{st}=U_N/R_a$ 可知，减小启动电流的措施有两个：一是降低电源电压；二是加大电枢回路电阻。因此，他励直流电动机的启动方法有降压启动和电枢电路串电阻启动两种。

1）降压启动

所谓降压启动，即在启动瞬间降低供电电源电压，随着转速的升高，反感应电动势增大，再逐步提高供电电压，最后达到额定电压时，电动机达到所要求的转速。如图 2-21（a）所示为降压启动时的接线图。电动机的电枢由可调直流电源供电。启动时，需要先将励磁绕组接通电源，并将励磁电流调到额定值，然后从低到高调节电枢回路的电压。

在启动瞬间，I_{st} 通常限制在（1.5~2）I_N 内，因此启动时的最低电源电压 U_1=（1.5~2）$I_N R_a$，此时启动转矩 T_{st} 大于负载转矩 T_L，电动机开始旋转。随着转速 n 的升高，E_a 也逐渐增大，电枢电流 I_a=（$U-E_a$）/R_a 相应减小，此时电压 U 必须不断升高（手动调节或自动调节），并且使 I_a 保持在（1.5~2）I_N 范围内，直至电压升到额定电压 U_N，电动机进入额定运行状态，启动过程结束。降压启动时的机械特性如图 2-21（b）所示。

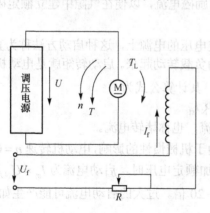
（a）接线图

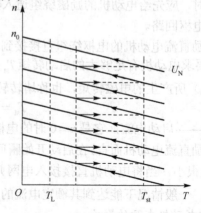
（b）降压启动时的机械特性

图 2-21 降压启动时的接线和机械特性

采用降压启动时，需专用调压电源，这种启动方法的优点是没有启动电阻，启动过程中的平滑性好，能量损耗小，易于实现自动控制；其缺点是要有专用降压设备，成本较高。

降压启动常用于要求经常启动的场合及大、中型直流电动机。

2）电枢电路串电阻启动

电压 $U = U_N$ 不变，在电枢回路中串接启动电阻 R_{st}，可以达到限制启动电流的目的。为了把启动电流限制在最大允许值 I_{max} 以内，电枢回路中应串入的电阻值为

$$R_{st} = \frac{U_N}{I_{max}} - R_a \tag{2-25}$$

启动后，如果仍串接着 R_{st}，则系统只能在较低转速下运行。为了得到额定转速，必须切除 R_{st}，使电动机回到固有特性上工作。但是如果把 R_{st} 一次全部切除，就会产生过大的电流冲击。为保证在启动过程中电枢电流不超过最大允许值，只能切除 R_{st} 的一部分，使系统先工作在某一条中间的人为机械特性上，待转速升高后再切除一部分电阻，如此逐步切除，直到 R_{st} 全部被切除为止。这种启动方法称为串电阻分级启动。

下面以三级启动为例，说明分级启动过程。

如图 2-22 所示为电枢电路串电阻三级启动时的接线和机械特性及启动过程。启动电阻分为三段，即 R_{st1}、R_{st2}、R_{st3}，它们分别与对应的接触器的触点 KM_3、KM_2、KM_1 并联。控制这些接触器，使其触点依次闭合，就可以实现分级启动。图中，T_1 为尖峰（最大）转矩，T_2 为换接（最小）转矩。其机械特性和启动过程如图 2-22（b）所示。

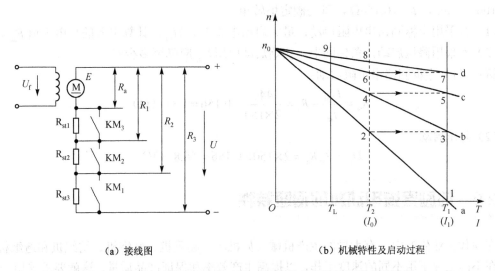

（a）接线图　　　　　　　　　　（b）机械特性及启动过程

图 2-22　电枢电路串电阻三级启动时的接线和机械特性及启动过程

（1）启动开始瞬间，接触器触点 KM_1、KM_2 和 KM_3 均断开，转速 $n = 0$，此时电枢回路的总电阻 $R_3 = R_a + R_{st1} + R_{st2} + R_{st3}$，电动机工作在特性曲线 a，在转矩 T_1 的作用下，转速沿曲线 a 上升；随着转速上升，电流及转矩逐渐减小，产生的加速度也逐渐减小，如果继续加速就要延缓启动过程。

（2）为了缩短启动时间，当速度上升使工作点到达 2 时，KM_1 闭合，即切除电阻 R_{st3}，2 点的电流被称为切换电流，此时电枢回路的总电阻 $R_2 = R_a + R_{st1} + R_{st2}$，电动机的机械特性变为曲线 b。由于机械惯性的作用，电动机的转速不能突变，所以工作点由 2 切换到 3，速度又沿

着曲线 b 继续上升。

（3）当速度上升使工作点到达 4 时，KM_1、KM_2 同时闭合，即切除电阻 R_{st2} 和 R_{st3}，此时电枢回路的总电阻 $R_1 = R_a + R_{st1}$，电动机的机械特性变为曲线 c。由于机械惯性的作用，电动机的转速不能突变，所以工作点由 4 切换到 5，速度又沿着曲线 c 继续上升。

（4）当速度上升使工作点到达 6 时，KM_1、KM_2、KM_3 同时闭合，即切除电阻 R_{st1}、R_{st2}、R_{st3}，此时电枢回路无外加电阻，电动机的机械特性变为固有特性曲线 d，由于机械惯性的作用，电动机的转速不能突变，所以工作点由 6 切换到 7，速度又沿着曲线 d 继续上升直到工作点 9，$T = T_L$，电动机稳定运行，启动过程结束。

启动级数越多，T_1、T_2 越与平均转矩 $T_{av} = (T_1 + T_2)/2$ 接近，启动过程越快而平稳，但所需的控制设备也就越多。我国生产的标准控制柜都是按快速启动原则设计的，一般启动电阻为（3～4）段。多级启动时，T_1、T_2 的数值需按照电动机的具体启动条件决定，一般原则是保持每一级的最大转矩 T_1（或最大电流 I_1）不超过电动机的允许值，而每次切换电阻时的 T_2（或 I_2）也基本相同，一般选择 $T_1 =$（1.5～2）T_N、$T_2 =$（1.1～1.2）T_N。

电枢电路串电阻启动时，设备简单，初始投资小，但在启动过程中能量消耗较多，常用于中、小容量，启动不频繁的直流电动机。技术标准规定，额定功率小于 2kW 的直流电动机，允许采用一级启动电阻器启动；额定功率大于 2kW 的直流电动机，应采用多级电阻器启动或降低电枢电压启动。

【例题 2-2】 一台他励直流电动机，铭牌数据为 $P_N = 60\text{kW}$，$U_N = 440\text{V}$，$I_N = 150\text{A}$，$n_N = 1000\text{r/min}$，$R_a = 0.156\Omega$，驱动额定恒转矩。

（1）若采用电枢回路串电阻启动，最大启动电流 $I_{st} = 2I_N$，计算串入的总电阻值 R_{st}。

（2）若采用降压启动，条件同上，初始启动电压 U_{st} 应降至多少？

解：（1）电枢回路串电阻启动：

$$R_{st} = \frac{U_N}{I_{st}} - R_a = \frac{440}{2 \times 150} - 0.156 = 1.31 \text{（Ω）}$$

（2）降压启动：

$$U_{st} = I_{st} R_a = 2 \times 150 \times 0.156 = 46.8 \text{（V）}$$

2.6 他励直流电动机的调速特性

在现代工业生产中，有大量的生产机械（如机床、起重机、轧钢机、纺织机和造纸机等）要求在不同工况下用不同的速度工作，以提高生产效率和保证产品质量，这就要求采用一定的方法来改变生产机械的工作速度，通常称为调速。

调速可采用机械方法、电气方法或机械电气配合的方法。在用机械方法调速的设备上，速度的调节是通过改变传动机构的速度比来实现的，但机械变速机构较复杂。用电气方法调速时，电动机在一定负载情况下可获得多种转速，且电动机可与工作机构同轴，或只用一套变速机构，虽然采用这种调速方法时的机械装置较简单，但电气上可能较复杂；在机械电气配合的调速设备上，可用电动机获得几种转速，再配合用几套机械变速机构来调速。究竟用何种方案，以及机械电气如何配合，要全面考虑，有时要进行各种方案的技术经济比较后才能决定。

调速与因负载变化而引起的速度变化不同，两者是完全不同的概念。调速是主动的，是在一定的负载条件下，人为改变电动机的电路参数，从而改变电动机的稳定运行速度；而速度变化不是自动进行的，而是被动的。它是指由于电动机的负载转矩发生变化而引起电动机转速的变化，而电气参数未变。

1. 调速指标

在选择和评价某种调速系统时，应考虑其技术指标（如调速范围、调速的相对稳定性及静差率、调速的平滑性等）和经济指标。

1）技术指标

（1）调速范围。调速范围是指电动机在额定负载时所能达到的最高转速 n_{max} 与最低转速 n_{min} 之比，用系数 D 表示，即

$$D = \frac{n_{max}}{n_{min}} \tag{2-26}$$

现代机械设备制造的趋势是力图简化机械结构，减少齿轮等变速机构，从而要求电力拖动系统具有较大的调速范围。不同生产机械要求的调速范围是不同的，如车床的 $D=20\sim120$，龙门刨床的 $D=10\sim40$，机床进给机构的 $D=5\sim200$，轧钢机的 $D=3\sim120$，造纸机的 $D=3\sim20$ 等。

电力拖动系统的调速，一般是通过机械调速和电气调速配合起来实现的。因此，电力拖动系统的调速范围就应该是机械调速范围与电气调速范围的乘积。在此主要研究电气调速范围。在决定调速范围时，需要使用计算负载转矩下的最高和最低转速，但一般计算负载转矩大致等于额定转矩，因此可取额定转矩下的最高和最低转速的比值作为调速范围。

由式（2-26）可知，要想扩大调速范围，必须提高 n_{max} 或降低 n_{min}。但电动机的 n_{max} 受其机械强度、换向等方面的限制，因此一般在额定转速以上时，转速提高的范围不大，而 n_{min} 又受到相对稳定性的限制。

（2）调速的相对稳定性及静差率。相对稳定性是指负载转矩在给定的范围内变化时所引起的速度的变化，它决定于机械特性的斜率。斜率大的机械特性在发生负载波动时，转速变化较大，这会影响到加工质量及生产率。生产机械对机械特性的相对稳定性的程度是有要求的。如果低速时机械特性较软，相对稳定性较差，就会不稳定，负载会变化，且电动机转速可能变得接近于零，甚至可能使生产机械停下来。因此，必须设法得到低速硬特性，以扩大调速范围。

调速的静差率（又称静差度）是指在同一条机械特性上，额定负载时的转速降 Δn 与理想空载转速 n_0 之比，用百分数表示为

$$\delta\% = \frac{\Delta n}{n_0} \times 100\% = \frac{n_0 - n}{n_0} \times 100\% \tag{2-27}$$

显然，电动机的机械特性越硬，Δn 越小，静差率就越小，转速的相对稳定性就越好。各种生产机械在调速时，对静差率的要求是不同，如普通车床要求 $\delta\% \leq 30\%$，龙门刨床要求 $\delta\% \leq 10\%$，高精度的造纸机要求 $\delta\% \leq 0.1\%$。

静差率的概念和机械特性的硬度很相似，但又有不同之处。两条互相平行的机械特性，硬度相同，但静差率不同。例如，高转速时的机械特性的静差率与低转速时的机械特性的静差率相比较，在硬度相等的条件下，前者较小。同样硬度的特性，转速越低，静差率越大。最低转速时的静差率代表系统能达到的静差率。如果在最低转速运行时能满足静差度的要求，则在其

他转速时必能满足要求。

可以看出,当理想空载转速 n_0 相同时,斜率越大,静差率越大,调速的相对稳定性越差;在斜率相同的条件下,n_0 越小,静差率越大,调速的相对稳定性越差。显然,电动机的机械特性越硬,则静差率越小,相对稳定性就越高。

(3) 调速的平滑性。调速的平滑性是指相邻两级转速之比,用系数 φ 表示为

$$\varphi = \frac{n_i}{n_{i-1}} \tag{2-28}$$

式中 n_i、n_{i-1}——相邻两级,即 i 级与 $i-1$ 级的转速。

φ 值越接近于 1,调速的平滑性越好。在一定的范围内,调速的级数越多,则调速的平滑性越好。不同的机械对调速的平滑性要求不同,如龙门刨床要求基本上近似于无级调速。

(4) 调速时的容许输出。调速时的容许输出是指电动机在得到充分利用的情况下,在调速过程中转轴能够输出的功率和转矩。在电动机稳定运行时,实际输出的功率和转矩由负载的需求来决定,因此应使调速方法适应负载的要求。

2) 经济指标

在设计选择调速系统时,不仅要考虑技术指标,而且要考虑经济指标。调速的经济指标决定于调速系统的设备投资、运行效率、维修费用等。各种调速方法的经济指标极为不同,例如,他励直流电动机电枢电路串电阻的调速方法经济指标较低,这是因为电枢电流较大,串接电阻的体积大,所需投资多,运行时会产生大量损耗,效率低。而弱磁调速方法则经济得多,这是因为励磁电流较小,励磁电路的功率仅为电枢电路功率的 1%~5%。总之,在满足一定的技术指标下,确定调速方案时,应力求设备投资少,电能损耗少,而且维修方便。

2. 调速方法

由式(2-13)可知他励直流电动机机械特性的一般公式为

$$n = \frac{U}{K_e\Phi} - \frac{R_a + R_{ad}}{K_e K_m \Phi^2} T \tag{2-29}$$

由式(2-29)可看出,人为地改变外加电枢电压 U、电枢回路外串电阻 R_{ad} 及主磁通 Φ,都可以在相同的负载下,得到不同的转速 n。因此,他励直流电动机的调速方法有降压调速、串电阻调速和弱磁调速三种。不难看出,这三种调速方法正好与三种人为机械特性一一对应。

2.6.1 改变电枢电路外串电阻调速

他励直流电动机保持电源电压和主磁通为额定值,在电枢回路中串入不同阻值的电阻 R_{ad} 时,可以得到如图 2-23 所示的一簇人为机械特性。它们与负载机械特性的交点(工作点)都是稳定的,电动机在这些工作点上运行时,可以得到不同的转速。从该图中可以看出,电枢回路串接电阻,不能改变理想空载转速 n_0,只能改变机械特性的硬度。如在电阻分别为 R_a、$R_a + R_{ad1}$、$R_a + R_{ad2}$ 的情况下,可以得到对应于 A、B、C 点的转速 n_A、n_B、n_C。在不考虑电枢电路的电感时,电动机调速(如降低转速)时的过程如图 2-23 中 A—A'—B 的箭头方向所示,即从稳定转速 n_A 调至新的稳定转速 n_B。所串的附加电阻 R_{ad} 的值越大,特性越软,在一定负载转矩 T_L 下,转速也就越低。在低速下运行时,负载稍有变化,就会使转速发生较大的变化,因此低速时转速的稳定性较差。

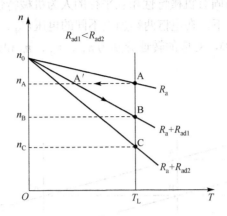

图 2-23 改变电枢电路外串电阻调速的人为机械特性

在额定负载下，电枢电路串电阻调速时能达到的最高转速是额定转速（$R_{ad}=0$），因此其调速方向应为从额定转速向下调节。调速时，如果负载转矩 T_L 为常数，则当电动机在不同转速下运行时，由于电磁转矩都与负载转矩相等，所以电枢电流为

$$I_a = \frac{T}{K_m \Phi_N} = \frac{T_L}{K_m \Phi_N} = 常数$$

也就是说，I_a 与 n 无关。若 $T_L = T_N$，则 I_a 将保持额定值 I_N 不变。

当电枢电路串电阻调速时，外串电阻 R_{ad} 上要消耗电功率 $I_a^2 R_{ad}$，使调速系统的效率降低。调速系统的效率可用系统输出的机械功率 P_2 与输入的电功率 P_1 之比的百分数表示。当电动机的负载转矩 $T_L = T_N$ 时，$I_a = I_N$，$P_1 = U_N I_N = 常数$，若忽略电动机的空载损耗，则 $P_2 = E_a I_N$。这时，调速系统的效率为

$$\eta_R = \frac{P_2}{P_1} \times 100\% = \frac{E_a I_N}{U_N I_N} \times 100\% = \frac{n}{n_0} \times 100\%$$

因此可见，调速系统的效率将随转速 n 的降低成正比的下降。因此，该调速方法是一种耗能的方法。

综上所述，改变电枢电路外串电阻调速的优点是设备简单，初始投资少。但这种方法也存在如下问题：

（1）机械特性较软，电阻越大则特性越软，稳定度越低；
（2）在空载或轻载时，调速范围不大；
（3）实现无级调速困难；
（4）在调速电阻上消耗大量电能等。

该方法的适用场所：正因为电枢电路串电阻调速方法有诸多缺点，所以它在较大容量的直流电动机上很少采用，只是在调速平滑性要求不高，低速工作时间不长，电动机容量不大，采用其他调速方法又不值得的地方才采用这种调速方法。特别注意，启动电阻不能当做调速电阻用，否则将会被烧坏。

2.6.2 改变电动机电枢供电电压调速

保持他励直流电动机的磁通为额定值，电枢回路不串电阻，若将电源电压降低为 U_1、U_2、

U_3 等不同数值，则可得到与固有机械特性相互平行的人为机械特性，如图 2-24 所示。由该图可知，在一定的负载转矩 T_L 下，在电枢两端加上不同的电压 U_N、U_1、U_2 和 U_3，可以分别得到稳定工作点 A、B、C 和 D，对应的转速分别为 n_A、n_B、n_C 和 n_D，因此改变电枢电压可以达到调速的目的。

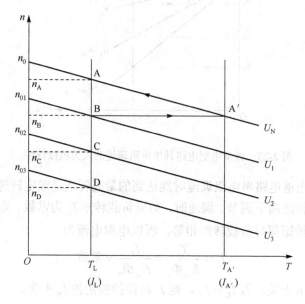

图 2-24　降低电源电压时的人为机械特性

现以电压由 U_1 突然升高至 U_N 为例，说明改变电动机电枢供电电压调速（升速）的过程。当电压为 U_1 时，电动机工作在 U_1 特性上的 B 点，稳定转速为 n_B，当电压突然上升到 U_N 的瞬间，由于系统机械惯性的作用，转速 n 不能突变，相应的反感应电动势 $E = K_e\Phi n$ 也不能突变，它们仍为 n_B 和 E_B。在不考虑电枢电路的电感时，电枢电流将随电压的上升由 I_L 突增至 $I_{A'}$，则电动机的转矩也由 $T = T_L = K_m\Phi I_L$ 突增至 $T' = T_{A'} = K_m\Phi I_{A'}$，即在 U 突增的瞬间，电动机的工作点由 U_1 特性上的 B 点过渡到 U_N 特性上的 A' 点（实际上平滑调节时，I'_A 是不大的）。由于 $T_{A'} > T_L$，所以系统开始加速，反感应电动势 E 也随转速 n 的上升而增加，电枢电流则逐渐减小，电动机转矩也相应减小，工作点将沿 U_N 特性由 A' 点向 A 点移动，直到 $n = n_A$ 时，转矩又下降到 $T = T_L$，此时，电动机工作在一个新的稳定速度 n_A。

电源电压越低，转速也越低，它的调速方向是从基速（额定转速）向下调的。当电源电压为不同值时，机械特性的斜率都与固有机械特性斜率相等，特性较硬。当电动机在低速下运行时，转速随负载变化幅度较小。与电枢回路串电阻调速方法比较，这种方法下的转速的稳定性要好得多。

降低电源电压调速时，$\Phi = \Phi_N$ 是不变的，若电动机拖动恒转矩负载，则系统在不同的转速下稳定运行时，电磁转矩 $T = T_L =$ 常数，电枢电流为

$$I_a = \frac{T_L}{K_m\Phi_N} = 常数$$

如果 $T = T_L$，则 $I_a = I_N$，与转速无关。他励直流电动机的铜损耗 $I_N^2 R_a$ 也与转速无关。由于 R_a 值较小，损耗较小，所以降低电源电压调速的效率高。

降低电源电压调速需要独立可调的直流电源,可采用他励直流发电机或晶闸管整流器作为供电电源。无论采用哪种方法,输出的直流电压都是连续可调的,能实现无级调速。如图2-25所示为晶闸管整流装置供电的直流调速系统。图中,调节触发器的控制电压,可以改变触发器所发出的触发脉冲的相位,即改变整流器的整流电压,从而可改变电动机的电枢电压,进而达到调速的目的。

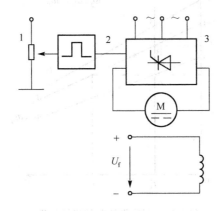

图2-25 晶闸管整流装置供电的直流调速系统

综上所述,改变电动机电枢供电电压调速有如下特点。

(1) 当电源电压连续变化时,转速可以平滑无级调节,一般只能在额定转速以下调节。

(2) 调速特性与固有特性互相平行,机械特性硬度不变,调速的稳定度较高,调速范围较大。

(3) 调速时,因电枢电流与电压 U 无关,且 $\varPhi = \varPhi_N$,所以若电枢电流不变,则电动机输出转矩 $T = K_m \varPhi_N I_a$ 不变。在调速过程中,电动机输出转矩不变的调速特性称为恒转矩调速特性。具有恒转矩调速特性的调速方法适合对恒转矩型负载进行调速。

(4) 可以靠调节电枢电压来启动电动机,而不用其他启动设备。

(5) 低速时电能损耗小,效率高。

该方法的适用场所:降压调速是一种性能优越的调速方法,广泛应用于冶金、机床、矿井提升及造纸机等对调速性能要求较高的设备上。

2.6.3 改变电动机主磁通调速

保持他励直流电动机的电源电压为额定值,电枢电路不外串电阻,在电动机励磁电路中串接可调电阻,改变励磁电流,即可改变磁通。当电动机正常工作时,磁路已经接近饱和,即使励磁电流增加很多,但主磁通 $\varPhi$ 也不能显著地再增加很多,因此一般所说的改变主磁通 $\varPhi$ 的调速方法,都是指向额定磁通以下进行的改变。因此,这种调速方法只能在额定转速以上调速。

他励直流电动机拖动恒转矩负载减弱磁通的升速过程,可用图2-26所示的机械特性来说明。设电动机拖动恒转矩负载稳定运行在固有机械特性上的A点,转速为 n_A。当电动机励磁从 $\varPhi_N$ 降到 $\varPhi_1$ 时,弱磁瞬间转速 n_A 不能突变,而电枢电动势 $E_a = K_e \varPhi n_A$ 因 $\varPhi$ 下降而减小,电枢电流 $I_a = (U_N - E_a)/R_a$ 则增大。由于 R_a 较小,所以 E_a 稍有变化就能使 I_a 增加很多。电磁转矩 $T = 9.55 K_e \varPhi I_a$,此时虽然 $\varPhi$ 减小了,但 $\varPhi$ 减小的幅度小,而 I_a 增加的幅度大,因此电磁转矩总的来说增加了。增大后的电磁转矩为图 2-26 中的 T'。于是 $T' - T_L > 0$,电动机开始升速。随着转速的升高,E_a 增大,I_a 及 T 下降,直到 B 点,$T = T_L$,系统达到新的平衡,电动机在 B 点稳定运行,转速 $n = n_B > n_A$。

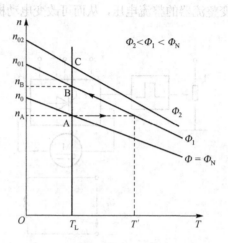

图 2-26 弱磁调速时的机械特性

这里需要注意的是:虽然弱磁前后电磁转矩不变,但弱磁后在 B 点运行时,因磁通减小,电枢电流将与磁通成反比地增大。

弱磁调速方法的优点如下:

(1)在电流较小的励磁电路中进行调节、控制方便,功率损耗小;

(2)用于调速的变阻器功率小,可以较平滑地调节转速,实现无级调速。

其缺点是调速范围较小。

普通的非调磁他励直流电动机所能允许的减弱磁通提高转速的范围是有限的。专门作为调磁使用的电动机,其调速范围可达 (3~4)n_N。限制电动机弱磁升速范围的原因有机械方面的,也有电方面的,如机械强度的限制、整流条件的恶化、电枢反应等。由于弱磁调速范围不大,所以它往往和调压调速配合使用,即以电动机的额定转速为基速,在基速以下调压,在基速以上调磁,以实现双向调速,扩大调节范围。

【例题 2-3】 某台他励直流电动机,额定功率 $P_N = 60\text{kW}$,额定电压 $U_N = 220\text{V}$,额定电流 $I_N = 350\text{A}$,额定转速 $n_N = 1000\text{r/min}$,电枢回路总电阻 $R_a = 0.037\Omega$,生产机械要求的静差率 $\delta \leq 20\%$,调速范围 $D = 4$,最高转速 $n_{\max} = 1000\text{r/min}$,试问采用哪种调速方法能满足要求?

解: 先计算 $K_e \Phi_N$。

$$K_e \Phi_N = \frac{U_N - I_N R_a}{n_N} = \frac{220 - 350 \times 0.037}{1000} = 0.207 \ [\text{V/(r/min)}]$$

理想空载转速为

$$n_0 = \frac{U_N}{K_e \Phi_N} = \frac{220}{0.207} = 1063 \ (\text{r/min})$$

由于 $n_{\max} = n_N$,所以调速时只能从 n_N 向下调速,则电枢电路串电阻调速或降压调速两种方法可供选择。

（1）电枢电路串电阻调速。电枢电路串电阻调速时，理想空载转速 n_0 保持不变，静差率 $\delta = \dfrac{n_0 - n}{n_0}$，若想保持 $\delta \leqslant 20\%$，则最低转速为

$$n_{\min} = n_0(1-\delta) = 1063 \times (1-0.2) = 850 \text{（r/min）}$$

调速范围为
$$D = \frac{n_{\max}}{n_{\min}} = \frac{1000}{850} = 1.176$$

由此可见，采用电枢电路串电阻调速方法不能满足 $D = 4$ 的要求。

（2）降压调速。降压调速时，理想空载转速发生变化，而额定转速降不变，即

$$\Delta n_{\mathrm{N}} = n_0 - n_{\mathrm{N}} = 1063 - 1000 = 63 \text{（r/min）}$$

若要保持 $\delta \leqslant 20\%$，则最低理想空载转速为

$$n_{0\min} = \frac{\Delta n_{\mathrm{N}}}{\delta} = \frac{63}{0.2} = 315 \text{（r/min）}$$

对应的最低转速为
$$n_{\min} = n_{0\min} - \Delta n_{\mathrm{N}} = 315 - 63 = 252 \text{（r/min）}$$

此时的调速范围为
$$D = \frac{n_{\max}}{n_{\min}} = \frac{1000}{252} = 3.968 \approx 4$$

由此可见，采用降压调速方法可满足调速性能指标的要求。

【例题 2-4】 某台他励直流电动机，铭牌数据为 $P_{\mathrm{N}} = 22\text{kW}$，$U_{\mathrm{N}} = 220\text{V}$，$I_{\mathrm{N}} = 115\text{A}$，$n_{\mathrm{N}} = 1500\text{r/min}$，电枢回路总电阻 $R_{\mathrm{a}} = 0.1\Omega$，忽略空载转矩 T_0，电动机带动额定负载运行，要求把转速降低到 1000r/min，试计算：

（1）采用电枢电路串电阻调速时需串入的电阻值？此时的静差率是多少？

（2）采用降压调速时需把电源电压降低到多少伏？此时的静差率是多少？

（3）上述两种调速情况下，电动机的输入功率和输出功率是多少？（输入功率不计励磁回路的功率）

（4）若采用弱磁调速，要求负载转矩 $T_{\mathrm{L}} = 0.6T_{\mathrm{N}}$，转速升为 $n = 2000\text{r/min}$，此时磁通 $\varPhi$ 应该降为额定值的多少分之一？

解： 先计算 $K_{\mathrm{e}}\varPhi_{\mathrm{N}}$。

$$K_{\mathrm{e}}\varPhi_{\mathrm{N}} = \frac{U_{\mathrm{N}} - I_{\mathrm{N}}R_{\mathrm{a}}}{n_{\mathrm{N}}} = \frac{220 - 115 \times 0.1}{1500} = 0.139 \text{ [V/（r/min）]}$$

理想空载转速为
$$n_0 = \frac{U_{\mathrm{N}}}{K_{\mathrm{e}}\varPhi_{\mathrm{N}}} = \frac{220}{0.139} = 1582.7 \text{（r/min）}$$

额定转速降为
$$\Delta n_{\mathrm{N}} = n_0 - n_{\mathrm{N}} = 1582.7 - 1500 = 82.7 \text{（r/min）}$$

（1）电枢电路串电阻调速。

由机械特性方程式 $n = \dfrac{U_{\mathrm{N}}}{K_{\mathrm{e}}\varPhi_{\mathrm{N}}} - \dfrac{R_{\mathrm{a}} + R_{\mathrm{ad}}}{K_{\mathrm{e}}K_{\mathrm{m}}\varPhi^2}T_{\mathrm{N}} = \dfrac{U_{\mathrm{N}} - (R_{\mathrm{a}} + R_{\mathrm{ad}})I_{\mathrm{N}}}{K_{\mathrm{e}}\varPhi_{\mathrm{N}}}$，可知串入的电阻为

$$R_{\mathrm{ad}} = \frac{U_{\mathrm{N}} - K_{\mathrm{e}}\varPhi_{\mathrm{N}}n_{\min}}{I_{\mathrm{N}}} - R_{\mathrm{a}} = \frac{220 - 0.139 \times 1000}{115} - 0.1 = 0.605 \text{（Ω）}$$

静差率
$$\delta = \frac{n_0 - n_{\min}}{n_0} \times 100\% = \frac{1582.7 - 1000}{1582.7} \times 100\% = 36.82\%$$

（2）降压调速。

降压调速时的理想空载转速为
$$n_{01} = n + \Delta n_N = 1000 + 82.7 = 1082.7 \text{ (r/min)}$$

设降低后的电源电压为 U_1，则有
$$\frac{U_1}{U_N} = \frac{n_{01}}{n_0}$$

因此有
$$U_1 = \frac{n_{01}}{n_0} U_N = \frac{1082.7}{1582.7} \times 220 = 150.5 \text{ (V)}$$

转速降 $\Delta n = \Delta n_N$，则静差率为
$$\delta = \frac{\Delta n}{n_{01}} \times 100\% = \frac{82.7}{1082.7} \times 100\% = 7.64\%$$

（3）输入功率、输出功率的计算。

电动机降速后，电动机输出转矩为
$$T_2 = T_N = 9550 \frac{P_N}{n_N} = 9550 \times \frac{22}{1500} = 140.1 \text{ (N·m)}$$

电枢电路串电阻调速与降压调速时系统的输出功率相同，即
$$P_2 = \frac{T_2 n}{9550} = \frac{140.1 \times 1000}{9550} \text{ (kW)} = 14670 \text{ (W)}$$

电枢电路串电阻调速时，输入功率为
$$P_1 = U_N I_N = 220 \times 115 = 25300 \text{ (W)}$$

降压调速时，输入功率为
$$P_1 = U_1 I_N = 150.5 \times 115 = 17308 \text{ (W)}$$

（4）负载转矩 $T_L = 0.6 T_N$，转速升为 $n = 2000 \text{r/min}$ 时，电动机额定电磁转矩为
$$T_N = 9.55 K_e \Phi_N I_N = 9.55 \times 0.139 \times 115 = 152.66 \text{ (N·m)}$$

将调速后的转矩与转速等数据代入机械特性方程式中，可得
$$n = \frac{U_N}{K_e \Phi} - \frac{R_a}{K_e K_m \Phi^2} T = \frac{220}{K_e \Phi} - \frac{0.1}{9.55 (K_e \Phi)^2} \times 0.6 \times 152.66 = 2000 \text{ (r/min)}$$

求解，得
$$K_e \Phi = 0.1054 \text{ [V/(r/min)] } \text{或} K_e \Phi = 0.0045 \text{ [V/(r/min)]}$$

若取 $K_e \Phi = 0.0045 \text{ V/(r/min)}$，则磁通减少太多，这样小的磁通要想产生 $0.6 T_N$ 的电磁转矩，所需要的电枢电流远大于 I_N。因此，应取 $K_e \Phi = 0.1054 \text{ V/(r/min)}$，则有
$$\frac{\Phi}{\Phi_N} = \frac{K_e \Phi}{K_e \Phi_N} = \frac{0.1054}{0.139} = 0.76$$

2.7 他励直流电动机的制动特性

在生产实践中，电动机拖动的机电系统有启动的要求，也就必然有停止的要求，有些系统还要求实现频繁的启停。电动机的制动是与启动相对应的一种工作状态。启动是从静止加速到某一稳定转速，而制动则是从某一稳定转速很快减速停车，或是为了限制电动机转速的升高，

使其在某一转速下稳定运行，以确保设备和人身安全。

电动机制动方法有机械制动和电气制动。电动机在运行时，如果切断电枢电源，系统的转速就会慢慢地降下来，最后停车，这种制动方法称为自由停车。自由停车是靠很小的摩擦转矩实现的，所需时间较长，难以满足生产机械的要求。机械制动是指采用机械抱闸进行制动，这种制动虽然可以加快制动过程，但闸皮磨损严重，会增加维修工作量。因此对需要频繁快速启动、制动和反转的生产机械，一般都不采用这两种制动方法，而采用电气制动的方法，即由电动机本身产生一个与转动方向相反的电磁转矩（即制动转矩）来实现制动。其优点是制动转矩大，制动时间短，便于控制，容易实现自动化。

就能量转换的观点而言，电动机有两种工作状态，即电动状态和制动状态。电动状态是电动机最基本的工作状态，其特点是电动机所发出的转矩 T 与转速 n 的方向相同，如图 2-27（a）所示，当起重机提升重物时，电动机将电源输入的电能转换成机械能，使重物 G 以速度 v 上升；但电动机也可工作在其发出的转矩 T 与转速 n 方向相反的状态，如图 2-27（b）所示，这就是电动机的制动状态。此时为使重物稳速下降，电动机必须发出与转速方向相反的转矩，以吸收或消耗重物的机械位能，否则重物由于重力作用，其下降速度将越来越快。

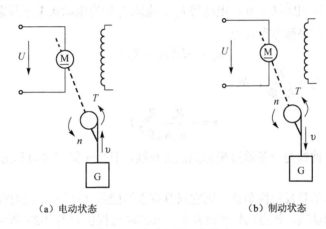

图 2-27 电动机的工作状态

从上述分析可以看出电动机的制动状态主要有两种形式：

一是对于位能性负载，为限制其运动速度，电动机的转速不变，以保持重物的匀速下降，这属于稳定的制动状态；

二是在降速或停车制动过程中，电动机的转速是变化的，这属于过渡的制动状态。

两种制动状态的区别在于转速是否发生变化。它们的共同点是电动机发出的转矩 T 与转速 n 的方向相反，电动机工作在发电机运行状态，电动机吸收或消耗机械能（位能或动能），并将其转化为电能反馈回电网或消耗在电枢电路的电阻中。

根据他励直流电动机处于制动状态时的外部条件和能量传递情况，它的制动状态分为能耗制动、反接制动、反馈制动三种形式。

2.7.1 能耗制动

1. 制动原理

电动机在电动状态运行时，把外加电枢电压 U 突然降为零，而将电枢用一个附加电阻 R_{ad} 短

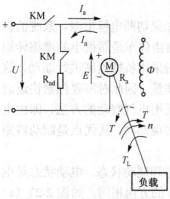

图 2-28 能耗制动原理图

接起来，便能得到能耗制动状态，其原理如图 2-28 所示。也就是说，制动时，接触器 KM 断电，其常开触点断开，常闭触点闭合。这时，由于机械惯性的影响，转速 n 保持与原电动机运行状态相同的方向和大小，电动势 E_a 的方向与大小也与电动状态相同。显然，因 $U=0$，则有

$$I_a = -\frac{E_a}{R_a + R_{ad}}$$

电枢电流为负值，说明其方向与电动状态的正方向相反，转矩 $T = K_m \Phi I_a$ 也与电动状态相反，因此 T 与 n 反向，T 变成制动转矩。这时由工作机械的机械能带动电动机发电，使传动系统储存的机械能转变成电能，并通过电阻（电枢电阻 R_a 和附加的制动电阻 R_{ad}）转化成热量消耗掉，因此称之为"能耗"制动。

2. 机械特性及制动电阻的计算

由图 2-28 可看出，电压 $U=0$，电动势 E_a、电流 I_a 仍为电动状态下假定的正方向，因此能耗制动状态下的电动势平衡方程式为

$$E_a = -I_a(R_a + R_{ad}) \tag{2-30}$$

因 $E_a = K_e \Phi n$，$I_a = \dfrac{T}{K_m \Phi}$，故有

$$n = -\frac{R_a + R_{ad}}{K_e K_m \Phi^2} T \tag{2-31}$$

对应的机械特性曲线是一条通过坐标原点的直线，且位于第二象限和第四象限，如图 2-29 中的直线 2 所示。

如果电动机带动的是反抗性负载，则它只具有惯性能量（动能），此时能耗制动的作用是消耗掉传动系统储存的动能，使电动机迅速停车。其制动过程也如图 2-29 所示，设电动机原来运行在 a 点，转速为 n_a，开始制动瞬间 n_a 不能突变，电动机从工作点 a 过渡到能耗制动机械特性的 b 点上，这时电动机的转矩 T 为负值（因为此时在电动势 E 的作用下，电枢电流 I_a 反向），是制动转矩。在制动转矩和负载转矩共同作用下，拖动系统迅速减速，电动机工作点沿特性曲线 2 上的箭头方向变化。随着转速 n 的下降，制动转矩也逐渐减小，直到原点，电动机转矩及转速都下降到零。制动作用自行结束。

如果是位能性负载，则在制动到 $n=0$ 时，重物还将拖着电动机反转，使电动机向下降的方向加速，即电动机进入第四象限的能耗制动状态。随着转速的升高，电动势 E_a 增加，电流和制动转矩也增加，系统的状态由能耗制动特性曲线 2 的原点向 c 点移动，当 $T=T_L$ 时，系统进入稳定平衡状态，电动机以转速 $-n_2$ 使重物匀速下降。采用能耗制动下放重物的主要优点是能够可靠稳定地控制下降速度。

能耗制动通常应用于拖动系统需要迅速而准确地停车及卷扬机类负载恒速下放的场合。改变制动电阻 R_{ad} 的大小，可得到不同斜率的特性，仍如图 2-29 所示。在一定负载转矩 T_L 的作用下，采用不同大小的制动电阻 R_{ad}，便有不同的稳定转速（如 $-n_1$，$-n_2$，$-n_3$）；或者在一定的转速 n_a 下，可使制动电流与制动转矩不同（如 $-T_1$，$-T_2$，$-T_3$）。R_{ad} 越小，制动特性越平，

也即制动转矩越大,制动效果越强烈。但 R_{ad} 又不宜太小,否则 b 点的电枢电流和转矩将超过允许值,如果将制动开始时的电枢电流限制在最大允许值 I_{max} 上,这时电枢回路外串电阻的最小值为

$$R_{ad} = -\frac{E_a}{I_{max}} - R_a \qquad (2-32)$$

式中 E_a——制动开始时电动机的电枢电动势;

I_{max}——制动开始时的最大允许电流,应代入负值。

综上所述,能耗制动是利用系统的动能或负载的位能来获得制动的,不需要电网输入功率,比较经济,而且操作简单。然而,制动转矩随转速的降低而减小,由此会拖长制动时间。为了克服这一缺点,当制动转矩随转速下降而减小到某一数值时,可切除一部分制动电阻,如图 2-30 所示,使运行点从图中的 d 点转换到特性曲线上的 e 点,则制动转矩又会增大,从而可加强制动效果。

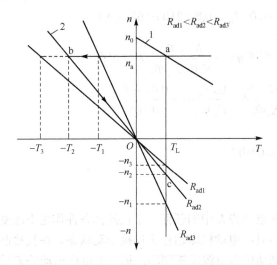

图 2-29 能耗制动机械特性(1)　　图 2-30 能耗制动机械特性(2)

【例题 2-5】 某台他励直流电动机,额定功率 $P_N = 40\text{kW}$,额定电压 $U_N = 220\text{V}$,额定电流 $I_N = 210\text{A}$,额定转速 $n_N = 1000\text{r/min}$,电枢回路电阻 $R_a = 0.07\Omega$。试求:

(1)在额定负载下进行能耗制动,欲使制动电流等于 $2I_N$ 时,电枢应外接多大的电阻 R_{ad}?

(2)求出它的机械特性方程式。

(3)如果电枢直接短接,制动电流应为多大?

(4)当电动机拖动位能负载 $T_L = 0.8T_N$ 时,要求在能耗制动中以 800r/min 的稳定转速下放重物,求电枢回路中应串接的电阻值。

解:(1)额定负载时,电动机电动势为

$$E_a = U_N - I_N R_a = 220 - 210 \times 0.07 = 205.3 \text{ (V)}$$

依题意,要求

$$I_{max} = -2I_N = -2 \times 210 = -420 \text{ (A)}$$

则能耗制动时,电枢应外接电阻

$$R_{ad} = -\frac{E_a}{I_{max}} - R_a = -\frac{205.3}{-420} - 0.07 = 0.419 \text{ (}\Omega\text{)}$$

(2) 因为

$$K_e\Phi_N = \frac{E_a}{n_N} = \frac{205.3}{1000} = 0.2053 \text{ [V/(r/min)]}$$

所以机械特性方程为

$$n = -\frac{R_a + R_{ad}}{K_e\Phi_N K_m\Phi_N}T = -\frac{R_a + R_{ad}}{9.55(K_e\Phi_N)^2}T = -\frac{0.07 + 0.419}{9.55 \times (0.2053)^2}T = -1.215T$$

(3) 若电枢直接短接，则制动电流为

$$I_a = -\frac{E_a}{R_a} = -\frac{205.3}{0.07} = -2933 \text{ (A)}$$

此电流约为额定电流的 14 倍，由此可见能耗制动时，不允许直接将电枢短接，必须接入一定数值的制动电阻。

(4) 当 $T_L = 0.8T_N$ 时，电动机稳定下放重物时的电枢电流为

$$I_a = \frac{T}{K_m\Phi_N} = \frac{T_L}{K_m\Phi_N} = \frac{0.8T_N}{K_m\Phi_N} = 0.8I_N = 0.8 \times 210 = 168 \text{ (A)}$$

将转速、转矩等数据带入制动机械特性方程式 $n = -\frac{R_a + R_{ad}}{K_e\Phi_N K_m\Phi_N}T$，可得

$$-800 = -\frac{R_a + R_{ad}}{K_e\Phi_N K_m\Phi_N}T = -\frac{0.07 + R_{ad}}{K_e\Phi_N} \cdot \frac{0.8T_N}{K_m\Phi_N} = -\frac{0.07 + R_{ad}}{0.2053} \times 168$$

解得

$$R_{ad} = 0.91\Omega$$

2.7.2 反接制动

他励直流电动机的外加电枢电压 U 与电枢电动势 E 中的任何一个在外部条件作用下改变了方向，也即电压 U 与电枢电动势 E 变为同方向时，电动机即运行于反接制动状态。在反接制动中，把改变电枢电压 U 的方向所产生的反接制动称为电源反接制动，把改变电枢电动势 E 的方向所产生的反接制动称为倒拉反接制动。

1. 电源反接制动

1）制动原理

如图 2-31（a）所示为电源反接制动的原理图。若电动机原运行在正向电动状态，电动机电枢电压 U 的极性如图中虚线所示，此时电动机稳定运行在机械特性曲线 1 的 a 点上，如图 2-31（b）所示，转速为 n_a。若电枢电压 U 的极性突然反接，如图 2-31（a）中的实线所示，即把电源电压 U 反向接到电动机电枢两端，U 与反电动势 E 方向一致，则此时几乎有近两倍的额定电压加到电枢回路两端，由于电枢电阻 R_a 的阻值很小，所以将会产生很大的反向电流。为了限制过大的电流，电压反接的同时，在电枢回路中串入了反接制动电阻 R_{ad}。

电压反接瞬间，转速 n 不能突变，工作点从 a 点过渡到电压反接的人为机械特性曲线 2 的 b 点上，此时，电枢电流 I_a 为

$$I_a = \frac{-U - E_a}{R_a + R_{ad}} = -\frac{U + E_a}{R_a + R_{ad}} \tag{2-33}$$

I_a 变为负值,电磁转矩 T_b 也变为负值,T_b 与 n 反向,成为制动转矩,电动机工作在制动状态。在 $(-T_b-T_L)$ 的共同作用下,电动机转速迅速下降,沿曲线 2 变化,到 c 点,$n=0$,制动过程结束。这时若电枢还不从电源拉开,电动机将反向启动,并在 d 点(T_L 为反抗转矩时)或 f 点(T_L 为位能转矩时)建立系统的稳定平衡点。

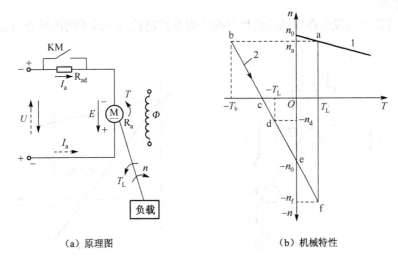

(a) 原理图　　　　　　　　　(b) 机械特性

图 2-31　直流电动机的电源反接制动运行

2) 机械特性及制动电阻的计算

电源反接制动的特点是 U 反向,$R=R_a+R_{ad}$,因此其理想空载转速变为 $\frac{-U}{K_e\Phi}=-n_0$。将 $E_a=K_e\Phi n$,$I_a=\dfrac{T}{K_m\Phi}$ 带入式(2-33)中,便可得其机械特性方程为

$$n=-n_0-\frac{R_a+R_{ad}}{K_eK_m\Phi^2}T \tag{2-34}$$

式(2-34)中,T 应以负值代入。n 为正值,则该机械特性曲线位于第二象限,如图 2-31(b) 中的 bc 段所示。

电压反接制动到达 c 点时,$n=0$,电磁转矩 T_c 为负值,此时:

(1) 如果要求停车,就必须马上拉闸断开电源,并施加机械抱闸;

(2) 如果负载是反抗性负载,当 $|T_c|>|T_L|$ 时,$(-T_c+T_L)<0$,使 $\dfrac{d(-n)}{dt}>0$,电动机将反向启动,并加速到 d 点稳定运行 $(-T_d=-T_L)$,这时电动机工作在反向电动状态;

(3) 如果负载是位能性负载,无论 $|T_c|$ 多大,都有 $(-T_c-T_L)<0$,$\dfrac{d(-n)}{dt}>0$,在位能性负载和 T_c 的共同作用下,电动机都将反向加速,并且加速到 f 点稳定运行,如图 2-31(b) 所示。

为了保证反接制动最大电流不超过 $2I_N$,则应使

$$R_a+R_{ad}\geqslant\frac{U+E_a}{2I_N}\approx\frac{2U}{2I_N}=\frac{U}{I_N}$$

即

$$R_{ad}\geqslant\frac{U}{I_N}-R_a$$

电源反接制动一般应用在生产机械要求迅速减速、停车和反向的场合及要求经常正、反转的机械上。

2. 倒拉反接制动

1）制动原理

这种制动方法一般发生在拖动位能性负载由提升重物转为下放重物的场合，其原理和机械特性如图 2-32 所示。

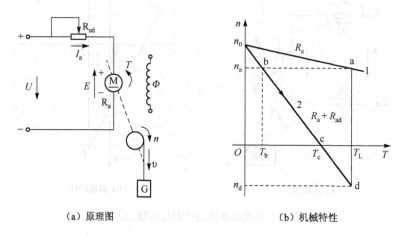

（a）原理图　　　　　　　　（b）机械特性

图 2-32　直流电动机的倒拉反接制动运行

在进行倒拉反接制动以前，设电动机处于正向电动状态，在提升重物 G 时，电动机运行在电动状态下的机械特性上的 a 点，转速为 n_a，负载转矩为 T_L，电磁转矩 $T_a = T_L$，如果电动机的电源方向保持不变，在电枢回路中串入足够大的电阻 R_{ad}，使机械特性由曲线 1 变为曲线 2，则在串入电阻 R_{ad} 瞬间，转速不能突变，电枢电流和转矩突然减小，工作点由 a 点突变到对应的人为机械特性的 b 点上，这时 $T_b < T_L$，因此传动系统转速下降（即提升重物上升的速度减慢），沿着特性曲线 2 向下移动，减速到 c 点。此时，$n=0$，重物停止提升，电动状态的减速过程结束。

在 c 点，电磁转矩 $T_c < T_L$，则在位能性负载转矩 T_L 的拖动下，电动机将反向加速，开始下放重物，机械特性进入第四象限。这时电磁转矩 T 的方向没有改变，但转速 n 改变了方向，T 与 n 方向相反，T 为制动转矩，电动机运行在制动状态。由于转速 n 反向，所以电动势 E_a 也反向，则电枢电流 I_a 为

$$I_a = \frac{U-(-E_a)}{R_a + R_{ad}} = \frac{U + E_a}{R_a + R_{ad}}$$

也就是说，电动机过 c 点后，转矩 T 和电枢电流 I_a 的方向仍为正方向，但电磁转矩 T 仍小于负载转矩 T_L，电动机继续反向加速，使电动势 E_a 值增大，I_a 与 T 也相应增加。直到 d 点，$T_d = T_L$，电动机以恒定的转速 n_d 下放重物。由于这时重物是靠位能性负载转矩 T_L 的作用下放的，而电动机的转矩 T 是反对重物下放的，故电动机起制动作用，这种工作状态称为倒拉反接制动或电势反接制动状态。

2）机械特性

倒拉反接制动只是在电枢回路中串入了大电阻 R_{ad}，其他条件都没有变。因此其机械特性方

程式与电动状态下电枢回路串电阻的人为机械特性方程式相同，即

$$n = n_0 - \frac{R_a + R_{ad}}{K_e K_m \Phi^2} T$$

注意，此时因 R_{ad} 很大，$\frac{R_a + R_{ad}}{K_e K_m \Phi^2} T > n_0$，故 n 为负值，特性位于第四象限，如图 2-32（b）中人为机械特性曲线 2 上的 cd 段所示。显而易见，适当选择电枢电路中附加电阻 R_{ad} 的值，可得到不同的下降速度，且附加电阻 R_{ad} 的值越小，下降速度越低，因此这种制动方式可以得到极低的下降速度，保证了生产安全。倒拉反接制动常用于控制位能性负载的下降速度，使之不至于在重物作用下有越来越大的加速度。其不足之处是，若对 T_L 的大小估计不足，则本应下降的重物可能向上升的方向运动。另外，其机械特性硬度小，因而较小的转矩波动便可能引起较大的转速波动，即速度的稳定性差。

2.7.3 反馈制动

电动机为正常接法，在外部条件作用下电动机的实际转速高于理想空载转速，即 $n > n_0$ 时，$E_a > U$，迫使电枢电流 I_a 改变方向，I_a 由电枢流向电源，$UI_a < 0$，电动机处于发电状态，向电源馈送电功率 UI_a。因为 I_a 反向，所以电磁转矩 T 也改变方向，使 T 与 n 反向，T 为制动转矩。像这样，电动机既工作在制动状态，又向电源反馈能量的工作状态称为反馈制动，也称再生制动或发电制动。反馈制动包括正向反馈制动和反向反馈制动。

1. 正向反馈制动

如图 2-33 所示，电动机原来在固有机械特性曲线 1 的 a 点上稳定运行，转速为 n_a。因调速把电源电压突然降到 U_1 时，理想空载转速由 n_0 降到 n_{01}，则电动机的人为机械特性向下平移，变为曲线 2。在降低电压瞬间，n_a 不能突变，工作点将从 a 点过渡到人为机械特性曲线 2 的 b 点上。由于 $n_a > n_{01}$，所以 $E_a > U_1$，电枢电流将改变方向，$I_a < 0$，电磁转矩 $T < 0$，T 与 n 方向相反，成为制动转矩，功率 $U_1 I_a$、$E_a I_a$ 都为负值，表示此时电动机作为发电机运行，进入反馈制动状态。在 T 与 T_L 的作用下，电动机减速，运行点沿人为机械特性曲线 2 变化。到 c 点时，$n = n_{01}$，$E_a = U_1$，I_a 及 T 均降到零，反馈制动结束。此后，系统在负载转矩 T_L 的作用下继续减速，电动机运行点进入第 I 象限，$n < n_{01}$，$E_a < U_1$，I_a 及 T 均变为正，电动机又恢复为正向电动状态，但由于 $T < T_L$，所以 n 将继续下降，直到 d 点，$T = T_L$，$n = n_d$，电动机稳定运行。

2. 反向反馈制动

电动机带位能性负载下放重物时，如果采用电压反接制动，则电动机将进入反向反馈制动状态，如图 2-31（b）所示。

前面曾介绍过，电压反接制动到 c 点时，$n = 0$，电磁转矩 T_c 为负值，如图 2-31（b）所示。此时，如果电动机拖动的是位能性负载，则无论 $|T_c|$ 多大，在位能性负载和 T_c 的共同作用下，会使电动机反向加速，这时 T 与 n 同方向，均为负，电动机运行于反向电动状态，直到 $n = -n_0$，$T = 0$，反向电动状态才结束。但在位能性负载转矩 T_L 作用下，电动机仍继续反向加速，电动机进入第 IV 象限，出现 $|-n| > |-n_0|$ 的情况，此时，$|-E_a| > |-U_N|$，电动机向电网回送能量，电枢电流 I_a 改变了方向，即 $I_a > 0$，电磁转矩 T 也变为正，与 $-n$ 的方向相反，即为制动转矩，此时电

动机的运行状态变为反馈制动状态。随着$|-n|$的增加,电磁转矩T不断增大,制动作用不断加强,直到 e 点,$T=T_L$,电动机稳定运行,重物以恒定的转速n_e下放。

综上所述,在电动机拖动位能性负载进行电压反接制动直到稳定运行的全过程中,电动机要经历电压反接制动、反向电动和反馈制动三种运行状态。

需注意的是,电动机带位能性负载采用电压反接制动下放重物,当进入反馈制动状态并稳定运行时,由于电枢回路中所串电阻R_{ad}很大(为了限制反接瞬间制动电流),下放重物的转速很高,$|-n_e|>|-n_0|$,所以为了避免重物下放的速度过高,一般要在反向启动到$|-n|$接近$|-n_0|$时,切除制动电阻R_{ad},使电动机回到固有机械特性上运行,这样,当电动机进入反馈状态时,由于电枢回路中没有外串电阻,则可以使 g 点的转速低于 e 点的转速,如图 2-34 所示。即使这样,电动机的转速$|-n_g|$仍高于$|-n_0|$,因此反向反馈制动方法仅仅在下放轻的物体或者空载时才采用。

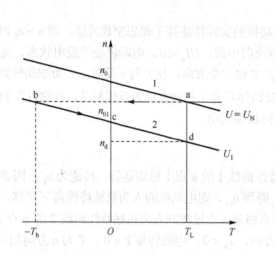
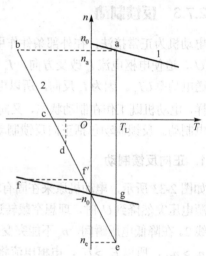

图 2-33 降低电源电压的反馈制动机械特性　　图 2-34 反向反馈制动机械特性

【**例题 2-6**】他励直流电动机,额定功率$P_N=22\text{kW}$,额定电压$U_N=220\text{V}$,额定电流$I_N=115\text{A}$,额定转速$n_N=1500\text{r/min}$,电枢回路电阻$R_a=0.1\Omega$,最大允许电流$I_{amax}\leqslant 2I_N$,负载转矩$T_L=0.9T_N$,原在固有机械特性上运行,试计算:

(1)电动机拖动反抗性恒转矩负载,若采用能耗制动停车,电枢回路应串入的最小电阻为多少?

(2)电动机拖动反抗性恒转矩负载,若采用电源反接制动停车,电枢回路应串入的制动电阻的最小值为多少?

(3)电动机拖动位能性恒转矩负载(如起重机),传动机构的损耗转矩$\Delta T=0.1T_N$,要求电动机以$n=-200\text{r/min}$恒速下放重物,采用能耗制动运行,电枢回路应串入多大的电阻?该电阻上消耗的功率是多少?

(4)电动机拖动同一位能性负载,电动机运行在$n=-1000\text{r/min}$时,匀速下放重物,若采用倒拉反转运行,电枢回路应串入多大的电阻?该电阻上消耗的功率是多少?

(5)电动机拖动同一位能性负载,若采用反向反馈制动下放重物,稳定下放时电枢回路中不串电阻,则电动机的转速是多少?

解： 先计算 $K_e\Phi_N$。

$$K_e\Phi_N = \frac{U_N - I_N R_a}{n_N} = \frac{220 - 115 \times 0.1}{1500} = 0.139 \ [\text{V}/(\text{r/min})]$$

理想空载转速为

$$n_0 = \frac{U_N}{K_e\Phi_N} = \frac{220}{0.139} = 1583 \ (\text{r/min})$$

额定转速降为

$$\Delta n_N = n_0 - n_N = 1583 - 1500 = 83 \ (\text{r/min})$$

电动机稳定运行时，电磁转矩为

$$T = T_L = 0.9T_N = 0.9 \times K_m\Phi_N I_N = 0.9 \times 9.55 K_e\Phi_N I_N = 0.9 \times 9.55 \times 0.139 \times 115 = 137.4 \ (\text{N}\cdot\text{m})$$

（1）能耗制动停车时，电枢回路应串入的最小电阻的计算。

能耗制动前，电动机稳定运行的转速为

$$n = \frac{U_N}{K_e\Phi_N} - \frac{R_a}{9.55(K_e\Phi_N)^2}T = \frac{220}{0.139} - \frac{0.1}{9.55 \times 0.139^2} \times 137.4 = 1508 \ (\text{r/min})$$

电动势为

$$E_a = K_e\Phi_N n = 0.139 \times 1508 = 209.6 \ (\text{V})$$

能耗制动时，$R_{ad} = -\dfrac{E_a}{I_{amax}} - R_a$，可得

$$R_{ad} = -\frac{E_a}{I_{amax}} - R_a = -\frac{209.6}{-2 \times 115} - 0.1 = 0.811 \ (\Omega)$$

（2）电源反接制动停车时，电枢回路应串入的最小电阻 R_{ad} 的计算。

因为

$$-U_N = E_a + I_a(R_a + R_{ad})$$

$$I_a = I_{amax}$$

则

$$R_{ad} = \frac{-U_N - E_a}{I_{amax}} - R_a = \frac{-220 - 209.6}{-2 \times 115} - 0.1 = 1.768 \ (\Omega)$$

（3）能耗制动运行时，电枢回路应串入电阻及消耗功率的计算。

采用能耗制动下放重物时，电源电压 $U_N = 0$，负载转矩变为

$$T_{L1} = T_L - 2\Delta T = 0.9T_N - 2 \times 0.1T_N = 0.7T_N$$

稳定下放重物时，$T = T_{L1}$，此时电枢电流为

$$I_a = \frac{T_{L1}}{K_m\Phi_N} = \frac{0.7T_N}{K_m\Phi_N} = 0.7 I_N = 0.7 \times 115 = 80.5 \ (\text{A})$$

对应转速为 $-200 \, \text{r/min}$ 时的电枢电动势为

$$E_a = K_e\Phi_N n = 0.139 \times (-200) = -27.8\text{V} \ (\text{V})$$

电枢回路中应串入的电阻值为

$$R_{ad} = -\frac{E_a}{I_a} - R_a = -\frac{-27.8}{80.5} - 0.1 = 0.245 \ (\Omega)$$

电阻 R_{ad} 上消耗的功率为

$$P_R = I_a^2 R_{ad} = 80.5^2 \times 0.245 = 1588 \text{ (W)}$$

（4）倒拉反转运行时，电枢回路应串入电阻及消耗功率的计算。

倒拉反转运行时，电压方向没有改变，电枢电流仍为 $0.7I_N$，对应转速为 -1000 r/min 时的电枢电动势 E_a 为

$$E_a = K_e \Phi_N n = 0.139 \times (-1000) = -139 \text{ (V)}$$

电枢回路中应串入的电阻为

$$R_{ad} = \frac{U_N - E_a}{I_a} - R_a = \frac{220-(-139)}{80.5} - 0.1 = 4.36 \text{ (Ω)}$$

电阻 R_{ad} 上消耗的功率为

$$P_R = I_a^2 R_{ad} = 80.5^2 \times 4.36 = 28\,254 \text{ (W)}$$

（5）反向反馈制动运行时，电动机转速的计算。

反向反馈制动下放重物时，电枢电流仍为 $0.7I_N$，外串电阻 $R_{ad}=0$，电压反向，则有

$$n = \frac{-U_N - I_a R_a}{K_e \Phi_N} = \frac{-220 - 80.5 \times 0.1}{0.139} = -1640.6 \text{ (r/min)}$$

习题与思考题

2-1 直流电动机的主要结构部件有哪些？各有什么作用？

2-2 何谓电动机的固有机械特性？什么是直流电动机的人为机械特性？

2-3 他励直流电动机的机械特性的斜率与哪些量有关？与机械特性硬度是何关系？

2-4 一台他励直流电动机带动恒转矩负载运行，在励磁不变的情况下，若电枢电压或附加电阻改变，能否改变其稳定运行下电枢电流的大小？为什么？

2-5 他励直流电动机为什么不能直接启动？

2-6 他励直流电动机有哪几种制动方法？试比较各种制动方法的优缺点。

2-7 他励直流电动机有哪些调速方法？它们的特点是什么？

2-8 已知某他励直流电动机的铭牌数据如下：P_N=7.5kW，U_N=220V，n_N=1500r/min，η_N=88.5%，试求该电机的额定电流和额定转矩。

2-9 一台他励直流电动机的技术数据如下：P_N=6.5kW，U_N=220V，I_N=34.4A，n_N=1500r/min，R_a=0.242Ω，试计算出此电动机的如下特性，并绘出所述特性的正转时的图形。

（1）固有机械特性；

（2）电枢服加电阻分别为 3Ω 和 5Ω 时的人为机械特性；

（3）电枢电压为 $U_N/2$ 时的人为机械特性；

（4）磁通 Φ=0.8Φ_N 时的人为机械特性。

2-10 一台直流他励电动机，其额定数据如下：P_N=2.2kW，$U_N=U_f$=110V，n_N=1500r/min，η_N=0.8，R_a=0.4Ω，R_f=82.7Ω。试求：

（1）额定电枢电流 I_{aN}；

（2）额定励磁电流 I_{fN}；

（3）励磁功率 P_f；

（4）额定转矩 T_N；

（5）额定电流时的反电势 E_N；

（6）直接启动时的启动电流 I_{st}；

（7）若使启动电流不超过额定电流的 2 倍，求启动电阻应为多少？此时启动转矩又为多少？

2-11 一台直流他励电动机，其额定数据如下：P_N=7.5kW，U_N=220V，n_N=1500r/min，R_a=0.376Ω，拖动恒转矩负载运行，$T_L = T_N$，把电源电压降到 U= 150V。

（1）电源电压降低了，但电动机转速还来不及变化的瞬间，电动机的电枢电流及电磁转矩各是多大？

（2）稳定运行转速是多少？

2-12 一台他励直流电动机，铭牌数据为 P_N=13kW，U_N=220V，I_N=68.7A，n_N=1500r/min，电枢电阻 R_a=0.224Ω。采用电枢串电阻调速，要求 δ_{max}=30%，求：

（1）电动机拖动额定负载时的最低转速；

（2）调速范围；

（3）电枢回路需串入的电阻值；

（4）拖动额定负载在最低转速下运行时，电动机电枢回路输入的功率、输出功率（忽略空载损耗）及外串电阻上消耗的功率。

2-13 静差率与机械特性的硬度有何区别？

2-14 调速范围与静差率有什么关系？为什么要同时提出才有意义？

2-15 什么叫恒转矩调速方式和恒功率调速方式？他励直流电动机的三种调速方法各属于哪种调速方式？

2-16 是否可以说他励直流电动机拖动的负载只要转矩不超过额定值，不论采用哪种调速方法，电动机都可以长期运行而不致过热损坏？

2-17 并励直流电动机在驱动负载运行中，当励磁回路断线时是否一定会出现"飞车"现象？为什么？

2-18 直线电动机用电枢电路串电阻的方法启动时，为什么要逐渐切除启动电阻？如果切除太快，会带来什么后果？

2-19 串励直流电动机能否空载运行？为什么？

2-20 一台他励直流电动机，铭牌数据为 $P_N = 10$kW，$U_N = 110$V，$I_N = 105$A，$n_N = 1500$r/min，$R_a = 0.1$Ω，试求下列机械特性方程并绘制相应的机械特性曲线：

（1）固有机械特性；

（2）电枢回路串入电阻 $R_p = 0.4$Ω 时的人为机械特性；

（3）$U = 50$V 时的人为机械特性；

（4）$\Phi = 0.75\Phi_N$ 时的人为机械特性。

2-21 某他励直流电动机，铭牌数据为 $P_N = 7.5$kW，$U_N = 220$V，$n_N = 1500$r/min，$\eta_N = 88.5\%$，试求该电动机的额定电流和额定转矩。

2-22 一台他励直流电动机，铭牌数据为 $P_N = 6.5$kW，$U_N = 220$V，$I_N = 34.4$A，$n_N = 1500$r/min，$R_a = 0.242$Ω，试计算并绘制出电动机的如下机械特性图：

（1）固有机械特性；

（2）电枢附加电阻分别为 3Ω 和 5Ω 时的人为机械特性；

（3）电枢电压为 $U_N/2$ 时的人为机械特性；

（4）磁通 $\Phi = 0.8\Phi_N$ 时的人为机械特性；

2-23 一台他励直流电动机，铭牌数据为 $P_N = 7.5\text{kW}$，$U_N = 220\text{V}$，$I_N = 41\text{A}$，$n_N = 1500\text{r/min}$，电枢电阻 $R_a = 0.376\Omega$，带动恒转矩负载运行，$T = T_N$，当把电源电压降到 $U = 180\text{V}$ 时，问：

（1）降低电源电压瞬间，电动机的电枢电流及电磁转矩是多少？

（2）稳定运行时的转速是多少？

2-24 题 2-23 中的电动机拖动恒转矩负载运行，$T = T_N$，若把磁通减小到 $\Phi = 0.8\Phi_N$，计算稳定运行时电动机的转速是多少？电动机能否长期运行？为什么？

2-25 一台他励直流电动机，铭牌数据为 $P_N = 13\text{kW}$，$U_N = 220\text{V}$，$I_N = 68.7\text{A}$，$n_N = 1500\text{r/min}$，电枢电阻 $R_a = 0.224\Omega$。采用电枢串电阻调速，要求 $\delta_{\max} = 30\%$，求：

（1）电动机拖动额定负载时的最低转速；

（2）调速范围；

（3）电枢回路需串入的电阻值；

（4）拖动额定负载在最低转速下运行时，电动机电枢回路的输入功率、输出功率（忽略空载转矩 T_0）及外串电阻上消耗的功率。

2-26 题 2-25 中的电动机如果采用降低电源电压调速，要求 $\delta_{\max} = 30\%$，求：

（1）电动机拖动额定负载运行时的最低转速；

（2）调速范围；

（3）电源电压需调到的最低数值；

（4）电动机拖动额定负载运行在最低转速时，从电源输入的功率及输出功率（不计空载转矩 T_0）。

2-27 一台他励直流电动机，铭牌数据为 $P_N = 3\text{kW}$，$U_N = 110\text{V}$，$I_N = 35.2\text{A}$，$n_N = 750\text{r/min}$，电枢电阻 $R_a = 0.35\Omega$。电动机原工作在额定电动状态下，已知最大允许电枢电流为 $I_{a\max} = 2I_N$，试问：

（1）采用能耗制动停车，电枢回路中应串入多大的电阻？

（2）采用电压反接制动停车，电枢回路中应串入多大的电阻？

（3）两种制动方法在制动到 $n = 0$ 时，电磁转矩各是多大？

第 3 章 交流电动机

交流电动机按照转子转速与旋转磁场速度（同步速度）的异同，可分为交流同步电动机与交流异步电动机。同步电动机的转子转速与旋转磁场速度相同，异步电动机的转子转速与旋转磁场速度不同。异步电动机按电源相数不同可分为三相异步电动机与单相异步电动机。三相异步电动机使用三相交流电源，它具有结构简单、使用和维修方便、坚固耐用等优点，在工农业生产中应用极为广泛。

本章要求在了解三相异步电动机的基本结构和旋转磁场的产生的基础上，着重掌握三相异步电动机的工作原理、机械特性，以及启动、调速和制动的方法；掌握单相异步电动机的工作原理和启动方法；了解三相同步电动机的结构特点、工作原理、机械特性及启动方法。

3.1 三相异步电动机的结构和工作原理

3.1.1 三相异步电动机的基本结构

三相异步电动机主要由定子和转子构成，定子是静止不动的部分，转子是旋转部分，在定子与转子之间有一定的气隙，如图 3-1 所示为其结构图。

1. 定子

定子由铁芯、绕组与机座三部分组成。定子铁芯是电动机磁路的一部分，它由 0.5mm 厚的硅钢片叠压而成，片与片之间是绝缘的，以减少涡流损耗。定子铁芯硅钢片的内圆冲有定子槽，如图 3-2 所示，槽中安放绕组。硅钢片在叠压后成为一个整体，固定于机座上。定子绕组是电动机的电路部分，由许多线圈连接而成，每个线圈有两个有效边，分别放在两个槽里。三相对称绕组 AX、BY、CZ 可连接成星形或三角形。定子机座主要用于固定与支撑定子铁芯。中、小型异步电动机一般采用铸铁机座。根据不同的冷却方式应采用不同的机座形式。

2. 转子

转子由铁芯与绕组组成。转子铁芯压装在转轴上，由硅钢片叠压而成，转子铁芯硅钢片如图 3-2 所示。转子铁芯也是电动机磁路的一部分，转子铁芯、气隙与定子铁芯构成电动机的完整磁路。异步电动机的转子绕组多采用笼型，即先在转子铁芯槽里插入铜条，再将全部铜条两端焊在两个铜端环上而组成，如图 3-3（a）所示。小型笼型转子绕组多用铝芯浇铸而成（如图 3-4 所示），既降低了成本（以铝代铜），也方便了制造。

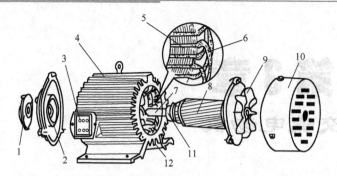

1—轴承盖；2—端盖；3—接线盒；4—散热片；5—定子铁芯；
6—定子绕组；7—转轴；8—转子；9—风扇；10—罩壳；11—轴承；12—机座

图 3-1 三相异步电动机的结构

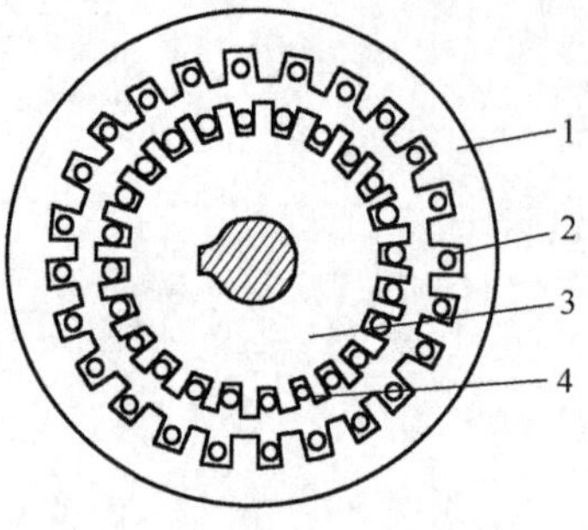

1—定子铁芯硅钢片；2—定子绕组；
3—转子铁芯硅钢片；4—转子绕组

图 3-2 定子和转子的硅钢片

三相异步电动机的转子绕组除了笼型外，还有绕线式的。绕线式转子绕组与定子绕组一样，由线圈组成绕组并放入转子铁芯槽里，该转子绕组一般是连接成星形的三相绕组，其组成的磁极数与定子绕组相同。绕线式转子绕组通过轴上的滑环和电刷在转子回路中接入外加变阻器，用来改善启动性能与调节转速，如图 3-5 所示。

绕线式和笼型两种电动机的转子构造虽然不同，但工作原理是一样的。

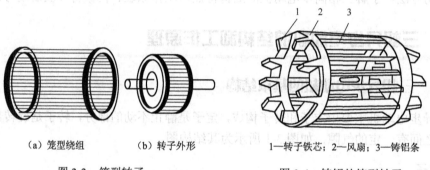

（a）笼型绕组　　（b）转子外形

图 3-3 笼型转子

1—转子铁芯；2—风扇；3—铸铝条

图 3-4 铸铝的笼型转子

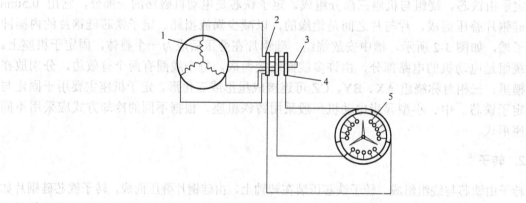

1—转子绕组；2—滑环；3—轴；4—电刷；5—变阻器

图 3-5 绕线式转子绕组与外加变阻器的连接

3.1.2 三相异步电动机的工作原理

三相异步电动机的工作原理,是基于定子旋转磁场(定子绕组内三相电流所产生的合成磁场)和转子电流(转子绕组内的电流)的相互作用的。

如图 3-6(a)所示,当定子的对称三相绕组接到三相电源上时,绕组内将通过对称三相电流,并在空间产生旋转磁场,该磁场沿定子内圆周方向旋转。如图 3-6(b)所示为具有一对磁极的旋转磁场,假定磁极位于定子铁芯内画有阴影线的部分。

当磁场旋转时,转子绕组的导体切割磁通将产生感应电动势 e_2,假设旋转磁场顺时针方向旋转,则等同于转子导体逆时针方向旋转切割磁通,根据右手定则,在 N 极下转子导体中的感应电动势的方向由图面指向读者,而在 S 极下转子导体中的感应电动势方向则由读者指向图面。

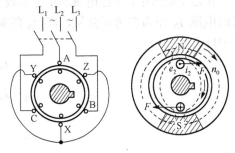

(a) 定子绕组与电源的连接 (b) 具有一对磁极的旋转磁场

图 3-6 三相异步电动机

由于感应电动势 e_2 的存在,所以转子绕组中将产生转子电流 i_2。根据安培电磁力定律,转子电流与旋转磁场相互作用将产生电磁力 F(其方向由左手定则决定,这里假设 i_2 和 e_2 同相),该力在转子的轴上形成电磁转矩,且转矩的作用方向与旋转磁场的旋转方向相同,转子受此转矩作用,便按旋转磁场的旋转方向旋转起来。但是转子的旋转速度 n(即电动机的转速)恒比旋转磁场的旋转速度 n_0(称为同步转速)小,因为如果两种转速相等,转子和旋转磁场没有相对运动,转子导体不切割磁通,便不能产生感应电动势 e_2 和电流 i_2,也就没有电磁转矩,转子也将不继续旋转了。因此,转子和旋转磁场之间的转速差(n_0-n)是保证转子旋转的主要因素。

由于转子转速不等于同步转速,所以把这种电动机称为异步电动机,把转速差(n_0-n)与同步转速 n_0 的比值称为异步电动机的转差率,用 S 表示,即

$$S = \frac{n_0 - n}{n_0} \tag{3-1}$$

转差率 S 是分析异步电动机运行情况的主要参数。

当转子旋转时,如果在轴上加有机械负载,则电动机会输出机械能。从物理本质上来分析,异步电动机的运行和变压器相似,即电能从电源输入定子绕组,通过电磁感应的形式,以旋转磁场作媒介,传送到转子绕组中,而转子绕组中的电能通过电磁力的作用变换成机械能输出。由于在这种电动机中,转子电流的产生和电能的传递是基于电磁感应现象的,所以异步电动机又称感应电动机。

通常,异步电动机在额定负载时,n 接近于 n_0,转差率 S 很小,一般为 0.015~0.060。

3.1.3 三相异步电动机的旋转磁场

由 3.1.2 节可知,要使异步电动机转动起来,必须有一个旋转磁场。异步电动机的旋转磁场是怎样产生的?它的旋转方向和旋转速度是怎样确定的?下面分别加以说明。

1. 旋转磁场的产生

当电动机定子绕组通以三相电流时,各相绕组中的电流都将产生自己的磁场。由于电流随时间变化而变化,所以它们产生的磁场也将随时间变化而变化。三相电流产生的总磁场(合成

磁场）不仅随时间的变化而变化，而且是在空间旋转的，因此称其为旋转磁场。

为简便起见，假设每相绕组只有一个线匝，分别嵌放在定子内圆周的六个凹槽之中（如图3-7所示），图中的A、B、C和X、Y、Z分别代表各相绕组的首端与末端。

在定子绕组中，流过电流的正方向规定为由各相绕组的首端到它的末端，并取流过A相绕组的电流 i_A 作为参考正弦量，即 i_A 的初相位为零，则各相电流的瞬时值可表示为（相序为A→B→C）：

$$i_A = I_m \sin \omega t \tag{3-2}$$

$$i_B = I_m \sin\left(\omega t - \frac{2\pi}{3}\right) \tag{3-3}$$

$$i_C = I_m \sin\left(\omega t - \frac{4\pi}{3}\right) \tag{3-4}$$

如图3-8所示是三相电流随时间变化而变化的曲线（即波形图）。

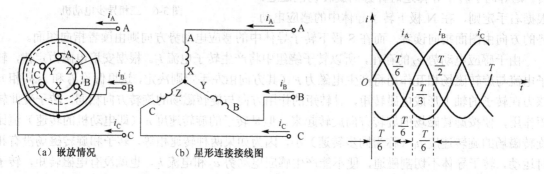

（a）嵌放情况　　　（b）星形连接接线图

图3-7　定子三相绕组　　　图3-8　三相电流的波形图

下面分析不同时间的合成磁场。

在 $t=0$ 时，$i_A=0$，i_B 为负，电流实际方向与正方向相反，即电流从Y端流到B端；i_C 为正，电流实际方向与正方向一致，即电流从C端流到Z端。按右手螺旋法则确定三相电流产生的合成磁场，如图3-9（a）中的箭头所示。

在 $t=T/6$ 时，i_A 为正，电流从A端流到X端；i_B 为负，电流从Y端流到B端；$i_C=0$。此时的合成磁场如图3-9（b）所示，合成磁场已从 $t=0$ 瞬间所在位置顺时针方向旋转了 $\pi/3$。

在 $t=T/3$ 时，i_A 为正，$i_B=0$，i_C 为负。此时的合成磁场如图3-9（c）所示，合成磁场已从 $t=0$ 瞬间所在位置顺时针方向旋转了 $2\pi/3$。

在 $t=T/2$ 时，$i_A=0$，i_B 为正，i_C 为负。此时的合成磁场如图3-9（d）所示，合成磁场从 $t=0$ 瞬间所在位置顺时针方向旋转了 π。

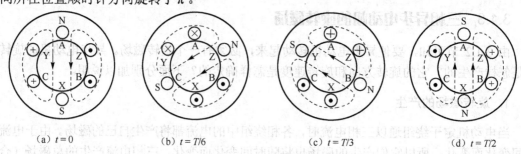

（a）$t=0$　　　（b）$t=T/6$　　　（c）$t=T/3$　　　（d）$t=T/2$

图3-9　合成磁场

以上分析可以说明:当三相电流随时间的变化而不断变化时,合成磁场的方向在空间也不断旋转,这样就产生了旋转磁场。

2. 旋转磁场的旋转方向

从图 3-7 和图 3-8 可知,A 相绕组内的电流超前于 B 相绕组内的电流 $2\pi/3$,而 B 相绕组内的电流又超前于 C 相绕组内的电流 $2\pi/3$,同时图 3-9 中的旋转磁场的旋转方向也是 A→B→C,即向顺时针方向旋转。因此,旋转磁场的旋转方向与三相电流的相序一致。

如果将定子绕组接至电源的三根导线中的任意两根线对调,如将 B、C 两根线对调,如图 3-10 所示,即使 B 相与 C 相绕组中电流的相位对调,此时 A 相绕组内的电流超前于 C 相绕组内的电流 $2\pi/3$,因此,旋转磁场的旋转方向也将变为 A→C→B,向逆时针方向旋转,如图 3-11 所示,即与未对调前的旋转方向相反。

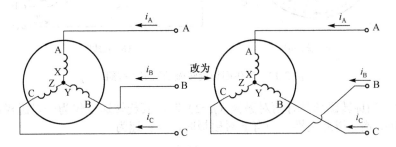

图 3-10 将 B、C 两根线对调

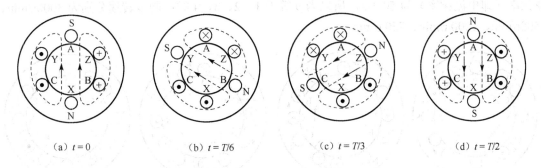

(a) $t=0$　　　　(b) $t=T/6$　　　　(c) $t=T/3$　　　　(d) $t=T/2$

图 3-11 逆时针方向旋转的合成磁场

由此可见,要想改变旋转磁场的旋转方向(即改变电动机的旋转方向),只要把定子绕组接到电源的三根导线中的任意两根对调即可。

3. 旋转磁场的极数与旋转速度

以上讨论的旋转磁场具有一对磁极,即 $p=1$。从上述分析可以看出,电流变化经过一个周期(变化 360°电角度),旋转磁场在空间也旋转了一周(旋转了 360°机械角度)。若电流的频率为 f,则旋转磁场每分钟将旋转 $60f$ 周,用 n_0 表示,即

$$n_0 = 60f$$

如果把定子铁芯的槽数增加 1 倍(12 个槽),制成如图 3-12 所示的三相绕组,其中,每相绕组由两个部分串联组成,再将这三相绕组接到对称三相电源上流过对称三相电流(如图 3-8 所示),

便会产生具有两对磁极的旋转磁场（即四级旋转磁场，如图 3-13 所示）。从图 3-13 中可以看出，对应于不同时刻，旋转磁场在空间会转到不同位置，在此情况下，电流变化半个周期，旋转磁场在空间只转过了 $\pi/2$，即 1/4 周，而电流变化一个周期，旋转磁场在空间则只转过了 1/2 周。

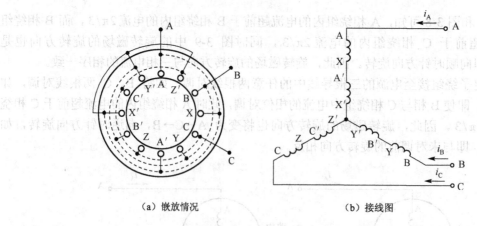

(a) 嵌放情况　　　　　(b) 接线图

图 3-12　产生四级旋转磁场的定子绕组

由此可知，当旋转磁场具有两对磁极（$p=2$）时，其旋转速度仅为一对磁极时的一半，即每分钟旋转 $60f/2$ 周。以此类推，当有 p 对磁极时，其转速为

$$n_0 = 60f/p \tag{3-5}$$

因此，旋转磁场的旋转速度 n_0 与电流的频率成正比而与磁极对数成反比。在我国，因为标准工业频率（即电流频率）为 50 Hz，所以当 p 等于 1、2、3、4 时，同步转速分别为 3000r/min、1500r/min、1000 r/min、750 r/min。

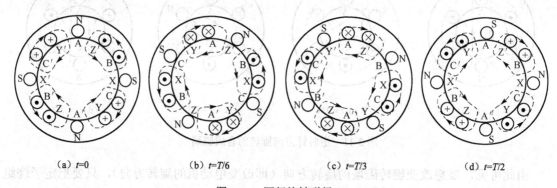

(a) $t=0$　　　(b) $t=T/6$　　　(c) $t=T/3$　　　(d) $t=T/2$

图 3-13　四级旋转磁场

实际上，旋转磁场不仅可以由三相电流来获得，当任何两相以上的多相电流流过相应的多相绕组时，都能产生旋转磁场。

3.1.4　定子绕组出线端子的连接方式

三相异步电动机的定子绕组，每相都由许多线圈（或称绕组元件）所组成（其绕制方法这里不进行叙述）。定子三相绕组的首端和末端通常都接在电动机接线盒内的接线柱上，一般按图 3-14 所示的方法排列，这样可以很方便地接成星形（Y 形，如图 3-15 所示）或三角形（△ 形，如图 3-16 所示）。

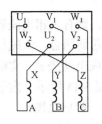 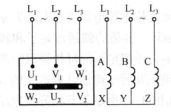 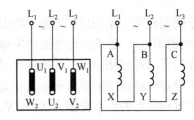

图 3-14　出线端的排列　　　图 3-15　星形连接　　　图 3-16　三角形连接

我国电工专业标准规定，定子三相绕组出线端的首端是 U_1、V_1、W_1，末端是 U_2、V_2、W_2。

定子三相绕组的连接方式（Y形或△形）的选择和普通三相负载一样，要根据电源的线电压而定。如果接入电动机电源的线电压等于电动机的额定相电压（即每相绕组的额定电压），则它的绕组应该接成三角形；如果电源的线电压是电动机额定相电压的 $\sqrt{3}$ 倍，则它的绕组应该接成星形。通常电动机的铭牌上标有符号△/Y和数字 220/380，前者表示定子绕组的接法，后者表示对应于不同接法应加的线电压值。通常三相异步电动机功率在 4kW 以下时接成星形，在 4kW（不含）以上时接成三角形。

【例题 3-1】　电源线电压为 380V，现有两台电动机，其铭牌数据如下，试选择定子绕组的连接方式。

（1）Y90S—4，功率为 1.1kW，电压为 220/380 V，连接方法为△/Y，电流为 4.67/2.7A，转速为 1400r/min，功率因数为 0.79。

（2）Y112M—4，功率为 4.0 kW，电压为 380/660V，连接方法为△/Y，电流为 8.8/5.1A，转速为 1440r/min，功率因数为 0.82。

解： Y90S—4 电动机应接成星形（Y），如图 3-17（a）所示；Y112M-4 电动机应接成三角形（△），如图 3-17（b）所示。

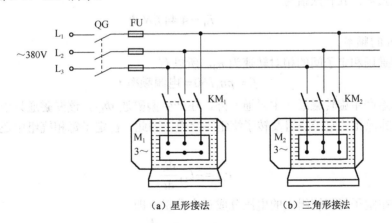

图 3-17　电动机定子绕组的连接法

3.2　三相异步电动机的定子电路和转子电路

3.2.1　三相异步电动机的定子电路

三相异步电动机的电磁关系与变压器的电磁关系类似，定子绕组相当于变压器的原绕组，转子绕组相当于副绕组。当定子绕组接上三相电源电压（相电压为 u_1）时，则有三相电流通过（相电流为 i_1），定子三相电流产生旋转磁场，其磁力线通过定子和转子铁芯而闭合，该磁场不仅在转子的每相绕组中产生感应电动势 e_2，还在定子的每相绕组中产生感应电动势 e_1（实际上三相异步电动机中的旋转磁场是由定子电流和转子电流共同产生的），如图 3-18 所示。定子和转子每相绕组的匝数分别为 N_1 和 N_2，如图 3-19 所示为三相异步电动机的一相电路图。

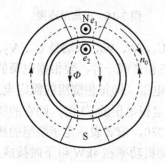
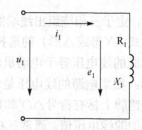
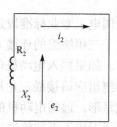

图 3-18　定子绕组和转子绕组中的感应电动势　　图 3-19　三相异步电动机的一相电路图

旋转磁场的磁感应强度沿定子与转子间空气隙的分布是接近于正弦规律的，因此，当旋转磁场旋转时，通过定子每相绕组的磁通也是随时间的变化而按正弦规律变化的，即 $\Phi_1 = \Phi_m \sin\omega t$，其中，$\Phi_m$ 是通过每相绕组的磁通最大值，它在数值上等于旋转磁场的每极磁通 Φ，即为空气隙中磁感应强度的平均值与每极面积的乘积。

定子每相绕组中产生的感应电动势为

$$e_1 = -N_1 \frac{d\Phi_1}{dt}$$

它也是正弦量，其有效值为

$$E_1 = 4.44 f_1 N_1 \Phi \tag{3-6}$$

式中　f_1——e_1 的频率。

因为旋转磁场和定子间的相对转速为 n_0，所以有

$$f_1 = pn_0/60 = 电源频率 f \tag{3-7}$$

定子电流除产生旋转磁通（主磁通）外，还产生漏磁通 Φ_{L1}。该漏磁通只围绕某一相的定子绕组，而与其他相的定子绕组及转子绕组不交叠。因此，在定子每相绕组中还要产生漏磁电动势，即

$$e_{L1} = -L_{L1} \frac{di_1}{dt}$$

因此，加在定子每相绕组上的电压分成三个分量，即

$$u_1 = i_1 R_1 + (-e_{L1}) + (-e_1) = i_1 R_1 + L_{L1} \frac{di_1}{dt} + (-e_1) \tag{3-8}$$

如用复数表示，则为

$$\dot{U}_1 = \dot{I}_1 R_1 + (-\dot{E}_{L1}) + (-\dot{E}_1) = \dot{I}_1 R_1 + j\dot{I}_1 X_1 + (-\dot{E}_1) \tag{3-9}$$

式中　R_1——定子每相绕组的电阻；

X_1——定子每相绕组的漏磁感抗，$X_1 = 2\pi f_1 L_{L1}$。

由于 R_1 和 X_1（或漏磁通 Φ_{L1}）较小，其上的电压降与电动势 E_1 比较起来常可忽略，所以

有

$$\dot{U}_1 = -\dot{E}_1 \tag{3-10a}$$

$$U_1 \approx E_1 \tag{3-10b}$$

3.2.2 三相异步电动机的转子电路

如 3.2.1 节所述，三相异步电动机之所以能转动，是因为定子绕组接上电源后，在转子绕组中产生感应电动势，从而产生转子电流，转子电流再与旋转磁场的磁通作用产生电磁转矩。因此，在讨论三相异步电动机的转矩之前，必须先弄清楚转子电路中的各个物理量——转子电动势 e_2、转子电流 i_2、转子电流频率 f_2、转子电路的功率因数 $\cos\varphi_2$、转子绕组的感抗 X_2 及它们之间的关系。

旋转磁场在转子每相绕组中感应出的电动势为

$$e_2 = -N_2 \frac{d\Phi_1}{dt}$$

其有效值为

$$E_2 = 4.44 f_2 N_2 \Phi \tag{3-11}$$

式中 f_2——转子电动势 e_2 或转子电流 i_2 的频率。

因为旋转磁场和转子间的相对转速为 (n_0-n)，所以有

$$f_2 = \frac{p(n_0-n)}{60} = \frac{pn_0}{60} \cdot \frac{(n_0-n)}{n_0} = f_1 S \tag{3-12}$$

由此可见，转子频率 f_2 与转差率 S 有关，也就是与转速 n 有关。

在 $n=0$，$S=1$（电动机开始启动瞬间）时，转子与旋转磁场间的相对转速最大，转子导体被旋转磁力线切割得最快，因此这时 f_2 最高，即 $f_2=f_1$。三相异步电动机在额定负载时的 $S=1.5\%\sim6\%$，则 $f_2=0.75\sim3\text{Hz}$（$f_1=50\text{Hz}$）。

将式（3-12）代入式（3-11），得

$$E_2 = 4.44 S f_1 N_2 \Phi \tag{3-13}$$

当 $n=0$，$S=1$ 时，转子电动势为

$$E_{20} = 4.44 f_1 N_2 \Phi \tag{3-14}$$

此时，$f_2=f_1$，转子电动势最大。

由式（3-13）和式（3-14）得出

$$E_2 = S E_{20} \tag{3-15}$$

由此可见，转子电动势 E_2 与转差率 S 有关。

和定子电流一样，转子电流也产生漏磁通 Φ_{L2}，则在转子每相绕组中还要产生漏磁电动势，即

$$e_{L2} = -L_{L2} \frac{di_2}{dt}$$

因此，对于转子每相绕组，有

$$e_2 = i_2 R_2 + (-e_{L2}) = i_2 R_2 + L_{L2} \frac{di_2}{dt} \tag{3-16}$$

如果用复数表示，则为

$$\dot{E}_2 = \dot{I}_2 R_2 + (-\dot{E}_{L2}) = \dot{I}_2 R_2 + j\dot{I}_2 X_2 \tag{3-17}$$

式中 R_2、X_2——转子每相绕组的电阻、漏磁感抗。

X_2 与转子频率 f_2 有关,即

$$X_2 = 2\pi f_2 L_{L2} = 2\pi S f_1 L_{L2} \tag{3-18}$$

当 $n=0$,$S=1$ 时,转子感抗为

$$X_{20} = 2\pi f_1 L_{L2} \tag{3-19}$$

此时 $f_2=f_1$,转子感抗最大。

由式(3-18)和式(3-19)得出

$$X_2 = SX_{20} \tag{3-20}$$

由此可见,转子感抗 X_2 与转差率 S 有关。

转子每相绕组的电流可由式(3-17)求得,即

$$I_2 = \frac{E_2}{\sqrt{R_2^2 + X_2^2}} = \frac{SE_{20}}{\sqrt{R_2^2 + (SX_{20})^2}} \tag{3-21}$$

由此可见,转子电流 I_2 也与转差率 S 有关。当 S 增大,即转速 n 降低时,转子与旋转磁场间的相对转速 (n_0-n) 增加,转子导体被磁力线切割的速度提高,于是 E_2 增加,I_2 也增加。I_2 随 S 的变化关系可用图 3-20 中的曲线表示。当 $S=0$,即 $n_0-n=0$ 时,$I_2=0$;当 S 很小时,$R_2 \gg SX_{20}$,$I_2 \approx \frac{SE_{20}}{R_2}$,即

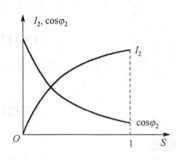

图 3-20 I_2 和 $\cos\varphi_2$ 与转差率 S 的关系

与 S 近似地成正比;当 S 接近于 1 时,$SX_{20} \gg R_2$,$I_2 \approx \frac{E_{20}}{X_{20}}$ 为常数。由于转子有漏磁通 Φ_{L2},相应的感抗为 X_2,因此,I_2 比 E_2 滞后 φ_2 角,因而转子电路的功率因数为

$$\cos\varphi_2 = \frac{R_2}{\sqrt{R_2^2 + X_2^2}} = \frac{R_2}{\sqrt{R_2^2 + (SX_{20})^2}} \tag{3-22}$$

由此可见,功率因数也与转差率 S 有关。当 S 很小时,$R_2 \gg SX_{20}$,$\cos\varphi_2 \approx 1$;当 S 增大时,X_2 也增大,于是 $\cos\varphi_2$ 减小;当 S 接近于 1 时,$\cos\varphi_2 \approx R_2/X_{20}$。$\cos\varphi_2$ 与 S 的关系也表示在图 3-20 中。

综上所述,转子电路的各个物理量,如电动势、电流、频率、感抗及功率因数等都与转差率有关,也即与转速有关。

3.2.3 三相异步电动机的额定参数

当电动机在制造工厂所拟定的情况下工作时,称为电动机的额定运行,通常用额定值来表示其运行条件,这些数据大部分都标明在电动机的铭牌上。因此使用电动机时,必须看懂铭牌。电动机的铝牌上通常标有下列数据。

(1)型号。

(2)额定功率 P_N,指在额定运行情况下,电动机轴上输出的机械功率。

(3)额定电压 U_N,指在额定运行情况下,定子绕组端应加的线电压值。如果标有两种电压值(如 220/380V),则分别对应于定子绕组采用 △/Y 连接时应加的线电压值。一般规定电动机的外加电压不应高于或低于额定值的 5%。

(4) 额定频率 f, 指在额定运行情况下, 定子外加电压的频率 (f=50Hz)。

(5) 额定电流 I_N, 指在额定频率、额定电压和电动机轴上输出额定功率时, 定子的线电流值。如果标有两种电流值（如 10.35/5.9A), 则分别对应于定子绕组为△/Y连接时的线电流值。

(6) 额定转速 n_N, 指额定频率、额定电压和电动机轴上输出额定功率时, 电动机的转速。与此转速相对应的转差率称为额定转差率 S_N。

(7) 工作方式（定额）。

(8) 温升（或绝缘等级）。

(9) 电动机重量。

一般不标在电动机铭牌上的几个额定值如下。

(1) 额定功率因数 $\cos\varphi_N$, 指在额定频率、额定电压和电动机轴上输出额定功率时, 定子相电流与相电压之间相位差的余弦。

(2) 额定效率 η_N, 指在额定频率、额定电压和电动机轴上输出额定功率时, 电动机输出机械功率与输入电功率之比, 其表达式为

$$\eta_N = \frac{P_N}{\sqrt{3}U_N I_N \cos\varphi_N} \times 100\%$$

(3) 额定负载转矩 T_N, 指电动机在额定转速下输出额定功率时轴上的负载转矩。

(4) 绕线式异步电动机转子静止时的滑环电压和转子的额定电流。

通常手册上给出的数据就是电动机的额定值。

3.2.4 三相异步电动机的功率传递

三相异步电动机的功率传递可用如图3-21所示的能流图来说明。

三相异步电动机从电源吸收到定子中的功率为

$$P_1 = \sqrt{3}I_1 U_1 \cos\varphi_1 \quad (3-23)$$

式中 I_1、U_1——定子的线电流和线电压;
$\cos\varphi_1$——定子的功率因数。

P_1 进入定子后, 一小部分功率消耗在定子的绕组电阻上, 称为定子铜损耗 ΔP_{Cu1}, 另一部分损耗是由定子铁芯的磁滞和涡流引起的损耗, 称为定子铁损耗 ΔP_{Fe1}。剩下的有效功率 P_e 通过气隙旋转磁场的耦合传递给转子回路, 这部分称为电磁功率。

$$P_e = 3I_2 U_2 \cos\varphi_2 \quad (3-24)$$

式中 I_2、U_2——转子回路的相电流和相电压;
$\cos\varphi_2$——转子回路的功率因数。

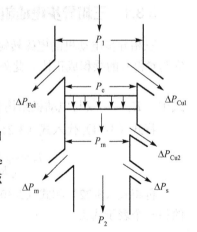

图 3-21 三相异步电动机的能流图

当 P_e 进入转子后, 在转子绕组中产生铜损耗 ΔP_{Cu2}, 因转子频率为 $f_2 = Sf_1$ 很低, 所以转子铁损耗很小, 可忽略。因此, 从电磁功率中减去转子铜损耗 ΔP_{Cu2} 后, 就是转子上所产生的全部机械功率 P_m。总机械功率 P_m 不能全部输出, 尚需扣除机械损耗 ΔP_m 和成因比较复杂的附加损耗 ΔP_s, 剩余的就是电动机轴上输出的机械功率 P_2, 三相异步电动机铭牌上所标的就是 P_2 的额定值。机械损耗主要由轴承摩擦及风阻摩擦构成, 附加损耗是高次谐波磁通及漏磁通在铁芯、

机座及端盖感应电动势和电流下引起的损耗,附加损耗不易计算,按经验,大型电动机取 $\Delta P_s=0.5\%P_N$,小型电动机取 $\Delta P_s=(1\%\sim3\%)P_N$。

因此,电动机输出功率与输入功率之间的关系可用下式表达,即

$$P_2 = P_1 - \sum \Delta P \tag{3-25}$$

式中　$\sum \Delta P$——电动机的总损耗。

$$\sum \Delta P = \Delta P_{Cu1} + \Delta P_{Fe1} + \Delta P_{Cu2} + \Delta P_m + \Delta P_s \tag{3-26}$$

输出功率与输入功率的比值,称为电动机的效率,即

$$\eta = \frac{P_2}{P_1} = \frac{P_1 - \sum \Delta P}{P_1} \tag{3-27}$$

三相异步电动机在轻载时效率很低,随着负载的增大,效率逐渐增高,通常在接近额定负载时,效率达到最高值。一般三相异步电动机在额定负载时的效率为 0.7～0.9。容量越大,其效率也越高。

若忽略三相异步电动机在转子上的损耗及机械损失,则有

$$P_2 = T_2\omega \approx P_e = T\omega \tag{3-28}$$

式中　T——电动机的电磁转矩;
　　　T_2——电动机轴上输出的转矩。

3.3　三相异步电动机的电磁转矩与机械特性

电磁转矩是三相异步电动机最重要的物理量之一。机械特性是它的主要特性。

3.3.1　三相异步电动机的电磁转矩

三相异步电动机的电磁转矩是由旋转磁场的每相磁通 Φ 与转子电流 I_2 相互作用而产生的,它与 Φ 和 I_2 的乘积成正比。此外,它还与转子电路的功率因数 $\cos\varphi_2$ 有关,由此得

$$T = K_c \Phi I_2 \cos\varphi_2 \tag{3-29}$$

式中　K_c——仅与电动机结构有关的常数。

将式(3-14)代入式(3-21)得

$$I_2 = \frac{E_2}{\sqrt{R_2^2 + X_2^2}} = \frac{SE_{20}}{\sqrt{R_2^2 + (SX_{20})^2}} = \frac{S(4.44f_1N_2\Phi)}{\sqrt{R_2^2 + (SX_{20})^2}} \tag{3-30}$$

再将式(3-22)和式(3-30)代入式(3-29),并考虑到式(3-6)和式(3-10),得出转矩的另一个表示式为

$$T = K\frac{SR_2U_1^2}{R_2^2 + (SX_{20})^2} = K\frac{SR_2U^2}{R_2^2 + (SX_{20})^2} \tag{3-31}$$

式中　K——与电动机结构参数、电源频率有关的一个常数,$K \propto 1/f$;
　　　U_1、U——定子绕组相电压、电源相电压;
　　　R_2——转子每相绕组的电阻;
　　　X_{20}——电动机不动($n=0$)时转子每相绕组的感抗。

3.3.2 三相异步电动机的机械特性

式（3-31）所表示的电磁转矩 T 与转差率 S 的关系 $T=f(S)$ 通常叫做 T-S 曲线。

在三相异步电动机中，转速 $n=(1-S)n_0$，为了符合习惯画法，可将 T-S 曲线换成转速与转矩之间的关系 n-T 曲线，即 $n=f(T)$，称为三相异步电动机的机械特性。它有固有机械特性和人为机械特性之分。

1. 固有机械特性

三相异步电动机在额定电压和额定频率下，采用规定的接线方式，定子和转子电路中不串联任何电阻或电抗时的机械特性称为固有机械特性。根据式（3-31）和式（3-1）可得到三相异步电动机的固有机械特性曲线，如图 3-22 所示。从特性曲线上可以看出，有四个特殊点可以决定特性曲线的基本形状和异步电动机的运行性能，这四个特殊点如下。

（1）$T=0$，$n=n_0$（$S=0$），为电动机的理想空载工作点，此时电动机的转速为理想空载转速 n_0。事实上这一点是永远不可能达到的。

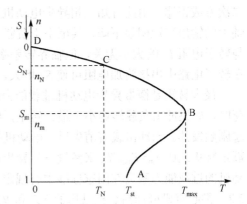

图 3-22 异步电动机的固有机械特性

（2）$T=T_N$，$n=n_N$（$S=S_N$），为电动机的额定工作点，对应的电磁转矩为额定电磁转矩 T_N，对应的转差率和转速分别为额定转差率 S_N 和额定转速 n_N，对应的电流也为额定电流 I_N。此时，额定转矩和额定转差率分别为

$$T_N = \frac{9550 P_N}{n_N} \quad (3-32)$$

$$S_N = \frac{n_0 - n}{n_0} \quad (3-33)$$

式中　P_N——电动机的额定功率；

　　　n_N——电动机的额定转速，一般 $n_N=(0.94\sim 0.95)n_0$；

　　　S_N——电动机的额定转差率，一般 $S_N=0.06\sim 0.015$；

　　　T_N——电动机的额定转矩。

（3）$T=T_{st}$，$n=0$（$S=1$），为电动机的启动工作点。

将 $S=1$ 代入式（3-31），可得

$$T_{st} = K \frac{R_2 U^2}{R_2^2 + X_{20}^2} \quad (3-34)$$

由此可见，异步电动机的启动转矩 T_{st} 与 U、R_2 及 X_{20} 有关。当施加在定子每相绕组上的电压 U 降低时，启动转矩会明显减小；当转子电阻适当增大时，启动转矩会增大；而当转子电抗增大时，启动转矩则会减小，这是我们所不需要的。

启动转矩反映电动机直接启动时的带负载能力。通常用启动转矩与额定转矩之比 $\lambda_{st}=T_{st}/T_N$ 来衡量三相异步电动机的启动能力，一般 $\lambda_{st}=1.0\sim 1.2$。λ_{st} 越大，电动机的启动能力越强。此时的定子电流为启动电流，用 I_{st} 表示，一般为额定电流的 4～7 倍。

(4) $T=T_{max}$, $n=n_m$ ($S=S_m$),为电动机的临界工作点。相应的转矩称为最大转矩或临界转矩 T_{max},是电动机所能提供的极限转矩。对应的转差率为临界转差率 S_m,临界转差率可由 $dT/dS=0$ 求得,即

$$S_m = R_2/X_{20} \tag{3-35}$$

再将 S_m 代入式(3-31),即可得

$$T_{max} = K\frac{U^2}{2X_{20}} \tag{3-36}$$

从式(3-35)和式(3-36)可看出:最大转矩 T_{max} 的大小与定子每相绕组上所加电压 U 的二次方成正比,由此可知三相异步电动机对电源电压的波动是很敏感的。电源电压过低,会使轴上的输出转矩明显下降,甚至小于负载转矩,从而会造成电动机停转;最大转矩 T_{max} 的大小与转子电阻 R_2 的大小无关,但临界转差率 S_m 却正比于 R_2,对于绕线式三相异步电动机而言,在转子电路中串接附加电阻可使 S_m 增大,而 T_{max} 却不变。

最大转矩是衡量异步电动机过载能力的一个重要参数。当三相异步电动机受到短时冲击载荷时,如果冲击负载转矩小于最大转矩,电动机仍然能够运行,而且电动机短时过载也不会引起剧烈发热。当冲击载荷消失后,电动机能自动回到额定工作点稳定运行。通常用最大转矩与额定转矩之比 $\lambda_m=T_{max}/T_N$ 来衡量三相异步电动机的过载能力,λ_m 越大,过载能力越强。各种电动机的过载能力系数在国家标准中有规定,如普通的 Y 系列三相笼型异步电动机的 $\lambda_m=2.0\sim2.2$,供起重机械和冶金机械用的 YZ 和 YZR 型绕线式三相异步电动机的 $\lambda_m=2.5\sim3.0$。

在实际应用中,用式(3-31)计算机械特性非常麻烦,如把它转化成用 T_{max} 和 S_m 表示的形式,则方便计算。为此,用式(3-31)除以式(3-36),并代入式(3-35),经整理后就可得到

$$T = \frac{2T_{max}}{\left(\dfrac{S}{S_m}+\dfrac{S_m}{S}\right)} \tag{3-37}$$

式(3-37)为转矩-转差率特性的实用表达式,也叫做规格化转矩-转差率特性。

2. 人为机械特性

由式(3-31)可知,当电动机结构固定时,人为地改变某些参数,如外加电源电压 U(即定子相电压 U_1),电源频率 f(即定子频率 f_1),在转子电路中串接三相对称电阻及电抗、改变磁极对数 p 等时,都能得到不同的机械特性,这就是三相异步电动机的人为机械特性。

1)降低电动机电源电压时的人为机械特性

由式(3-5)、式(3-35)和式(3-36)可以看出,电压 U 的变化对理想空载转速 n_0 和临界转差率 S_m 不发生影响,但最大转矩 T_{max} 与 U^2 成正比。当降低定子电源电压时,n_0 和 S_m 不变,而 T_{max} 大大减小。在同一转差率情况下,人为机械特性与固有机械特性的转矩之比等于其电压的二次方之比。因此,在绘制降低电源电压的人为机械特性时,以固有机械特性为基础,在不同的 S 处取固有机械特性上对应的转矩乘以降低电压与额定电压比值的二次方,即可画出,如图 3-23 所示。例如,当 $U_a=U_N$ 时,$T_a=T_{max}$;当 $U_b=0.8U_N$ 时,$T_a=0.64T_{max}$;当 $U_c=0.5U_N$ 时,$T_a=0.25T_{max}$。由此可见,电压越低,人为机械特性曲线越往左移。由于三相异步电动机对电网电压的波动非常敏感,所以运行时如果电压降低太多,它的过载能力与启动转矩会大大降低,电动机甚至会带不动负载或者根本不能启动。例如,当电动机运行在额定负载 T_N 下时,即使

$\lambda_m=2$,若电网电压下降到 $70\%U_N$,由于此时

$$T_{max} = \lambda_m T_N \left(\frac{U}{U_N}\right)^2 = 2 \times 0.7^2 \times T_N = 0.98 T_N$$

所以电动机也会停转。此外,电网电压下降,在负载转矩不变的条件下,将使电动机的转速下降,转差率 S 增大,电流增加,从而会造成电动机发热甚至烧坏。

2) 定子电路外接电阻或电抗器时的人为机械特性

在电动机定子电路中外接电阻或电抗器后,电动机的端电压为电源电压减去定子外串电阻或电抗器上的压降,因此定子绕组相电压降低,这种情况下的人为机械特性与降低电源电压时的相似,如图 3-24 所示。图中的实线 1 为降低电源电压的人为机械特性,虚线 2 为定子电路串入电阻 R_{1s} 或电抗器 X_{1s} 的人为机械特性。从图中可以看出,二者不同之处是定子串入电阻 R_{1s} 或电抗器 X_{1s} 后的最大转矩要比直接降低电源电压时的最大转矩大一些,这是因为随着转速的上升和启动电流的减小,在 R_{1s} 或 X_{1s} 上的压降减小,加到电动机定子绕组上的端电压自动增大,使最大转矩大一些;而降低电源电压的人为机械特性在整个启动过程中,定子绕组的端电压是恒定不变的。

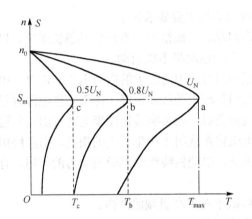
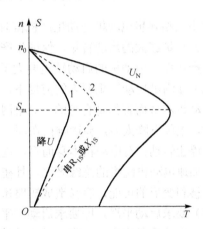

图 3-23 降低电源电压时的人为机械特性　　图 3-24 定子电路外接电阻或电抗器时的人为机械特性

3) 改变定子电源频率时的人为机械特性

改变定子电源频率 f 对三相异步电动机机械特性的影响是比较复杂的。根据式（3-5）、式（3-34）及式（3-36）,并注意到这些式中的 $X_{20} \propto f$,$K \propto 1/f$,且一般变频调速采用恒转矩调速,即希望最大转矩 T_{max} 保持恒值,因此在改变频率 f 的同时,电源电压 U 也会进行相应的变化,使 U/f 为常数,实质上就是使电动机气隙磁通保持不变。在上述条件下,就存在 $n_0 \propto f$,$S_m \propto 1/f$,$T_{st} \propto 1/f$ 及 T_{max} 不变的关系,即随着频率的降低,理想空载转速 n_0 减小,临界转差率增大,启动转矩增大,而最大转矩基本保持不变,如图 3-25 所示。

4) 转子电路串入电阻时的人为机械特性

在绕线式三相异步电动机的转子电路中串入电阻 R_{2r} [如图 3-26（a）所示] 后,转子电路中的电阻为 R_2+R_{2r}。由式（3-5）、式（3-35）和式（3-36）可看出,R_{2r} 的串入对理想空载转速 n_0、最大转矩 T_{max} 没有影响,但临界转差率 S_m 则随着 R_{2r} 的增大而增大,此时的人为机械特性是一条比固有机械特性软的曲线,如图 3-26（b）所示。

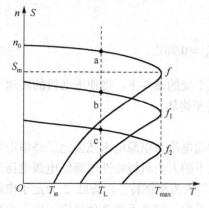
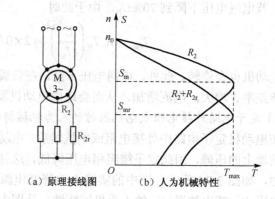

图 3-25 改变定子电源频率时的人为机械特性　　图 3-26 绕线式三相异步电动机转子电路串入电阻时的原理接线图和人为机械特性

3.4 三相异步电动机的启动方法

采用三相异步电动机拖动生产机械时,对电动机启动的主要要求如下。

(1) 有足够大的启动转矩,保证生产机械能正常启动。一般情况下希望启动越快越好,以提高生产效率。电动机的启动转矩要大于负载转矩,否则电动机不能启动。

(2) 在满足启动转矩要求的前提下,启动电流越小越好。因为过大的启动电流冲击对于电网和电动机本身而言都是有害的。对电网而言,它会引起较大的线路压降,特别是当电源容量较小时,电压下降太多,会影响接在同一电源上的其他负载,如影响其他异步电动机的正常运行甚至停止转动;对电动机本身而言,过大的启动电流将在绕组中产生较大的损耗,引起绕组发热,加速电动机绕组的绝缘老化,且在大电流冲击下,电动机绕组端部受电动力的作用,有发生位移和变形的可能,容易造成短路事故。

(3) 要求启动平滑,即要求启动时平滑加速,以减小对生产机械的冲击。

(4) 启动设备应安全可靠,且力求结构简单,操作方便。

(5) 启动过程中的功率损耗越小越好。

其中,(1) 和 (3) 是衡量三相异步电动机启动性能的主要技术指标。

三相异步电动机在接入电网启动的瞬时,由于转子处于静止状态,则定子旋转磁场将以最快的相对速度(即同步转速)切割转子导体,在转子绕组中感应出很大的转子电势和转子电流,从而引起很大的定子电流,一般定子电流(即启动电流)I_{st} 可达额定电流 I_N 的 5~7 倍。但因启动时转差率 $S_{st}=1$,转子功率因数 $\cos\varphi_2$ 较小,所以启动转矩 $T_{st}=K_c\Phi I_{2st}\cos\varphi_{2st}$ 不大,一般 $T_{st}=(0.8\sim1.5)T_N$。三相异步电动机的固有启动特性如图 3-27 所示。

显然,三相异步电动机的这种启动性能和生产机械的要求是相矛盾的,为了解决这些矛盾,必须根据具体情况采取不同的启动方法。

3.4.1 三相笼型异步电动机的启动方法

在一定的条件下,三相笼型异步电动机可以直接启动,当不允许直接启动时,则应采用限制启动电流的降压启动。

1. **直接启动（全压启动）**

所谓直接启动，就是指将电动机的定子绕组通过闸刀开关或接触器直接接入电源，在额定电压下进行启动，如图 3-28 所示。

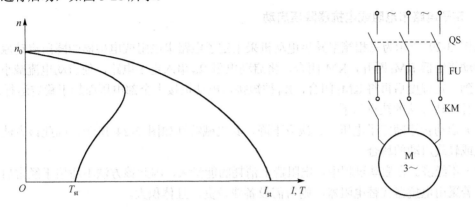

图 3-27　三相异步电动机的固有启动特性　　图 3-28　三相笼型异步电动机的直接启动

由于直接启动的启动电流很大，所以有关供电、动力部门对在什么情况下才允许采用直接启动都有规定，这主要取决于电动机功率与供电变压器容量的比值。一般在有独立变压器供电（即变压器供动力用电）的情况下，若电动机启动频繁，则电动机功率小于变压器容量的20%时允许直接启动；若电动机不经常启动，则电动机功率小于变压器容量的30%时也允许直接启动。如果在没有独立的变压器供电（即与照明共用电源）的情况下，电动机启动比较频繁，则常按经验公式来估算，只要满足下列关系即可直接启动：

$$\frac{启动电流 I_{st}}{额定电流 I_N} \leq \frac{3}{4} + \frac{电源总容量}{4 \times 电动机功率} \tag{3-38}$$

【例题 3-2】 有一台经常启动的三相笼型异步电动机，其 $P_N=20\text{kW}$，$I_{st}/I_N=6.5$，如果供电变压器（电源）容量为 560kV·A，且有照明负载，电动机可否直接启动？同样的 I_{st}/I_N 比值，功率为多大的电动机不允许直接启动？

解： 分别算出

$$\frac{3}{4} + \frac{560\text{kV·A}}{4 \times 20\text{kW}} = 7.75, \quad \frac{I_{st}}{I_N} = 6.5$$

满足式（3-38）的关系，因此允许直接启动。

由 $6.5 \leq \frac{3}{4} + \frac{560\text{kV·A}}{4 \times (P_N)\text{kW}}$ 可算出，额定功率大于 24kW 的电动机不允许直接启动。

三相笼型异步电动机直接启动的经验数据如表 3-1 所示。

表 3-1　三相笼型异步电动机直接启动的经验数据

供电方式	电动机的启动情况	供电网络上允许的电压降	供电变压器容量/kV·A					
			100	180	320	560	750	1000
			直接启动电动机的最大功率/kW					
动力与照明混合	经常启动	2%	4.2	7.5	13.3	23	31	42
	不经常启动	4%	8.4	15	27	47	62	84
动力专用	—	10%	21	37	66	118	155	210

由于直接启动时不需要附加启动设备，且操作和控制简单、可靠，所以在条件允许的情况下应尽量采用该方法。考虑到目前在大、中型厂矿企业中，变压器容量已足够大，因此，绝大多数中、小型三相笼型异步电动机都可采用直接启动。

2. 定子电路串电阻或电抗器降压启动

如图 3-29 所示为三相笼型异步电动机采用定子电路串电阻或电抗器的降压启动原理接线图。启动接触器 KM_1 断开，KM 闭合，将启动电阻 R_{st} 串入定子电路，使启动电流减小；待转速上升到一定程度后再将 KM_1 闭合，R_{st} 被短接，电动机接上全部电压而趋于稳定运行。

这种启动方法的缺点如下。

（1）启动转矩随定子电压的二次方下降，其机械特性如图 3-24 所示，因此该方法只适用于空载或轻载启动的场合。

（2）不经济。在启动过程中，电阻器上消耗的能量大，因此该方法不适用于经常启动的电动机；若采用电抗器代替电阻器，则所需设备费较贵，且体积大。

3. Y-△降压启动

如图 3-30 所示为Y-△降压启动的原理接线图。启动时，接触器的触点 KM_1 和 KM_3 闭合，KM_2 断开，将定子绕组接成星形；待转速上升到一定程度后再将 KM_3 断开，KM_2 闭合，将定子绕组接成三角形，电动机启动过程完成而转入正常运行状态。该方法适用于运行时定子绕组接成三角形的情况。

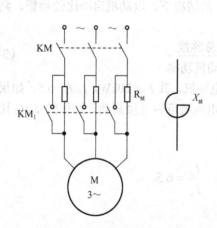 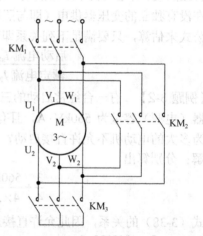

图 3-29 定子电路串电阻或电抗器的降压启动原理接线图　　图 3-30 Y-△降压启动的原理接线图

设 U_1 为电源线电压，I_{stY} 和 $I_{st\triangle}$ 分别为定子绕组接成星形及三角形的启动电流（线电流），Z 为电动机在启动时每相绕组的等效阻抗，则有

$$I_{stY}=U_1/(\sqrt{3}Z)，\quad I_{st\triangle}=\sqrt{3}U_1/Z$$

因此有 $I_{stY}=I_{st\triangle}/3$，即定子绕组接成星形时的启动电流等于接成三角形时启动电流的 1/3，而接成星形时的启动转矩 $T_{stY} \propto (U_1/\sqrt{3})^2 = U_1^2/3$，接成三角形时的启动转矩 $T_{st\triangle} \propto U_1^2$，因此，$T_{stY}=T_{st\triangle}/3$，即星形连接降压启动时的启动转矩只有三角形连接直接启动时的 1/3。

Y-△降压启动除了可用接触器控制外，还有一种专用的手操作式Y-△启动器，其特点是体积小、质量小、价格便宜、不易损坏、维修方便。

这种启动方法的优点是设备简单、经济、启动电流小，缺点是启动转矩小，且启动电压不能按实际需要调节，因此只适用于空载或轻载启动的场合，并只适用于正常运行时定子绕组按三角形连接的三相异步电动机。由于这种方法应用广泛，所以我国规定 4kW 及以上的三相异步电动机，当其定子额定电压为 380V，连接方法为三角形连接，电源线电压为 380V 时，它们就可以采用 Y-△ 降压启动了。

4. 自耦变压器降压启动

如图 3-31（a）所示为自耦变压器降压启动的原理接线图。启动时，KM_2、KM_3 闭合，KM_1 断开，三相自耦变压器 T 的三个绕组接成星形接于三相电源，使接于自耦变压器副边的电动机降压启动；当转速上升到一定值后，KM_2、KM_3 断开，自耦变压器 T 被切除，同时 KM_1 闭合，电动机接上全电压运行。

如图 3-31（b）所示为自耦变压器降压启动时的一相电路。由变压器的工作原理可知，此时副边电压与原边电压之比为 $K=U_2/U_1=N_2/N_1$，$U_2=KU_1$，启动时加在电动机定子每相绕组的电压是全压启动时的 K 倍，因而电流 I_2 也是全压启动时的 K 倍，即 $I_2=KI_{st}$（注意，I_2 为变压器副边电流，I_{st} 为全压启动时的启动电流）；而变压器原边电流 $I_1=KI_2=K^2I_{st}$，此时从电网吸取的电流 I_1 是直接启动时的电流 I_{st} 的 K^2 倍。这与 Y-△ 降压启动时的情况一样，只是 Y-△ 降压启动时的 $K=1/\sqrt{3}$ 为定值，而自耦变压器降压启动时的 K 是可调节的，这就是此种启动方法优于 Y-△ 降压启动方法之处，当然它的启动转矩也是全压启动时的 K^2 倍。这种启动方法的缺点是变压器的体积大、质量大、价格高、维修麻烦，而且启动时自耦变压器在过电流（超过额定电流）状态下运行，不适于启动频繁的电动机。因此，它在启动不太频繁、要求启动转矩较大、容量较大的三相异步电动机上应用较为广泛。通常把自耦变压器的输出端做成固定接头（一般有 $K=80\%$、65% 和 50% 三种，可根据需要选择输出电压），连同转换开关（图 3-31 中的 KM_1、KM_2 和 KM_3）和保护用的继电器等组合成一个设备，称为启动补偿器。

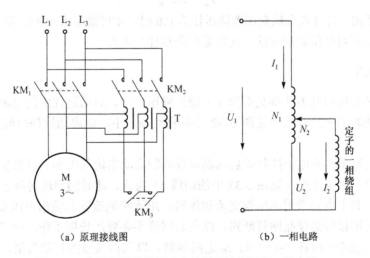

图 3-31　自耦变压器降压启动的原理接线图和一相电路

为了便于根据实际要求选择合理的启动方法，现将上述几种常用启动方法的启动电压、启动电流和启动转矩的相对值列于表 3-2 中。表中，U_N、I_{st} 和 T_{st} 分别为电动机的额定电压、全压启动时的启动电流和启动转矩，其数值可从电动机的产品目录中查到；U'_{st}、I'_{st} 和 T'_{st} 分别为按各种方法启动时实际加在电动机上的线电压、实际启动电流（对电网的冲击电流）和实际的启动转矩。

表 3-2 三相笼型异步电动机几种常用启动方法的比较

启 动 方 法	启动电压的相对值 $K_U = U_{st}/U_N$	启动电流的相对值 $K_I = I'_{st}/I_{st}$	启动转矩的相对值 $K_T = T'_{st}/T_{st}$
直接启动（全压启动）	1	1	1
定子电路串电阻或电抗器降压启动	0.80 0.65 0.50	0.80 0.65 0.50	0.64 0.42 0.25
Y-△降压启动	0.57	0.33	0.33
自耦变压器降压启动	0.80 0.65 0.50	0.64 0.42 0.25	0.64 0.42 0.25

【例题 3-3】 有一台带动空气压缩机的三相笼型异步电动机，$P_N=40$ kW，$n_N=1465$ r/min，启动电流 $I_{st}=5.5I_N$，启动转矩 $T_{st}=1.6T_N$，运行时要求启动转矩必须大于 $(0.9\sim1.0)T_N$，电网允许电动机的启动电流不得超过 $3.5I_N$。问应选用何种启动方法？

解：按要求，启动转矩的相对值应保证为

$$K_T = \frac{T'_{st}}{T_{st}} \geq \frac{0.9T_N}{1.6T_N} = 0.56$$

启动电流的相对值应保证为

$$K_I = \frac{I'_{st}}{I_{st}} \leq \frac{3.5I_N}{5.5I_N} = 0.64$$

由表 3-2 可知，只有当自耦变压器降压比为 0.8 时，才可满足 $K_T \geq 0.56$ 和 $K_I \leq 0.64$ 的条件，因此选用自耦变压器降压启动方法，变压器的降压比为 0.8。

5. 软启动器

上述的几种常用启动方法都是有级（一级）降压启动，启动过程中的电流有两次冲击，其幅值比直接启动时的电流幅值（见图 3-32 中的曲线 a）小，而启动过程时间略长（见图 3-32 中的曲线 b）。

现在，带电流闭环的电子控制软启动器可以限制启动电流的大小并使其保持恒值，直到转速升高后电流自动衰减下来（见图 3-32 中的曲线 c）为止，此时的启动时间也短于一级降压启动的启动时间。其主电路采用晶闸管交流调压器，用连续地改变其输出电压来保证恒流启动，而稳定运行时可用接触器使晶闸管断路，以免晶闸管不必要地长期工作。软启动时，根据所带负载的大小，启动电流可在 $(0.5\sim4)I_N$ 之间调整，以获得最佳的启动效果，但无论如何调整都不宜满载启动。当负载略重或静摩擦转矩较大时，可在启动时突加短时的脉冲电流，以缩短启动时间。

软启动器的功能同样也可以用于制动，以实现软停车。

随着现代电力电子技术和微电子技术的迅速发展，以及生产机械对三相笼型异步电动机启

动性能和工作性能上的要求不断提高，采用高性能变频器对三相笼型异步电动机供电已日趋广泛。在这种情况下，三相笼型异步电动机的启动就变得相当容易：只要通过控制施加到电动机定子绕组上电压的频率和幅值，就可快速、平滑地启动。

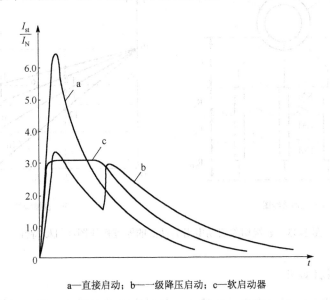

a—直接启动；b——一级降压启动；c—软启动器

图 3-32　异步电动机的启动过程与电流冲击

3.4.2　绕线式三相异步电动机的启动方法

三相笼型异步电动机的启动转矩小，启动电流大，因此不能满足某些生产机械高启动转矩、低启动电流的要求。而绕线式三相异步电动机由于能在转子电路中串入电阻，所以具有较大的启动转矩和较小的启动电流，即具有较好的启动特性。

在转子电路中串入电阻的启动方法常用的有逐级切除启动电阻法和频敏变阻器启动法。

1. 逐级切除启动电阻法

逐级切除启动电阻法主要是为了在整个启动过程中使电动机能保持较大的加速转矩。其启动过程如下。

如图 3-33（a）所示，启动开始时，触点 KM_1、KM_2、KM_3 均断开，启动电阻全部接入，KM 闭合，将电动机接入电网。电动机的机械特性如图 3-33（b）中的曲线Ⅲ所示，初始启动转矩为 T_A，加速转矩 $T_{a1}=T_A-T_L$，这里的 T_L 为负载转矩。在加速转矩的作用下，转速沿曲线Ⅲ上升，轴上的输出转矩相应下降，当转矩下降至 T_B 时．加速转矩下降到 $T_{a2}=T_B-T_L$。这时，为了使系统保持较大的加速度，让 KM_3 闭合，各相电阻中的 R_{st3} 被切除，启动电阻由 R_3 减为 R_2，电动机的机械特性由曲线Ⅲ变化到曲线Ⅱ。只要 R_2 的大小选择合适，并选择好切除时间，就能保证在电阻刚被切除的瞬间电动机轴上的输出转矩重新回升到 T_A，即使电动机重新获得最大的加速转矩。以后各段电阻的切除过程与上述相似，直到转子电阻全部被切除为止，电动机稳定运行在固有机械特性曲线（即图 3-33（b）中的曲线Ⅳ）对应于负载转矩 T_L 的点 9 上，启动过程结束。

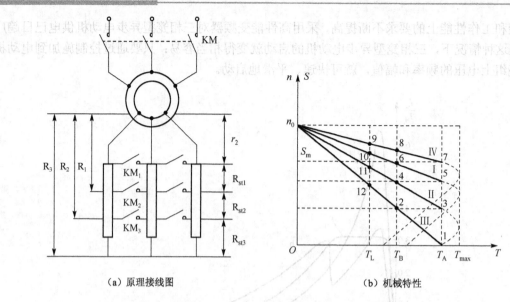

(a) 原理接线图　　　　　　　　　(b) 机械特性

图 3-33　逐级切除启动电阻启动法的原理接线图和机械特性

2. 频敏变阻器启动法

采用逐级切除启动电阻法来启动绕线式三相异步电动机时，可以手动操作"启动变阻器"或"鼓形控制器"来切除电阻，也可以用继电器-接触器自动切换电阻。前者很难实现较理想的启动要求，且对提高劳动生产率、减轻劳动强度不利；后者则会增加附加设备等费用，且维修较麻烦。因此，单从启动而言，逐级切除启动电阻法不是很好的方法。若采用频敏变阻器来启动绕线式三相异步电动机，既可自动切除启动电阻，又不需要控制电器。

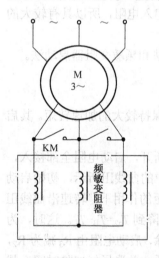

图 3-34　频敏变阻器的接线图

频敏变阻器实质上是一个铁芯损耗很大的三相电抗器，其铁芯由一定厚度的几块实心铁板或钢板叠成，一般做成三柱式，每柱上绕有一个线圈，三相线圈连成星形，然后接到绕线式三相异步电动机的转子电路中，如图 3-34 所示。

频敏变阻器为什么能够取代启动电阻呢？因为在频敏变阻器的线圈中通过转子电流，它在铁芯中产生交变磁通，在交变磁通的作用下，铁芯中就会产生涡流，涡流使铁芯发热，从电能损失的观点来看，这和电流通过电阻发热而损失电能一样，所以可以把涡流的存在看成一个电阻 R。另外，铁芯中交变的磁通又在线圈中产生感应电动势，阻碍电流流通，因而有电抗 X 存在。因此，频敏变阻器相当于电阻 R 和电抗 X 的并联电路。在启动过程中，频敏变阻器内的实际电磁过程如下：启动开始时，$n=0$，$S=1$，转子电流的频率 ($f_2=Sf$) 高，铁耗大（铁耗与 f_2^2 成正比），相当于 R 大，且 $X \propto f_2$，所以 X 也很大，即等效阻抗大，从而限制了启动电流。另外，由于启动时的铁耗大，频敏变阻器从转子取出的有功电流也较大，从而提高了转子电路的功率因数，增大了启动转矩。随着转速的逐步上升，转子频率 f_2 逐渐下降，从而使铁耗减小，感应电动势也减小，即由 R 和 X 组成的等效阻抗逐渐减小，这就相当于在启动过程中逐渐自动切除电阻和电抗。当转速 $n=n_N$ 时，f_2 很小，R 和 X 近似为零，相当于转子被短路，启动完毕，进入正常运行。这种电阻和电抗对频率的"敏感"特性,就是"频敏"变阻器名称的由来。

和逐级切除启动电阻法相比,频敏变阻器启动法的主要优点是:具有自动平滑调节启动电流和启动转矩的良好启动特性,且结构简单,运行可靠,无须经常维修。它的缺点是:功率因数低(一般为 0.3~0.8),因而启动转矩的增大受到限制,且不能用做调速电阻。因此,频敏变阻器用于对调速没有要求、启动转矩要求不大、经常正反向运转的绕线式三相异步电动机的启动是比较合适的。它广泛应用于冶金、化工等传动设备上。

我国生产的频敏变阻器系列产品,有不经常启动和重复短时工作制启动两类,前者在启动完毕后要用接触器 KM 短接(如图 3-34 中的虚线所示),后者则不需要。

频敏变阻器的铁芯和铁扼间设有气隙,且在绕组上留有几组抽头,改变气隙大小和绕组匝数,可用来调整电动机的启动电流和启动转矩,在匝数少、气隙大时,可得到大的启动电流和启动转矩。

为了使单台频敏变阻器的体积不要过大、重量不要过重,当电动机容量较大时,可以采用多台频敏变阻器串联使用。

3.4.3 特殊三相笼型异步电动机

普通三相笼型异步电动机的最大优点是结构简单,运行可靠,其缺点是启动性能差,很难适应启动次数频繁且需启动转矩大的生产机械(主要是起重运输机械和冶金企业中的各种辅助机械)的要求。为了既保持笼型三相电动机结构简单的优点,又能获得较好的启动性能,可从电动机结构上采取适当的改进措施。

1. 双鼠笼式三相异步电动机

双鼠笼式三相异步电动机的转子具有两个笼型绕组,如图 3-35 所示。外层绕组(外笼)用电阻系数较大的导体(黄铜、锰黄铜、铝青铜)制成,且截面积较小,因而其电阻 R_{2ex} 较大;而内层绕组(内笼)用电阻系数较小的导体(紫铜)制成,且截面积较大,因此其电阻 R_{2i} 较小。但由于外笼的导体放在靠近转子铁芯的表面,所交链的转子漏磁通 Φ_{L2} 较小,所以外笼的漏电感 L_{2ex} 比内笼的 L_{2i} 小,在同一转子频率下,外笼的漏电抗也较小。

在启动时,$S=1$,$f_2=f$,转子内、外笼的电抗都远大于它们的电阻,因此,这时的转子电流主要取决于转子电抗,因为外笼的漏电抗 X_{2ex} 小于内笼的漏电抗 X_{2i},所以 $I_{2ex}>I_{2i}$。又由于内、外笼电阻与阻抗的比值不同,使

$$\frac{R_{2ex}}{\sqrt{R_{2ex}^2+X_{2ex}^2}} > \frac{R_{2i}}{\sqrt{R_{2i}^2+X_{2i}^2}}, \quad 即 \quad \cos\varphi_{2ex} > \cos\varphi_{2i}$$

所以外笼产生的启动转矩 T_{stex} 大,内笼产生的启动转矩 T_{sti} 小。由于启动时起主要作用的是外笼,所以外笼又称启动笼。

当电动机正常工作时,S 很小,f_2 也很小,转子内、外笼的电抗都远小于它们的电阻,因此,这时的转子电流主要取决于转子电阻,而由于 $R_{2ex}>R_{2i}$,所以此时 $I_{2ex}<I_{2i}$。由于内、外笼的电抗均极小,使得 $\cos\varphi_{2ex}$ 与 $\cos\varphi_{2i}$ 相差不多,所以当 S 很小时,外笼产生的转矩小于内笼产生的转矩。由此可见,在正常工作时起主要作用的是内笼,因此内笼又称工作笼。

与同容量的三相笼型异步电动机相比,双鼠笼式三相异步电动机具有较大的启动转矩和较小的启动电流。

2. 深槽式三相异步电动机

深槽式三相异步电动机和双鼠笼式三相异步电动机的启动性能相似,但它的构造较简单,价格较便宜,不需要高电阻系数的特种材料,而且它的转子导体具有窄而高的截面形状,并放在转子铁芯的深槽中,如图3-36(a)所示。

深槽式三相异步电动机的启动性能得以改善的原理,是基于电流的趋肤效应。对于处于深槽中的导体,可以认为它沿高度分成许多层[如在图3-36(a)中分成6层],各层所交链漏磁通的数量不同,底层最多而顶层最少,因此,与漏磁通相应的漏电抗也是底层最大而顶层最小。

启动时,$S=1$,$f_2=f$,如前所述,此时电流的分布主要取决于电抗,因此导体中电流密度δ的分布沿槽深不同,底层电抗最大而电流密度最小,顶层电抗最小而电流密度最大[如图3-36(b)所示]。趋肤效应使电流集中于导体上部,相当于导体有效截面积减小,转子有效电阻增加,从而使得启动电流减小而启动转矩增大。转子槽越深,这种作用就越强。基于这个道理,现代的三相笼型异步电动机转子槽都向着加大槽深的方向发展。

但在正常运行时,S极小,转子电流频率f_2甚小,转子电抗也变得很小,趋肤效应就不显著,电流在导体中几乎均匀分布,这就使得转子绕组的电阻自动减小,此时的情况与普通三相笼型异步电动机几乎无差别。

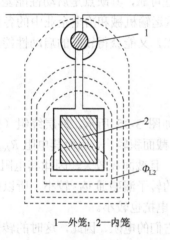

1—外笼;2—内笼

图3-35 双鼠笼式三相异步电动机的
转子槽和漏磁通

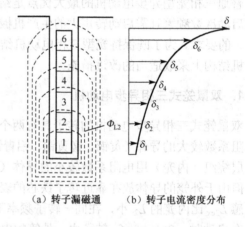

(a)转子漏磁通　　(b)转子电流密度分布

图3-36 深槽式三相异步电动机的转子漏磁通和转子电流密度分布

上述两种特殊形式的三相笼型异步电动机都具有较好的启动性能,虽然它们的功率因数和效率稍低,但它们在工业上均得到了广泛的应用。实际上,功率大于100kW的三相笼型异步电动机都做成了双鼠笼式或深槽式。

3. 高转差率三相笼型异步电动机

当转子导体电阻增大时,既可以限制启动电流,又可以增大启动转矩,这对于改善三相异步电动机的启动性能来说,是一个比较有效的措施。据此,对于启动频繁的三相异步电动机,其转子导体不用普通的纯铝,而用电阻率高的ZL—104铝合金制造,这样可使转子绕组电阻加大,因此,这种电动机比一般三相笼型异步电动机的转差率高,这种电动机常称为高转差率三相笼型异步电动机。它适用于具有较大飞轮转矩和不均匀冲击负载及逆转次数较多的机械。

3.5 三相异步电动机的调速方法

由式（3-5）和式（3-1）可以得到

$$n = n_0(1-S) = \frac{60f}{p}(1-S) \tag{3-39}$$

由式（3-39）可知，三相异步电动机在一定负载稳定运行的条件（$T=T_L$）下，欲得到不同的转速 n，其调速方法有改变极对数 p、改变转差率 S（即改变电动机机械特性的硬度）和改变电源频率 f 等。三相异步电动机交流调速的分类如下：

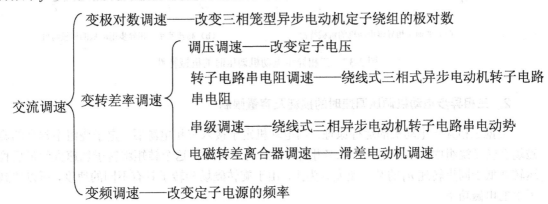

在以上三种调速方法中，变极对数调速是有级的；变转差率调速不用调节同步转速，其低速时的电阻能耗大，效率较低，只有在串级调速情况下，转差功率才得以利用，效率较高。变频调速要调节同步转速，可以从高速到低速都保持很小的转差率，其效率高，调速范围大，精度高，是交流电动机的一种比较理想的调速方法。本节只介绍三相异步电动机的几种调速方法的基本原理与特性。

3.5.1 调压调速

1. 三相异步电动机的调压特性

把图 3-23 所示的改变定子电源电压时的人为机械特性重画在图 3-37（a）中，可见电压改变时，T_{max} 变化，而 n_0 和 S_m 不变。对于恒转矩性负载 T_L，由机械特性曲线 1 与不同电压下电动机机械特性的交点，可以得到点 a、b、c 所决定的速度，由此可看出其调速范围很小，没有多大实用价值；若电动机拖动离心式通风机型负载曲线 2 与不同电压下机械特性的交点为 d、e、f，则可以看出其调速范围稍大。但是随着电动机转速的降低，会使转子电流相应增大，可能会因过热而损坏电动机。因此，为了使电动机能在低速下稳定运行又不致过热，要求电动机转子绕组有较高的电阻，则应选用高转差率三相异步电动机，它具有如图 3-37（b）所示的机械特性。这种调速方法能够无级调速，但当降低电压时，转矩按电压的二次方比例减小，因此其调速范围不大。而且这种软机械特性的电动机除运行效率较低外，在低速运行时工作点还不易稳定，如图 3-37（b）中的点 c 所示。要想提高调压调速机械特性的硬度，就要采用速度闭环控制系统。

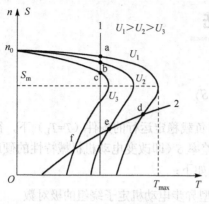
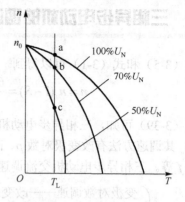

(a) 普通三相异步电动机的机械特性　　　　(b) 高转差率三相异步电动机的机械特性

图 3-37　三相异步电动机调压时的机械特性

2. 三相异步电动机调压调速时的损耗及容量限制

根据三相异步电动机的运行原理，当电动机定子接入三相电源后，定子绕组中建立的旋转磁场在转子绕组中感应出电流，二者相互作用产生转矩 T。这个转矩将转子加速直到最后稳定运转在低于同步转速 n_0 的某一速度 n 为止。由于旋转磁场和转子具有不同的速度，所以传到转子上的电磁功率

$$P_e = \frac{T \cdot n_0}{9550}$$

与转子轴上产生的机械功率

$$P_m = \frac{T \cdot n}{9550}$$

之间存在功率差

$$P_s = P_e - P_m = T\frac{n_0 - n}{9550} = SP_e \tag{3-40}$$

这个功率称为转差功率，它将通过转子导体发热而消耗掉。由式（3-40）也可看出，在较低转速时，转差功率将很大，因此，这种调压调速方法不太适合于长期工作在低速的工作机械。如仍要用于这种机械，则电动机容量就要选择适当大一些的。

另外，如果负载具有转矩随转速降低而减小的特性（如通风机类型的工作机械 $T_L = Kn^2$），则当向低速方向调速时转矩减小，电磁功率及输入功率也减小，从而使转差功率比恒转矩负载时的转差功率小得多。因此，定子调压调速的方法特别适合于通风机及泵类等机械。

3.5.2　转子电路串电阻调速

转子电路串电阻调速只适用于绕线式三相异步电动机，其启动电阻可兼做调速电阻用，不过此时考虑稳定运行时的发热，应适当增大电阻的容量。它也只能在额定转速以下进行调节。如图 3-38 所示为转子电路串电阻调速时的机械特性，从图中可看出最大转矩不变，临界转差率随电阻的增大而增大。当电阻增大时，转速下降，如对应于图中的电阻 R_1、R_2、R_3、R_4，相应的转速分别为 n_1、n_2、n_3、n_4，这种调速方法属于恒转矩调速，一般采用金属电阻器来实现，只能分级调速。转子电路串电阻调速的设备简单可靠，但是在低速时同样存在机械特性软，运

行平稳性不好的缺点。而且转子电路中的电阻要损耗功率,该损耗功率与转差率的平方成正比,速度越低,功率损耗越大,效率越低。因此,转子电路串电阻调速通常用在对调速性能要求不高或重复短期运转的生产机械中,如起重运输设备。

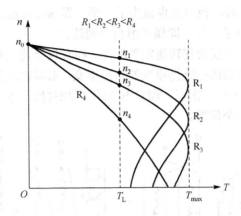

图 3-38　转子电路串电阻调速时的机械特性

3.5.3　变极对数调速

在生产中,大量的生产机械并不需要连续平滑调速,只需要几种特定的转速就可以了,而且对启动性能也没有高的要求,一般只在空载或轻载下启动。在这种情况下,采用变极对数调速的多速三相笼型异步电动机是合理的。

根据式(3-5)知同步转速 n_0 与极对数 p 成反比,因此改变极对数 p 即可改变电动机的转速。

下面以单绕组双速电动机为例,对变极对数调速的原理进行分析。如图 3-39 所示,为简便起见,将一个线圈组集中起来用一个线圈代表。单绕组双速电动机的定子每相绕组由两个相等圈数的"半绕组"组成。如图 3-39(a)所示,两个"半绕组"串联,其电流方向相同;如图 3-39(b)所示,两个"半绕组"并联,其电流方向相反。它们分别代表两种极对数,即 $2p=4$ 与 $2p=2$。由此可见,改变极对数的关键在于使每相定子绕组中一半绕组内的电流改变方向,即可用改变定子绕组的接线方式来实现。若在定子上装两套独立绕组,各自具有所需的极对数,两套独立绕组中每套又可以有不同的连接,这样就可以分别得到双速、三速或四速等电动机,通称为多速电动机。

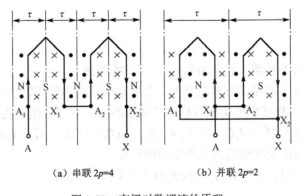

(a) 串联 $2p=4$　　　　　(b) 并联 $2p=2$

图 3-39　变极对数调速的原理

注意，多速电动机的调速性质也与连接方式有关，如将定子绕组由Y连接改成YY连接（见图 3-40（a）），即每相绕组由串联改成并联，则极对数减少了一半，因此 $n_{YY}=2n_Y$，可以证明，此时转矩维持不变，而功率增加了一倍，即属于恒转矩调速；而当定子绕组由△连接改成YY连接（如图 3-40（b）所示）时，极对数也减少了一半，即 $n_{YY}=2n_{\triangle}$，也可以证明，此时功率基本维持不变，而转矩约减小了一半，即属于恒功率调速。

另外，极对数的改变，不仅会使转速发生改变，而且也会使三相定子绕组中电流的相序发生改变。为了在改变极对数后仍能维持原来的转向不变，必须在改变极对数的同时，改变三相绕组接线的相序，如图 3-40（b）所示，即将 B 相和 C 相对换一下，这是设计变极对数调速电动机控制线路时应注意的一个问题。

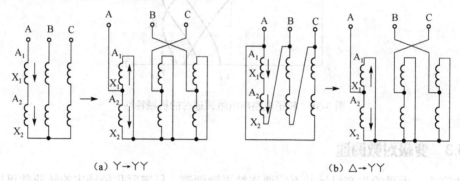

图 3-40　单绕组双速电动机的极对数变换

多速电动机启动时宜先接成低速，然后再换接为高速，这样可获得较大的启动转矩。

虽然多速电动机体积稍大，价格稍高，只能有级调速，但其结构简单，效率高，特性好，且调速时所需附加设备少，因此，它广泛用于机电联合调速的场合，特别是在中、小型机床上用得较多。

3.5.4　变频调速

由式（3-5）和图 3-25 可以看出，三相异步电动机的转速 n 正比于定子电源的频率 f_1，若连续地调节定子电源频率 f_1，即可实现连续地改变电动机的转速 n。变频调速是目前交流电动机调速的一种主要方法，它在许多方面已经取代了直流调速系统。交流调速技术现已成为当前机电传动控制系统研究的主要内容之一。变频调速的方案现在已有很多，下面仅介绍变频调速的基本方法。

1. 变压变频调速

变压变频调速适合于基频（额定频率 f_{1N}）以下的调速。

在基频以下调速时，需要调节电源电压，否则电动机将不能正常运行，理由如下。

由式（3-9）知，三相异步电动机每相定子绕组的电压方程（相量式）为

$$\dot{U}_1 = -\dot{E}_1 + \dot{I}_1 R_1 + j\dot{I}_1 X_1 = -\dot{E}_1 + \dot{I}_1(R_1 + jX_1) = -\dot{E}_1 + \dot{I}_1 \dot{Z}_1$$

式中　$\dot{I}_1 \dot{Z}_1$——定子电流在绕组阻抗上产生的电压降。

电动机在额定运行时，$I_1 Z_1 \ll U_1$，因此有式（3-10），即有

$$U_1 \approx E_1 = 4.44 f_1 N_1 \Phi_m \tag{3-41}$$

由式（3-41）得

$$\Phi_m \approx \frac{1}{4.44N_1} \frac{U_1}{f_1} = K \frac{U_1}{f_1} \tag{3-42}$$

由于电源电压通常是恒定的，即 U_1 恒定，所以当电压频率变化时，磁极下的磁通也将发生变化。

在设计电动机时，为了充分利用铁芯通过磁通的能力，通常将铁芯额定磁通 Φ_{mN}（或额定磁感应强度 B）选在磁化曲线的弯曲点（选得较大，已接近饱和），以使电动机产生足够大的转矩（因转矩 T 与磁通 Φ_m 成正比）。若减小频率，则磁通将会增加，使铁芯饱和；当铁芯饱和时，要使磁通再增加，则需要很大的励磁电流，这将导致电动机绕组的电流过大，会造成电动机绕组过热，甚至烧坏电动机，这是不允许的。因此，比较合理的方案是：当降低频率 f_1 时，为了防止磁路饱和，就应使 Φ_m 保持不变，于是需保持 E_1/f_1 等于常数。但因 E_1 难以直接控制，故可近似地采用 U_1/f_1 等于常数的方法。这表明，在基频以下变频调速时，要实现恒磁通调速，应使电压和频率按比例配合调节，这相当于直流电动机的调压调速，也称恒磁恒压频比控制方式。

2. 恒压弱磁调速

恒压弱磁调速适合于基频（额定频率 f_{1N}）以上的调速。

在基频以上调速时，要按比例升高电压是很困难的。这是因为当频率调节到超过基频（即 $f_1 > f_{1N}$）时，若仍保持 $\Phi_m = \Phi_{mN}$，则电压 U 将超过额定电压 U_{1N}，而这在电动机的运行中是不允许的（会损坏绝缘层）。因此，在基频以上，只好保持电压不变（不超过电动机绝缘要求的额定电压），即 $U_1 = U_{1N}$ 为常数，这时，f_1 越高，Φ_m 越弱，这相当于直流电动机的弱磁调速，也称恒压弱磁升速控制方式。

把基频以下和基频以上两种情况合起来，可得到如图 3-41 所示的三相异步电动机的变压变频调速控制特性。如果电动机在不同转速下都具有额定电流，则电动机均能在温升允许下长期运行。基频以下属于"恒转矩调速"，而基频以上基本上属于"恒功率调速"。

综上所述，异步电动机的变压变频调速是进行分段控制的：基频以下，采取恒磁恒压频比控制方式；基频以上，采取恒压弱磁升速控制方式。

变频调速时的机械特性 $n=f(T)$ 如图 3-42 所示。

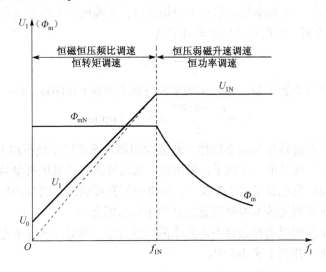

图 3-41 三相异步电动机的变压变频调速控制特性

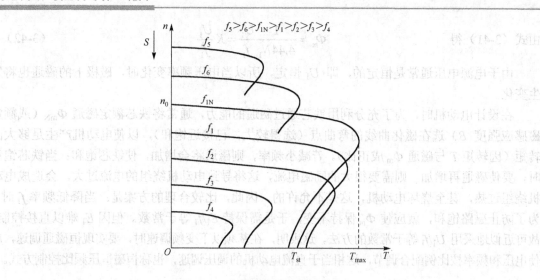

图 3-42 变频调速时的机械特性

值得指出的是,在基频以下分析的依据 $\Phi_m \approx KU_1/f_1$ 是在略去 I_1Z_1 的情况下得出的。事实上,在负载不变的情况下,随着 f_1 的减小,U_1 将成比例地减小,I_1Z_1 的影响实质上就是 E_1 减小. 也就是在 $\Phi_m < \Phi_{mN}$ 时,f_1 与 U_1 减小得越多,I_1Z_1 的影响就越大。为补偿 I_1Z_1 对 E_1 的影响,在减小 f_1 时应使 U_1 减小得少一些,也就是相当于用增加 U_1 的方法来补偿 I_1Z_1 的影响,这样 U_1/f_1 就不等于常数了。控制特性 U_1-f_1 曲线将为图 3-41 中的 $f < f_{1N}$ 段的实直线。当然,此时的机械特性 $n = f(T)$ 也要做相应的改变。

迄今为止,变频调速所达到的性能指标已可以与直流电动机的调速性能媲美,并具有极大的经济效益。其主要优点如下。

(1) 调速范围广。通用变频器的最低工作频率为 0.5Hz,如果额定频率 f_{1N} =50Hz,则在额定转速以下,调速范围可达到 $D \approx 50/0.5=100$。D 实际是同步转速的调节范围,与实际转速的调节范围略有出入。档次较高的变频器的最低工作频率仅为 0.1Hz,则其在额定转速以下的调速范围可达到 $D \approx 50/0.1=500$。

(2) 调速平滑性好。在频率给定信号为模拟量时,其输出频率的分辨率大多为 0.05Hz。以 4 极电动机(p=2)为例,每两挡之间的转速差为

$$\varepsilon_n = \frac{60 \times 0.05}{2} = 1.5 \text{ (r/min)}$$

如果频率给定信号为数字量,则输出频率的分辨率可达 0.002Hz,每两挡间的转速差为

$$\varepsilon_n = \frac{60 \times 0.002}{2} = 0.06 \text{ (r/min)}$$

(3) 工作特性(静态特性与动态特性)都能做到和直流调速系统不相上下。

(4) 经济效益高。这里举一个例子,带风机、水泵等离心式通风机型负载的三相交流异步电动机每年要消耗电厂发电总量的 1/3 以上,如果改用变频调速,则全国每年可以节省几十兆瓦的电力。这也是变频调速技术得到迅速发展的主要原因之一。

为了便于根据实际情况选择适合不同要求的调速方法,现对三相异步电动机各种调速方法的调速性能进行比较,并列于表 3-3 中。

表 3-3 三相异步电动机各种调速方法的调速性能的比较

比较项目	调速方法					
	变极对数调速	变转差率				变频调速
		转子电路串电阻调速	调压调速	电磁转差离合器调速	串级调速	
是否改变同步转速	变	不变	不变	不变	基本不变	变
静差率	小（好）	大（差）	开环时大，闭环时小	开环时大，闭环时小	小（好）	小（好）
调速范围（满足一般静差率要求）	较小（D=2~4）	小（D=2）	闭环时较大（D≤10）	闭环时较大（D≤10）	较小（D=2~4）	较大（D>10）
调速平滑性（有级、无级）	差，有级调速	差，有级调速	好，无级调速	好，无级调速	好，无级调速	好，无级调速
适应负载类型	恒转矩恒功率	恒转矩	通风机恒转矩	通风机恒转矩	通风机恒转矩	恒转矩恒功率
设备投资	少	少	较少	较少	较多	多
能量损耗	小	大	大	大	较少	较少
电动机类型	多速电动机（笼型）	绕线式	笼型	滑差电动机	绕线式	笼型

3.6 三相异步电动机的制动

三相异步电动机和直流电动机一样，也有三种制动方式：反馈制动、反接制动和能耗制动。

3.6.1 反馈制动

当由于某种原因导致三相异步电动机的运行速度高于它的同步速度，即 $n>n_0$，$S=(n_0-n)/n_0<0$ 时，三相异步电动机就进入发电状态。显然，这时转子导体切割旋转磁场的方向与电动状态时的方向相反，电流 I_2 改变了方向，电磁转矩 $T=K_m\Phi I_2\cos\varphi_2$ 也随之改变方向，即 T 与 n 的方向相反，T 起制动作用。反馈制动时，电动机从轴上吸收功率后，小部分转换为转子铜耗，大部分则通过空气隙进入定子，并在供给定子铜耗和铁耗后又反馈给电网，因此，反馈制动又称发电制动。这时三相异步电动机实际上是一台与电网并联运行的异步发电机。由于 T 为负，$S<0$，所以反馈制动的机械特性曲线是电动状态机械特性曲线向第二象限的延伸，如图 3-43 所示。

三相异步电动机的反馈制动运行状态有两种情况。

一种是负载转矩为位能性转矩的起重机械在下放重物时的反馈制动运行状态，例如，桥式吊车，电动机反转（在第三象限）下放重物。电动机开始在反转电动状态下工作，电磁转矩和负载转矩方向相同，重物快速下降，直至 $|-n|>|-n_0|$，即电动机的实际转速超过同步转速后，电磁转矩成为制动转矩。当 $T=T_L$ 时，达到稳定状态，重物匀速下降，电动机运行在图 3-43 中的点 a 处。改变转子电路内的串入电阻，可以调节重物下降的稳定运行速度，此时电动机运行在图 3-43 中的点 b 处。转子电阻越大，电动机转速就越高，但为了不致因电动机转速太高

而造成运行事故，转子附加电阻的值不允许太大。

另一种是电动机在变极调速或变频调速过程中，极对数突然增多或供电频率突然降低，使同步转速 n_0 突然降低时的反馈制动运行状态。例如，某生产机械采用双速电动机传动，高速运行时为 4 极（$2p=4$），有

$$n_{01} = \frac{60f}{p} = \frac{60 \times 50}{2} = 1500 \text{ (r/min)}$$

低速运行时为 8 极（$2p=8$），有

$$n_{02} = \frac{60f}{p} = \frac{60 \times 50}{4} = 750 \text{ (r/min)}$$

如图 3-44 所示，当电动机由高速挡切换到低速挡时，由于转速不能突变，所以在降速开始一段时间内，电动机运行到 n_{02} 的机械特性的发电区域内（点 b），此时电枢所产生的电磁转矩为负，它和负载转矩一起迫使电动机降速。在降速过程中，电动机将运行系统中的动能转换成电能反馈到电网，当电动机在高速挡所储存的动能消耗完后，电动机就进入 $2p=8$ 的电动状态，一直到电动机的电磁转矩又重新与负载转矩相平衡为止，此时电动机稳定运行在点 c 处。

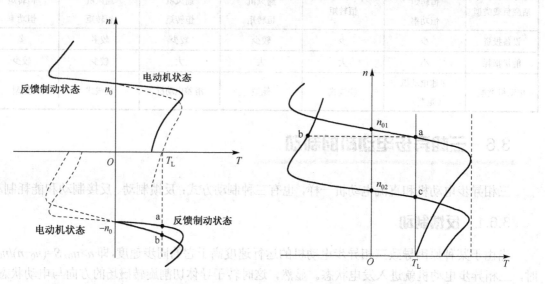

图 3-43 反馈制动的机械特性　　图 3-44 变极调速或变频调速时反馈制动的机械特性

3.6.2 反接制动

1. 电源反接

如果正常运行时异步电动机三相电源的相序突然改变，即电源反接，则旋转磁场的方向就将改变，电动状态下的机械特性曲线就由图 3-45 中的第一象限的曲线 1 变成了第三象限的曲线 2。但由于机械惯性的原因，转速不能突变，系统运行点 a 只能平移至特性曲线 2 的点 b 上，电磁转矩由正变负，则转子将在电磁转矩和负载转矩的共同作用下迅速减速，在从点 b 到点 c 的整个第二象限内，电磁转矩 T 和转速 n 的方向都相反，电动机进入反接制动状态。待 $n=0$（即点 c）时，应将电源切断，否则电动机将反向启动运行。

由于反接制动时的电流很大，所以对于三相笼型异步电动机而言，常在定子电路中串接电阻，

对于绕线式三相异步电动机而言,则在转子电路中串接电阻。这时的人为机械特性如图3-45的曲线3所示,制动时工作点由点a转换到点d,然后沿特性曲线3减速,至$n=0$(即点e)时切断电源。

2. 倒拉制动

倒拉制动出现在位能性负载转矩超过电磁转矩时,如起重机下放重物,为了使下降速度不致太快,就常采用这种工作状态。如图3-46所示,若起重机提升重物时稳定运行在特性曲线1的点a处,欲使重物下降,就需在转子电路内串入较大的附加电阻,此时系统运行点将从特性曲线1的点a移至特性曲线2的点b上,此时负载转矩T_L将大于电动机的电磁转矩T,电动机减速到点c(即$n=0$)。由于电磁转矩T仍小于负载转矩T_L,所以重物将迫使电动机反向旋转,重物被下放,即电动机转速n由正变负,$S>1$,机械特性曲线由第一象限延伸到第四象限,电动机进入反接制动状态。随着下落速度的增加,S增大,转子电流I_2和电磁转矩随之增大,直至$T=T_L$,系统达到相对平衡状态,重物以$-n_s$等速下放。由此可见,与电源反接的过渡制动状态不同,倒拉制动状态是一种能稳定运转的制动状态。

在倒拉制动状态下,转子轴上输入的机械功率转变成电功率后,会连同从定子输送来的电磁功率一起消耗在转子电路的电阻上。

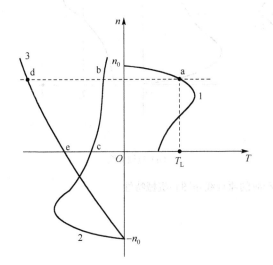
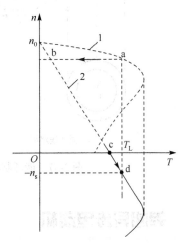

图 3-45 电源反接时的机械特性　　　　图 3-46 倒拉制动时的机械特性

3.6.3 能耗制动

三相异步电动机的电源反接制动用于准确停车有一定的困难,因为它容易造成反转,而且电能损耗也比较大;反馈制动虽是比较经济的制动方法,但它只能在高于同步转速下使用;而能耗制动却是比较常用的准确停车的方法。

三相异步电动机能耗制动时的原理线路图如图3-47(a)所示。进行能耗制动时,首先将定子绕组从三相交流电源断开(KM_1打开),接着立即将一低压直流电源接入定子绕组(KM_2闭合)。当直流电流通过定子绕组后,会在电动机内部建立一个固定不变的磁场,由于转子在运动系统储存的机械能作用下继续旋转,所以转子导体内就会产生感应电动势和电流,该电流与恒定磁场相互作用产生作用方向与转子实际旋转方向相反的制动转矩。在制动转矩的作用下,电动机转速迅速下降，此时运动系统储存的机械能被电动机转换成电能后消耗在转子电路的电阻中。

能耗制动时的机械特性如图 3-47（b）所示。制动时，系统运行点从特性曲线 1 的点 a 平移至特性曲线 2 的点 b 上，并在制动转矩和负载转矩的共同作用下沿特性曲线 2 迅速减速，直至 $n=0$ 为止，当 $n=0$ 时，$T=0$。因此，能耗制动能准确停车，而不像电源反接制动那样，如不及时切断电源将会使电动机反转。不过，当电动机停止后不应再接通直流电源，因为那样将会烧坏定子绕组。另外，在制动的后阶段，由于随着转速的降低，能耗制动转矩也很快减小，所以制动较平稳，但制动效果比电源反接制动差。可以用改变定子励磁电流 I_f 或转子电路串入电阻（绕线式三相异步电动机）的大小来调节制动转矩，从而调节制动效果的强弱。由于制动时间很短，所以通过定子的直流电流 I_f 可以大于电动机的定子额定电流，一般取 $I_f=(2\sim3)I_{1N}$。

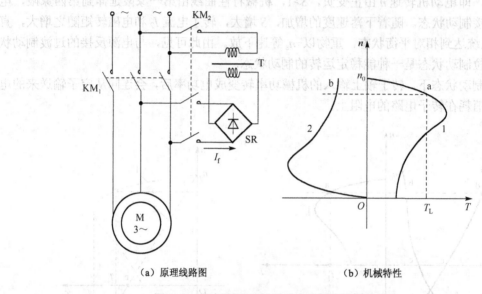

（a）原理线路图　　　　　（b）机械特性

图 3-47　能耗制动时的原理线路图和机械特性

3.7　单相异步电动机

单相异步电动机是一种容量从几瓦到几百瓦、由单相交流电源供电的电动机，具有结构简单，成本低廉，运行可靠等一系列优点，因此广泛用于电风扇、洗衣机、电冰箱、吸尘器、医疗器械及自动控制装置中。

3.7.1　单相异步电动机的工作原理

单相异步电动机的定子绕组为单相，转子一般为笼型，如图 3-48 所示。当接入单相交流电源时，它在定、转子气隙中产生一个如图 3-49（a）所示的交变脉动磁场。此磁场在空间并不旋转，只是磁通或磁感应强度的大小随时间作正弦变化，即

$$B = B_m \sin \omega t \tag{3-43}$$

式中　B_m——磁感应强度的幅值；
　　　ω——交流电源的角频率。

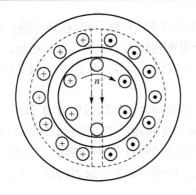

图 3-48 单相异步电动机

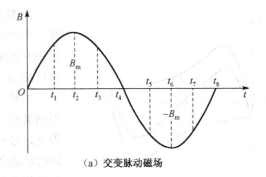

(a) 交变脉动磁场

图 3-49 脉动磁场分成两个转向相反的旋转磁场

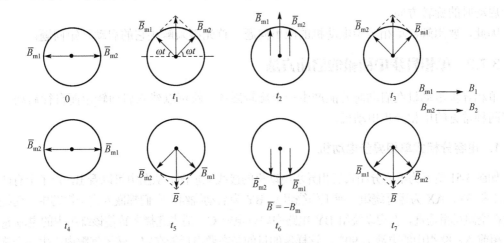

(b) 脉动磁场的分解

图 3-49 脉动磁场分成两个转向相反的旋转磁场（续）

如果电动机仅有一个单相绕组，转子在通电前是静止的，则通电后转子仍将静止不动。若此时用手拨动它，转子便会顺着拨动方向转动起来，最后达到稳定运行状态。由此可见，这种结构的电动机没有启动能力，但一经推动后，它却能转动起来。这是为什么呢？

可以证明，一个空间轴线固定而大小按正弦规律变化的脉动磁场（用磁感应强度 B 表示）可以分解成两个转速相等而方向相反的旋转磁场 $\bar{B}_{m1}$ 和 $\bar{B}_{m2}$，如图 3-49（b）所示，磁感应强度的大小为

$$B_{m1} = B_{m2} = B_m / 2$$

当脉动磁场变化一个周期时，对应的两个旋转磁场正好各转一周。若定子绕组的磁极对数为 p，则两个旋转磁场的同步转速为

$$n_0 = \pm 60 f / p \tag{3-44}$$

与三相异步电动机的同步转速相同。

两个旋转磁场分别作用于笼型转子而产生两个方向相反的转矩，如图 3-50 所示。图中，T^+ 为正向转矩，由旋转磁场 $\bar{B}_{m1}$ 产生；T^- 为反向转矩，由反向旋转磁场 $\bar{B}_{m2}$ 产生，而 T 为单相异步电动机的合成转矩，S 为转差率。

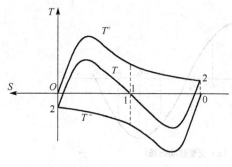

图 3-50 单相异步电动机的 $T = f(S)$ 曲线

从图 3-50 中的曲线可以看出,在转子静止($S = 1$)时,由于两个电磁转矩大小相等、方向相反,故其作用相互抵消,合成转矩为零,即 $T = 0$,因此转子不能自行启动。

如果用外力拨动转子沿顺时针方向转动,则此时正向转矩 T^+ 大于反向转矩 T^-,其合成转矩 $T = T^+ - T^-$ 为正,使转子继续沿顺时针方向旋转,直至达到稳定运行状态为止。同理,如果沿反方向推一下,电动机就会反向旋转。

由此可得出如下结论:

(1) 在脉动磁场作用下的单相异步电动机没有启动能力,即启动转矩为零;

(2) 单相异步电动机一旦启动,能自行加速到稳定运行状态,其旋转方向不固定,完全取决于启动时的旋转方向。

因此,要想解决单相异步电动机的应用问题,首先必须解决它的启动转矩问题。

3.7.2 单相异步电动机的启动方法

单相异步电动机在启动时若能产生一个旋转磁场,就可以建立启动转矩而自行启动。下面介绍两种常见的单相异步电动机。

1. 电容分相式单相异步电动机

如图 3-51 所示为电容分相式三相异步电动机的接线原理图。从图中可以看出,定子上有两个绕组 AX 和 BY,AX 为运行绕组(或工作绕组),BY 为启动绕组,它们都嵌入定子铁芯中,两绕组的轴线在空间互相垂直。在启动绕组 BY 电路中串有电容 C,适当选择参数使该绕组中的电流 i_B 在相位上超前 AX 绕组中的电流 i_A 90°,这样做的目的是在通电后能在定、转子气隙内产生一个旋转磁场,使其自行启动。根据两个绕组的空间位置及图 3-52(a)所示的两相电流波形,画出 t 为 $T/8$、$T/4$、$T/2$ 时刻的磁力线的分布,如图 3-52(b)所示。从该图可以看出,磁场是旋转的,且旋转磁场的旋转方向的规律也和三相旋转磁场一样,是由 BY 到 AX,即由电流超前的绕组转向电流滞后的绕组。在此旋转磁场作用下,鼠笼转子将跟着旋转磁场一起旋转。若在启动绕组 BY 支路中接入一离心开关 QC,如图 3-51 所示,则电动机启动后,当转速达到额定值附近时,借离心力的作用将 QC 打开,电动机就变成单相运行了。此种结构形式的电动机称为电容分相启动电动机。也可不用离心开关,即在运行时并不切断电容支路,这种结构形式的电动机称为电容分相运转电动机。

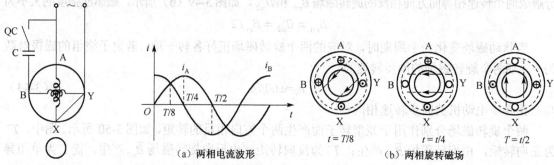

图 3-51 电容分相式三相异步电动机的接线原理图　　图 3-52 电容分相式三相异步电动机旋转磁场的产生

值得指出的是，欲使电动机反转，不能像三相异步电动机那样通过调换两根电源线来实现，必须以调换电容 C 的串联位置来实现，如图 3-53 所示，即改变 QB 的接通位置，由此便可改变旋转磁场的方向，从而实现电动机的反转。洗衣机中的电动机就是靠定时器中的自动转换开关来实现这种切换的。

2. 罩极式单相异步电动机

罩极式单相异步电动机的结构如图 3-54 所示，在磁极的一侧开一个小槽，用短路铜环罩住磁极的一部分。磁极的磁通 Φ 分为两部分，即 Φ_1 与 Φ_2，当磁通变化时，由于电磁感应作用，在罩极线圈中产生感应电流，其作用是阻止通过罩极部分的磁通的变化，使罩极部分的磁通 Φ_2 在相位上滞后于未罩部分的磁通 Φ_1。这种在空间上相差一定角度，在时间上又有一定相位差的两部分磁通的合成效果与前面所述旋转磁场相似，即产生一个由未罩部分向罩极部分移动的磁场，从而在转子上产生一个启动转矩，使转子转动。

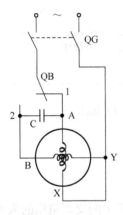

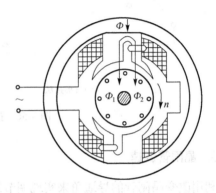

图 3-53　电容分相式三相异步电动机正、反转接线原理图　　图 3-54　罩极式单相异步电动机的结构

3.7.3　单相异步电动机的调速方法

单相异步电动机的调速方法主要有串电抗器调速、抽头法调速、晶闸管调速和变频调速等。其中变频调速设备复杂、成本高，很少采用。下面简单介绍目前较多采用的串电抗器调速、抽头法调速和晶闸管调速。

1. 串电抗器调速

在电动机的电源线路中串联起分压作用的电抗器，通过调速开关选择电抗器绕组的匝数来调节电抗值，从而可改变电动机两端的电压，达到调速的目的，如图 3-55 所示。串电抗器调速的优点是结构简单，容易调整调速比，其缺点是消耗的材料多，调速器体积大。

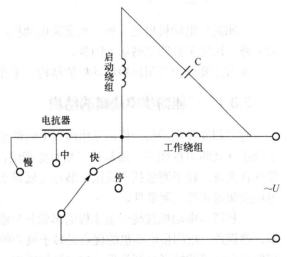

图 3-55　串电抗器调速的接线图

2. 抽头法调速

如果将电抗器和电动机结合在一起，在电动机定子铁芯上嵌入一个中间绕组（或称调速绕组），通过调速开关改变电动机气隙磁场的大小及椭圆度，也可达到调速的目的，此方法称为抽头法调速。根据中间绕组与工作绕组和启动绕组的接线不同，常用的抽头法调速有 T 形接法和 L 形接法，如图 3-56 所示。

与串电抗器调速相比较，抽头法调速时用料省，耗电少，但是绕组嵌线和接线比较复杂。

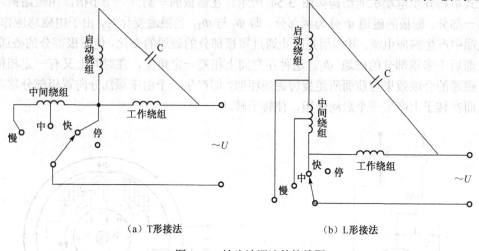

(a) T 形接法　　　　　　　　(b) L 形接法

图 3-56　抽头法调速的接线图

3. 晶闸管调速

利用改变晶闸管的导通角来实现调节加在单相异步电动机上的交流电压的大小，从而可达到调节电动机转速的目的。这种方法能实现无级调速，其缺点是会产生一些电磁干扰。目前它常用于吊式风扇的调速上。

3.8　三相同步电动机

三相同步电动机也是一种三相交流电动机，它除了用于电力传动（特别是大容量的电力传动）外，还用于补偿电网功率因数。

本节主要讨论三相同步电动机的结构、工作原理及启动方法。

3.8.1　三相同步电动机的结构

与三相异步电动机一样，三相同步电动机也分定子和转子两大基本部分。定子由铁芯、定子绕组（又叫电枢绕组，通常是三相对称绕组，并通有对称三相交流电流）、机座及端盖等主要部件组成。转子则包括主磁极、装在主磁极上的直流励磁绕组、特别设置的笼型启动绕组、电刷及集电环等主要部件。

三相同步电动机按转子主磁极的形状分为隐极式和凸极式两种，它们的结构如图 3-57 所示。隐极式三相同步电动机的优点是转子圆周的气隙比较均匀，适用于高速电动机；凸极式三相同步电动机的转子呈圆柱形，有可见的磁极，气隙不均匀，但制造简单，适用于低速（转速低于1000r/min）运行。

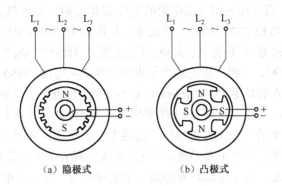

(a) 隐极式　　　　(b) 凸极式

图 3-57　三相同步电动机的结构

在三相同步电动机中作为旋转部分的转子只通以较小的直流励磁功率（一般为电动机额定功率的0.3%~2%），因此它特别适用于大功率、高电压的场合。

3.8.2　三相同步电动机的工作原理

三相同步电动机的工作原理可用图 3-58 来说明。电枢绕组通以对称三相交流电流后，气隙中便产生一个电枢旋转磁场，其旋转速度为同步转速，即

$$n_0 = \pm 60f/p \tag{3-45}$$

式中　f——三相交流电源的频率；
　　　p——定子旋转磁场的极对数。

在转子励磁绕组中通以直流电流后，在同一空气隙中又出现一个大小和极性固定、极对数与电枢旋转磁场相同的直流励磁磁场。电枢旋转磁场和直流励磁磁场相互作用，使转子被电枢旋转磁场抱着以同步转速一起旋转，即$n=n_0$。"同步"电动机由此而得名。

在电源频率f与电动机转子极对数p一定的情况下，转子的转速$n=n_0$为一常数，因此三相同步电动机具有恒定转速的特性，它的运转速度是不随负载转矩变化而变化的。三相同步电动机的机械特性如图3-59所示。

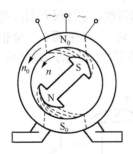　　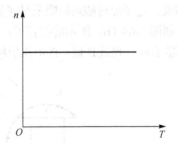

图 3-58　三相同步电动机的工作原理　　图 3-59　三相同步电动机的机械特性

因为三相异步电动机的转子没有直流电流励磁，它所需要的全部磁动势均由定子电流产生，所以三相异步电动机必须从三相交流电源吸取滞后电流来建立电动机运行时所需要的旋转磁场。这样，三相异步电动机就相当于电源的电感性负载了，它的功率因数总是小于1。而三相同步电动机与三相异步电动机则不相同，三相同步电动机所需要的磁动势是由定子与转子共

同产生的。三相同步电动机的转子励磁电流 I_f 产生磁通 Φ_f，而定子电流 I 产生磁通 Φ_0，总的磁通 Φ 为二者的合成。当外加三相交流电源的电压 U 恒定时，总的磁通 Φ 也应该恒定，这一点与感应电动机的情况是相似的。因此，当改变三相同步电动机转子的直流励磁电流 I_f 使 Φ_f 改变时，如果要保持总磁通 Φ 不变，那么 Φ_0 就要改变，因此产生 Φ_0 的定子电流 I 必然随之改变。当负载转矩 T_L 不变时，三相同步电动机输出的功率 $P_2=T_N \cdot n_N/9550$ 也是恒定的，若忽略电动机的内部损耗，则输入的功率 $P_1=3UI\cos\varphi$ 也是不变的。因此，当改变 I_f 而影响 I 改变时，功率因数 $\cos\varphi$ 也随之改变。因此，可以调节励磁电流 I_f 使 $\cos\varphi$ 刚好等于 1，这时，电动机的全部磁动势都是由直流产生的，交流方无须供给励磁电流。在这种情况下，定子电流 I 与外加电压 U 同相，这时的励磁状态称为正常励磁。当直流励磁电流 I_f 小于正常励磁电流时，称为欠励。若直流励磁的磁动势不足，定子电流将要增加一个励磁分量，即交流电源需要供给电动机一部分励磁电流，以保证总磁通不变。当定子电流出现励磁分量时，定子电路便成为电感性电路了，此时的输入电流滞后于电压，$\cos\varphi$ 小于 1，定子电流比正常励磁时要增大一些。另外，当直流励磁电流 I_f 大于正常励磁电流时，称为过励。直流励磁过剩，不仅不需要电源供给励磁电流，而且还会向电网发出电感性电流与电感性无功功率，正好补偿了电网附近电感性负载的需要，使整个电网的功率因数提高。过励的三相同步电动机与电容器有类似的作用，这时，三相同步电动机相当于从电源吸取电容性电流与电容性无功功率，成为电源的电容性负载，此时的输入电流超前于电压，$\cos\varphi$ 也小于 1，定子电流也要加大。

根据上面的分析可以看出，调节三相同步电动机转子的直流励磁电流 I_f 便能控制 $\cos\varphi$ 的大小和性质（容性或感性），这是三相同步电动机最突出的优点。

三相同步电动机有时会在过励下空载运行，在这种情况下电动机仅用于补偿电网滞后的功率因数，这种专用的三相同步电动机称为同步补偿机。

3.8.3 三相同步电动机的启动方法

三相同步电动机虽具有功率因数可以调节的优点，但长期以来却没有像三相异步电动机那样得到广泛应用，这不仅是因为它的结构复杂，价格高，还因为它的启动困难。具体分析如下。

如图 3-60 所示，当转子尚未转动时加以直流励磁，会产生固定磁场 N-S；当定子接上三相电源，流过三相电流时，就产生了旋转磁场，并立即以同步转速 n_0 旋转。在图 3-60（a）所示的情况下，二者相吸，定子旋转磁场欲吸着转子旋转，但由于转子的惯性，它还没有来得及转动，旋转磁场就已转到图 3-60（b）所示的位置了，二者又相斥。这样，转子一会被吸，一会相斥，平均转矩为零，不能启动。也就是说，在恒压恒频电源供电下，三相同步电动机的启动转矩为零。

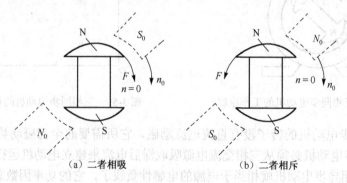

(a) 二者相吸　　　　　　　(b) 二者相斥

图 3-60　三相同步电动机的启动转矩为零

为了启动三相同步电动机,常采用以下方法:

1. 异步启动法

三相同步电动机采用异步启动法启动时,需要在设计和制造同步电动机时,在转子磁极的极掌上加装和笼型绕组相似的启动绕组,如图 3-61 所示。启动时先不加入直流磁场,只在定子上加三相对称电压以产生旋转磁场,使笼型绕组内产生感生电动势与电流,从而使转子转动起来;等转速接近同步转速时,再在励磁绕组中通入直流励磁电流,产生固定极性的磁场。在定子旋转磁场与转子励磁磁场的相互作用下,便可把转子拉入同步状态。等转子达到同步转速后,启动绕组与旋转磁场同步旋转,即无相对运动,这时启动绕组中便不产生感应电动势与电流。三相同步电动机异步启动法的原理接线图如图 3-62 所示。其启动步骤如下:

(1)励磁电路的转换开关 QB 投合到 1 的位置,使励磁绕组与直流电源断开,直接通过变阻器构成闭合回路,以免启动时励磁绕组受旋转磁场的作用产生较高的感应电动势,发生危险;

(2)按三相笼型异步电动机的方法启动,给三相同步电动机的定子绕组加上额定电压,使转子转速升高到接近同步转速,必要时可采用降压启动方法;

(3)将励磁电路转换开关 QB 投合到 2 的位置,使励磁绕组与直流电源接通,转子上形成固定磁极,并很快被旋转磁场拖入同步状态;

(4)用变阻器调节励磁电流,将三相同步电动机的功率因数调节到要求数值。

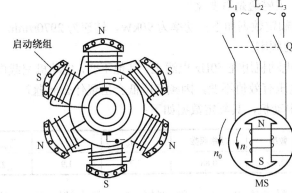

图 3-61 三相同步电动机的启动绕组　　图 3-62 三相同步电动机异步启动法的原理接线图

2. 辅助启动法

辅助启动法就是用一台异步电动机或其他动力机械(如柴油机等),把同步电动机的转子加速到接近同步转速时脱开,再通入定子电流及励磁电流,由此就可以使电动机进入同步运行。这种启动方法适用于同步电动机的空载启动。

3. 变频启动法

变频启动法需要一个能够把电源频率从零逐步调节到额定频率的变频电源。这样,可把旋转磁场的转速从零调到额定同步转速。在启动的整个过程中,转子的转速始终与定子旋转磁场的转速同步。这种方法多用于大型同步电动机的启动。

3.8.4 三相同步电动机的特点

同步电动机具有以下特点：
(1) 由于同步电动机的是双重励磁和异步启动，故它的结构复杂；
(2) 由于需要直流电源、启动及控制设备，故它的一次性投入要比异步电动机高得多；
(3) 同步电动机具有运行速度恒定、功率因数可调、运行效率高等特点。

因此，在低速和大功率的场合，如大流量低水头的泵、面粉厂的主转动轴、橡胶磨和搅拌机、破碎机、切碎机、造纸工业中的纸浆研磨机、匀浆机、压缩机、直流发电机、轧钢机等都是采用同步电动机来传动的。

习题与思考题

3-1 有一台三相异步电动机，其额定转速 n=975r/min，试求电动机的极对数和在额定负载时的转差率。电源频率 f=50Hz。

3-2 在三相异步电动机启动初始瞬间，即 S=1 时，为什么转子电流 I_2 大，而转子电路的功率因数 $\cos\varphi_2$ 小？

3-3 异步电动机的定子、转子绕组没有电路连接，为什么负载转矩增大时定子电流会增大？负载变化时（在额定负载范围内）主磁通是否变化？

3-4 Y280M-2 型三相异步电动机的额定数据如下：功率为 90kW，转速为 2970r/min，频率为 50Hz，试求额定转差率和转子电流的频率。

3-5 一台频率为 60Hz 的三相异步电动机用在 50Hz 电源上，其他不变，电动机空载电流如何变化？若拖动额定负载运行，电源电压有效值不变，因频率降低会出现什么问题？

3-6 有一台 Y225M-4 型三相异步电动机，其额定数据如下：

功率	转速	电压	效率	功率因数	I_{st}/I_N	T_{st}/T_N	T_{max}/T_N
45kW	1480r/min	380V	92.3%	0.88	7.0	1.9	2.2

试求：(1) 额定电流 I_N；(2) 额定转差率 S_N；(3) 额定转矩 T_N，最大转矩 T_{max}，启动转矩 T_{st}。

3-7 三相异步电动机在相同电源电压下，满载和空载下启动时，启动电流和启动转矩是否一样？

3-8 线绕式三相异步电动机采用转子串电阻启动时，串入电阻越大，启动转矩是否越大？串入适当电抗时是否能提高启动转矩？

3-9 已知 Y100Ll-4 型三相异步电动机的某些额定技术数据如下：功率为 2.2kW；电压为 380V；Y 接法；转速为 1 420r/min；功率因数 $\cos\varphi$=0.82；效率 η=81%。试计算：
(1) 相电流和线电流的额定值及额定负载时的转矩；
(2) 额定转差率及额定负载时的转子电流频率（电源频率为 50Hz）。

3-10 有一台二极三相异步电动机，电源频率为 50Hz，带负载的转差率为 4%，求这台电动机的实际转速与同步转速。

3-11 三相、50Hz 的电源对一台六极异步电动机供电，当电动机运行时，转子电流的频率为 2.3Hz，求：（1）转差率；（2）转子转速。

3-12 试说明能耗制动与反接制动的原理。

3-13 有一台三相异步电动机，其铭牌数据如下：

P_N/kW	n_N/(r·min^{-1})	U_N/V	η_N/%	$\cos\varphi_N$	I_{st}/I_N	T_{st}/T_N	T_{max}/T_N	接法
40	1470	380	90	0.9	6.5	1.2	2.0	△

（1）当负载转矩为 250N·m 时，问在 $U=U_N$ 和 $U'=0.8U_N$ 两种情况下电动机能否启动？

（2）欲采用 Y-△换接启动，问在负载转矩为 $0.45T_N$ 和 $0.35T_N$ 两种情况下，电动机能否启动？

（3）若采用自耦变压器降压启动，设降压比为 0.64，求电源线路中通过的启动电流和电动机的启动转矩。

3-14 双鼠笼、深槽式三相异步电动机为什么可以改善启动性能？高转差率鼠笼式三相异步电动机又是如何改善启动性能的？

3-15 三相异步电动机有哪几种调速方法？各种调速方法有何优缺点？

3-16 三相同步电动机为什么要采用异步启动法？

3-17 为什么绕线式三相异步电动机在转子电路串入电阻启动时，启动电流减小，而启动转矩反而增大？

3-18 三相异步电动机有哪几种调速方法？各种调速方法有何优缺点？

3-19 什么叫恒功率调速？什么叫恒转矩调速？

3-20 三相异步电动机有哪几种制动状态？各有何特点？

3-21 罩极式单相异步电动机是否可以用调换两根电源线端的方法来使电动机反转？为什么？

3-22 三相同步电动机的工作原理与三相异步电动机有何不同？

3-23 三相同步电动机为什么要采用异步启动法？

3-24 为什么可以利用三相同步电动机来提高电网的功率因数？

第 4 章

控制电动机

控制电动机主要应用于自动控制系统中,用来实现信号的检测、转换和传递,或作为测量、执行和校正等元件使用,其功率一般从数毫瓦到数百瓦不等。

从本质上讲,控制电动机和普通电动机并没有区别,只是它们的侧重点不同而已。普通电动机的主要任务是实现能量的转换,主要要求是提高电动机的能量转换效率等经济指标,以及启动、运行和制动等方面的性能指标,电动机的功率较大。而控制电动机的主要任务是完成控制信号的检测、变换和传递,因此,对控制电动机的主要要求是快速响应、高精度、高灵敏度和高可靠性,其输出功率较小。

控制电动机种类繁多,本章主要介绍常用的几种控制电动机。

4.1 伺服电动机

伺服电动机又称执行电动机,在自动控制系统中用做执行元件。伺服电动机的最大特点是可控。在有控制信号输入时,伺服电动机就转动;没有控制信号输入,伺服电动机则停止转动;改变控制电压的大小和相位(或极性)就可改变伺服电动机的转速和转向。因此,伺服电动机与普通电动机相比具有如下特点:

(1)调速范围广,伺服电动机的转速随着控制电压的改变而改变,能在很广的范围内连续调节;

(2)转子的惯性小,即能实现迅速启动和停转;

(3)控制功率小,过载能力强,可靠性好。

根据使用电源的不同,伺服电动机有直流伺服电动机和交流伺服电动机之分。直流伺服电动机的输出功率较大,可达几千瓦。交流伺服电动机(仅指两相交流伺服电动机)的输出功率较小,一般只有几十瓦。直流伺服电动机和交流伺服电动机(及其驱动器)的外形如图 4-1 所示。

(a)直流伺服电动机　　(b)交流伺服电动机(及其驱动器)

图 4-1　伺服电动机

4.1.1 交流伺服电动机

传统的交流伺服电动机实际上就是一台两相异步电动机，只是由于交流伺服电动机的转子电阻大、转动惯量小，能满足其具有宽广的调速范围、线性的机械特性、无"自转"现象和快速响应等性能，所以通常也称其为两相交流伺服电动机。由于受性能限制，两相交流伺服电动机主要应用于几十瓦以下的小功率场合。近年来，随着电动机理论、电力电子技术、计算机控制技术及自动控制理论等学科领域的发展，三相感应电动机及永磁同步电动机的伺服性能大为改进，采用三相感应电动机及永磁同步电动机的交流伺服系统在高性能领域应用日益广泛。下面仅对传统的两相交流伺服电动机进行介绍。

1. 两相交流伺服电动机的结构

两相交流伺服电动机主要由定子和转子组成，其定子结构与一般单相电容式异步电动机相似。定子用硅钢片叠成，在定子铁芯的内圆表面上嵌入两个相差 90°电角度的绕组。一个为励磁绕组 WF，另一个为控制绕组 WC，如图 4-2 所示。励磁绕组与励磁电源相连接，控制绕组与控制信号电压相连接，这两个绕组通常分别接在两个不同的交流电源（两者频率相同）上，这一点与单相电容式异步电动机不同。

其转子主要有两种结构形式：笼型转子和非磁性空心杯转子。两相交流伺服电动机的笼型转子和三相异步电动机的笼型转子基本一样，但它的导条采用高电阻率的导电材料制成，如青铜、黄铜等。另外，为了提高两相交流伺服电动机的快速响应性能，通常把笼型转子做得又细又长，以减小转子的转动惯量。非磁性空心杯转子两相交流伺服电动机有外定子和内定子两个定子。外定子铁芯槽内安放有励磁绕组和控制绕组，而内定子一般不放绕组，仅作为磁路的一部分。在内定子铁芯的中心开有内孔，转轴从内孔中穿过。空心杯转子位于内、外绕组之间，通常用非磁性材料（如铜、铝或铝合金）制成，并靠其杯底与转轴固定，转轴随空心杯转动。非磁性空心杯转子两相交流伺服电动机的结构如图 4-3 所示。

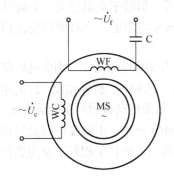

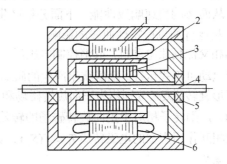

1—外定子铁芯；2—杯形转子；3—内定子铁芯；4—转轴；5—轴承；6—定子绕组

图 4-2 交流伺服电动机的原理图　　图 4-3 非磁性空心杯转子两相交流伺服电动机的结构

由于非磁性空心杯转子的壁很薄，一般只有 0.2～0.8mm，所以它具有较大的转子电阻和很小的转动惯量；又因为转子上无齿槽，所以电动机运行平稳，噪声小。但是这种结构的电动机气隙较大，励磁电流也较大，约占额定电流的 80%～90%，致使电动机的功率因数较低，效率也较低，其体积和重量比同容量的笼型转子两相交流伺服电动机大得多。另外，非磁性空心杯转子两相交流伺服电动机的结构与制造工艺较复杂。因此，目前广泛使用的是笼型转子两相交流伺服电动机。只有在要求转动惯量小、反应快及要求转动非常平稳的某些特殊场合下，才采用非磁性空心杯形转子两相交流伺服电动机。两相交流伺服电动机的特点和应用范围如表 4-1 所示。

表 4-1 两相交流伺服电动机的特点和应用范围

种 类	型 号	结构特点	性能特点	应用范围
笼型转子	SL	与一般笼型电动机结构相同，但转子做得细而长，转子导体用高电阻率的材料制成	励磁电流较小，体积较小，机械强度高，但是低速运行不够平稳，有时快时慢的抖动现象	小功率的自动控制系统
非磁性空心杯转子	SK	转子做成薄壁圆筒形，放在内、外定子之间	转子转动惯量小，轴承摩擦阻矩小，运行平滑，一般不会有抖动现象，但是励磁电流较大，功率因数低，体积也较大，结构和工艺较复杂	要求反应快、噪声低、转动惯量小、运行平滑的系统

2. 两相交流伺服电动机的工作原理

两相交流伺服电动机的工作原理与单相异步电动机有相似之处。如图 4-2 所示，当两相交流伺服电动机的励磁绕组接到励磁电压 U_f 上，若控制绕组上加的控制电压 U_c 为零时（即无控制电压），所产生的是脉动磁通势，建立的是脉动磁场，电动机无启动转矩；当控制绕组上加的控制电压 $U_c \neq 0$，且励磁电压与控制电压不同相位时，在两相绕组间会建立起一个旋转磁场，转子切割旋转磁场会产生感应电动势和感应电流。旋转磁场与转子中的感应电流相互作用，产生电磁力矩，使电动机开始旋转。电动机的旋转方向与旋转磁场的方向相同。若要改变电动机的旋转方向，则应将控制电压的相位改变 180°。如果电动机的参数与一般的异步电动机的参数相同，那么当控制信号消失时，电动机转速虽然会有所下降，但电动机仍会不停地旋转。两相交流伺服电动机在控制信号消失后仍继续旋转的现象被称为"自转"，这在实际应用中是不允许的，通常可以通过增加转子电阻的办法来消除"自转"现象。增大转子电阻，不仅可以消除"自转"现象，还可以扩大两相交流伺服电动机的稳定运行范围；但转子电阻过大，会降低启动转矩，从而影响快速响应性能。下面分析产生自转的原因及转子电阻的大小对两相交流伺服电动机单相运行的机械特性曲线的影响。

对于两相交流伺服电动机，取消控制电压后，即 $U_c = 0$ 时，只有励磁绕组通电，则电动机将以单相感应电动机形式运行。励磁绕组产生的脉动磁场可以分解为大小相等、转速相同、转向相反的两个圆形旋转磁场（分别称为正向旋转磁场和反向旋转磁场），如果电动机的同步转速为 n_s，转子转速为 n，则转子相对于正向旋转磁场的转差率为 $S_+ = (n_s - n)/n_s = S$，正向旋转磁场与转子感应电流相互作用产生的电磁转矩 $T_1 = f(S_+)$，如图 4-4 中的 T_1 所示。而转子相对于反向旋转磁场的转差率为

$$S_- = \frac{n_s + n}{n_s} = \frac{2n_s - (n_s - n)}{n_s} = 2 - S_+ = 2 - S \tag{4-1}$$

相应地，反向旋转磁场产生的电磁转矩 $T_2 = f(S_-)$，如图 4-4 中的 T_2 所示。电动机的总电磁转矩为这两个转矩之差，即合成转矩 $T = T_1 - T_2$，T 与转差率 S 的关系如图 4-4 中的实线所示，这便是单相脉动磁场作用下的机械特性。由于每一个圆形旋转磁场所产生的机械特性的形状与转子电阻的大小有关，所以由正向和反向圆形旋转磁场合成的单相脉动磁场作用下的机械特性的形状也必然与转子电阻的大小有关。

当转子电阻较小时，单相供电时的机械特性曲线如图 4-4（a）所示（设临界转差率 $S_m = 0.4$）。由图 4-4（a）可知，在电动机作为单相感应电动机运行的转差范围内（即 $0 < S < 1$ 时），$T_1 > T_2$，合成转矩 $T = T_1 - T_2 > 0$（转速接近同步转速 n 时除外）。因此，如果伺服电动机突然切去控制电压信号，那么只要阻力转矩小于单相运行时的最大电磁转矩，电动机将在转矩 T 作用下继续旋转，这样就产生了自转现象。

如果转子电阻足够大，使临界转差率 $S_m > 1$，这时合成转矩曲线与横轴仅有一点相交（$S=1$），如图 4-4（b）所示，而且在电动机运行范围内，$0 < S < 1$，合成转矩 $T < 0$，即为制动转矩，因此当控制电压 $U_c = 0$ 为单相运行时，电动机就立刻产生制动转矩，与负载转矩一起促使电动机迅速停转，这样就不会产生自转现象。在这种情况下，停转时甚至比两相绕组电压同时取消还要快些。

由图 4-4（b）还可以看出，当电动机在 $0 < S_+ < 1$ 范围内运行时，合成转矩 T 是负的，表示产生制动转矩，阻止电动机转动，而当电动机转向相反，在 $1 < S_+ < 2$ 范围内运行时，合转矩 T 变为正的，因此转矩方向也发生变化，表示仍然产生制动转矩阻止电动机转动，这样依靠转子电阻的增大，就可以消除电动机在取消信号时出现的振荡现象。无自转现象是两相交流伺服电动机的主要基本特性之一，也是自动控制系统对两相交流伺服电动机的基本要求。因此，为了消除自转现象，两相交流伺服电动机单相供电时的机械特性曲线必须如图 4-4（b）所示，显然，这就要求伺服电动机有相当大的转子电阻，最理想的是使 $S_m > 1$，由此便可以完全消除自转现象。但当转子电阻过大时，会降低启动转矩，从而影响快速响应性能。

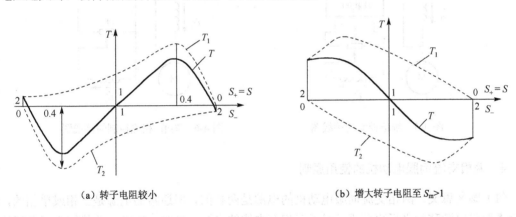

(a) 转子电阻较小　　　　　　(b) 增大转子电阻至 $S_m > 1$

图 4-4　自转现象与转子电阻关系

3. 控制特性

前已述及，两相交流伺服电动机运行时，其励磁绕组接到电压为 U_f 的交流电源上，通过改变控制绕组电压 U_c 来控制伺服电动机的启、停及运行转速。由电动机原理可知，不论改变控制电压的大小还是它与励磁绕组电压之间的相位角，都能使两相绕组在电动机气隙中产生的旋转磁场的椭圆度发生变化，从而改变电动机的转矩-转速特性及一定负载转矩下的转速。

一般情况下，两相交流伺服电动机的励磁绕组电压 U_f 保持不变，通过改变控制绕组电压 U_c 的幅值或相位，就可以改变正向旋转磁场与反向旋转磁场之间的大小关系，以及正向电磁转矩和反向电磁转矩之间的比值，从而达到改变合成电磁转矩及转速的目的。这样，两相交流伺服电动机就有三种控制方式：幅值控制、相位控制、幅值-相位控制。

幅值控制是指通过改变控制电压 U_c 的大小来控制电动机的转速，此时控制电压 U_c 与励磁电压 U_f 之间的相位差始终保持 90° 电角度。在一定的负载转矩下，控制电压越高，电动机的转速就越高，反之转速越低。幅值控制的接线图如图 4-5 所示。

相位控制是指通过改变控制电压 U_c 的相位来实现对电动机转速和转向的控制，而控制电压的幅值保持不变。当控制电压 U_c 与励磁电压 U_f 之间的相位差为零时，电动机转速为零。这种控制方式一般很少采用。

幅值-相位控制的励磁绕组串接电容后再接到交流电源上，控制电压与电源同相位，但其幅值可以调节。当控制电压的幅值改变时，通过转子绕组的耦合作用使励磁绕组的电流也发生改变，从而使励磁绕组上的电压及电容上的电压也跟着改变，与励磁绕组的相位差也随之改变，也就是说改变控制电压的大小，控制电压与励磁电压之间的相位差也将随之改变，从而可改变电动机的转速。这种控制方式线路简单，不需要复杂的移相装置，只需电容进行分相，具有线路简单、成本低廉、输出功率较大的优点，因而成为使用最多的控制方式。幅值-相位控制的接线图如图 4-6 所示。

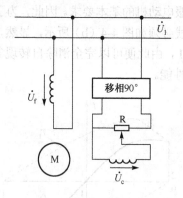

图 4-5　幅值控制的接线图

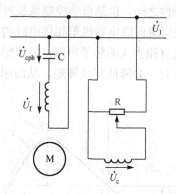

图 4-6　幅值-相位控制的接线图

4. 两相交流伺服电动机的使用原则

（1）顾名思义，两相交流伺服电动机的电源是两相的，但通常的电源是三相或单相的，这样就需要将电源移相之后再使用。对于三相有中线的电源，可取一相电压及其他两相之间的线电压分别作为励磁电压和控制电压；对于三相无中线的电源，可利用三相变压器副边的相电压和线电压形成 90° 相位移的电源系统。如果只有单相电源时，则需要通过移相电容产生两相电源，通过对电容值的合理选择，可以使励磁电压和控制电压正好相差 90° 电角度。

（2）在控制系统中，控制信号通常通过放大器加到两相交流伺服电动机的控制绕组上。这样，大的控制电流和控制功率就会增大放大器的负担，使放大器的体积和重量增大。可以通过在控制绕组两端并联电容的方法来提高控制相的功率因数，从而可减小放大器输出的无功电流，减轻放大器的负担。

（3）两相交流伺服电动机为了满足控制性能的要求，其转子电阻通常都设计得比较大，而且经常工作在低速段和不对称状态，因此它的损耗比一般电动机大，且发热多，效率低。为了保证其温升不超过允许值，在安装时应改善散热条件，如可将电动机安装在面积足够大的金属支架上，保证其通风良好，远离其他热源。

4.1.2 直流伺服电动机

1. 直流伺服电动机的特点和种类

直流伺服电动机按照其结构可分为传统型和低惯量型两大类。传统型直流伺服电动机的结构与普通小型直流电动机相同,也是由定子、转子两大部分组成的,只是它的容量与体积较小。按励磁方式的不同,直流伺服电动机又可分为电磁式和永磁式两大类。电磁式直流伺服电动机的磁场由励磁电流通过励磁绕组产生,可分为他励、并励、串励和复励四种。直流伺服电动机一般多采用他励式励磁。永磁式直流伺服电动机的磁场由永久磁铁产生,无须励磁绕组和励磁电流,永磁式可归入他励式。

与传统型直流伺服电动机相比,低惯量型直流伺服电动机具有时间常数小、响应速度快的特点。低惯量型直流伺服电动机主要有盘形直流伺服电动机、空心杯形电枢直流伺服电动机、无槽电枢直流伺服电动机等几种。直流伺服电动机的特点及应用范围如表 4-2 所示。

表 4-2 直流伺服电动机的特点及应用范围

种 类	励磁方式	产品型号	结构特点	性能特点	适用范围
一般直流伺服电动机	电磁或永磁	SZ 或 SY	与普通直流电动机相同,但电枢铁芯长度与直径之比大一些,气隙较小	具有下垂的机械特性和线性的调节特性,对控制信号响应快速	一般直流伺服系统
无槽电枢直流伺服电动机	电磁或永磁	SWC	电枢铁芯为光滑、无槽的圆柱体,电枢绕组用环氧树脂粘在电枢铁芯表面,气隙较大	具有转动惯量小、启动转矩大、反应快、启动灵敏度高、低速运行均匀、换向性能优良等优点	需要快速动作、功率较大的直流伺服系统
空心杯形电枢直流伺服电动机	永磁	SYK	电枢绕组用环氧树脂浇注成形,置于内、外定子之间,内、外定子分别用软磁材料和永磁材料制成	惯量小、灵敏度高、损耗小,效率高、力矩波动小,低速运转平稳,噪声很小,换向性能好,寿命长	多用于高精度自动控制系统及测量装置等设备中
印刷绕组直流伺服电动机	永磁	SN	在圆盘形绝缘薄板上印制裸露的绕组构成电枢,磁极轴向安装。其转子呈薄片圆盘状,厚度一般为 1.5~2mm	转动惯量小、机电时间常数小、低速运行性能好	高灵敏度伺服系统
无刷绕组直流伺服电动机	永磁	SW	用晶体管开关电路和位置传感器代替电刷和换向器,转子用永久磁铁制成,且制成多相式	既保持了一般直流伺服电动机的优点,又克服了由换向器和电刷带来的缺点。其寿命长,噪声小	要求噪声小、对无线电不产生干扰的控制系统

2. 运行原理

1)机械特性公式

如前所述,直流伺服电动机实质上就是一台他励式直流电动机,直流伺服电动机的机械特

性公式与他励直流电动机机械特性公式相同，即

$$n = \frac{U_a}{K_e\Phi} - \frac{R}{K_e K_m \Phi^2}T = n_0 - \beta T \quad (4-2)$$

式中　U_a——电枢电压；

　　　R——电枢回路电阻；

　　　Φ——每极磁通；

　　　K_e、K_m——电动机结构常数；

　　　β——机械特性曲线斜率，$\beta = \dfrac{R}{K_e K_m \Phi^2}$。

2）控制方式

从式（4-2）可以看出，改变电枢电压U_a或改变磁通Φ都可以控制直流伺服电动机的转速和转向，前者称为电枢电压控制法，后者称为励磁磁场控制法。

电枢电压控制法是指以电枢绕组为控制绕组，在负载转矩一定时，保持励磁电压U_f为恒定，通过改变电枢电压U_a来改变电动机的转速。也就是说，U_a增加转速增大，U_a减小转速减小，若电枢电压为零，则电动机停转。当电枢电压的极性改变后，电动机的旋转方向也会随之改变。因此，把电枢电压当做控制信号就可以实现对电动机的转速控制了。对电磁式直流伺服电动机采用电枢控制时，其励磁绕组必须由外施恒压的直流电源励磁，而永磁式直流伺服电动机则必须由永磁磁极励磁。

励磁磁场控制法在低速时会受到磁饱和的限制，在高速时会受到换向结构强度的限制，并且励磁线圈的电感较大，动态响应较差，因此这种方法应用较少。

3. 静态特性

直流伺服电动机的静态特性主要指机械特性与调节特性，通过式（4-2）即可得出直流伺服电动机的机械特性和调节特性。

1）机械特性

机械特性是指控制电压恒定时，电动机的转速与转矩的关系，即电枢电压$U_a = C$为常数时，$n = f(T)|_{U_a = C}$。

由式（4-2）得出的直流伺服电动机的机械特性如图 4-7 所示。机械特性曲线与纵轴的交点为电磁转矩等于零时电动机的理想空载转速n_0，即

$$n_0 = \frac{U_a}{K_e \Phi} \quad (4-3)$$

当$n = 0$时，机械特性曲线与横轴的交点对应的转矩称为电动机堵转时的转矩T_k，即

$$T_k = \frac{K_m \Phi}{R} U_a \quad (4-4)$$

机械特性曲线的斜率为

$$\beta = \frac{n_0}{T_k} = \frac{R}{K_e K_m \Phi^2}$$

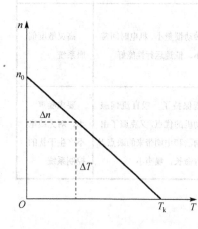

图 4-7　直流伺服电动机的机械特性

斜率的大小可用$\Delta n / \Delta T$表示，其大小表示电动机电磁转

矩变化所引起的转速的变化程度。改变电枢电压，电动机的机械特性就会发生变化。从理想空载转速 n_0 和堵转转矩 T_k 的表达式可以看出，n_0 和 T_k 都与电枢电压 U_a 成正比，而斜率 β 则与 U_a 无关。因此，对应于不同的电枢电压，可以得到一组相互平行的机械特性曲线，如图 4-8 所示。

从式（4-2）或图 4-8 中均可以看出，随着电枢电压 U_a 的增大，空载转速 n_0 与堵转转矩 T_k 同时增大，但曲线的斜率保持不变，电动机的机械特性曲线平行地向转速和转矩增加的方向移动。斜率 β 的大小只与电枢电阻 R 成正比而与 U_a 无关。电枢电阻越大，斜率越大，机械特性就变软；反之，电枢电阻 R 小，斜率也小，机械特性就越硬。

在实际应用中，电动机的电枢电压 U_a 通常由系统中的放大器提供，因此还需要考虑放大器的内阻，此时式（4-4）中的 R 应为电动机电枢电阻与放大器内阻之和。

2）调节特性

调节特性是指在电磁转矩恒定时，电动机的转速与控制电压的关系，即 $n = f(U_a)|_{T=C}$。调节特性如图 4-9 所示，它们也是一簇平行直线，以 T 为参变量。当 $n = 0$ 时，调节特性曲线与横轴的交点，就表示在某一电磁转矩（略去电动机空载损耗和机械损耗，则为负载转矩）时电动机的始动电压 U_{a0}，有

$$U_{a0} = \frac{R}{K_m \Phi} T \tag{4-5}$$

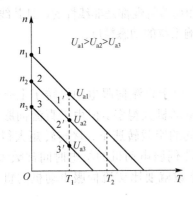
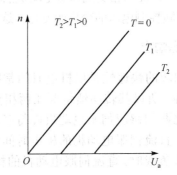

图 4-8 不同控制电压时的机械特性图　　图 4-9 直流伺服电动机的调节特性

当电磁转矩一定时，只有电动机的控制电压大于相应的始动电压，电动机才能启动起来并达到某一需要的转速；反之，当控制电压小于相应的始动电压时，电动机所能产生的最大电磁转矩仍小于所要求的负载转矩值，电动机就不能启动。因此，在调节特性曲线上从原点到始动电压点的这一段横坐标所示的范围称为在某一电磁转矩值时直流伺服电动机的失灵区。显然，失灵区的大小与负载转矩的大小成正比，负载转矩越大，要想使直流伺服电动机运动起来，电枢绕组需要加的控制电压也要相应增大。

从上述分析可知，电枢控制时的直流伺服电动机的机械特性和调节特性都是线性的，而且不存在"自转"现象，因此它在自动控制系统中来说是一种很好的执行元件。需要注意的是，上述结论是在假设电动机磁路不饱和与电刷位于几何中性线的两个前提下才得到的，若考虑实际因素的影响，直流伺服电动机的特性曲线仅是一组接近直线的曲线。

4. 直流伺服电动机的使用原则

（1）电磁式直流伺服电动机在启动时首先要接通励磁电源，然后再加电枢电压，以避免电

枢绕组因长时间流过大电流而烧坏电动机。如果先加电枢电压，电枢电流 $I_a=U_c/R_a$，电压 U_c 全部加在电枢电阻 R_a 上，而 R_a 的值很小，造成电枢电流 I_a 过大，从而极易烧坏电动机。

(2) 在电磁式直流伺服电动机的运行过程中，绝对要避免励磁绕组断线，以免造成电枢电流过大和"飞车"事故。

(3) 永磁式直流伺服电动机的性能很大程度上取决于永磁材料的优劣。大多数永磁材料的机械强度不高，易于破碎。因此，在安装和使用这类电动机时，要注意防止剧烈的振动和冲击，否则容易引起永磁体内部磁畴排列的混乱，使永磁体退磁。另外，电动机应尽量远离热源，因为有些永磁材料的温度系数较高，其磁性能易受温度变化的影响。

4.1.3 两相交流伺服电动机与直流伺服电动机的性能比较

两相交流伺服电动机和直流伺服电动机均在自动控制系统中作为执行元件使用，在控制系统设计时，往往会遇到选用两相交流伺服电动机还是选用直流伺服电动机的问题。下面就这两种电动机的性能进行简要的比较，分别说明它们各自的优缺点，以便选用时参考。

1. 机械特性和调节特性

直流伺服电动机的机械特性和调节特性都是线性的，且在不同控制电压下机械特性是平行的，斜率不变。而两相交流伺服电动机的机械特性和调节特性都是非线性的，且其线性化机械特性的斜率随控制电压的变化而变化，这些都将影响系统的动态精度。

2. 动态响应

动态响应的快速性常以机电时间常数来衡量。由于直流伺服电动机转子上有电枢绕组和换向器等，所以其转动惯量要比两相交流伺服电动机大得多。但由于直流伺服电动机的机械特性比两相感应伺服电动机硬得多，即在相同的空载转速下，堵转转矩大得多，所以总的来看，直流伺服电动机的机电时间常数比交流伺服电动机的机电时间常数大得不多，但在带较大负载时，直流伺服电动机的机电时间常数就要比交流伺服电动机的机电时间常数小。

3. "自转"现象

对于两相交流伺服电动机而言，若参数选择不当或制造工艺不良，可能会使电动机（在单相状态下）产生"自转"现象，而直流伺服电动机却不存在该问题。

4. 体积、重量和效率

为了满足控制系统对电动机性能的要求，两相交流伺服电动机的转子电阻很大，因此其损耗大、效率低。而且它常运行在椭圆形旋转磁场下，负序电流和反向旋转磁场的存在一方面产生制动转矩，使电磁转矩减小；另一方面也进一步增加了电动机的损耗，降低了电动机的利用率。因此，当输出功率相同时，两相交流伺服电动机要比直流伺服电动机的体积大、质量大、效率低，则它只适用于功率为 0.5~100W 的小功率系统，对于功率较大的控制系统，则较多地采用直流伺服电动机。

5. 结构复杂性、运行可靠性及对系统的干扰等

电刷和换向器的存在给直流伺服电动机带来了一系列问题，如电动机结构复杂，而且维护比较麻烦；电刷和换向器的滑动接触增加了电动机的阻转矩，并且会影响电动机运行的稳定性；存在换向火花问题，会对其他仪器和无线电通信等产生干扰。而两相交流伺服电动机结构简单，运行可靠，维护方便，使用寿命长，特别适宜于在不易检修的场合使用。

4.2 力矩电动机

若机电系统中的控制对象要求的转速不高而需要的转矩较大，则一般交、直流伺服电动机都难以胜任，因为它们的特性恰是转速高而转矩（功率）较小，不能直接满足控制对象的要求。虽然在它们中间加上减速机构可以解决这个矛盾，但却会带来许多缺陷，使系统变得复杂，并且降低了精度和快速性能，还可能出现死区。力矩电动机就是为解决该矛盾而诞生的。力矩电动机的特点是力矩大，转速低，能在堵转条件下长期工作（由设计保证）。可以证明，在转子体积、磁通密度、电流密度相同的条件下，转子直径增大一倍，则电磁转矩也增大一倍，因此力矩电动机都做成扁平形结构。

力矩电动机的分类如下。

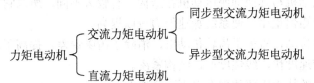

异步型交流力矩电动机的工作原理与交流伺服电动机相同，但为了产生低转速和大转矩，它多做成径向尺寸大、轴向尺寸小的多级扁平形结构。虽然它的结构简单、工作可靠，但在低速性能方面还有待进一步完善。

直流力矩电动机是一种把输入电信号转变为转轴上的转矩来执行控制任务的电动机，具有良好的低速平稳性和线性的机械特性及调节特性，在生产中应用最广泛。

4.2.1 永磁式直流力矩电动机的结构特性

直流力矩电动机的工作原理和传统直流伺服电动机相同，只是在结构和外形尺寸上有所不同。一般直流伺服电动机为了减少转动惯量，大部分做成细长圆柱形，而直流力矩电动机为了能在相同体积和电枢电压的前提下产生比较大的转矩及较低的转速，一般都做成扁平式结构，其电枢长度与直径之比一般仅为 0.2 左右，并选取较多的极对数。

直流力矩电动机的总体结构形式又有分装式和内装式两种。分装式结构包括定子、转子和电刷架三大部件，转子直接套在负载轴上，而机壳由用户根据需要自行选配。内装式直流力矩电动机与一般电动机相同，其机壳和轴已由制造厂在出厂时装配好。

如图 4-10 所示为永磁式直流力矩电动机的结构示意图。图中，定子 4 是用软磁材料做成的带槽的环，在槽中镶嵌铝镍钴永久磁钢，形成环形桥式磁路。为了固定磁钢，在其外圆上又热套了一个铜环 7。在两个磁极间的磁极桥使磁场在气隙中近似地呈正弦分布。电枢铁芯 1 由硅钢片叠压而成，槽中放有电枢绕组 2，槽楔 3 由铜板制成并兼做换向片，槽楔两端伸出槽外，一端作为电枢绕组接线用，另一端作为换向片用，电刷 6 装在电刷架 5 上。

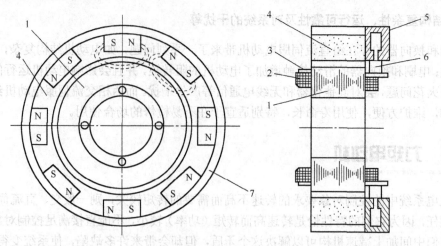

1—电枢铁芯；2—电枢绕组；3—槽楔；4—定子；5—电刷架；6—电刷；7—铜环

图 4-10 永磁式直流力矩电动机的结构示意图

4.2.2 直流力矩电动机的特点

由于直流力矩电动机与其他伺服电动机在结构上有较大不同，所以它有以下优点：
（1）具有高的力矩惯量比，使系统加速能力得以提高；
（2）可直接耦合传动，省去了齿轮传动链，消除了齿隙误差，提高了系统精度；
（3）电动机反应速度快，线性度好，结构紧凑。
直流力矩电动机的特点主要体现在以下两个方面。

1. 转矩大

从直流力矩电动机的基本工作原理可知，设直流力矩电动机每个磁极下磁感应强度平均值为 B，电枢绕组导体上的电流为 I_a，导体的有效长度（即电枢铁芯厚度）为 l，则每根导体所受的电磁力为

$$F = BI_a l \tag{4-6}$$

电磁转矩为

$$T = NF\frac{D}{2} = NBI_a l \frac{D}{2} = \frac{BI_a N l}{2} D \tag{4-7}$$

式中 N——电枢绕组总的导体数；
D——电枢铁芯直径。

式（4-7）表明了电磁转矩 T 与电动机结构参数 l、D 的关系。电枢体积的大小在一定程度上决定了整个电动机的体积。设电枢铁芯体积不变，若电枢铁芯的直径增大一倍，则圆柱体的截面积由原来的 $S_a = \pi\left(\frac{D}{2}\right)^2 = \frac{\pi D^2}{4}$ 变为 $S_a = \pi\left(\frac{2D}{2}\right)^2 = \pi D^2$，增大为原来的 4 倍，因此其长度可减少为原来的 1/4。因此，在电枢体积相同条件下，即保持 $\pi D^2 l$ 不变，当 D 增大时，铁芯长度 l 就可大大减小；另外，在相同电流 I_a 及相同用铜量的条件下，电枢绕组的导线粗细不变，则总导体数 N 应随 l 的减小而增加，以保持 Nl 不变。当满足上面的条件时，式（4-7）中的 $BI_a Nl/2$ 近似为常数，因此转矩 T 与直径 D 近似成比例关系。

2. 转速低

导体在磁场中运动切割磁力线所产生的感应电动势为

$$e_a = Blv \tag{4-8}$$

式中 v——导体运动的线速度，$v = \dfrac{\pi D n}{60}$（n 为导体运动的转速）。

设一对电刷间的并联支路数为 2，则 $N/2$ 根导体串联后总的感应电动势为 E_a，且在理想空载条件下，外加电压 U_a 与 E_a 相平衡，因此有

$$U_a = E_a = NBl\pi D n_0 / 120 \tag{4-9}$$

即

$$n_0 = \dfrac{120}{\pi} \dfrac{U_a}{NBlD} \tag{4-10}$$

式（4-10）说明，在保持 Nl 不变的情况下，理想空载转速 n_0 和电枢铁芯直径 D 近似成反比，电枢铁芯直径 D 越大，电动机理想空载转速 n_0 就越小。

由以上分析可知，在其他条件相同的情况下，增大电动机直径，减小轴向长度，有利于增加电动机的转矩和降低空载转速，因此直流力矩电动机都做成扁平圆盘状结构。

4.3 小功率同步电动机

交、直流伺服电动机转子速度的高低和转向随着控制信号电压的大小和极性（或相位）而变化，但在一些自动控制系统中，如打印记录机构、自动记录仪、电唱机、电影摄影机、无线电传真机等，往往要求伺服电动机具有恒定不变的转速，即要求电动机的转速不随负载和电压的变化而变化。在这些装置中，小功率同步电动机得到了广泛应用。稳态运行时，它的转子转速与定子电流频率严格满足

$$n = n_0 = \dfrac{60 f_1}{p} \tag{4-11}$$

式中 n_0——旋转磁场的同步转速；
f_1——定子电流频率；
p——电动机的极对数。

目前，功率从零点几瓦到数百瓦的小功率同步电动机在需要恒速传动的装置中常用做传动电动机，在自动控制系统中也可用做执行元件。我国生产的小功率同步电动机一般常采用的频率分为低频和中频两大类型，低频为 50Hz，中频为 400Hz。在使用时，特别应注意低频电动机不能用于中频电源，中频电动机不能用于低频电源，而且在正常运行时，不允许电动机的负载电流超过额定电流，否则长时间运行后会使电动机烧毁。

小功率同步电动机仍属于交流电动机，其结构仍由定子和转子两部分组成。根据转子机械结构或转子材料的不同，小功率同步电动机又分成永磁式、磁阻式和磁滞式等。

4.3.1 永磁式同步电动机

1. 基本结构

永磁式同步电动机包括定子和转子两部分。定子部分与一般同步电动机的定子相同，定子

铁芯通常由带有齿和槽的冲片叠成,在槽中嵌入交流绕组。转子主要由两部分构成:用来产生转子磁通的永久磁铁和置于转子铁芯槽中的笼型绕组,如图 4-11 所示。N、S 极沿着圆周方向交替排列,当电动机运行时,定子产生转速为 n 的旋转磁通势,转子则以转速 n 随之同步旋转。

2. 工作原理

永磁式同步电动机的工作原理与同步电动机相似,只是其转子磁通是由永久磁铁产生的,如图 4-12 所示。当永磁式同步电动机的定子绕组通以三相或两相交流电流时,产生旋转磁场(以 N_s、S_s 表示),它以同步角速度 ω_0 朝逆时针方向旋转。根据两异性磁铁互相吸引的原理,定子磁场的 N_s 极(或 S_s 极)吸住转子永久磁铁的 S_r 极(或 N_r 极),以同步角速度在空间旋转,即转子和定子磁场同步旋转。维持转子旋转的电磁转矩是由定子旋转磁场和转子永久磁铁磁场相互作用而产生的。

转子的永久磁铁的磁力线与定子磁力线的夹角为 θ,永磁式同步电动机的电磁转矩大小与 $\sin\theta$ 成正比。当轴上负载增加或减小时,定子与转子磁极轴线间的夹角 θ 也相应增大或减小,但只要负载不超过一定限度,转子始终和定子磁场同步运转,此时转子速度仅决定于电源频率和电动机的极对数,而与负载的大小无关。当负载超过一定限度时,电动机就可能会"失步",也即不再按同步速度运行。

永磁式同步电动机采用异步启动,即在转子上装上笼型绕组,它将在启动过程中产生异步转矩。待到转子转速接近同步转速 n,旋转磁通势与转子相对速度很小时,转子被带入同步运行状态,转速升到 n。当永磁式同步电动机开始运行时,笼型绕组不再起作用。

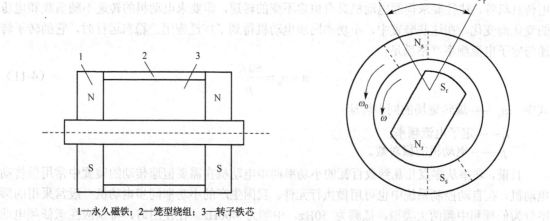

1—永久磁铁;2—笼型绕组;3—转子铁芯

图 4-11　永磁式同步电动机的转子示意图　　图 4-12　永磁式同步电动机的工作原理

3. 特点和用途

永磁式同步电动机的效率和功率因数都比较高,在同样体积下,其输出功率也较大。但永磁式同步电动机除自动启动式外,没有启动能力,且不可在异步状态下运行。它广泛地应用于恒速驱动装置,适合于轻载启动,例如,化学纤维工业的高精度同步驱动装置;由逆变器供电的变频调速装置,其功率从几十瓦到几千瓦不等,供电频率为 20~300Hz。

4.3.2 磁阻式电磁减速同步电动机

1. 基本结构

磁阻式电磁减速同步电动机的定子和转子由电工硅钢片叠装而成,定子做成圆环形式,其内表面有开口槽;转子做成圆盘形式,其外表也有开口槽。定子、转子的齿数是不相等的,一般转子齿数大于定子齿数,即 $Z_r > Z_s$。定子槽中装有三相或单相电源供电的定子绕组,定子绕组接通电源便产生旋转磁通,转子槽内不嵌绕组,如图 4-13 所示。

2. 工作原理

假设该电动机只有一对磁极,定子齿数 $Z_s = 6$,转子齿数 $Z_r = 8$。在图 4-13 所示瞬间位置(A),定子绕组所产生的旋转磁场的轴线(用矢量 F_A 表示)正好和定子齿 1 和 4 的中心线重合。由于磁力线总是力图使自己经过的磁路磁阻最小,或者说,磁阻转矩力图使转子朝着磁导最大的方向转动,所以这时转子齿 1′ 和 5′ 处于定子齿 1 和 4 相对齐的位置。当旋转磁场转过一个定子齿距 $2\pi/Z_s$ 到图中的 B 位置时,旋转磁场的轴线(用矢量 F_B 表示)正好和定子齿 2 和 5 的中心线重合。

由于磁力线要继续保持自己磁路的磁阻为最小,则力图使转子齿 2′ 和 6′ 转到与定子齿 2 和 5 相对齐的位置上。转子转过的角度为

$$\theta = \frac{2\pi}{Z_s} - \frac{2\pi}{Z_r} \quad (4\text{-}12)$$

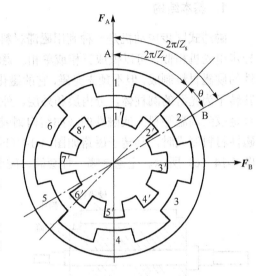

图 4-13 磁阻式电磁减速同步电动机

因此,可求出定子旋转磁场的角速度 ω_0 和转子旋转角速度 ω 之比为

$$K_R = \frac{\omega_0}{\omega} = \frac{2\pi}{Z_s} \bigg/ \left(\frac{2\pi}{Z_s} - \frac{2\pi}{Z_r}\right) = \frac{Z_r}{Z_r - Z_s} \quad (4\text{-}13)$$

式中 K_R ——电磁减速系数。

由式(4-13)可知,电动机的旋转角速度为

$$\omega = \frac{Z_r - Z_s}{Z_r} \omega_0 = \frac{Z_r - Z_s}{Z_r} \frac{2\pi f}{p} \quad (4\text{-}14)$$

式中 p ——定子磁场的极对数。

对于图 4-13 所示的同步电动机,有

$$\omega = \frac{8-6}{8} \omega_0 = \frac{1}{4} \omega_0$$

如果选取 $Z_r = 100$,$Z_s = 98$,则有

$$\omega = \frac{100-98}{100} \omega_0 = \frac{1}{50} \omega_0$$

为获得较大的磁阻转矩,一般取 $Z_r - Z_s = 2p$,Z_r 越大,Z_r 和 Z_s 越接近,转子速度就越低。

3. 特点和用途

一般的磁阻式同步电动机转子上也加装有笼型绕组，并采用异步启动法，则当转子速度接近同步转速时，磁阻转矩会将转子带入同步运行状态。这种电动机结构简单、成本低廉，可用于记录仪表、摄影机、录音机及复印机等设备中。

而磁阻式电磁减速同步电动机无须加启动绕组，它的结构简单，制造方便，成本较低。而且它的转速一般为每分钟几十转到每分钟上百转，因此它是一种常用的低速电动机。

4.3.3 磁滞式同步电动机

1. 基本结构

磁滞式同步电动机是一种利用磁滞材料产生磁滞转矩而运行的同步电动机，其定子结构和异步电动机相似，可以做成三相或单相。磁滞式同步电动机的转子的有效层由具有显著磁滞特性的硬磁材料制成，但不预先充磁，它的磁化是在电动机启动过程中直接依靠定子磁场进行的。其转子为光滑的圆柱体，分内层和外层。外层由磁滞材料构成，内层是非磁性的（如黄铜、铝合金或耐高温塑料）或磁性的（如结构钢或电工钢）套筒，如图 4-14（a）所示。当套筒由非磁性材料制成时，其转子磁路如图 4-14（b）所示；当套筒由磁性材料制成时，其转子磁路如图 4-14（c）所示。无论是哪一种套筒，磁通都必经过硬磁材料的有效环。

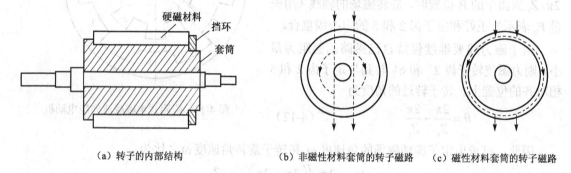

(a) 转子的内部结构　　(b) 非磁性材料套筒的转子磁路　　(c) 磁性材料套筒的转子磁路

图 4-14　磁滞式同步电动机的转子结构

2. 工作原理

磁滞式同步电动机的工作原理如图 4-15 所示。在图 4-15 中，转子画成圆柱形，定子所产生的旋转磁场用一对 N-S 磁极来表示。当旋转磁场以同步转速 n_0 相对于转子旋转时，转子的每一部分都要被交变地磁化，转子中的所有磁分子将跟着旋转磁场的方向进行排列。如果在开始瞬间，转子磁分子排列的方向与旋转磁场轴线的方向一致，如图 4-15（a）所示（为了清楚起见，图中只画出两个磁分子），此时定子磁场与转子之间只有径向力 F，不产生转矩。当旋转磁场相对于转子转动以后，转子磁分子也要跟随旋转磁场方向转动。可是，由于转子是由硬磁材料做成的，它的剩余磁感应强度及矫顽磁力比较大，磁分子之间具有很大的摩擦力，所以磁分子在转动时便不能立即随着旋转磁场方向转过同样的角度，而要落后一个角度 θ_c。这样，所有磁分子产生的合成磁通，也就是转子磁通，就要落后定子旋转磁场一个角度 θ_c，如图 4-15（b）所示。根据 N 极与 S 极互相吸引的道理，在转子上就要受到一个力 F 的作用。这个力可以分解为一个径向力 F_a 和一个切向力 F_t。其中切向力 F_t 就产生了磁滞转矩，用 T_Z 表示，在它的作用下，转子就跟随着定子旋转磁场转动起来。由此可见，磁分子轴线落后于旋转磁场轴线一个角度 θ_c 是产生磁滞转矩的根本原因，这个角度通常称为磁滞角。显然，磁滞角 θ_c 的大小与定子磁场相对于转子的速度无关，它取决于转子所用的硬磁材料的性质。因此，当转子在低于同步转速 n_0 运转时（常称异步状态运行），不管转子转速如何，在定子旋转磁场的反复磁化下，转子的磁滞角 θ_c 都是相同的，由此所产生的磁滞转矩 T 也与转子转速无关。

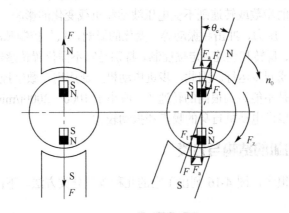

图 4-15 磁滞式同步电动机的工作原理

磁滞同步电动机如果在磁滞转矩的作用下启动并到达同步转速运行（称为同步状态运行），转子相对旋转磁场就不动，也不再被交变磁化，而是被恒定地磁化。这时，转子类似一个永磁转子，转子磁通的轴线与定子磁场的轴线之间夹角不是固定不变，而是可以变化的。当电机轴上的负载阻转矩为 0 时，被磁化了的转子所产生的磁通轴线与定子磁场的轴线重合，电动机不产生转矩。当负载阻转矩增大时，电动机就要瞬时减速，定、转子两个磁场间的夹角增大，电动机产生的转矩也增大，再与负载阻转矩相平衡以同步转速运转。这种转矩平衡的情况与永磁式同步电动机运行时完全相同。

除了磁滞转矩以外，当转子低于同步转速运行时，转子和旋转磁场之间存在相对运动，磁滞转子要切割旋转磁场而产生涡流，转子涡流与旋转磁场相互作用便会产生涡流转矩，用 T_B 表示。涡流转矩随转子转速的增加而减小，当转子以同步转速旋转时，涡流转矩为 0。涡流转矩能增加启动转矩。由于转子是硬磁材料，所以涡流转矩与磁滞转矩相比一般是比较小的。另外，当转子低于同步转速运行时，转子铁芯被反复磁化，会产生很大的磁滞损耗和涡流损耗，这些损耗随转差率 S 增大而增大。

3. 特点和用途

磁滞式同步电动机具有较大的启动转矩，能自行进入同步状态，并能稳定在同步状态下运转；其结构简单、工作可靠、机械强度高，适合于高速运转；它具有启动电流小、电磁噪声小的特点。但与其他类型的同步电动机相比，磁滞式同步电动机的重量和体积较大，价格较贵，效率和功率因数都较低。磁滞式同步电动机一般用于 120W 以下要求转速恒定的场合，特别适宜在转动惯量较大、频繁启动、恒转矩、高速类驱动装置上使用。

4.4 步进电动机

步进电动机是一种将电脉冲信号转换成机械位移的机电执行元件。每当一个脉冲信号施加于步进电动机的控制绕组时,其转轴就转过一个固定的角度(步距角),因此,步进电动机又称脉冲电动机,其输出的角位移与输入的脉冲数成正比,转速与脉冲频率成正比。

步进电动机工作时的步数或转速既不受电压波动和负载变化的影响(在允许负载范围内),也不受环境条件(温度、压力、冲击和振动等)变化的影响,只与控制脉冲同步,同时,它又能按照控制的要求实现正、反转和调速、定位控制。特别是它不需位置传感器或速度传感器就可以在开环控制下精确定位或同步运行。因此,步进电动机广泛应用在数字控制的各个领域。

步进电动机的缺点是不能达到很高的转速(一般小于1000~2000r/min),存在低频振荡、高频失步等缺陷。另外,步进电动机自身的噪声和振动较大。

4.4.1 步进电动机的结构与分类

步进电动机的种类很多,图 4-16 列出了它的几种典型分类方法。下面仅对其中几种常用的分类方法进行介绍。

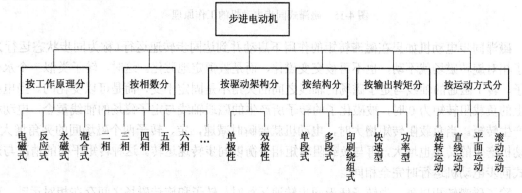

图 4-16 步进电动机的分类

1. 按输出转矩分

1)快速型

快速型步进电动机连续工作的频率高,但是输出转矩小,一般为 0.07~4N·m。小型精密机床一般用快速型步进电动机来控制,如线切割机床的工作台。

2)功率型

功率型步进电动机的输出转矩比较大,一般为 5~40N·m,其结构多为多段轴向式,轴向转动惯量小,稳定性好,可以直接驱动机床移动部件。

2. 按工作原理分

1)电磁式

电磁式步进电动机的定子和转子均有绕组,靠电磁力矩使转子转动,实际中不常使用。

2)反应式

反应式步进电动机也叫磁阻式步进电动机,其定子、转子均由软磁材料冲制、叠压而成。定子上安装有多相励磁绕组，转子上无任何绕组；转子圆周外表面均匀分布若干齿和槽，定子上均匀分布若干个大磁极，每个大磁极上有数个小齿和槽。如图 4-17 所示为三相反应式步进电动机的结构示意图，其磁路结构为单段式径向磁路。此外还有多段式径向磁路和多段式轴向磁路结构。反应式步进电动机的相数一般为三相、四相、五相、六相。多段式径向磁路的反应式步进电动机是由单段式演变而来的。反应式步进电动机的特点是：

（1）定转子间气隙小，一般为 0.03～0.07mm；
（2）步距角小，最小可做到 10′；
（3）励磁电流大，最大为 20A；
（4）断电时没有定位转矩；
（5）电动机内阻尼较小，单步运行振荡时间较长。

3）永磁式

转子或定子任何一方具有永磁材料的步进电动机叫永磁式步进电动机，其中不具有永磁材料的一方放有励磁绕组，当励磁绕组通以励磁电流后，建立的磁场与永磁材料的恒定磁场相互作用产生电磁转矩。其励磁绕组一般为两相或四相，两相永磁式步进电动机的结构示意图如图 4-18 所示。永磁式步进电动机的特点是：

（1）步距角大，如 15°、22.5°、45°、90° 等；
（2）相数大多为两相或四相；
（3）启动频率较低；
（4）控制功率小，驱动器电压一般为 12V 或 24V，电流接近于 2A；
（5）断电时具有一定的保持转矩；
（6）有强的内阻尼力矩；
（7）要求电源供给正、负脉冲，使电源变得复杂。

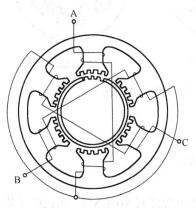
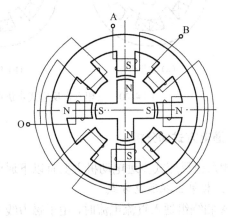

图 4-17　三相反应式步进电动机的结构示意图　　图 4-18　两相永磁式步进电动机的结构示意图

4）混合式

混合式步进电动机混合了永磁式和反应式的优点，不仅具有反应式步进电动机步距小，运行频率高的特点，还具有永磁式步进电动机消耗功率小的优点，是目前发展较快的一种步进电动机。如图 4-19 所示为混合式步进电动机的结构示意图。其特点为结构简单、体积小、安装方便、免维护、噪声小、成本低。

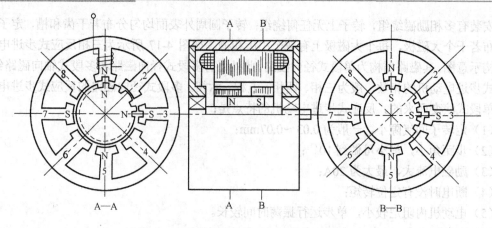

图 4-19 混合式步进电动机的结构示意图

4.4.2 步进电动机的工作原理

虽然步进电动机的结构形式繁多，但它们的工作原理基本相同。下面以图 4-20 所示的三相六极反应式步进电动机为例说明其工作原理。其定子有六个磁极，套着 A、B、C 三相绕组，每相有两个极，转子上有四个均匀分布的齿，齿宽等于定子极靴的宽度，转子上没有绕组。定子、转子铁芯由硅钢片叠成，设为空载运行。

(a) A 相通电　　　　　　　(b) B 相通电　　　　　　　(c) C 相通电

图 4-20 三相六极反应式步进电动机的三相单三拍通电方式

1. 通电方式的分析

三相六极反应式步进电动机主要有以下通电方式。

1）三相单三拍通电方式

当 A 相绕组通入直流电流时，由于磁力线力图通过磁阻最小的路径，所以转子将因受到磁阻转矩的作用而转动。当转子转到 1-3 轴线与 A 相绕组轴线相重合的位置时，磁阻转矩为零，转子停留在该位置，如图 4-20（a）所示。如果 A 相绕组不断电，转子将一直停留在这个平衡位置，称为"自锁"。要使转子继续转动，可以将 A 相绕组断电，而使 B 相绕组通电。这样转子就会逆时针旋转 30°，转到 2-4 轴线与 B 相绕组轴线相重合的位置，如图 4-20（b）所示。继续改变通电状态，即使 B 相绕组断电，C 相绕组通电，转子将继续逆时针旋转 30°，转到 1-3 轴线与 C 相绕组轴线相重合的位置，如图 4-20（c）所示。如果三相定子绕组按照 A—B—C 的顺序通电，则转子将按逆时针方向旋转。上述定子绕组的通电状态每切换一次称为"一拍"，其特点是每次只有一相绕组通电；每通入一个脉冲信号，转子转过一个角度，该角度称为步距角；每经过三拍完成一次通电循环，因此称该方式为三相单三拍通电方式。

2）三相双三拍通电方式

三相步进电动机采用单三拍通电方式时，在绕组断、通电的间隙，转子有可能失去自锁能力，出现失步现象。另外，在转子频繁启动、加速、减速的步进过程中，由于受惯性的影响，转子在平衡位置附近可能出现振荡现象。因此，三相步进电动机常采用双三拍通电方式。

三相双三拍通电方式的通电顺序是 AB—BC—CA—AB。由于每拍都有两相绕组同时通电，如 A、B 两相通电时，转子齿极 1、3 受到定子磁极 A、A′ 的吸引，而 2、4 受到 B、B′ 的吸引，转子在两者吸力相平衡的位置停止转动，如图 4-21（a）所示。下一拍 B、C 相通电时，转子将逆时针转过 30°，达到新的平衡位置，如图 4-21（b）所示。再下一拍 C、A 相通电时，转子将再逆时针转过 30°，达到新的平衡位置，如图 4-21（c）所示。由此可见，这种通电方式的步距角也是 30°。

采用三相双三拍通电方式时，在切换过程中总有一相绕组处于通电状态，因此转子齿极受到定子磁场控制，不易失步和振荡。

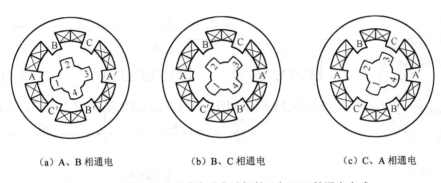

（a）A、B 相通电　　　（b）B、C 相通电　　　（c）C、A 相通电

图 4-21　三相六极反应式步进电动机的三相双三拍通电方式

3）三相六拍通电方式

这是一种将一相通电和两相通电结合起来的运行方式，其通电顺序依次为 A—AB—B—BC—C—CA—A，即一相通电和两相通电间隔轮流进行，六种不同的通电状态组成一个循环。当 A 相单独通电时，相应状态与单三拍 A 相通电的情况完全一样，磁阻转矩将使转子齿 1、3 定位于 A 相绕组轴线方向，如图 4-20（a）所示。当 A、B 通电时，相应状态与双三拍 A、B 通电的情况完全一样，如图 4-21（a）所示。显然，从 A 相通电到 A、B 相通电，转子按逆时针方向转过了 15°。其余四个通电状态以此类推，相应的步距角都是 15°。

2. 步距角和转速的计算

由于每完成一次通电循环，转子转过一个齿，所以步距角等于转子齿距角（相邻两齿中心线所夹的角度）除以拍数，即

$$\theta_b = \frac{360°}{Z_r N} \text{（机械角）} \tag{4-15}$$

式中　Z_r ——转子齿数；

N ——转子转过一个齿距需要的通电状态数，即拍数。若定子相数为 m，则 $N=m$ 或 $N=2m$。反应式步进电动机的转速可按下式计算，即

$$n = \frac{60f\theta_b}{360} = \frac{60f}{Z_r N} \quad \text{(r/min)} \tag{4-16}$$

式中 f——脉冲频率，即每秒钟内的拍数。

对于上述简单结构的反应式步进电动机，其步距角较大，如用于精度要求较高的数控机床等控制系统，会严重影响加工工件的精度，满足不了生产要求。从式（4-15）可知，步距角与相数及齿数有关，要想获得小的步距角，必须增大相数或齿数。但是相数越多，电动机的驱动电源就越复杂，并且成本也越高，一般的反应式步进电动机做成二相、三相、四相、五相或六相。因此，减小步距角的根本方法是增加转子齿数 Z_r。转子齿数的数值要受下列两个条件的限制：①反应式步进电动机的相数等于定子极对数，即 $m=p$，正对面的两个磁极属于同一相，某相通电时，这两个极的齿都应与转子齿对齐，因此转子齿数必须是偶数；②某相磁极齿与转子齿对齐时，相邻磁极齿与转子齿应错开 $1/m$ 齿距角，若齿数不能任意确定，则步距角也将不是随意的。如图 4-22 所示的小步距角三相反应式步进电动机的定子上有六个磁极，装有三相控制绕组，相对的两个磁极为一相，定子每个磁极的极靴上有 5 个小齿，转子上有 40 个齿，定、转子齿宽和槽宽相同（齿距角相同）。

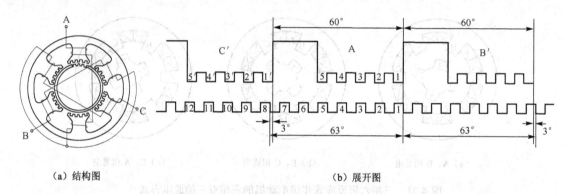

图 4-22 小步距角三相反应式步进电动机

【例题 4-1】 一台三相反应式步进电动机采用三相六拍运行方式，转子齿数 $Z_r = 40$，脉冲频率为 800Hz。

（1）写出一个循环的通电顺序；
（2）求电动机的步距角 θ_b；
（3）求电动机的转速 n；
（4）求电动机每秒钟转过的机械角度 θ。

解：（1）因为采用了三相六拍运行方式，所以通电顺序为 A—AB—B—BC—C—CA—A 或 A—AC—C—CB—B—BA—A。

（2）三相六拍运行时，$N=6$，$Z_r=40$，由式 $\theta_b = \frac{360°}{Z_r N}$ 可得

$$\theta_b = \frac{360°}{Z_r N} = \frac{360°}{40 \times 6} = 1.5°$$

（3）由式 $n = \frac{60f\theta_b}{360} = \frac{60f}{Z_r N}$，可得电动机的转速为

$$n = \frac{60f}{Z_r N} = \frac{60 \times 800}{40 \times 6} = 200 \text{ (r/min)}$$

（4）电动机每秒钟转过的机械角度为

$$\theta = 360° \times \frac{n}{60} = 1200° \text{ 或 } \theta = 1.5° \times 800 = 1200°$$

4.4.3 步进电动机的运行特性

步进电动机有静止、步进运行和连续运行三种运行状态，分别对应不同的运行特性。

1. 步进电动机的静态特性

当步进电动机一相或几相通入恒定不变的直流电流时，转子将固定在某一位置上保持不动，这一状态称为静止状态。

规定定子、转子齿轴线重合的位置为静态空载情况下的初始稳定平衡位置，称转子偏离初始稳定平衡位置的电角度为失调角 θ_e。静止状态电磁转矩与转子失调角的关系如图4-23所示。

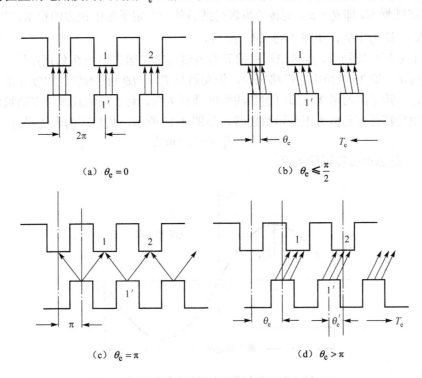

图 4-23 静止状态电磁转矩与转子失调角的关系

在静止状态下，电磁转矩与失调角之间的函数关系 $T_e = f(\theta_e)$ 称为步进电动机的矩角特性。

如果将转子齿数看成转子的极对数，则电角度就等于空间机械角度乘以转子齿数，即一个齿距对应 2π 电角度，此时用电角度表示的齿距角为

$$\theta_{te} = 2\pi$$

相应的步距角为

$$\theta_b = \frac{\theta_{te}}{N} = \frac{2\pi}{N} \tag{4-17}$$

因此，当拍数一定时，无论转子齿数是多少，用电角度表示的步距角是一定值。对于三相步进电动机，当其通电方式为单三拍或双三拍时，步距角为 $2\pi/3$ 电角度；当其通电方式为六拍时，步距角为 $\pi/3$ 电角度。

单相通电时，通电相的定子齿和转子齿对齐，失调角 $\theta_e = 0$，转子处于零位。此时，定、转子齿之间虽有较大的吸力，但这个吸力是垂直于转轴的，转子上没有切向的磁拉力，转矩 $T_e = 0$，转子处于平衡位置，如图4-23（a）所示。

若转子齿相对于定子齿向右错开一个角度，这时就出现了切向磁拉力，产生转矩 T_e，其作用是阻碍转子齿的错开，因此其值为负值。显然，当 $\theta_e \leq \dfrac{\pi}{2}$ 时，θ_e 越大，T_e 就越大，如图4-23（b）所示。

当 $\theta_e > \dfrac{\pi}{2}$ 时，由于气隙段磁路的加长，磁阻显著增加，进入转子齿顶的磁通量大为减少，切向磁拉力及相应的转矩 T_e 将减小。直到 $\theta_e = \pi$ 时，转子齿处于两个定子齿的正中，两个定子齿对转子齿的磁拉力互相抵消，转矩 $T_e = 0$，如图4-23（c）所示。

如果 θ_e 继续增大，即 $\theta_e > \pi$，则转子齿将受到另外一个定子齿磁拉力的作用，出现与 $\theta_e < \pi$ 时相反的转矩，即为正值，如图4-23（d）所示。

通过以上分析可以知道，步进电动机的静态电磁转矩 T_e 随失调角 θ_e 做周期性的变化，变化周期是一个齿距，即 2π 电角度。严格来说，矩角特性 $T_e = f(\theta_e)$ 的形状是比较复杂的，它与气隙的长度和定、转子齿的形状及磁路饱和的程度都有关系。对于反应式步进电动机而言，其单相通电时的矩角特性可近似为正弦函数曲线，如图4-24所示，其相应的表达式为

$$T_e = -T_{em} \sin\theta_e \qquad (4-18)$$

式中　T_{em}——静态电磁转矩最大值。

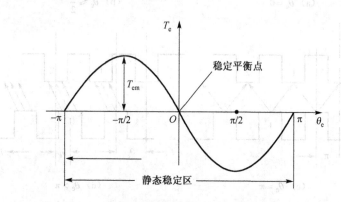

图4-24　单相通电时的矩角特性曲线

T_{em} 表示步进电动机承受负载的能力，与步进电动机的很多特性的优劣直接相关。静态转矩最大值是步进电动机最主要的性能指标之一，通常在技术数据中都会指明。

步进电动机在静转矩的作用下，转子必然有一个稳定平衡位置。如果步进电动机为空载，即 $T_L = 0$，则转子在失调角 $\theta_e = 0$ 处稳定，即在通电相，定子齿与转子齿对齐的位置稳定。在静止状态运行情况下，如有外力使转子齿偏离定子齿，即 $0 < \theta_e < \pi$，则在外力消除后，转子在静转矩的作用下仍能回到原来的稳定平衡位置。当 $\theta_e = \pm\pi$ 时，转子齿左、右两边所受的磁拉力相等而相互抵消，静转矩 $T_e = 0$，但只要转子向左或向右稍有一点偏离，转子所受的左、右

两个方向的磁拉力便不再相等而失去平衡，因此 $\theta_e = \pm\pi$ 是不稳定平衡点。在两个不稳定平衡点之间的区域，即 $-\pi < \theta_e < \pi$，构成了静态稳定区，如图 4-24 所示。

一般来说，多相通电时的矩角特性及最大静态转矩与单相通电时不同。多相通电时的矩角特性可近似地由每相各自通电时的矩角特性叠加起来求出。

2. 步进运行状态

当接入控制绕组的脉冲频率较低，电动机转子完成一步之后，下一个脉冲才到来，则电动机呈现出一转一停的状态，称此状态为步进运行状态。

以三相单三拍通电方式为例，其步进运行状态如图 4-25 所示，设负载转矩为 T_L，当 A 相通电时，电动机的矩角特性为 A 相矩角特性，静态工作点为图 4-25 中的 A 点，对应的转子失调角为 θ_{eA}。当 A 相断电，B 相通电时，电动机的矩角特性跃变为 B 相矩角特性。由于此时电磁转矩大于负载转矩，即 $T_e - T_L > 0$（如图 4-25 中阴影线所示），转子将向前转动，到达新的稳定平衡点 B，对应的转子失调角为 θ_{eB}。这样，电动机就前进了一个步距角 $\theta_{be} = \theta_{eB} - \theta_{eA}$。

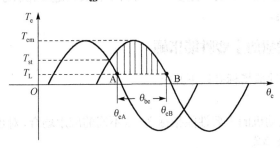

图 4-25 步进运行状态

由图 4-25 可知，要想保证电动机能够步进式转动，负载转矩 T_L 不能大于相邻两拍矩角特性的交点所对应的电磁转矩，即相邻两拍矩角特性交点所对应的转矩是步进电动机单步运行时能够带动的极限负载，称为极限启动转矩（或最大负载转矩）T_{st}，其表达式为

$$T_{st} = -T_{em} \sin \frac{\theta_{be} - \pi}{2} = T_{em} \cos \frac{\theta_{be}}{2} \tag{4-19}$$

因为步距角 $\theta_{be} = \dfrac{2\pi}{N}$，所以式（4-19）可写为

$$T_{st} = T_{em} \cos \frac{\pi}{N} \tag{4-20}$$

在规定的电源条件下，静态转矩最大值 T_{em} 是一定的，要想提高步进电动机的负载能力则应增大运行拍数 N，如将三相步进电动机由单三拍或双三拍运行改为六拍运行。

需要注意的是，在步进运行过程中，步进电动机的转子从一个稳定平衡点 A 点到达另一个新的稳定平衡点 B 点的过程中，所积累的动能和惯性会使转子冲过新的平衡位置，而此后电磁转矩将小于负载转矩，仍如图 4-25 所示，这样又使电动机减速，进而反向运行。由于能量消耗和阻尼的结果，转子将在新的平衡位置附近做衰减的振荡。这种振荡现象对于步进电动机的正常运行是不利的，严重时会使转子失步，因此应设法增大阻尼对振荡进行削弱。

3. 连续运行状态

当脉冲频率 f 较高时，电动机转子未停止而下一个脉冲已经到来，此时步进电动机已经不

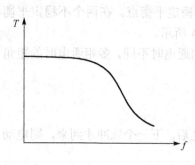

图 4-26 步进电动机的矩频特性

是一步一步地转动，而是呈连续运转状态。

脉冲频率升高，步进电动机转速将增加，步进电动机所能带动的负载转矩将减小。这主要是因为频率升高时，脉冲间隔时间小，又由于定子绕组电感有延缓电流变化的作用，所以控制绕组的电流来不及上升到稳态值。频率越高，电流上升到达的数值也就越小，因此步进电动机的电磁转矩也越小。另外，随着频率的提高，步进电动机铁芯中的涡流增加很快，也使步进电动机的输出转矩下降。总之，步进电动机的输出转矩随着脉冲频率的升高而减小。步进电动机的平均电磁转矩与驱动电源脉冲频率的关系称为矩频特性，如图 4-26 所示。连续运行时，通常使步进电动机在启动频率启动以后再逐渐升高频率，直到所需转速为止，这个过程一般只需 0.1~1s。而在步进电动机要停止工作时，与升频升速相反，应该有个降频降速的制动过程，以防"越步"（与丢步相反，越步指转子的步数多于脉冲数），这个过程也只需 0.1~1s。

4.4.4 步进电动机的主要性能指标

步进电动机的主要性能指标有以下几个。

1）步距角 θ_b

步距角 θ_b 是步进电动机的主要性能指标之一。不同的应用场合，对步距角大小的要求不同。

2）静态步距角误差 $\Delta\theta_b$

静态步距角误差 $\Delta\theta_b$ 即实际的步距角同理论的步距角之间的差值。常用理论步距角的百分数或绝对值来衡量，通常在空载情况下测定。$\Delta\theta_b$ 小，表示步进电动机的精度高。

3）最大静转矩 T_{max}

最大静转矩 T_{max} 是指步进电动机在规定的通电相数下矩角特性上的转矩最大值。通常技术数据中所规定的最大静转矩是指一相绕组通上额定电流时的最大转矩值。

负载转矩与最大静转矩的关系为

$$T_L = （0.3~0.5）T_{max}$$

为保证步进电动机在系统中正常工作，还必须满足

$$T_{ST} > T_{Lmax}$$

式中　T_{ST}——步进电动机的启动转矩；

T_{Lmax}——最大静负载转矩。

通常取 $T_{Lmax} = （0.3~0.5）T_{ST}$ 以便有相当的力矩储备。

4）启动频率 f_{st} 和启动矩频特性

启动频率 f_{st} 是能够使步进电动机由静止定位状态不失步地启动，并进入正常运行状态的控制脉冲最高频率，又称突跳频率。启动频率是步进电动机的一项重要指标，产品目录上一般都提供有空载启动频率的数据。实际使用时，步进电动机大都要在带负载的情况下启动，因此又给出了启动矩频特性，以便确定带负载下的启动频率。

5）运行频率 f_{ru} 和运行矩频特性

运行频率 f_{ru} 是指步进电动机启动后，在控制脉冲频率连续上升时，能维持不失步运行的

最高频率。通常给出的也是空载情况下的运行频率。运行频率的高低与负载转矩大小有关,两者的关系称为运行矩频特性。

6) 额定电流和额定电压

额定电流是指电动机静止时每相绕组允许通过的最大电流。

额定电压是指驱动电源提供的直流电压。它一般不等于加在绕组两端的电压。国家标准规定步进电动机的额定电压为:单一电压型电源,为6V、12V、27V、48V、60V、80V;高低压切换型电源,为60/12V、80/12V。

4.4.5 步进电动机的选择

步进电动机的选择主要由步距角、静力矩和电流三大要素决定。如果这三个要素确定,步进电动机的型号便确定下来了。

1. 步距角的选择

电动机的步距角取决于负载精度的要求。可将负载的最小分辨率(当量)换算到电动机轴上,看看每个当量电动机应走多少角度(包括减速),电动机的步距角应等于或小于此角度。常用步进电动机的步距角一般有0.36°/0.72°(五相电动机)、0.9°/1.8°(二、四相电动机)、1.5°/3°(三相电动机)等。

2. 静力矩的选择

步进电动机的动态力矩一下子很难确定,因此往往先确定电动机的静力矩。静力矩选择的依据是电动机工作的负载,而负载可分为惯性负载和摩擦负载两种。单一的惯性负载和单一的摩擦负载是不存在的。电动机直接启动时(一般为低速启动)两种负载均要考虑,加速启动时主要考虑惯性负载,恒速运行时则只需要考虑摩擦负载。一般情况下,静力矩应在摩擦负载的2~3倍内为好,静力矩一旦选定,电动机的机座及长度便能确定下来了。

3. 电流的选择

对于静力矩一样的电动机,由于电流参数不同,所以其运行特性差别很大。此时可依据矩频特性曲线图来判断电动机电流(参考驱动电源及驱动电压)的大小。

4.5 直线电动机

直线电动机是近年来国内外积极研究发展的新型电动机之一,是一种不需要中间转换装置,而能直接做直线运动的电动机械。长期以来,在各种工程技术中需要直线型驱动力时,主要是采用旋转电动机并通过曲柄连杆或蜗轮蜗杆等传动机构来获得的。但是这种传动形式往往会带来结构复杂,重量大,体积大,啮合精度差,工作不可靠等缺点。而采用直线电动机不仅能省去机械传动机构,而且还可以因地制宜地将直线电动机的初级和次级安放在适当的空间位置或直接作为运动机械的一部分,使整个装置紧凑合理,有时还可以降低成本和提高效率。

各种新技术和需求的出现和拓展推动了直线电动机的研究和生产,目前在交通运输、机械工业和仪器仪表工业中,直线电动机已得到推广和应用。在自动控制系统中,采用直线电动机作为驱动、指示和信号元件也更加广泛,如在快速记录仪中,将伺服电动机改为直线电动机后,可以提高仪器的精度和频带宽度;在雷达系统中,用直线自整角机代替电位器进行直线测量可提高精度,简化结构;在电磁流速计中,可用直线测速机来测量导电液体在磁场中的流速;在高速加工技术中,采用直线电动机可获得比传统驱动方式高几倍的定位精度和快速响应速度。

与旋转电动机相比,直线电动机主要有以下优点:

(1) 由于不需要中间传动机构,所以整个系统得到简化,精度提高,振动和噪声减小;

(2) 由于不存在中间传动机构的惯量和阻力矩的影响,所以电动机加速和减速的时间短,可实现快速启动和正、反向运行;

(3) 普通旋转电动机由于受到离心力的作用,其圆周速度有所限制,而直线电动机运行时,其部件不受离心力的影响,因此它的直线速度可以不受限制;

(4) 由于散热面积大,容易冷却,所以直线电动机可以承受较高的电磁负荷,容量定额较高;

(5) 由于直线电动机结构简单,且它的初级铁芯在嵌线后可以用环氧树脂密封成一个整体,所以可以在一些特殊场合中应用,如可在潮湿环境甚至水中使用。

直线电动机可以看成旋转电动机在结构方面的一种演变,也可以看成将一台旋转电动机沿径向剖开,然后将电动机的圆周展成直线,如图 4-27 所示。由定子演变而来的一侧称为初级,由转子演变而来的一侧称为次级。旋转电动机的径向、周向和轴向分别对应直线电动机的法向、纵向和横向。与旋转电动机相对应,直线电动机按机种分类可分为直线异步电动机、直线直流电动机、直线同步电动机和其他直线电动机(如直线步进电动机等)。

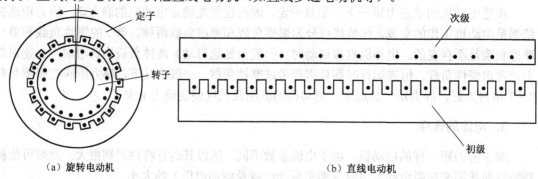

图 4-27　从旋转电动机到直线电动机的演变

4.5.1　直线异步电动机

1. 基本结构

直线异步电动机与笼型异步电动机的工作原理相同,只是在结构形式上有所差别。按照结构形式的不同,直线异步电动机分为扁平形直线电动机和圆筒形直线电动机。如图 4-27(b)所示的直线电动机,其初级和次级的长度是相等的。但是由于初级和次级之间要做相对运动,因此,为保证初级与次级之间的磁耦合保持不变,实际应用中的初级和次级的长度是不相等的。如图 4-28 所示为扁平形单边直线异步电动机,如果初级的长度较短,则称为短初级;反之,则称为短次级。由于短初级结构比较简单,成本较低,所以它的使用较多,只有在特殊情况下才使用短次级结构。

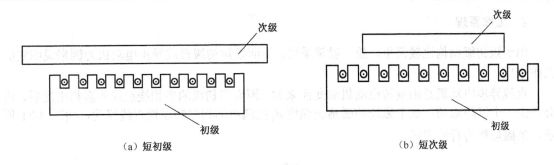

图 4-28 扁平形单边直线异步电动机

如图 4-28 所示的直线电动机仅在次级的一边具有初级,具有这种结构的电动机称为单边直线异步电动机。单边直线异步电动机除了产生切向力外,还会在初、次级之间产生较大的法向力,这对电动机的运行是不利的。因此,为了充分利用次级和消除法向力,可以在次级的两侧都装上初级,具有这种结构的电动机称为双边直线异步电动机,如图 4-29 所示。

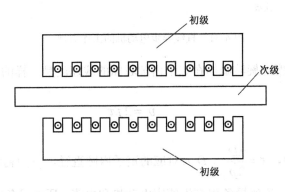

图 4-29 扁平型双边直线异步电动机

如果把扁平形直线电动机的初级和次级按图 4-30(a)所示的箭头方向卷曲,就形成了图 4-30(b)所示的圆筒形直线电动机。圆筒形结构的优点是没有绕组端部,不存在横边效应,次级的支撑也比较方便。其缺点是铁芯必须沿圆周叠片,才能减小由交变磁通在铁芯中感应产生的涡流,这在工艺上是比较复杂的,另外其散热条件差。圆筒形直线电动机的功率较小,它的行程也相对小些,一般只有 0.5~2m。另外,还有一种特殊结构的弧线感应电动机,它相当于把实心转子感应电动机的定子切除掉一部分,其转子做旋转运动而不是直线运动。

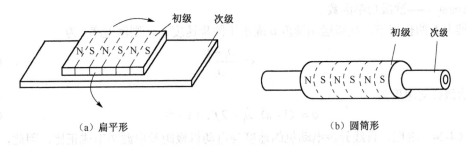

图 4-30 圆筒形直线电动机的演变

2. 工作原理

由于短初级结构比较简单，故一般常采用。下面以短初级直线异步电动机为例来说明它的工作原理。

直线异步电动机是由旋转电动机演变而来的，因而当初级的多相绕组通入多相电流后，也会产生一个气隙磁场，这个磁场的磁感应强度 B_δ 按通电的相序顺序做直线移动，如图 4-31 所示，该磁场称为行波磁场。

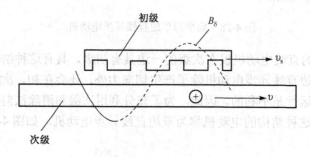

图 4-31 直线异步电动机的工作原理

显然行波的移动速度与旋转磁场在定子内圆表面的线速度是一样的，这个速度称为同步线速，用 v_s 表示，且有

$$v_s = 2f\tau \tag{4-21}$$

式中 f ——电源频率；

τ ——电动机极距，$\tau = \dfrac{\pi D}{2p}$（D 为对应的定子内圆直径，p 为初级磁极对数）。

在行波磁场切割下，次级导条将产生感应电动势和电流，所有导条的电流和气隙磁场相互作用，产生切向电磁力 F。如果初级是固定不动的，则次级就顺着行波磁场运动的方向做直线运动。

直线异步电动机的推力公式与三相异步电动机的转矩公式相类似，即

$$F = KpI_2\Phi_m \cos\varphi_2 \tag{4-22}$$

式中 K ——电动机的结构常数；

p ——初级磁极对数；

I_2 ——次级电流；

Φ_m ——初级一对磁极的磁通量的幅值；

$\cos\varphi_2$ ——次级功率因数。

在推力 F 的作用下，次级运动速度 v 应小于同步速度 v_s，则滑差率 s 为

$$s = \dfrac{v_s - v}{v_s} \tag{4-23}$$

因此，次级移动速度为

$$v = (1-s)v_1 = 2f\tau(1-s) \tag{4-24}$$

式（4-24）表明，直线异步电动机的速度与电动机极距及电源频率成正比，因此，改变极距或电源频率都可改变电动机的速度。与旋转电动机一样，改变直线异步电动机初级绕组的通电相序，就可改变电动机运动的方向，从而可使直线异步电动机做往复运动。直线异步电动机

的其他特性，如机械特性、调速特性等都与交流伺服电动机相似，因此，直线异步电动机的启动和调速及制动方法与旋转电动机相同。

直线异步电动机与旋转电动机在工作原理上并无本质区别，只是所得到的机械运动方式不同而已。但是两者在电磁性能上却存在很大的差别，主要表现在以下三个方面。

（1）旋转电动机的定子三相绕组是对称的，因此若所施加的三相电压对称，则三相电流就是对称的。但直线异步电动机的初级三相绕组在空间位置上是不对称的，位于边缘的线圈与位于中间的线圈相比，其电感值相差很大，也就是说三相电抗是不相等的。因此，即使三相电压对称，其三相绕组电流也不对称。

（2）旋转电动机定、转子之间的气隙是圆形的，无头无尾，连续不断，不存在始端和终端。但直线异步电动机初、次级之间的气隙存在着始端和终端。当次级的一端进入或退出气隙时，都会在次级导条中感应附加电流，这就是所谓的"边缘效应"。由于边缘效应的影响，直线异步电动机与旋转电动机在运行特性上有较大的不同。

（3）由于直线异步电动机初、次级之间在直线方向上要延续一定的长度，且法向电磁力往往不均匀，所以在机械结构上一般将其初、次级之间的气隙做得较长，这样，其功率因数比旋转电动机还要低。

3. 用途及特点

直线异步电动机主要应用于各种直线运动的动力驱动系统中，如精密数控机床、加工中心、电磁锤、高速冲压设备、传送带自动搬运装置及高速列车、电动门等。

直线异步电动机的特点是：结构简单，维护方便；散热条件好，额定值高；适宜于高速运行；能承担特殊任务，如液态金属的运输、加工等。其缺点是气隙大，功率因数低，推力性能指标差，低速运行时需采用低频电源，使控制装置复杂。

4.5.2 直线直流电动机

直线直流电动机是把直流电压转换成直线位移或速度的一种新型电动机，广泛应用于工业检测、自动控制、信息系统等技术领域。与直线异步电动机相比，直线直流电动机没有功率因数低的问题，其运行效率高，并且控制方便、灵活。若它与闭环控制系统结合在一起，则可以精密地控制直线位移，而且其速度和加速度控制范围广，调速平滑性好。直线直流电动机按照励磁方式可分为永磁式和电磁式两种，前者多用于功率较小的自动记录仪表中，如记录仪中笔的纵横走向驱动，摄影机中快门和光圈的操作等；后者主要用于较大功率的驱动。

1. 永磁式直线直流电动机

按照结构形式的不同，永磁式直线直流电动机可分为动磁型和动圈型两种。

动磁型结构如图 4-32（a）所示，线圈固定绕在一个软铁框架上，线圈的长度应包括可动永磁体的整个运动行程。显然，当固定线圈流过电流时，不工作的部分要白白浪费能量。为了降低电能的消耗，可以对线圈外表面进行加工，使铜线裸露出来，通过安装在永磁体磁极上的电刷把电流馈入相应的线圈（如图 4-32（a）中虚线所示），这样当磁极移动时，电刷跟着滑动，仅使线圈的工作部分通电。但是由于这种结构形式的电刷存在磨损，所以也降低了电动机的可靠性和使用寿命。另外，它的电枢较长，电枢绕组用铜量较大。这种结构形式的优点是电动机行程可以做得很长，还可以做成无接触式直线直流电动机。

动圈型结构如图 4-32（b）所示，在软铁框架的两端装有极性同向的两块永磁体，通电线圈可在滑道上做直线运动。这种磁场固定、线圈可动的电动机的结构及原理类似于扬声器，因此又称为音圈电动机。它具有体积小、效率高、成本低等优点，可用于计算机的硬盘驱动。

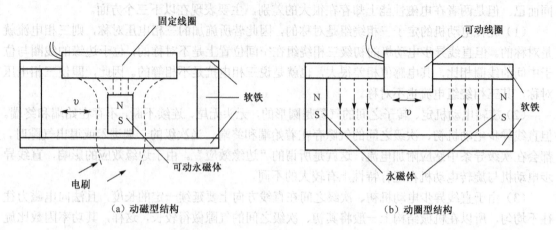

图 4-32 永磁式直线直流电动机

2. 电磁式直线直流电动机

将直线电动机中的永久磁铁所产生的磁通改为电励磁，即由绕组通入直流电励磁产生，即成为电磁式直线直流电动机。电磁式直线直流电动机适用于功率较大的场合。如图 4-33 所示为这种电动机的典型结构，其中图（a）表示单极电动机；图（b）表示两极电动机。此外，它还可做成多极电动机。由图 4-33 可知，当环形励磁绕组通上电流时，便产生了磁通，磁通经过电枢铁芯、气隙、极靴和外壳形成闭合回路，如图中虚线所示。电枢绕组是在管形电枢铁芯的外表面上用漆包绕线制而成的。对于两极电动机而言，电枢绕组应绕成两半，两半绕组绕向相反，串联后接到低压电源上。

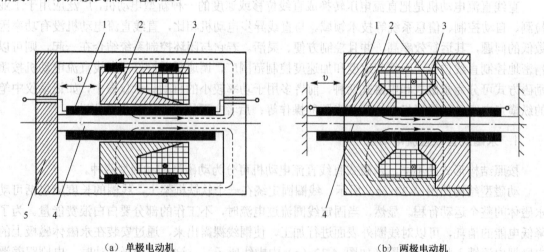

1—电枢绕组；2—极靴；3—励磁绕组；4—电枢铁芯；5—非磁性端板

图 4-33 电磁式直线直流电动机的典型结构

当电枢绕组通入电流后，载流导体与气隙磁通的径向分量相互作用，在每极上便产生轴向推力。当电枢被固定不动时，磁极就沿着轴线方向做往复直线运动（图 4-33 中箭头所示的情况）。这种电动机应用于短行程和低速移动的场合时，可省去滑动的电刷；但若行程很长时，为了提高效率，应与永磁式直线电动机一样，在其磁极端面上安装电刷，使电流只在电枢绕组的工作段流过。如图 4-33 所示的电动机可以看成管形的直流直线电动机。其对称的圆柱形结构具有许多特点。例如，它没有线圈端部，电枢绕组得到完全利用；气隙均匀，消除了电枢和磁极间的吸引力。

4.5.3 直线同步电动机

在一些要求直线同步驱动的场合，如电梯、矿井提升机等垂直运输系统，往往采用直线同步电动机。直线同步电动机的工作原理与旋转同步电动机是一样的，就是利用定子合成移动磁场和动子行波磁场的相互作用产生同步推力，从而带动负载做直线同步运动。直线同步电动机可以采用永磁体励磁，这样就成为永磁式直线同步电动机，其结构如图 4-34 所示。

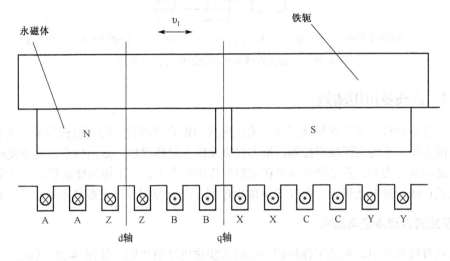

图 4-34 永磁式直线同步电动机的结构

与直线异步电动机相比，直线同步电动机具有更大的驱动力，控制性能和位置精度更好，功率因数和效率较高，并且气隙可以取得较长，因此各种类型的直线同步电动机成为直线驱动的主要选择，尤其是在新型的垂直运输系统中普遍采用永磁式直线同步电动机，可直接驱动负载上、下运动。

如图 4-35 所示为永磁式直线同步电动机矿井提升系统。电动机初级（定子）间隔均匀地布置在固定框架（提升罐道）上，电动机次级（动子）由永磁体构成，在双边型初级的中间上、下运动。动子的纵向长度等于一段初级和一段间隔纵向长度之和。在动子运动过程中，始终保持有一段初级长度的动子与初级平行，对于整个系统而言，其原理上近似于长初级、短次级的直线电动机，不同的是每一段都存在一个进入端和退出端。这种永磁式直线驱动系统控制方便、精确，并且整体效率较高。

长定子结构的电磁式直线同步电动机在高速磁悬浮列车中也有重要应用，其励磁磁场的大小由直流励磁电流的大小决定。通过控制励磁电流可以改变电动机的切向牵引力和侧向吸引力，这样列车的切向力和侧向力可以分别控制，从而可使列车在高速行进过程中始终保持平稳的姿态。

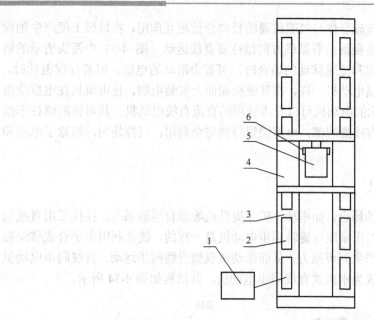

1—供电及控制系统；2—电动机定子；3—固定框架；4—电动机动子；5—提升容器；6—防坠器

图 4-35 永磁式直线同步电动机矿井提升系统

4.5.4 直线步进电动机

直线步进电动机按其工作原理可以分为反应式和混合式两种。前者结构简单、成本低，缺点是无定位力矩，不宜实现微步控制，推力仅靠磁路不对称提供，数值偏小，力矩波动大。后者具有一定的锁定力矩，并可保持动子在期望的步距位置上。它在相同体积情况下产生的推力要比反应式直线步进电动机大，容易实现微步控制，而且控制步距对参数不敏感，一致性好。

1. 反应式直线步进电动机

反应式直线步进电动机的工作原理与旋转式步进电动机相同。如图 4-36 所示为一台四相反应式直线步进电动机的结构原理图，它的定子和动子都由硅钢片叠成：定子上、下两表面都开有均匀分布的齿槽；动子是一对具有 4 个极的铁芯，极上套有四相控制绕组，每个极的表面也开有齿槽，齿距与定子上的齿距相同。当某相动子齿与定子齿对齐时，相邻相的动子齿轴线与定子齿轴线错开 1/4 齿距。上、下两个动子铁芯用支架刚性连接起来，可以一起沿定子表面滑动。为了减少运动时的摩擦，在导轨上装有滚珠轴承，槽中用非磁性塑料填平，使定子和动子表面平滑。显然，当控制绕组按 A—B—C—D—A 的顺序轮流通电时（图中表示 A 相通电时动子所处的稳定平衡位置），根据步进电动机的一般工作原理，动子将以 1/4 齿距的步距向左移动，

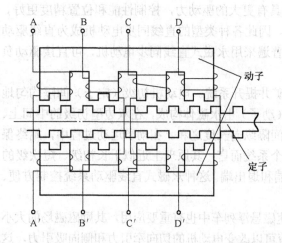

图 4-36 一台四相反应式直线步进电动机的结构原理图

当通电顺序改为 A—D—C—B—A 时,动子则向右移动。与旋转式步进电动机相似,其通电方式可以是单拍制,也可以是双拍制,双拍制时步距减少一半。

2. 混合式直线步进电动机

混合式直线步进电动机也由定子和动子组成。两相平板型混合式直线步进电动机的基本结构如图 4-37 所示。定子用铁磁材料制成,其上开有间距为 t 的矩形齿槽,槽中填满非磁材料(如环氧树脂)使整个定子表面非常光滑。动子上装有两块永久磁钢 A 和 B,每一磁极端部装有用铁磁材料制成的门形极片,每块极片有两个齿(如 a 和 c),齿距为 $1.5t$,这样当齿 a 与定子齿对齐时,齿 c 便对准槽。同一磁钢的两个极片间隔的距离刚好使齿 a 和 a′ 能同时对准定子的齿,即它们的间隔是 kt,k 代表任一整数,即 1,2,3,4,…。磁钢 B 和 A 相同,但极性相反,它们之间的距离为 $(k\pm1/4)t$。这样,当其中一个磁钢的齿完全与定子齿和槽对齐时,另一个磁钢的齿应处在定子齿和槽的中间。

在磁钢 A 的两个门形极片上装有 A 相控制绕组,磁钢 B 的两个门形极片上装有 B 相控制绕组。如果某一瞬间,A 相控制绕组通入直流电流 i_A,如图 4-37(a)所示。这时,A 相绕组所产生的磁通在齿 a、a′ 中与永久磁钢的磁通相叠加,而在齿 c、c′ 中却相互抵消,使齿 c、c′ 全部去磁,不起作用。在这一过程中,B 相绕组不通电流,即 $i_B=0$,磁钢 B 的磁通在齿 d 和 d′、b 和 b′ 中大致相等,沿着动子移动方向各齿产生的作用力互相平衡。

概括来说,这时只有齿 a 和 a′ 在起作用,它使动子处在如图 4-37(a)所示的位置上。

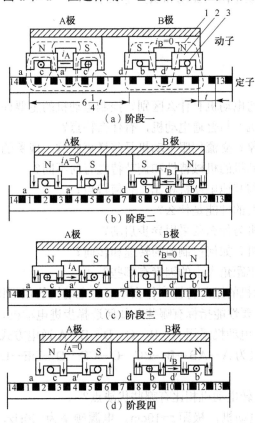

1—永久磁铁;2—门形极片;3—控制绕组

图 4-37 两相平板型混合式直线步进电动机的基本结构

为了使动子向右移动，就是说从图 4-37（a）移到图（b）的位置，就要切断加在 A 相绕组的电源，使 $i_A=0$，同时给 B 相绕组通入正向电流 i_B。这时，在齿 b、b′ 中，B 相绕组产生的磁通与磁钢相叠加，而在齿 d、d′ 中却相互抵消。因此，动子便向右移动半个齿宽（即 $t/4$），使齿 b、b′ 移动到与定子齿相对齐的位置。

如果切断电流 i_B，并给 A 相绕组通上反向电流，则 A 相绕组及磁钢 A 产生的磁通在齿 c、c′ 中相叠加，而在齿 a、a′ 中相互抵消，动子便向右移动 $t/4$，使齿 c、c′ 与定子齿相对齐，如图 4-37（c）所示。

同理，如果切断电流 i_A，给 B 相绕组通上反向电流，动子又向右移动 $t/4$，使齿 d、d′ 与定子齿相对齐，如图 4-37（d）所示。这样，经过图 4-37（a）、（b）、（c）、（d）所示的 4 个阶段后，动子便向右移动了一个齿距。如果还要继续，只需要重复前面的顺序通电即可。

相反，如果想要使动子向左移动，只要把 4 个阶段倒过来，即从 4-37（d）、（c）、（b）到（a）进行通电即可。为了减小步距，削弱振动和噪声，这种电动机可采用细分电路驱动，使电动机实现微步距移动（10μm 以下）。还可采用两相交流电控制，这时需在 A 相和 B 相绕组中同时加入交流电。如果在 A 相绕组中加正弦电流，则在 B 相绕组中加余弦电流。当绕组中的电流变化一个周期时，动子就移动一个齿距；如果要改变移动方向，可通过改变绕组中的电流极性来实现。采用正、余弦交流电控制的直线步进电动机，因为磁拉力是逐渐变化的（这相当于采用细分无限多的电路驱动），则可使电动机的自由振荡减弱，这样既有利于电动机的启动，又可使电动机的移动平滑，振动和噪声也很小。

习题与思考题

4-1 控制电动机与普通电动机有什么区别？控制电动机的主要任务有哪些？

4-2 什么是伺服电动机？与普通电动机，有什么特点？

4-3 何谓"自转"现象？交流伺服电动机是怎样克服这一现象的？

4-4 交、直流伺服电动机的机械特性和调节特性有何不同？

4-5 直流力矩电动机与其他电动机相比，有何特点？

4-6 同步电动机最主要的性能是什么？

4-7 永磁式同步电动机为什么要采用异步启动？

4-8 什么是步进电动机？如何控制他的转速和转向？

4-9 影响步进电动机步距角大小的因素有哪些？

4-10 什么是步进电动机的矩角特性？什么是步进电动机的矩频特性？

4-11 步进电动机的主要性能指标有哪些？如何选择步进电动机？

4-12 五相反应式步步电动机采用 A—B—C—D—E—A 通电方式时，电动机顺时针旋转，步距角为 1°，若通电方式为 A—AB—B—BC—C—CD—D—DE—E—EA—A，则其转向及步距角怎样变化？

4-13 直线电动机与旋转电动机相比有哪些优缺点？

4-14 某台直线异步电动机，极距 $\tau=10cm$，电源频率为 50Hz，额定运行时的滑差率为 $S=0.05$，试求其额定速度。

4-15 在下列电动机中，哪些应装笼型绕组？
（1）普通永磁式同步电动机；
（2）反应式小功率同步电动机；
（3）磁滞式同步电动机。
4-16 如何改变永磁式同步电动机的转向？
4-17 步进电动机转速的高低与负载大小有关系吗？
4-18 五相十极反应式同步电动机采用 A—B—C—D—E—A 通电方式时，电动机顺时针旋转，步距角为1°，若通电方式为 A—AB—B—BC—C—CD—D—DE—E—EA—A，则其转向及步距角怎样变化？

第 5 章
机电传动控制系统中电动机的选择

在机电传动控制系统中,应该按照实用、经济、安全等原则,根据生产机械的要求,正确选择电动机的种类、结构形式、电压等级、额定转速、额定功率和防护形式等,再通过产品目录选出合适的电动机来。

选择电动机的主要步骤为:

(1) 根据生产机械性能的要求,选择电动机的种类;
(2) 根据电动机和生产机械安装的位置和场所环境,选择电动机的结构和防护形式;
(3) 根据电源的情况,选择电动机的额定电压;
(4) 根据生产机械所要求的转速及传动设备的情况,选择电动机的额定转速;
(5) 根据生产机械所需要的功率和电动机的运行方式,决定电动机的额定功率;
(6) 综合以上因素,根据制造厂的产品目录,选定一台合适的电动机。

5.1 电动机功率选择的原则

在机电传动控制系统中选择一台合适的电动机极为重要。电动机的选择主要是指功率的选择,如果电动机的功率选小了,一方面不能充分发挥机械设备的能力,会使生产效率降低;另一方面,电动机经常在过载下运行会过早损坏,同时还可能出现启动困难,经受不起冲击负载等故障;如果电动机的功率选大了,则设备投资费用会增加,而且电动机经常在轻载下运行,运行效率和功率因数(对异步电动机而言)也都会下降。

电动机功率的选择应根据以下三项基本原则进行。

(1) 发热。电动机在运行时,必须保证电动机的实际最高工作温度θ_{max}等于或略小于电动机绝缘的允许最高工作温度θ_a,即$\theta_{max} \leq \theta_a$。

(2) 过载能力。电动机在运行时必须具有一定的过载能力。特别是在短期工作时,由于电动机的热惯性很大,电动机在短期内承受高于额定功率的负载功率时仍可保证$\theta_{max} \leq \theta_a$,故决定电动机容量的主要因素不是发热而是电动机的过载能力。所选电动机的最大转矩(对异步电动机而言)或最大允许电流I_{max}(对直流电动机而言)必须大于运行过程中可能出现的最大负载转矩T_{Lmax}或最大负载电流I_{Lmax},即

$$T_{Lmax} \leq T_{max} \text{(对异步电动机而言)} \tag{5-1}$$

$$I_{Lmax} \leq I_{max} \text{(对直流电动机而言)} \tag{5-2}$$

(3) 启动能力。由于笼型异步电动机的启动转矩一般较小,所以为使电动机能可靠启动,必须保证

$$T_L < T_{st} = \lambda_{st} T_N \tag{5-3}$$

式中　T_L——电动机上的负载转矩。

　　　T_{st}——电动机的启动转矩。

　　　λ_{st}——电动机的启动能力系数，$\lambda_{st} = T_{st}/T_N$。

选择电动机功率的一般方法有类比法、统计法、实验法和计算法等。

5.2　电动机的温度变化规律

电动机由多种金属（铜、铝、铁、硅钢片）和绝缘材料等组成，在运行时，电动机不断地将电能转变成机械能。在能量的变换过程中必然有能量损耗，这些损耗包括铜耗、铁耗和机械损耗，其中铜耗与电流的平方成正比，而铁耗与机械损耗则几乎是不变的。这些损耗最终都变成了热能而使电动机发热、温度升高。

电动机的温度变化过程如下：刚开始工作时，电动机的温度 θ_M 与周围介质的温度 θ_0（规定 $\theta_0 = 40℃$）之差（$\theta_M - \theta_0$）很小，而热量的发散是随温度差的增大而递增的，因此，这时只有少量的热量被发散出去，大部分热量都被电动机吸收，因而其温度升高较快。随着电动机温度的逐渐升高，它和周围介质的温差也相应加大，发散出去的热量逐渐增加，而被电动机吸收的热量则逐渐减少，温度的升高逐渐缓慢。温升 $\tau = \theta_M - \theta_0$ 是按指数规律上升的，如图5-1中的曲线1所示，T_h 为发热时间常数。当温度升高到一定数值时，电动机在一秒内发散出去的热量正好等于电动机在一秒内由于损耗所产生的热量，这时电动机不再吸收热量，因此温度不再升高，温升趋于稳定，达到最高温升。值得指出的是，由于热惯性比电动机本身的电磁惯性、机械惯性要大得多，所以一个小容量的电动机也要运行 2~3h 后，温升才趋于稳定；温升上升的快慢还与散热条件有关。

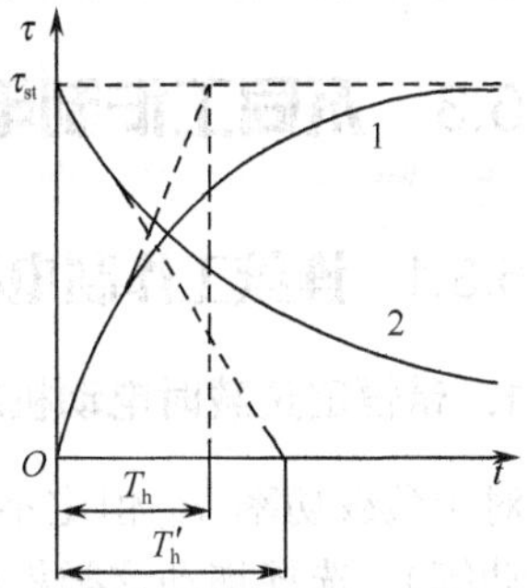

在切断电源或负载减小时，电动机温度要下降而逐渐冷却。在冷却过程中，其温度降低也是按指数规律变化的，如图5-1中的曲线2所示，T_h' 为散热时间常数。对于风扇冷却式电动机而言，停车后风扇不转，散热条件变差，因此其冷却过程进行得很慢。

图5-1　电动机的温升、温降曲线

当电动机运行时，若温度超过一定数值，首先损坏的是绕组的绝缘层，因为电动机中的绝缘材料是耐热能力最弱的部分。目前常用的绝缘等级有 E、B、F、H 四级，各级绝缘所用材料的允许最高工作温度分别为 120℃、130℃、155℃、180℃（各级绝缘所用的具体材料可查阅有关电动机手册）。如果电动机的工作温度 θ_M 超过了绝缘材料允许的最高工作温度 θ_a，轻则加速绝缘层老化过程，缩短电动机寿命；重则会使绝缘材料碳化变质，造成电动机的损坏。据此，国家规定了电动机的额定容量，还规定了电动机长期在此容量下运行时，温度应不超过绝缘材料所允许的最高温度。因此，$\theta_M \leq \theta_a$ 是保证电动机长期安全运行的必要条件，也是按发热条件选择电动机功率的最基本的依据。

由于电动机的发热和冷却都有一个过程，所以其温升不仅取决于负载的大小，而且也和负载的持续时间有关，也就是与电动机的运行方式有关。或者说，电动机额定功率的大小与电动机的运行方式有关。为了使用上的方便，我国将电动机的运行方式（也称工作制）按发热的情况分为三类，即连续工作制、短时工作制和重复短时（周期断续）工作制，并分别按上述原则规定了电动机的额定功率和额定电流。

1）连续工作制

连续工作制是指电动机带额定负载运行时，运行时间很长，电动机的温升可以达到稳态温升的工作方式。连续工作制电动机在铭牌上标注 S1 或一般不在铭牌上标明工作制，连续工作制的电动机在生产实际中的使用很广泛。

2）短时工作制

短时工作制是指电动机带额定负载运行时，运行时间很短，使电动机的温升达不到稳态温升，而停机时间很长，使电动机的温升可以降到零的工作方式。短时工作制电动机铭牌上的标注为 S2，我国的短时工作制电动机的运行时间有 15min、30min、60min、90min 四种定额。拖动闸门的电动机常采用短时工作制电动机。

3）周期断续工作制

周期断续工作制是指电动机带额定负载运行时，运行时间很短，使电动机的温升达不到稳态温升，而且停止时间也很短，使电动机的温升降不到零，工作周期小于 10min 的工作方式。工作时间占工作周期的百分比称为负载持续率。我国的周期断续工作制电动机的负载持续率有 15%、25%、40%、60% 四种定额。周期断续工作制电动机铭牌上的标注为 S3。要求频繁启动、制动的电动机常采用周期断续工作制电动机，如拖动电梯、起重机的电动机等。

5.3 不同工作制电动机功率的选择

5.3.1 连续工作制电动机功率的选择

1. 带恒定负载时电动机功率的选择

对于负载功率 P_L 恒定不变的生产机械（如风机、泵、重型车床、立式车床、齿轮铣床的主传动等），选择拖动这类机械的电动机时，只要按设计手册中的计算公式算出负载所需功率 P_L，再选一台额定功率为

$$P_N \geq P_L \tag{5-4}$$

的电动机即可。

因为连续工作制电动机（这类电动机在有些铭牌上没有特别标明工作制）的启动转矩和最大转矩均大于额定转矩，故一般不必校验其启动能力和过载能力，仅在重载启动时，才校验其启动能力。

【例题 5-1】 有一台低压离心式水泵，它与电动机直接连接，流量 $Q = 50\text{m}^3/\text{h}$，总扬程 $H=15\text{m}$，转速 $n=1450\text{r/min}$，水泵的效率 $\eta_1 = 0.4$，试选择电动机。

解： 由设计手册中查得泵类机械的负载功率计算公式为

$$P_L = \frac{Q\gamma H}{102\eta_1\eta_2}$$

式中　Q——泵的流量（m^3/h）；
　　　γ——液体密度（kg/m^3）；
　　　H——总扬程（m）；
　　　η_1——泵的效率；
　　　η_2——传动装置的效率。

将题中数据代入上式得

$$P_L = \frac{50 \times 10^3 \times 15}{3600 \times 102 \times 0.4 \times 1} \text{kW} = 5.1 \text{kW}$$

查产品目录,根据 $P_N \geq P_L$,选择 Y132S-4 型笼型异步电动机($P_N = 5.5\text{kW}, n_N = 1440\text{r/min}$)即可。

2. 带变动负载时电动机功率的选择

在多数生产机械中,电动机的负载大小是变动的。例如,小型车床、自动车床的主轴电动机一直在转动,但因加工工序多,每个工序的加工时间较短,加工结束后要退刀,更换工件后又进刀加工,所以加工时电动机处于负载运行状态,而更换工件时电动机则处于空载运行状态。其他如带式运输机、轧机等也属于此类负载。还有一些负载虽然是连续的,但其大小也是变动的,例如,在如图 5-2 所示的变动负载连续工作的负载图及温升曲线中,如果按生产机械的最大负载来选择电动机的容量,则电动机不能充分利用;如果按最小负载来选择,容量又不够。为了解决该问题,一般采用所谓"等值法"来计算电动机的功率,即把实际的变化负载化成一个等效的恒定负载,两者的温升相同,这样就可根据得到的等效恒定负载来确定电动机的功率。负载的大小可用电流、转矩或功率来表示。

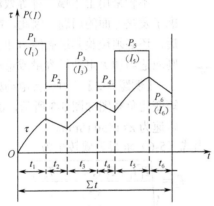

图 5-2 变动负载连续工作的负载图及温升曲线

电动机的温升取决于它发出的热量,而其发出的热量是由损耗产生的,损耗有两部分,一部分是不随负载变化的不变损耗 ΔP(包括铁耗与机械损耗),另一部分是与负载电流的二次方成正比的可变损耗 $I^2 R$(铜耗)。例如,对于如图 5-2 所示的负载,对应于工作时间 t_1、t_2、…的负载电流为 I_1、I_2、…,则电动机在各种不同负载时的总损耗为

$$(\Delta P + I_1^2 R)t_1 + (\Delta P + I_2^2 R)t_2 + \cdots + (\Delta P + I_n^2 R)t_n$$

在等值的恒定负载下,在同一工作时间内,电动机的总损耗为

$$(\Delta P + I_d^2 R)\sum_{i=1}^{n} t_i \quad (\text{其中,} \sum_{i=1}^{n} t_i = t_1 + t_2 + \cdots + t_n)$$

若两者相同,则其电动机的等值电流为

$$I_d = \sqrt{\frac{I_1^2 t_1 + I_2^2 t_2 + \cdots + I_n^2 t_n}{\sum_{i=1}^{n} t_i}} \tag{5-5}$$

对于直流电动机（他励或并励），或工作在接近于同步转速状态下的异步电动机而言，$T = K_m \Phi I$，由于磁通 Φ 不变，则 $T \propto I$，故式（5-5）可化成转矩来计算，即

$$T_d = \sqrt{\frac{T_1^2 t_1 + T_2^2 t_2 + \cdots + T_n^2 t_n}{\sum_{i=1}^{n} t_i}} \tag{5-6}$$

然后再选择电动机的额定转矩 T_N，使 $T_N \geq T_d$ 即可。这就是等效转矩法，对生产机械来说，画出机械转矩负载图是不难的，因而等效转矩法的应用较广。

当电动机具有较硬的机械特性，转速在整个工作过程中变化很小时，可近似地认为功率 $P_d \propto T_d$，于是，式（5-6）可化成等效功率来计算，即

$$P_d = \sqrt{\frac{P_1^2 t_1 + P_2^2 t_2 + \cdots + P_n^2 t_n}{\sum_{i=1}^{n} t_i}} \tag{5-7}$$

然后再选择电动机的额定功率 P_N，使 $P_N \geq P_d$ 即可，这就是等效功率法。因为用功率表示的负载图更易画出，故等效功率法的应用更广。

不管采用上述哪一种等效法选择电动机时，都仅仅只考虑了发热方面的问题。因此，在按"等值法"初选出电动机后，还必须校验其过载能力和启动转矩。如果不满足要求，则应适当加大电动机容量或重选启动转矩较大的电动机。

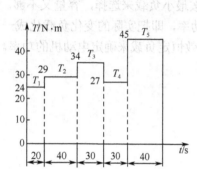

图 5-3 转矩变化负载图

【例题 5-2】 由一台电动机直接拖动某生产机械，其转矩变化负载图如图 5-3 所示，试选择电动机。生产机械要求转速为 $n \approx 1450$ r/min。

解：用等效转矩法计算。由式（5-6）求得等效转矩为

$$T_d = \sqrt{\frac{T_1^2 t_1 + T_2^2 t_2 + \cdots + T_n^2 t_n}{\sum_{i=1}^{n} t_i}}$$

$$= \sqrt{\frac{24^2 \times 20 + 29^2 \times 40 + 34^2 \times 30 + 27^2 \times 30 + 45^2 \times 40}{20 + 40 + 30 + 30 + 40}}$$

$$= 33.8 \, (\text{N} \cdot \text{m})$$

其等效功率为

$$\{P_L\}_{kW} = \frac{\{T_d\}_{N \cdot m} \times \{n\}_{r/min}}{9550} = \frac{33.8 \times 1450}{9550} = 5.13 \, (\text{kW})$$

可从产品目录中选取 $P_N \geq P_L$ 的电动机。

若选交流电动机，则可选 Y132S-4，其 $P_N = 5.5\text{kW}$，$n_N = 1440 \text{r/min}$，$T_{st}/T_N = 1.8$，$T_{max}/T_N = 2$，$U_N = 380\text{V}$，△接法。

校验其过载能力。从负载图可知，负载的最大转矩 $T_{Lmax} = 45 \text{N} \cdot \text{m}$，而所选电动机的额定转矩为

$$\{T_N\}_{N \cdot m} = 9550 \times \frac{\{P_N\}_{kW}}{\{n_N\}_{r/min}} = 9550 \times \frac{5.5}{1440} = 36.5 \, (\text{N} \cdot \text{m})$$

因此，电动机的最大转矩为

$$T_{max} = 2T_N = 2 \times 36.5 \text{N·m} = 73 \text{N·m} > 45 \text{N·m}$$

符合要求，且启动能力也是满足要求的。

若选直流电动机，则可选 Z2-51 型，其 $P_N = 5.5\text{kW}$，$n_N = 1500\text{r/min}$，$U_N = 220\text{V}$，激励方式为并励或他励。

5.3.2 短时工作制电动机功率的选择

有些生产机械的工作时间较短，而停车时间却很长，如闸门开闭机、升降机、刀架的快移、立式车床与龙门刨床上的夹紧装置等，它们都属于短时工作制的机械。拖动这类机械的电动机的工作特点是：工作时温升达不到稳定值，而停车时足可以完全冷却到周围环境温度。其负载图与温升曲线如图 5-4 所示。由于其发热情况与长期连续工作方式的电动机不同，所以选择也不一样，既可选择专用短时工作制的电动机，也可选择连续工作制的普通电动机。

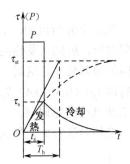

图 5-4 短时工作制电动机的负载图与温升曲线

1. 选择专用短时工作制的电动机

对于我国生产的专用短时工作制的电动机，规定的标准短时运行时间是 15min、30min、60min 及 90min 四种。这类电动机铭牌上所标的额定功率 P_N 是和一定的标准持续运行时间 t_s 相对应的。例如，P_N 为 20kW、t_s 为 30min 的电动机，在输出功率为 20kW 时，只能连续运行 30 min，否则将超过允许的温升。因此，必须按实际工作时间选择与上述标准持续时间相接近的电动机。如果实际工作时间 t_p 与 t_s 不同，就应先将 t_p 下的功率 P_p（生产机械短时工作的实际功率）换算成 t_s 下的功率 P_s，这可根据等效功率法加以换算，即

$$P_s^2 t_s = P_p^2 t_p$$

$$P_s = P_p \sqrt{\frac{t_p}{t_s}} \tag{5-8}$$

然后再选择短时工作制电动机，使其 $P_N \geq P_s$，最后进行过载能力与启动能力的校验。

2. 选择连续工作制的普通电动机

普通电动机的额定功率 P_N 是按长期运行而设计的，在连续工作时，它的温升可以达到稳定值 τ_s（即电动机的容许温升）。如果让这种电动机短时工作而输出功率不变，则电动机运行时将达不到允许温升，未能充分利用。为了充分利用电动机在发热上的潜在能力，在短时工作状态下可以使它过载运行，而其过载倍数 $K = P_p/P_N$ 与 t_p/T_h 有关（如图 5-5 所示），因此可选

$$P_N \geq P_p/K$$

式中　P_p——短时实际负载功率；

P_N——连续工作制电动机的额定功率；

t_p——短时实际工作的时间；

T_h——电动机的发热时间常数。

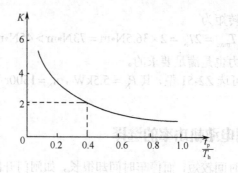

图 5-5 短时工作过载倍数与工作时间的关系

从以上分析可知，工作时间越短，电动机实际允许的输出功率越大。但当工作时间小于一定限度时，虽然从发热的观点看电动机还可以拖动更大的负载，但电动机的最大转矩可能低于实际的负载转矩，这时，过载能力就成了选择电动机功率的主要依据。一般来说，只要实际工作时间 $t_p < (0.3 \sim 0.4) T_h$，就可直接根据过载能力和启动能力来选择电动机的容量，而不必考虑电动机的发热问题。

在短时运行时，如果负载是变动的，则可用前面已介绍过的"等值法"先计算出其等效功率（转矩或电流），再按上述两种方法选择电动机。

5.3.3 重复短时工作制电动机功率的选择

有些生产机械工作一段时间后即停歇一段时间，工作、停歇交替进行，且时间都比较短，如桥式起重机、电梯、组合机床与自动线中的主传动电动机等就属于这类。拖动这类生产机械的电动机的工作特点是：工作时间 $t_p < (0.3 \sim 0.4) T_h$，停车（或空载）时间 $t_0 < (0.3 \sim 0.4) T_h'$，工作时间内电动机的温升不可能达到稳定温升，而后停车时间内电动机的温升还没有下降到零时，下一个周期又已开始。其典型负载图与温升曲线如

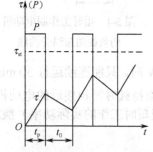

图 5-6 重复短时工作制电动机的典型负载图与温升曲线

图 5-6 所示。重复性与短时性就是重复短时工作制的两个特点。通常用持续率（或暂载率）来表征重复短时工作制的工作情况，即

$$\varepsilon = \frac{t_p}{t_p + t_0} \times 100\% \quad (5\text{-}9)$$

重复短时工作制电动机的选择也有两种方法。

1. 选择专用重复短时工作制的电动机

对于我国生产的专用重复短时工作制的电动机，规定的标准持续率 ε_s 为 15%、25%、40% 和 60% 四种，并以 25% 为额定负载持续率 ε_{sN}，同时规定一个周期的总时间 $t_p + t_0$ 不超过 10min。其常用的型号有 YZ（JZ）系列笼型异步电动机、YZR（JZR）系列绕线式异步电动机、ZZ 系列和 ZZJ 系列直流电动机。每一个电动机在不同的 ε_s 值下，都有不同的额定功率 P_{sN}，以 JZR-11-6 型为例，其额定功率如表 5-1 所示。由此可见，电动机一周期内的工作时间越长，即 ε_s 越大，电动机所允许输出的功率（即额定功率）便越小。

表 5-1 不同 ε_s 值下对应的 P_{sN} 值

ε_s/%	15	25	40	60
P_{sN}/kW	2.7	2.2	1.8	1.5

重复短时工作制电动机容量选择的步骤是：首先根据生产机械的负载图算出电动机的实际持续率 ε，如果算出的 ε 值与电动机的额定负载持续率 ε_{sN}（25%）相等，即可从产品目录中查得额定功率 P_{sN}，所选电动机的 P_{sN} 应等于或略大于生产机械所需功率 P；如果算出的值 ε 不等于 ε_{sN}，则可按式

$$P_s = P\sqrt{\frac{\varepsilon}{\varepsilon_{sN}}} = P\sqrt{\frac{\varepsilon}{0.25}} \tag{5-10}$$

进行换算，再由 ε_{sN} 从产品目录中查得 P_{sN}，选取 P_{sN} 等于或略大于 P_s 的电动机即可。

【例题 5-3】 有一台起重机，其工作负载图如图 5-6 所示，其中 $P=10\text{kW}$，工作时间 $t_p = 0.91\text{min}$，停车时间 $t_0 = 2.34\text{min}$，要求采用绕线式异步电动机，转速为 1000r/min 左右，试选用一台合适的电动机。

解：

$$\varepsilon = \frac{t_p}{t_p + t_0} \times 100\% = \frac{0.91}{0.91 + 2.34} \times 100\% = 28\%$$

换算到相近的额定负载持续率 $\varepsilon_{sN} = 25\%$ 时，其所需相对应的等效负载功率为

$$P_s = P\sqrt{\frac{\varepsilon}{\varepsilon_{sN}}} = 10 \times \sqrt{\frac{28\%}{25\%}} = 10.58 \text{ (kW)}$$

查产品目录，可选取 YZR31-6 型绕线式异步电动机，其额定数据为：$\varepsilon_{sN} = 25\%$ 时，$P_{sN} = 11\text{kW}$，$n_N = 953\text{r/min}$。

2. 选择连续工作制的普通电动机

如果没有现成的重复短时工作制电动机，也可以选用连续工作制的电动机，此时可看成 $\varepsilon_s = 100\%$，再按上述方法选择电动机。如例题 5-3 所示数据，此时对应的等效负载功率为

$$P_s = P\sqrt{\frac{\varepsilon}{\varepsilon_s}} = 10 \times \sqrt{\frac{28\%}{100\%}} = 5.3 \text{ (kW)}$$

查产品目录，可选取 YR61-6 型电动机，其额定数据为 $P_N = 7\text{kW}$，$n_N = 940\text{r/min}$。

在重复短时工作制的情况下，若负载是变动的，则仍可用前面已介绍过的"等值法"先算出其等效功率 P，再按上述方法选取电动机。选好电动机的容量后，也要进行过载能力的校验。

当负载持续率 $\varepsilon < 10\%$ 时，可按短时工作制选择电动机；当负载持续率 $\varepsilon > 70\%$ 时，则可按连续工作制选择电动机。

当重复周期很短（$t_p + t_0 < 2\text{min}$），启动、制动或正转、反转十分频繁时，必须考虑启动、制动电流的影响，因此在选择电动机的容量时要适当选大些。

以上对不同工作制电动机容量的选择方法是基于一些假设条件进行的，一般来说电动机的负载图与生产机械的负载图是不相同的，因此所介绍的计算方法仅是近似的，在实际应用时应根据具体情况适当给予考虑和修正。

另外，电动机铭牌上的额定功率是在一定的工况下电动机允许的最大输出功率，如果工况变了，也应进行适当的调整。例如，常年环境温度 θ_0 偏离 ± 40 ℃较多时，电动机容量可进行相

应修正。一般来说，θ_0 变化 ±10℃，所选电动机的 P_N 可修正 ±10% 左右；风扇冷式电动机长期处于低速下运行时，散热条件恶劣，电动机的功率必须降低使用；在海拔高于 1000m 的高原地区，空气稀薄，散热条件差，此时电动机的功率也应降低使用。

5.4 电动机功率选择的统计法和类比法

根据负载图按发热的理论计算选择电动机的方法，其理论根据是可靠的，但要想得到精确的结果，计算是复杂的。5.3 节介绍的方法是在一些假设条件下得到的，而且生产机械的负载种类又很多，不易画出典型的负载图，因此所得结果也只是近似的。我国机床制造厂对不同类型机床主拖动电动机容量的选择常采用统计法。所谓统计法，就是对国内外同类型先进机床的主拖动电动机进行统计和分析，结合我国的生产实际情况，找出电动机容量与机床主要参数之间的关系，并用数学式加以表达，从而作为设计新机床时选择电动机容量的主要依据。具体介绍如下（公式中的 P 均为主拖动电动机容量，单位为 kW）：

卧式车床，$P = 35.5D^{1.54}$，D 为工件的最大直径（m）；

立式车床，$P = 20D^{0.88}$，D 为工件的最大直径（m）；

摇臂钻床，$P = 0.0646D^{1.19}$，D 为最大的钻孔直径（mm）；

卧式镗床，$P = 0.004D^{1.7}$，D 为镗杆直径（mm）；

龙门铣床，$P = \dfrac{B^{1.15}}{166}$，$B$ 为工作台宽度（mm）。

例如，我国 C660 型车床，其加工工件的最大直径 $D = 1.25$ m，按统计法计算主拖动电动机的容量 $P = 35.5 \times 1.25^{1.54}$ kW $= 51.4$ kW，而实际选用了 60kW 的电动机，二者相当接近。统计法虽然简单，且确有实用价值，但这种方法不可能考虑到各种机床的实际工作特点与当前先进的技术条件，因此对于用这种方法初选的电动机，最好再通过试验的方法加以校验。

另一个实用的方法为类比法，其过程是：对经过长期运行考验的同类型生产机械的电动机容量进行调查研究，并对其主要参数和工作条件进行对比，从而确定新设计生产机械所需电动机的容量。

5.5 电动机种类、电压、转速和结构形式的选择

除了正确选择电动机的容量外，还应依据生产机械的要求、技术经济指标和工作环境等条件正确选择电动机的种类、电压、转速和结构形式。

5.5.1 根据生产机械的负载性质来选择电动机的类型

电动机类型选择的基本依据是在满足生产机械对拖动系统静态和动态特性要求的前提下，力求结构简单、运行可靠、维护方便、价格低廉。

(1) 对于不要求调速、对启动性能无过高要求的生产机械，应优先考虑使用一般笼型异步电动机（如 YL 系列、JS 系列、Y 系列等）；若要求启动转矩较大，则可选用高启动转矩的笼型异步电动机（如 JS_2-1×× 型、JQ_2 和 JQO_2 系列等）。

(2) 对于要求经常启动、制动，且负载转矩较大、又有一定调速要求的生产机械，应考虑

选用绕线式异步电动机（如 YR、YZR（JZR）系列等）；对于周期性波动负载的生产机械，为了削平尖峰负载，一般都采用电动机带飞轮工作，这种情况下也应选用绕线式异步电动机。

（3）对于只需要几种速度而不要求无级调速的生产机械，为了简化变速机构，可选用多速异步电动机（如 YD 系列小型多速异步电动机等）。

（4）对于要求恒速稳定运行的生产机械且需要补偿电网功率因数的场合，应优先考虑选用同步电动机（如 TD 系列等）。

（5）对于需要大启动转矩又要求恒功率调速的生产机械，常选用直流串励或复励电动机。

（6）对于要求大范围无级调速且要求经常启动、制动、正反转的生产机械，可选用带调速装置的直流电动机或笼型异步电动机、同步电动机；对于要求调速范围很宽的生产机械，也可将机械变速和电气调速两者结合起来考虑，这样易于得到技术和经济指标较高的效果。

5.5.2 电动机电压等级的选择

交流电动机额定电压主要根据电动机运行场所供电电网的电压等级而定。我国工厂内的交流供电电压，低压一般为 380V，高压一般为 3kV 或 6kV。中等功率以下的交流电动机，额定电压一般为 380V；100kW 以上大功率交流电动机的额定电压一般为 3kV 或 6kV。笼型异步电动机的额定电压有两种：220/380V，△/丫接法；380V，△接法。如果采用丫-△降压启动，就必须选用 380V、△接法的电动机。

直流电动机一般由单独电源供电，因此选择其额定电压时只需考虑供电电源电压是否配合恰当即可。直流电动机的额定电压一般为 110 V、220 V 和 440 V。其最常用的电压等级为 220 V。当交流电源为 380V 时，若采用无整流变压器的三相桥式可控整流电路供电，则直流电动机的额定电压应选为 440V；若采用无整流变压器的三相半波可控整流电路供电，则直流电动机的额定电压应选为 220V；若采用无整流变压器的单相整流电路供电，则可选用改型的 Z_3 型、额定电压为 160V 的直流电动机。

5.5.3 电动机额定转速的选择

形式、功率和电压相同的电动机，其额定转速有几种，选择哪一种最好呢？在同样的功率下，转速较高的电动机转矩较小，而转矩取决于电流和磁通，电流和磁通又大体决定了电动机所用导线和导磁材料的重量，则转速高的电动机体积小、价格便宜，而且效率也高。另外，转速较高的异步电动机还具有较高的功率因数，因此选用高速电动机比较合适。但是如果生产机械的运行速度很低，而电动机的转速很高，就要增加一套庞大且昂贵的减速传动装置，机械效率也会降低。因此，选择电动机额定转速时要进行全面考虑，如：

（1）对于不需要调速的高转速与中转速的机械，一般应选相应额定转速的异步电动机或同步电动机，并直接与机械相连接；

（2）对于不需要调速的低速运转的机械，一般选用适当转速的电动机通过减速机构来传动，但电动机的额定转速也不宜太高，否则减速机构会很庞大；

（3）对于需要调速的机械，电动机的最高转速应与生产机械的最高转速相适应，并采用直接传动或通过减速机构来传动；

（4）对于经常启动、制动和反转的生产机械，要着重考虑缩短过渡过程，减少启动、制动时间，提高生产率，而决定启动、制动时间的主要因素是电动机的飞轮转矩（GD^2）和额定转速（n_N）。飞轮轮矩（GD^2）与额定转速（n_N）的乘积越小，过渡过程越快，能量损失越小。

5.5.4 电动机结构形式的选择

生产机械安装的位置和场所不同，电动机的工作环境就不一样。在多数情况下，电动机工作的周围大气中含有不同分量的灰尘和水分，有的还含有腐蚀性气体甚至含有易爆炸的混合物，有的电动机还需在水下工作。灰尘会很快沾污电动机绕组，恶化散热条件；水分、瓦斯、酸性气体、水蒸气等会使电动机的绝缘材料性能变差甚至完全失去绝缘能力；易爆炸的混合物与电动机内产生的火花接触时将有发生爆炸的危险。

为了保证电动机能在这样或那样的环境中安全运行，其外壳的结构就有以下多种形式，要根据实际环境条件加以选择。

（1）开启式。开启式电动机定子两侧和端盖上有很大的通风口，具有良好的散热条件，且其价格便宜，但灰尘、水滴或铁屑容易侵入电动机内部而影响电动机的正常工作和寿命，如ZTD型电梯用直流电动机。开启式电动机仅适用于干燥和清洁的工作环境。

（2）防护式。防护式电动机的通风孔在机壳下部，通风冷却条件较好，可防止水滴、铁屑等杂物从竖直方向或与竖轴夹角小于45°的方向落入电动机内部，但不能防止灰尘和潮气侵入，这是目前工业上广泛应用的一种形式，如Y（IP23）、YR、YQ等系列。防护式电动机适用于比较干燥、灰尘不多、无腐蚀性和爆炸性气体的场合。

（3）封闭式。封闭式电动机又分为自冷式、强迫通风式与密闭式三种。前两种形式的电动机，如Y（IP44）型，潮气和灰尘等不易进入电动机内部，能防止从任何方向飞溅来的水滴和其他物体侵入，适用于尘土多、潮湿、易引起火灾和有腐蚀性气体的场合，如纺织厂、碾米厂、水泥厂等。封闭式电动机可以防止一定压力水柱的冲击，如ZQ_2C型船用直流电动机与YQS、YQB型潜水异步电动机，适用于电动潜水泵等在液体中工作的生产机械。

（4）防爆式。防爆式电动机是在封闭式结构基础上制成的隔爆型，如YA、YB系列，适用于有易燃、易爆气体的场合，如油库、煤气站及矿井等。

习题与思考题

5-1 电动机的选择主要包括哪些内容？

5-2 电动机的温升与哪些因素有关？电动机铭牌上的温升值其含义是什么？

5-3 选择电动机的容量时主要应考虑哪些因素？

5-4 一台室外工作的电动机，在春、夏、秋、冬四季其实际允许的使用容量是否相同？为什么？

5-5 有台35kW，工作时间30min的短时工作电动机，欲用一台T_h=90min的长期工作制电动机代替。若不考虑其他问题（如过载能力等），试问长期工作制电动机的容量应选多大？

5-6 暂载率ε表示什么？当ε=15%时，能否让电动机工作15min，休息85min？为什么？试比较ε=15%、30kW和ε=40%、20kW两个重复短时工作制的电动机，哪一台实际容量大些？

5-7 有一生产机械的功率为10kW，其工作时间t_p=0.72min，t_0=2.28min，试选择所用电动机的容量。

第2篇

机电传动系统的控制

第 6 章
机电传动系统的继电器-接触器控制

机电控制技术是以各类电动机或其他执行元件为控制对象，用以实现生产过程自动化的控制技术。机电控制技术在工业中的应用经历了以下阶段。

1. 继电器-接触器控制系统

继电器-接触器控制系统主要由继电器、接触器、按钮、行程开关等组成。它的优点是电路图较直观、形象，结构简单、价格便宜、抗干扰能力强，因此广泛应用于各类机床和机械设备。采用它不仅可以方便地实现生产过程的自动控制，而且还可以实现集中控制和远距离控制。它的缺点是采用固定接线形式，通用性和灵活性差，工作频率低，触点易损坏，可靠性差。

2. 无触点逻辑控制系统

利用半导体逻辑元件如二极管、晶体管、集成电路等可组成无触点逻辑控制系统。与继电器接点控制装置相比，它具有体积小、可靠性好、反应速度快、寿命长等特点。但这种控制系统仍然需要采用固定接线的方式，因此同样存在通用性差的缺点。此系统更适用于专机的专用控制装置。

3. 顺序控制器控制系统

顺序控制器由矩阵式二极管组成，是由继电器和半导体逻辑元件演变而来的，其核心部分是一块二极管矩阵板，利用二极管"门"电路来构成顺序控制逻辑电路。二极管矩阵板与计数器集成元件组合构成矩阵式步进顺序控制器。控制器的程序是通过将二极管插头在适当位置插入矩阵插孔来进行设定的，更换二极管插头的位置就能改变程序。但这种控制系统的输入/输出端数目往往受到矩阵板本身结构的限制，而且其抗干扰性差，目前已较少应用。

4. 计算机控制系统

计算机控制系统包括基于 PLC（可编程序控制器）的控制系统（简称 PLC 控制系统）和基于微处理器的控制系统（简称微机控制系统）。

可编程序控制器（PLC）实质上是一种专用的控制计算机，是一种基于计算机技术，模仿继电器-接触器控制原理而发展起来的工业环境下的数字运算电子控制系统。基于 PLC 的控制系统具有简单易用、可靠性高、特别适合于工作环境恶劣的场合和逻辑控制的优点，广泛应用于功能要求不高、工作环境恶劣的场合，特别是其中的顺序过程控制系统。将 PLC 与触摸屏配合使用，可克服其交互性差的缺点。

基于微处理器的控制系统是以微处理器直接作为控制器的。微处理器不能单独构成控制器或控制系统，只有配上存储器、输入/输出接口、系统总线等外围器件后才能实现控制系统的功能。基于微处理器的控制系统具有体积小、功耗低、性价比高和易于嵌入的优势，但其交互性较差，使用时要采用机器语言、汇编语言或高级语言进行编程，对技术人员的要求高。

继电器-接触器控制系统、PLC控制系统、微机控制系统之间的比较如表6-1所示。

目前，随着科学技术的不断发展，生产工艺不断提出新的要求，机电控制技术正向着集成化、智能化、信息化、网络化方向发展。

表6-1 继电器-接触器控制系统、PLC控制系统、微机控制系统之间的比较

项目	继电器-接触器控制系统	PLC控制系统	微机控制系统
功能	用大量继电器布线逻辑实现顺序控制	用程序实现各种复杂控制	用程序实现各种复杂控制、功能最强
改变控制内容	改变硬件接线逻辑、工作量大	修改程序、较简单	修改程序、技术难度较大
工作方式	顺序控制	顺序扫描	中断处理、响应最快
接口	直接与生产设备连接	直接与生产设备连接	要设计专门的接口
环境适应性	环境差，会降低可靠性和寿命	可适应一般工业生产现场环境	要求有较好的环境
抗干扰性	能抗一般电磁干扰	一般不用专门考虑抗干扰问题	要专门设计抗干扰措施，否则易受干扰
维护	需定期更换继电器，维修费时	现场检查、维修方便	技术难度较高
系统开发	图样多、安装接线工作量大、调试周期长	设计容易、安装方便、调试周期短	系统设计较复杂、调试难度大、需专门计算机知识
通用性	一般是专用	较好，适应面广	要进行软、硬件改造后才能改为他用
硬件成本	少于30个继电器的系统成本低	比微机控制系统成本高	一般比PLC控制系统成本低

6.1 常用低压电器

电器是构成控制系统的最基本元件，它的性能将直接影响控制系统的正常工作。电器能够依据操作信号或外界现场信号的要求，自动或手动地改变系统的状态、参数，实现对电路或被控对象的控制、保护、测量、指示、调节。它的工作过程是将一些电量信号或非电量信号转变为非通即断的开关信号或随信号变化的模拟量信号，实现对被控对象的控制。

电器的主要作用如下。

（1）控制作用。如电梯的上下移动、快慢速自动切换与自动停层等。

（2）保护作用。电器能根据设备的特点，对设备、环境及人身安全实行自动保护，如电动机的过热保护、电网的短路保护、漏电保护等。

（3）测量作用。利用仪表及与之相适应的电器，可对设备、电网或其他非电参数进行测量，如电流、电压、功率、转速、温度、压力等。

（4）调节作用。低压电器可对一些电量和非电量进行调节，以满足用户的要求，如电动机速度的调节、柴油机油门的调节、房间温度和湿度的调节、光照度的自动调节等。

（5）指示作用。利用电器的控制、保护等功能，可显示检测出的设备运行状况与电气电路工作情况。

（6）转换作用。在用电设备之间转换或对低压电器、控制电路分时投入运行，可以实现功能切换，如被控装置操作的手动与自动的转换、供电系统的市电与自备电源的切换等。

电器分为高压电器和低压电器。低压电器一般是指在交流 50Hz、额定电压为 1200V、直流额定电压为 1500V 及以下的电路中起通断、保护、控制或调节作用的电器产品。由于在大多数用电行业及人们的日常生活中一般都使用低压设备，采用低压供电，而低压供电的输送、分配和保护，以及设备的运行和控制是靠低压电器来实现的，所以低压电器的应用十分广泛，直接影响低压供电系统和控制系统的质量。

下面先介绍继电器-接触器控制系统中最常用的几种低压电器。

6.1.1 低压开关

低压开关主要用于低压配电系统及电气控制系统中，对电路和电器设备进行不频繁的通断、转换电源或负载控制，有的还可用于小容量笼型异步电动机的直接启动控制。因此，低压开关也称低压隔离器，是低压电器中结构比较简单、应用较广的一类手动电器。低压开关主要有刀开关、转换开关等。

1. 刀开关

一般刀开关的结构如图 6-1 所示，主要由手柄、刀片、触点座和绝缘底板等组成。刀片分单极、双极和三极三种类型。在机床上，刀开关主要用来接通和断开长期工作设备的电源。

一般刀开关由于分断速度慢，灭弧困难，仅用于切断小电流电路。若用刀开关切断较大电流的电路，特别是切断直流电路时，为了使电弧迅速熄灭以保护开关，可采用带有快速断弧刀片的刀开关。

由刀开关和熔断器组合成的负荷开关具有短路保护作用，可用来控制小容量的电动机的不频繁启动和停止。HK1、HK2 系列为开启式塑壳负荷开关，HH3、HH4 系列为封闭式铁壳负荷开关。如图 6-2 所示为 HK2 系列刀开关的结构和外形图。带熔断器刀开关的电气符号如图 6-3 所示。

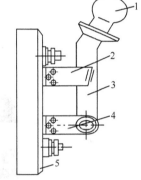

1—手柄；2—静刀片；3—动刀片；
4—触点座；5—绝缘底板

图 6-1 刀开关的结构

刀开关主要根据电源种类、电压等级、电动机容量、所需极数及使用场合来选用，应使其额定电压等于或大于电路的额定电压，使其额定电流等于或大于电路的额定电流。当它用来控制不经常启停的小容量异步电动机时，其额定电流不应小于电动机额定电流的 3 倍。

安装刀开关时，手柄要向上，不得倒装或平装。如果倒装，拉闸后手柄可能因自重下落引起误合闸而造成人身和设备安全事故。接线时，应将电源线接在上端，负载线接在下端，这样拉闸后刀开关与电源隔离，便于更换熔断器。

2. 转换开关

转换开关又称组合开关，主要用做电源的引入开关，因此也称电源隔离开关。它也可以用于启停 5kW 以下的异步电动机，但每小时的接通次数不宜超过 15～20 次，其额定电流一般取电动机额定电流的 1.5～2.5 倍。转换开关有单极、双极和多极之分，它是由单个或多个单极旋转开关叠装在同一根方形转轴上组成的，在开关的上部装有定位机构，它能使触片处在一定的位置上。

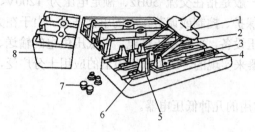
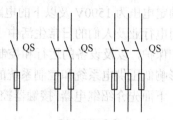

1—瓷柄；2—动触点；3—出线座；4—瓷底座；
5—静触点；6—进线座；7—胶盖紧固螺钉；8—胶盖

图 6-2　HK2 系列刀开关的结构和外形图　　　图 6-3　带熔断器刀开关的电气符号

转换开关主要根据电源种类、电压等级、所需触点数及电动机容量进行选用。转换开关的常用产品有 HZ5、HZ10 系列。HZ5 系列的额定电流有 10A、20A、40A 和 60A 四种。HZ10 系列的额定电流有 10A、25A、60A 和 100A 四种。转换开关适用于交流 380V 以下，直流 220V 以下的电气设备中。

如图 6-4 所示为 HZ10 系列组合开关的外形图和结构图。转换开关的电气符号如图 6-5 所示。

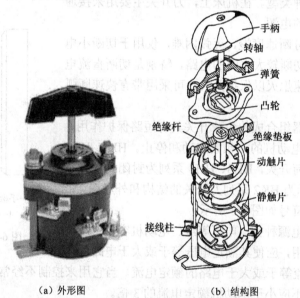

（a）外形图　　　　　　（b）结构图

图 6-4　HZ10 系列组合开关的外形图和结构图

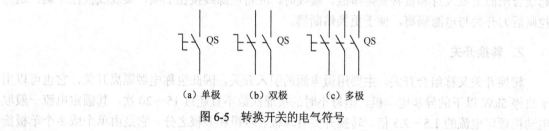

（a）单极　　　（b）双极　　　（c）多极

图 6-5　转换开关的电气符号

6.1.2 低压断路器

低压断路器又称自动空气开关、自动空气断路器或自动开关，它不但能用于正常工作时不频繁接通和断开的电路，而且当电路发生过载、短路或欠压等故障时，它能自动切断电路，有效地保护串接在它后面的电气设备，因此低压断路器应用广泛。

1. 低压断路器的工作原理

低压断路器的工作原理图如图 6-6（a）所示，其电气符号如图 6-6（b）所示。

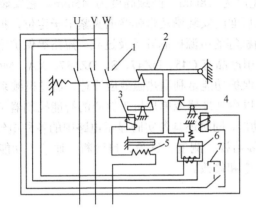

1—主触点；2—自由脱扣机构；3—过电流脱扣器；
4—分励脱扣器；5—热脱扣器；6—欠压脱扣器；7—按钮

（a）低压断路器的工作原理图　　　　　　　（b）低压断路器的电气符号

图 6-6　低压断路器的工作原理图及电气符号

低压断路器的主触点是靠操作机构手动或电动合闸的，并由自由脱扣机构将主触点锁在合闸位置上。如果电路发生故障，自由脱扣机构在有关脱扣器的推动下动作，使钩子脱开，于是主触点在弹簧作用下迅速分断。过电流脱扣器的线圈和热脱扣器的热元件与主电路串联，欠压脱扣器的线圈与主电路并联。当电路发生短路或严重过载时，过电流脱扣器的衔铁被吸合，使自由脱扣机构动作；当电路过载时，热脱扣器的热元件产生的热量增加，使双金属片向上弯曲，推动自由脱扣机构动作；当电路欠压时，欠压脱扣器的衔铁释放，也使自由脱扣机构动作。分励脱扣器则作远距离控制分断电路之用。

2. 低压断路器的类型

（1）万能式低压断路器，又称敞开式低压断路器，具有绝缘衬底的框架结构底座，所有的构件组装在一起，用于配电网络的保护。其目前常用的产品有 DW17（ME）、DW15、DW15C、DWX15 和 DWX15C 等系列低压断路器。从国外引进的 ME（DW17）、AE-S（DW18）、3WE、AH（DW914）系列、M 系列及 F 系列万能式低压断路器的应用也日渐增多。

（2）装置式低压断路器，又称塑料外壳式低压断路器，具有用模压绝缘材料制成的封闭型外壳，所有的构件组装在一起，用于配电网络的保护和用做电动机、照明电路及电热器等的控制开关。其常用的产品有 DZ15、DZ20、H、T、3VE、S 等系列。后四种是引进国外技术生产的产品。

（3）快速断路器，具有快速电磁铁和强有力的灭弧装置，其最快动作时间可在 0.02s 以内，用于半导体整流元件和整流装置的保护。其主要产品有 DS 系列。

（4）限流断路器。它利用短路电流产生巨大的吸力，可使触点迅速断开，且能在交流短路电流尚未达到峰值之前就把故障电路切断，用于短路电流相当大（高达 70kA）的电路中。其主要产品有 DWX15 和 DZX10 两种系列。

（5）模块化小型断路器。它由操作机构、热脱扣器、电磁脱扣器、触点系统、灭弧室等部件组成，所有部件都置于一个绝缘壳中。它在结构上具有外形尺寸模块化（9mm 的倍数）和安装导轨化的特点，即单极断路器的模块宽度为 18mm，凸颈高度为 45mm。它安装在标准的 35mm×15mm 电器安装轨上，利用断路器后面的安装槽及带弹簧的夹紧卡子定位，拆卸方便。该类型低压断路器可作为线路和交流电动机等的电源控制开关及过载、短路等保护用，广泛应用于工矿企业、建筑及家庭等场所。其常用产品有 C45、DZ47、S、DZ187、XA、MC 等系列。

（6）智能化断路器。传统的断路器的保护功能是利用热磁效应原理，通过机械系统的动作来实现的。智能化断路器的特征是采用了以微处理器或单片机为核心的智能控制器（智能脱扣器）。它不仅具备普通断路器的各种保护功能，同时还具备实时显示电路中的各种电气参数（电流、电压、功率因数等），对电路进行在线监视、测量、试验、自诊断、通信等功能；它还能对各种保护功能的动作参数进行显示、设定和修改。

3. 低压断路器的选择

低压断路器的类型应根据线路及电气设备的额定电流及对保护的要求来选择。若额定电流较小（600A 以下），短路电流不太大，可选用塑料外壳式低压断路器；若支路的短路电流相当大，则应选用限流断路器；若额定电流很大，则应选择万能式低压断路器；若有漏电电流保护要求时，则应选用带漏电保护功能的断路器等。控制和保护硅整流装置及晶闸管的断路器，应选用快速断路器。

选择低压断路器时应注意以下几方面。

（1）低压断路器的额定电流和额定电压应大于或等于线路、设备的正常工作电压和工作电流。

（2）低压断路器的极限分断能力应大于或等于电路的最大短路电流。

（3）欠压脱扣器的额定电压应等于线路的额定电压。

（4）过电流脱扣器的额定电流应大于或等于线路的最大负载电流。

4. 使用低压断路器的注意事项

（1）低压断路器投入使用前应先进行整定，按照要求整定热脱扣器的动作电流后就不应随意旋动有关的螺钉和弹簧。

（2）在安装低压断路器时，应注意把来自电源的母线接到开关灭弧罩一侧的端子上，把来自电气设备的母线接到另外一侧的端子上。

（3）在正常情况下，每 6 个月应对低压断路器进行一次检修，并清除其表面的灰尘。

（4）发生断、短路事故的动作后，应立即对触点进行清理，检查有无熔坏，还应清除金属熔粒、粉尘，特别是要把散落在绝缘体上的金属粉尘清除掉。

使用低压断路器来实现短路保护比熔断器要好，因为三相电路短路时，很可能只有一相熔断器熔断，造成缺相运行。对于低压断路器来说，只要造成短路就会使其跳闸，从而将三相电路同时切断。低压断路器还有其他自动保护作用,并且其性能优越,但其结构复杂,操作频率低,价格高,因此适用于要求较高的场合,如电源总配电盘。

6.1.3 接触器

接触器是一种用来自动接通或断开大电流的自动电器,主要用来接通或断开带有负载的交、直流主电路或大容量控制电路,但不能切断短路电流。它可以频繁地接通或断开交、直流电路,并可实现远距离控制。接触器的主要控制对象是电动机,也可用于电热设备、电焊机、电容器组等其他负载。它具有低电压释放保护功能,还具有控制容量大、过载能力强、寿命长、设备简单经济和价格便宜等特点,是电力拖动、自动控制线路中使用最广泛的电器。

接触器按流过主触点电流性质的不同,可分为交流接触器和直流接触器;按主触点的极数分,直流接触器有单极和双极两种,交流接触器有三极、四极和五极三种;按电磁结构线圈励磁方式不同,接触器可分为直流励磁方式(直流电磁机构)和交流励磁方式(交流电磁机构)两种。

1. 交流接触器

1)交流接触器的结构

如图 6-7 所示为交流接触器的结构示意图,它由以下四部分组成。

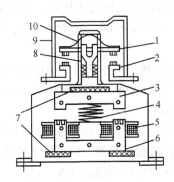

1—动触点;2—静触点;3—衔铁;4—弹簧;5—励磁线圈;6—铁芯;
7—垫毡;8—触点弹簧;9—灭弧罩;10—触点压力弹簧

图 6-7 交流接触器的结构示意图

(1)电磁机构。电磁机构由线圈、动铁芯(衔铁)和静铁芯组成。其作用是将电磁能转换成机械能,产生电磁吸力,带动触点动作。

(2)触点系统,包括主触点和辅助触点。主触点通常为三对常开触点,用于通/断主电路。辅助触点一般有常开、常闭各两对,用在控制电路中起电气自锁或互锁作用。主通/断触点的容量较大,辅助触点的容量较小。辅助触点不能用来断开主电路。主触点、辅助触点一般采用桥式双断点结构。

(3)灭弧装置。当主触点断开大电流时,在动、静触点间产生强烈电弧,会烧坏触点并使切断时间拉长。为使接触器可靠工作,必须使电弧迅速熄灭,因此要采用灭弧装置。容量在 10A 以上的接触器都有灭弧装置。对于大容量的接触器,常采用窄缝灭弧及栅片灭弧,对于小容量的接触器,常采用电动力灭弧、灭弧罩灭弧等。接触器的辅助触点不设灭弧装置,不能用来通

/断主电路。

(4) 其他部分,包括反作用弹簧、缓冲弹簧、触点压力弹簧、传动机构、支架及外壳等。

2) 交流接触器的工作原理

当励磁线圈得电后,在铁芯中产生磁通及电磁吸力,衔铁在电磁吸力的作用下吸向铁芯,同时带动动触点移动,使常闭触点打开,常开触点闭合。当线圈失电或线圈两端电压显著降低时,电磁吸力小于弹簧反力,使得衔铁释放,触点机构复位,断开电路或解除互锁。

2. 直流接触器

直流接触器的工作原理基本上与交流接触器相同,其结构也是由电磁机构、触点系统和灭弧装置等部分组成,但在电磁机构方面有所不同。由于直流电弧比交流电弧难以熄灭,所以直流接触器常采用磁吹式灭弧装置灭弧。

3. 接触器的型号及主要参数

目前,我国常用的交流接触器主要有 CJ20、CJX1、CJX2 和 CJ24 等系列;引进产品应用较多的有德国 BBC 公司的 B 系列、西门子公司的 3TB 和 3TF 系列,法国 TE 公司的 LC1 和 LC2 系列等;常用的直流接触器有 CZ18、CZ21、CZ22、CZ10 和 CZ2 等系列。

其主要技术参数如下。

(1) 额定电压,指主触点之间正常工作的电压值,也就是主触点所在电路的电源电压。直流接触器的额定电压有 110V、220V、440V、660V,交流接触器的额定电压有 220V、380V、500V、660V 等。

(2) 额定电流,指接触器触点在额定工作条件下的电流值。直流接触器的额定电流有 40A、80A、100A、150A、250A、400A 及 600A,交流接触器的额定电流有 10A、20A、40A、60A、100A、150A、250A、400A 及 600A。

(3) 励磁线圈额定电压,指接触器正常工作时励磁线圈上所加的电压值。一般交流负载选用交流励磁线圈,直流负载选用直流励磁线圈,但对动作频繁的交流负载可使用直流励磁的交流接触器。交流励磁线圈常用的额定电压等级有 36V、110V、220V 和 380V,直流励磁线圈常用的额定电压等级有 24V、48V、220V 和 440V。

(4) 操作频率,指接触器每小时允许接通的次数。交流接触器最高为 600 次/h,直流接触器可高达 1200 次/h。

(5) 寿命,包括电气寿命和机械寿命。目前接触器的机械寿命已达 1000 万次以上,电气寿命约是机械寿命的 5%~20%。

(6) 通断能力,指接触器主触点在规定条件下能可靠接通和分断的电流值。在此电流值下接通电路时,主触点不应造成熔焊;在此电流值下分断电路时,主触点不应发生长时间燃弧。若电路中的电流超出此电流值时,则分断任务由熔断器、自动空气开关等保护电器承担。当接触器的使用类别不同时,对主触点的通断能力的要求是不一样的。常见的接触器使用类别及典型用途如表 6-2 所示。

接触器的使用类别代号通常标注在产品的铭牌或工作手册中。表 6-2 中要求接触器主触点达到的接通和分断能力为:AC—1 和 DC—1 类允许接通和分断额定电流;AC—2、DC—3 和 DC—5 类允许接通和分断 4 倍的额定电流;AC—3 类允许接通 6 倍的额定电流和分断额定电流;AC—4 类允许接通和分断 6 倍的额定电流。

表 6-2 常见的接触器使用类别及典型用途

电流种类	使用类别	典型用途
AC（交流）	AC—1	无感或微感负载、电阻炉
	AC—2	绕线式电动机的启动和停止
	AC—3	笼型电动机的启动和停止
	AC—4	笼型电动机的启动、反接制动、反向和点动
DC（直流）	DC—1	无感或微感负载、电阻炉
	DC—3	并励电动机的启动、反接制动、反向和点动
	DC—5	串励电动机的启动、反接制动、反向和点动

4. 接触器的电气符号

接触器的电气符号如图 6-8 所示。

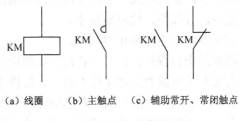

（a）线圈　（b）主触点　（c）辅助常开、常闭触点

图 6-8 接触器的电气符号

6.1.4 继电器

继电器是一种根据某种输入信号的变化接通或断开控制电路，实现控制目的的电器。继电器的输入信号可以是电流、电压等电信号，也可以是温度、速度、时间、压力等非电信号，而其输出通常是触点的动作。

继电器的种类很多，按输入信号的性质可分为电压继电器、电流继电器、时间继电器、温度继电器、速度继电器、压力继电器等；按工作原理可分为电磁式继电器、感应式继电器、电动式继电器、热继电器和电子式继电器等。

尽管继电器的种类繁多，但它们都有一个共性，即继电特性，其特性曲线如图 6-9 所示。

当继电器输入量 X 由 0 增至 X_2 以前，继电器输出量 Y 为 0。当输入量增加到 X_2 时，继电器吸合，输出量突变为 Y_1，若 X 再增大，Y 值保持不变。当 X 减小到 X_1 时，继电器释放，输出量由 Y_1 突变为 0，X 再减小，Y 值仍为 0。

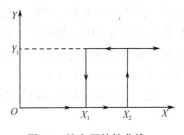

图 6-9 继电器特性曲线

在图 6-9 中，X_2 称为继电器的吸合值，欲使继电器吸合，输入量必须等于或大于 X_2；X_1 称为继电器的释放值，欲使继电器释放，输入量必须等于或小于 X_1。$K=X_1/X_2$ 称为继电器的返回系数，它是继电器的重要参数之一。K 值是可以调节的，其调节方法随着继电器的结构不同而有所差异。不同场合要求不同的 K 值。例如，一般继电器要求低的返回系数，即 K 值应在 0.1～0.4 之间，这样当继电器吸合后，输入量波动较大时不致引起误动作；欠电压继电器则要

求高的返回系数，即 K 值在 0.6 以上。设某继电器的 $K=0.66$，吸合电压为额定电压的 90%，则当电压低于额定电压的 60% 时，继电器释放，起到欠电压保护作用。

继电器的另外两个重要参数是吸合时间和释放时间。吸合时间是指从线圈接收电信号到衔铁完全吸合所需的时间；释放时间是指从线圈失去电压到衔铁完全释放所需的时间。一般继电器的吸合时间和释放时间为 0.05~0.15s，快速继电器的吸合时间和释放时间为 0.005~0.05s，它们的大小影响继电器的操作频率。

1. 电磁式继电器

电磁式继电器的结构和工作原理与接触器大体相同，但因电磁式继电器一般用来接通和断开控制电路，故其触点电流容量较小（一般为 5A 以下），不需要灭弧装置。常用的电磁式继电器有电流继电器、电压继电器和中间继电器。

1）电流继电器

电流继电器的线圈串接在被测量的电路中，以反映电路电流的变化。为了不影响电路的工作，电流继电器的线圈匝数少，导线粗，线圈阻抗小。

电流继电器有过电流继电器和欠电流继电器两类。

过电流继电器用做电路的过电流保护。正常工作时，线圈电流为负载额定电流，此时衔铁为释放状态；当电路中的电流大于负载的正常工作电流时，衔铁才产生吸合动作，从而带动触点动作，断开负载电路。因此电路中常使用过电流继电器的常闭触点。由于在机电传动系统中，冲击性的过电流故障时有发生，所以常采用过电流继电器作为电路的过电流保护。通常，交流过电流继电器吸合电流的调节范围为（1.1~4）I_N，直流过电流继电器吸合电流的调节范围为（0.7~3.5）I_N。

欠电流继电器在电路中用做欠电流保护。正常工作时，线圈电流为负载额定电流，衔铁处于吸合状态；当电路的电流小于负载额定电流，达到衔铁的释放电流时，衔铁则释放，同时带动触点动作，断开电路。因此，电路中常使用欠电流继电器的常开触点。在直流电路中，由于某种原因而引起负载电流的降低或消失时，往往会导致严重的后果，如直流电动机的励磁回路断线，会产生"飞车"现象，因此，欠电流继电器在有些控制电路中是不可缺少的。当电路中出现低电流或零电流故障时，欠电流继电器的衔铁由吸合状态转入释放状态，利用其触点的动作而切断电气设备的电源。直流欠电流继电器吸合电流与释放电流的调节范围分别为（0.3~0.65）I_N 和（0.1~0.2）I_N。

过、欠电流继电器的电气符号分别如图 6-10 和图 6-11 所示。

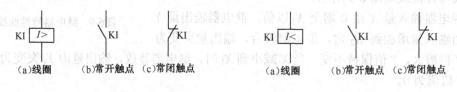

图 6-10　过电流继电器的电气符号　　图 6-11　欠电流继电器的电气符号

2）电压继电器

电压继电器的结构与电流继电器相似，不同的是电压继电器线圈为并联的电压线圈，因此其线圈匝数多，导线细，线圈阻抗大。

电压继电器按动作电压值的不同，有过电压、欠电压和零电压之分。

交流过电压继电器吸合电压的调节范围为（1.05～1.2）U_N。因为直流电路不会产生波动较大的过电压现象，所以没有直流过电压继电器。

直流欠电压继电器的吸合电压与释放电压的调节范围分别为（0.3～0.5）U_N 和（0.07～0.2）U_N；交流欠电压继电器的吸合电压与释放电压的调节范围分别为（0.6～0.85）U_N 和（0.1～0.35）U_N。

零电压继电器在额定电压下也吸合，在线圈电压达到额定电压的 5%～25%时释放，可对电路实现零电压保护。它常用于电路的失压保护。

过、欠电压继电器的电气符号分别如图 6-12 和图 6-13 所示。

图 6-12　过电压继电器的电气符号　　　　图 6-13　欠电压继电器的电气符号

3）中间继电器

中间继电器实质上是电压继电器的一种，但它的触点数多（多至六对或更多），触点电流容量大（额定电流为 5～10A），动作灵敏（动作时间不大于 0.05s）。当其他继电器的触点数或触点容量不够时，可借助中间继电器来扩大它们的触点数或触点容量，起到中间转换的作用。

中间继电器主要依据被控制电器的电压等级、触点的数量、种类及容量来选用。在机电控制系统中常用的中间继电器型号有 JZ7 系列交流中间继电器电器和 JZ8 系列交、直流两用中间继电器。中间继电器的电气符号如图 6-14 所示。

图 6-14　中间继电器的电气符号

2. 时间继电器

从得到输入信号（即线圈通电或断电）开始，经过一定的延时后才输出信号（延时触点状态变化）的继电器称为时间继电器。时间继电器可分为通电延时型和断电延时型两种。通电延时型是指当接收输入信号后延迟一定时间，输出信号才发生变化；当输入信号消失后，输出瞬时复原。断电延时型是指当接收输入信号时，瞬时产生相应的输出信号；当输入信号消失后，延迟一定的时间，输出信号才复原。

时间继电器的种类很多，常用的有电磁式、空气阻尼式、电动式和电子式等。目前用得最多的是电子式时间继电器。直流电磁式时间继电器仅作为断电延时用，其延时时间较短（JS3 系列的延时范围为 4.5～16s），而且准确度较低。空气阻尼式时间继电器的延时范围大（JS7—A 系列的延时范围为 0.4～60/180s）、结构简单、寿命长、价格低廉，其缺点是延时误差大,没有调节指示,很难精确地整定延时值。电动式时间继电器具有延时范围宽(0～72h)、整定偏差和重复偏差小、延时值不受电源电压波动和环境温度变化的影响等优点。其主要缺点是机械结构复杂、寿命短、价格贵、延时偏差受电源频率的影响等。电子式时间继电器具有延时范围广、精度高、体积小、耐冲击和耐震动,调节方便及寿命长等优点,因此其发展很快,使用也日益广泛。

选择时间继电器时,主要应根据控制回路所需要的延时触点的延时方式、瞬时触点的数目及使用条件来选择。

时间继电器的电气符号如图6-15所示。

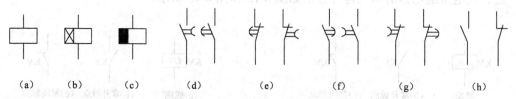

(a) 线圈的一般符号;(b) 通电延时线圈;(c) 断电延时线圈;(d) 通电延时闭合动合(常开)触点;
(e);通电延时断开动断(常闭)触点;(f) 断电延时断开动合(常开)触点;
(g) 断电延时闭合动断(常闭)触点;(h) 瞬动触点

图6-15 时间继电器的电气符号

3. 热继电器

热继电器是利用电流的热效应原理来工作的保护电器。在电动机实际的运行中,常会遇到过载或欠电压的情况,但只要不严重、时间短,电动机绕组不超过允许的温度,则这些情况是允许的。但若出现长期带负载欠电压运行、长期过载运行及长期断相运行等不正常情况时,就会加速电动机的绝缘老化过程,缩短电动机的使用寿命,甚至会烧毁电动机绕组。为了充分发挥电动机的过载能力,保证电动机的正常启动和运转,当电动机一旦出现长时间过载等情况时,需要自动切断电路,从而出现了能随过载程度而改变动作时间的电器,这就是热继电器。与电流继电器和熔断器不同,热继电器中的发热元件有热惯性,在电路中不能用于瞬时过载保护,更不能用于短路保护。

热继电器按相数分有单相、两相和三相式三种类型,每种类型按发热元件的额定电流分又有不同的规格和型号。三相式热继电器常用于三相交流电动机的过载保护,可按其职能分为不带断相保护和带断相保护两种类型。

三相式热继电器主要由热元件、双金属片和触点三部分组成,它的原理示意图如图6-16所示。热元件由发热电阻丝制成,电阻丝绕在双金属片上。双金属片由两种热膨胀系数不同的金属辗压而成,当双金属片受热时,它会出现弯曲变形。使用时,把热元件3串接于电动机定子绕组中,电动机绕组电流即为流过热元件的电流。当电动机正常运行时,热元件产生的热量虽能使双金属片2弯曲,但还不足以使继电器动作;当电动机过载时,热元件产生的热量增大,使双金属片2的弯曲位移增大,经过一定时间后,又使金属片弯曲到推动导板4,并通过补偿双金属片5与推杆14将触点9和6分开,触点9和6为热继电器串于接触器线圈回路的常闭触点。调节旋钮11是一个偏心轮,它与支撑杆12构成一个杠杆。转动偏心轮,并改变其半径即可改变补偿双金属片5与导板4的接触距离,从而达到整定动作电流的目的。热继电器动作后一般不能自动复位，要等双金属片冷却后按下复位按钮 10 才能使动触点 9 恢复到与常闭触点 6 相接触的位置。

热继电器的电气符号如图 6-17 所示。

常用热继电器有 JR0 及 JR10 系列。

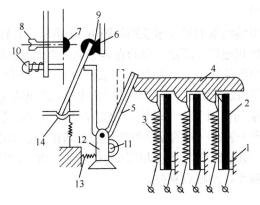

1—双金属片固定支点；2—双金属片；3—热元件；4—导板；
5—补偿双金属片；6—常闭触点；7—常开触点；8—复位螺钉；
9—动触点；10—复位按钮；11—调节旋钮；12—支撑杆；13—压簧；14—推杆

图 6-16　三相式热继电器的原理示意图　　图 6-17　热继电器的电气符号

选择热继电器时，主要应根据电动机的额定电流来确定热继电器的型号及热元件的额定电流等级。例如，电动机的额定电流为 14.6A，额定电压 380V，若选用 JR0—40 型热继电器，其热元件电流等级为 16A，则由表 6-3 可知其电流调节范围为 10～16A，因此可将其电流整定为 14.6A。

表 6-3　JR0—40 型热继电器的技术数据

型　号	额定电流/A	热元件等级	
		额定电流/A	电流调节范围
JR0—40	40	0.64	0.4～0.64
		1	0.64～1
		1.6	1～1.6
		2.5	1.6～2.5
		4	2.5～4
		6.4	4～6.4
		10	6.4～10
		16	10～16
		25	16～25
		40	25～40

4. 速度继电器

速度继电器主要用于笼型异步电动机的反接制动控制，也称反接制动继电器。它主要由转子、定子和触点三部分组成。其转子是一个圆柱形永久磁铁，定子是一个笼型空心圆环。定子由硅钢片叠制而成，并装有笼型绕组。

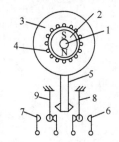

1—转轴；2—转子；3—定子；4—绕组；
5—摆锤；6、7—静触点；8、9—动触点

图 6-18 速度继电器的原理示意图

速度继电器的原理示意图如图 6-18 所示。其转轴与电动机的轴相连接，而定子空套在转子上。当电动机旋转时，速度继电器的转子（永久磁铁）随之转动，在空间产生旋转磁场，切割定子绕组并在其中感应出电流。此电流又在旋转的转子磁场作用下产生转矩，使定子随转子转动方向而摆动，和定子装在一起的摆锤推动动触点动作，使常闭触点断开，常开触点闭合。当电动机转速低于某一值时，定子产生的转矩减小，动触点复位。

速度继电器的电气符号如图 6-19 所示。

常用的速度继电器有 JY1 型和 JFZ0 型，JY1 型能在 3000r/min 以下可靠工作，JFZ0—1 型适用于 300~1000r/min 的场合，JFZ0—2 型适用于 1000~3600r/min 的场合。一般速度继电器的动作转速为 120r/min，触点的复位转速在 100r/min 以下。

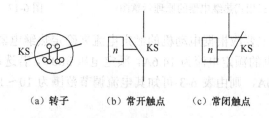

(a) 转子　　(b) 常开触点　　(c) 常闭触点

图 6-19 速度继电器的电气符号

5. 固态继电器

固态继电器（SSR）是采用固体半导体元件组装而成的一种新颖的无触点开关。由于接通和断开没有机械接触，所以它具有开关速度快、工作频率高、重量轻、使用寿命长、噪声小和动作可靠等优点。它不仅在许多自动化装置中代替了常规电磁式继电器，而且广泛应用于数字程控装置、调温装置、数据处理系统及计算机输入/输出接口等电路，尤其适用于动作频繁、防爆耐潮和耐腐蚀等特殊场合。

固态继电器是一种能实现无触点通断的四端器件开关，有两个输入端，两个输出端，中间采用光电器件。当输入端无控制信号时，其主电路输出端呈阻断状态；当输入端施加控制信号时，其主电路输出端呈导通状态。它利用信号光电耦合方式使控制回路与负载之间没有电磁关系，从而实现了输入与输出之间的电气隔离。

固态继电器有多种产品，以负载电源类型来分，可分为直流型固态继电器和交流型固态继电器。直流型以功率晶体管作为开关元件；交流型以晶闸管作为开关元件。固态断电器以输入、输出之间的隔离形式来分，可分为光耦合隔离型和磁隔离型；以控制触发的信号来分，又可分为过零型和非过零型，有源触发型和无源触发型。

如图 6-20 所示为光耦合式交流固态继电器的原理图。

当无信号输入时，发光二极管 VD_2 不发光，光敏三极管 V_1 截止，三极管 V_2 导通，晶闸管 VT_1 控制门极被钳在低电位而关断，双向晶闸管 VT_2 无触发脉冲，固态继电器的两个输出端处于断开状态。

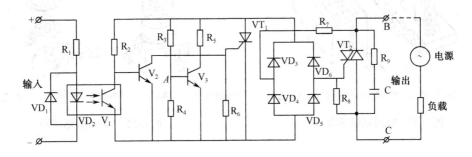

图 6-20　光耦合式交流固态继电器的原理图

当在该电路的输入端输入很小的信号电压时，就可以使发光二极管 VD_2 导通发光，光敏三极管 V_1 导通，三极管 V_2 截止。VT_1 控制门极为高电位，则 VT_1 导通，双向晶闸管 VT_2 可以经 R_8、R_9、VD_3、VD_4、VD_5、VD_6、VT_1 对称电路获得正、负两个半周的触发信号，从而保持两个输出端处于接通状态。

固体继电器的输入电压、电流均不大，但能控制强电压、大电流。它与晶体管、TTL/COMS 电子线路有较好的兼容性，可直接与弱电控制回路（如计算机接口电路）连接。

使用固态继电器时要注意以下事项。

（1）选择固态继电器时应根据负载类型（阴性、感性）来确定，并且要采用有效的过压吸收保护。

（2）对于其过电流保护，应采用专门保护半导体器件的熔断器或动作时间小于 10ms 的自动开关。

6.1.5　熔断器

熔断器是一种简单而有效的保护电器，在电路中主要起短路保护作用。

熔断器主要由熔体和安装熔体的熔断管（或盖、座）等部分组成。其中熔体是主要部分，它既是感测元件又是执行元件。熔体是由不同金属材料（铅锡合金、锌、铜或银）制成丝状、带状、片状或笼状，并串接于被保护电路的。在正常负载情况下，熔体的温度低于熔断所必需的温度，熔体不会熔断。当电路发生短路或严重过载时，电流变大，熔体因温度达到熔断温度而自动熔断，切断被保护的电路。熔体为一次性使用元件，再次工作时必须更换新的熔体。熔断管一般由硬质纤维或瓷质绝缘材料制成半封闭式或封闭式管状，熔体装于其中。熔断管的作用是便于安装熔体和有利于熔体熔断时熄灭电弧。

1. 熔断器的结构与分类

熔断器的种类很多，按用途分为一般工业用熔断器、半导体器件保护用快速熔断器和特殊熔断器（如具有两段保护特性的快慢动作熔断器、自复式熔断器），按结构可分为瓷插式、螺旋式、有填料密封管式和无填料密封管式，分别如图 6-21～图 6-24 所示。

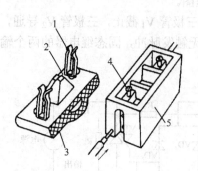
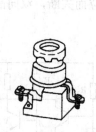

1—动触点；2—熔体；3—瓷盖；4—静触点；5—瓷底　　1—上接线柱；2—瓷底；3—下接线柱；4—瓷套；5—熔芯；6—瓷帽

图 6-21　瓷插式熔断器　　　　　　　　　图 6-22　螺旋式熔断器

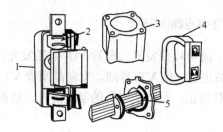
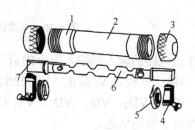

1—瓷底座；2—弹簧片；3—管体；4—绝缘手柄；5—熔体　　1—铜圈；2—熔断管；3—管帽；4—插座；
　　　　　　　　　　　　　　　　　　　　　　　　　　　　　5—特殊垫圈；6—熔体；7—熔片

图 6-23　有填料密封管式熔断器　　　　　　图 6-24　无填料密封管式熔断器

2. 熔断器的主要参数

（1）额定电压，指熔断器长期工作时和分断后能够承受的电压。

（2）额定电流，指熔断器长期工作时，电器设备温升不超过规定值时所能承受的电流。熔断器的额定电流有两种：一种是熔断管的额定电流，也称熔断器的额定电流；另一种是熔体的额定电流。熔断管的额定电流等级少，而熔体的电流等级较多，一种规格的熔断管对应于多种规格的熔体，但熔体的额定电流最大不能超过熔断管的额定电流。

（3）极限分断能力，指熔断器在规定的额定电压和功率因数（或时间常数）条件下，能可靠分断的最大短路电流。

（4）熔断电流，指通过熔体并能使其熔化的最小电流。

RT12 系列熔断器的技术数据如表 6-4 所示。

表 6-4　RT12 系列熔断器的技术数据

额定电压/V	415			
熔断器代号	A_1	A_2	A_3	A_4
熔断器额定电流/A	20	32	63	100
熔体额定电流/A	4，6，10，16，20	20，25，32	32，40，50，63	63，80，100
极限分断能力/kA	80			

3. 熔断器的选择

选择熔断器时主要应选择熔断器的类型、额定电压、额定电流及熔体的额定电流。熔断器的类型应根据线路要求和安装条件来选择。熔断器的额定电压应大于或等于线路的工作电压。熔断器的额定电流应大于或等于熔体的额定电流。熔体额定电流的选择是熔断器选择的核心，其选择方法如下。

（1）对于负载平稳无冲击的照明电路、电阻、电炉等，熔体的额定电流应略大于或等于负载电路的额定电流，即

$$I_{rN} \geq I_N \tag{6-1}$$

式中　I_{rN}——熔体的额定电流；
　　　I_N——负载电路的额定电流。

（2）对于单台长期工作的电动机，熔体电流可按最大启动电流选取，也可按下式选取，即

$$I_{rN} \geq (1.5 \sim 2.5) I_N \tag{6-2}$$

式中　I_{rN}——熔体的额定电流；
　　　I_N——电动机的额定电流。

如果电动机频繁启动，则式（6-2）中的系数可适当加大至 3～3.5，具体应根据实际情况而定。

（3）对于多台电动机，由一个熔断器保护时，熔体的额定电流应按下式计算，即

$$I_{rN} \geq (1.5 \sim 2.5) I_{Nmax} + \sum I_N \tag{6-3}$$

式中　I_{Nmax}——容量最大的一台电动机的额定电流；
　　　$\sum I_N$——其余电动机额定电流的总和。

4. 熔断器的符号

熔断器的电气符号如图 6-25 所示。

图 6-25　熔断器的电气符号

6.1.6　主令电器

主令电器用来闭合和断开控制电路，用以控制机电传动系统中电动机的启动、停车、制动及调速等。主令电器可直接或通过电磁式电器间接作用于控制电路。在控制电路中，由于它是一种专门发布命令的电器，故称其为主令电器。主令电器不允许分合主电路。

主令电器的应用十分广泛，其种类也繁多，常用的有控制按钮、行程开关、接近开关、万能转换开关、主令控制器及其他主令电器，如脚踏开关、倒顺开关、紧急开关、钮子开关等。

1. 控制按钮

控制按钮通常用做短时接通或断开小电流控制电器的开关。控制按钮由按钮帽、复位弹簧、桥式触点和外壳等组成，通常制成具有常开触点和常闭触点的复合式结构，其结构示意图如图 6-26 所示。

控制按钮的使用场合非常广泛，规格品种很多，目前生产的控制按钮产品有 LA10、LA18、LA19、LA20、LA25、LA30 等系列，引进产品有 LAY3、LAY4、PBC 系列等。其中 LA25 是通用型按钮的更新换代产品。从结构上分，控制按钮有按钮式、自锁式、紧急式、旋钮式和保护式等，有些控制按钮还带有指示灯，可根据使用场合和具体用途来选用。控制按钮的电气符号如图 6-27 所示。

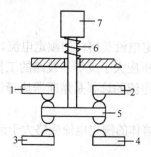
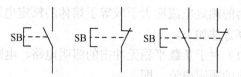

1、2—常闭触点；3、4—常开触点；5—桥式动触点；
6—复式弹簧；7—按钮帽

（a）常开触点　（b）常闭触点　（c）复合触点

图 6-26　控制按钮的结构示意图　　　　图 6-27　控制按钮的电气符号

为便于识别各个控制按钮的作用，避免误操作，通常在按钮帽上画出不同标志或涂以不同颜色，以表示不同作用。一般以红色表示"停止"按钮，以绿色表示"启动"按钮。"启动"与"停止"交替动作的按钮为黑白、白色或灰色，不得使用红色和绿色。"点动"按钮为黑色，"复位"按钮为蓝色，当复位按钮还有停止作用时，则为红色。

2．行程开关

行程开关又称限位开关，是根据运动部件位置切换电路的自动控制电器，用来控制运动部件的运动方向、行程大小或位置保护。

行程开关按结构分为机械结构的接触式有触点行程开关和电气结构的非接触式接近开关。机械式行程开关按其结构可分为直动式（如 LX1、JLXK1 系列）、滚轮式（如 LX2、JLXK2 系列）和微动式（如 LXW—11、JLXK1—11 系列）三种。直动式行程开关的内部结构如图 6-28 所示，它的动作原理与控制按钮相同，但它的触点分合速度取决于生产机械的移动速度。当移动速度低于 0.4m/min 时，其触点断开太慢，易受电弧烧损。为此，应采用有盘形弹簧机构瞬时动作的滚轮式行程开关，其内部结构如图 6-29 所示。当生产机械的行程比较小且作用力也很小时，可采用具有瞬时动作和微小动作的微动式行程开关，其内部结构如图 6-30 所示。

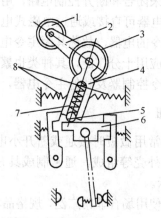

1—顶杆；2—弹簧；3—动断触点；
4—触点弹簧；5—动合触点

1—滚轮；2—上转臂；3—盘形弹簧；4—推杆；
5—小滚轮；6—擒纵杆；7—压缩弹簧；8—左右弹簧

图 6-28　直动式行程开关的内部结构　　　图 6-29　滚轮式行程开关的内部结构

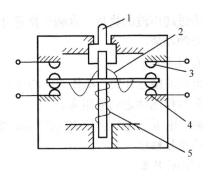

1—推杆；2—弹簧；3—动合触点；
4—动断触点；5—压缩弹簧

图 6-30 微动式行程开关的内部结构

普通行程开关允许操作频率为 1200～2400 次/小时，机电寿命约为 1×10^6～2×10^6 次。行程开关的型号主要根据机械位置对开关的要求及触点数目的要求来选择。

行程开关的电气符号如图 6-31 所示。

3. 接近开关

接近开关又称无触点行程开关，当运动的物体靠近它到一定距离时，它就发出动作信号，从而进行相应的操作。它不像机械行程开关那样需要施加机械力。接近开关的电气符号如图 6-32 所示。

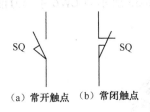

(a) 常开触点　(b) 常闭触点

图 6-31 行程开关的电气符号

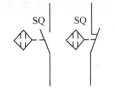

(a) 常开触点 (b) 常开触点

图 6-32 接近开关的电气符号

接近开关是通过其感应头与被测物体间介质能量的变化来取得信号的。接近开关的应用已远超出一般行程控制和限位保护的范畴，可用于高速计数、测速、液面检测、金属物体是否存在及其尺寸大小的检测、加工程序的自动衔接和用做无触点按钮等。即使用做一般行程控制，其定位精度、操作频率、使用寿命及对恶劣环境的适应能力也比普通机械式行程开关好。

接近开关按其工作原理可分为高频振荡型、电磁感应型、霍尔效应型、光电型、永磁（即磁敏元件）型、电容型及超声波型等多种形式，其中以高频振荡型最为常用。高频振荡型接近开关的结构包括感应头、振荡器、开关器、输出器和稳压器等几部分。当装在生产机械上的金属检测体（通常为铁磁件）接近感应头时，由于感应作用，会使处于高频振荡器线圈磁场中的物体内部产生涡流（及磁滞）损耗，以至振荡回路因电阻增大、损耗增加而使振荡减弱，直至停止振荡。这时，晶体管开关就导通，并通过输出器（即电磁式继电器）输出信号，从而起到控制作用。高频振荡型接近开关用于检测各种金属，现在其应用最为普遍；电磁感应型接近开关用于检测导磁和非导磁金属；电容型接近开关用于检测各种导电和不导电的液体及金属；超声波型接近开关用于检测不能透过超声波的物质;永磁型接近开关用于检测磁场及磁性金属;光电型接近开关用于检测不透光的物质。

接近开关的主要技术指标有以下几个。

(1) 动作距离。对于不同类型的接近开关,动作距离的含义不同。大多数接近开关的动作距离是指开关刚好动作时感应头与检测体之间的距离。

(2) 重复精度。在常温和额定电压下连续进行 10 次试验,取其中最大或最小值与 10 次试验的平均值之差作为接近开关的重复精度。

(3) 操作频率,指每秒最高操作次数。

(4) 复位行程,指开关从动作到复位的位移距离。

接近开关的产品种类十分丰富,常用的国产接近开关有 3SG、1J、CJ、SJ、AB 和 LXJ0 等系列,另外,国外进口及引进的接近开关产品的应用也非常广泛。

4. 万能转换开关

万能转换开关是一种多挡式控制多回路的主令电器,用于电气控制线路的转换、配电设备的远距离控制、电气测量仪表的转换和微电动机的控制,也可用于小功率笼型感应电动机的启动、换向和变速。由于它能控制多个回路,适应复杂线路的要求,故有万能转换开关之称。

常用的万能转换开关有 LW5、LW6 等系列。LW6 系列万能转换开关由操作机构、面板、手柄及数个触点座等主要部件组成,并用螺栓组装成为整体。其触点座最多可以装 10 层,每层均可安装 3 对触点,其操作手柄有多挡停留位置(最多为 12 个挡位),且底座中间的凸轮随手柄转动。由于每层凸轮可做成不同的形状,所以当手柄转到不同位置时,通过凸轮的作用,可控制各对触点进行有预定规律的接通或分断。如图 6-33 所示为 LW6 系列万能转换开关其中一层的结构示意图。

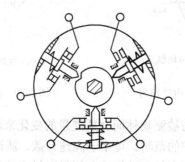

图 6-33 LW6 系列万能转换开关其中一层的结构示意图

万能转换开关触点的分合状态与操作手柄的位置有关,因此,在电路图中除画出触点的电气符号之外,还应有操作手柄与触点分合状态的表示方法。其表示方法有以下两种。

一种是在电路图中画虚线和"·"表示,如图 6-34(a)所示,即用虚线表示操作手柄的位置,用有无"·"表示触点的闭合和打开状态。例如,在触点的电气符号下方的虚线位置上画"·",则表示当操作手柄处于该位置时,该触点处于闭合状态;若在虚线位置上未画"·",则表示该触点处于打开状态。

另一种方法是在电路图中既不画虚线也不画"·",而是在触点的电气符号上标出触点编号,再用接通表表示操作手柄处于不同位置时的触点分合状态,如图 6-34(b)所示。在接通表中用有无"×"来表示操作手柄处于不同位置时触点的闭合和断开状态。

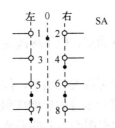

(a) 画虚线和"·"表示　　(b) 用接通表表示

图 6-34　操作手柄触点分合状态的表示方法

5. 主令控制器

主令控制器是一种频繁地按顺序对电路进行接通和切断的电器。通过它，可以对控制电路发布命令，与其他电路联锁或切换。它常配合电磁启动器对绕线转子异步电动机的启动、制动、调速及换向实行远距离控制，广泛用于各类起重机械的拖动电动机的控制系统中。

主令电器一般由触点、凸轮、定位机构、转轴、面板及其支撑件等部分组成。与万能转换开关相比，它的触点容量大些，操纵挡位也较多。主令控制器的动作过程与万能转换开关类似，也是由一个可转动的凸轮带动触点动作。

常用的主令控制器有 LK5 和 LK6 系列，其中 LK5 系列有直接手动操作、带减速器的机械操作与电动机驱动三种形式的产品。在 LK6 系列中，由同步电动机和齿轮减速器组成定时元件，由此元件按预先规定的时间顺序来周期性地分合电路。

在电路图中，主令控制器触点的电气符号及操作手柄在不同位置时的触点分合状态的表示方法与万能转换开关相类似，这里不再赘述。

6.2　电气控制系统的电路图及绘制原则

电气控制系统是由许多电气元件按一定要求连接而成的。为了便于进行电气控制系统的设计、分析、安装、调整、使用和维修，需要将电气控制系统中各电气元件及其连接用一定的图形表达出来，这种图就是电气控制系统图。电气控制系统图一般有三种：电气原理图、电气元件布置图和电气安装接线图。在图中可用不同的图形符号表示各种电气元件，用不同的文字符号说明图形符号所代表的电气元件的名称、用途、主要特征及编号等。各种图有其不同的用途和规定画法，应根据简明易懂的原则，采用统一规定的图形符号、文字符号和标准画法来绘制。

6.2.1　电气控制系统图中的图形符号和文字符号

在电气控制系统图中，电气元件的图形符号和文字符号必须符合统一的国家标准。本书严格遵循国家标准局颁布的 GB4728-84 "电气图用图形符号"、GB6988-87 "电气制图"和 GB7159 87 "电气技术中的文字符号制定通则"等标准。

下面对图形符号和文字符号的使用进行简单的说明。

1. 图形符号

（1）图形符号的大小和方位可根据图面布置确定，但不应改变其含义，而且符号中的文字和指示方向应符合读图要求。

（2）符号的尺寸大小、线条粗细依国家标准可放大与缩小，但在同一张图样中，同一符号的尺寸大小、线宽条应保持一致，各符号间及符号本身的比例应保持不变。

（3）在不改变符号含义的前提下，符号可根据图面布置的需要旋转或成镜像放置，但文字和指示方向不得倒置。

（4）图形符号中一般没有端子符号。但是如果端子符号是符号的一部分，则端子符号必须画出。

（5）图形符号均按无电压、无外力作用的正常状态表示。

（6）图形符号中的文字符号、物理量符号，应视为图形符号的组成部分。当这些符号不能满足要求时，可按有关标准加以充实。

2. 文字符号

文字符号是用于标明电气设备、装置和元器件的名称、功能、状态和特征的，可在相应的电气设备、装置和元器件的图形符号上或其近旁使用。电气技术中的文字符号分为基本文字符号和辅助文字符号。

1）基本文字符号

基本文字符号分为单字母符号和双字母符号两种。

单字母符号是用拉丁字母将各种电气设备、装置和元器件划分为 23 大类，每一类用一个字母表示的符号。例如，"R"代表电阻器，"M"代表电动机，"C"代表电容器等。

双字母符号由一个表示种类的单字母符号与另一个字母组成，并且单字母符号在前，另一个字母在后。在后的字母通常选用该类设备、装置和元器件的英文名词的首位字母，这样，双字母符号可以较详细和更具体地表述电气设备、装置和元器件的名称。例如，"RP"代表电位器，"RT"代表热敏电阻，"MD"代表直流电动机，"MC"代表笼型异步电动机。

2）辅助文字符号

辅助文字符号是用于表示电气设备、装置、元器件及线路的功能、状态和特征的，通常也是由英文名词的前一两个字母构成。例如，"DC"代表直流（Direct Current），"IN"代表输入（Input），"S"代表信号（Signal）。

辅助文字符号一般放在单字母符号后面，构成组合双字母符号。例如，"Y"是电气操作机械装置的单字母符号，"B"是代表制动的辅助文字符号，"YB"代表制动电磁铁的组合符号。

6.2.2 电气原理图

电气原理图是根据工作原理而绘制的，具有结构简单、层次分明、便于研究和分析电路的工作原理等优点。在各种生产机械的电气控制中，无论在设计部门或生产现场，它均得到了广泛的应用。

1. 绘制电气原理图的原则

电气原理图表示的是电气控制的工作原理及各电气元件的作用和相互关系，而不考虑各电气元件实际安装的位置和实际连线情况。电气原理图的绘制一般按以下规则进行。

（1）电气元件图形符号、文字符号及标号的绘制必须遵循国家标准。

（2）电气原理图一般分为主电路和辅助电路两部分。主电路是设备的驱动电路，包括从电源到电动机之间相连的所有电气元件。主电路在控制电路的控制下，根据控制要求由电源向用电设备供电。辅助电路是除主电路以外的其他电路，其流过的电流较小。辅助电路包括控制电路、照明电路、信号电路和保护电路。在控制电路中，由接触器和继电器线圈、各种电气设备的动合、动断触点组合构成控制逻辑，实现需要的控制功能。主电路和辅助电路应分别绘出，而且既可以绘制在一张图纸上，也可以画在不同图纸上。

（3）电气原理图中的电路可水平布置或者垂直布置。水平布置时，电源线垂直画，其他电路水平画，主电路用粗实线绘制在图面的上方，辅助电路用细实线绘制在图面的下方，耗能元件画在电路的最右端；垂直布置时，电源线水平画，其他电路垂直画，主电路用粗实线绘制在图面的左侧，辅助电路用细实线绘制在图面的右侧，耗能元件画在电路的最下端。

（4）同一电气元件的各部件可以根据需要画在不同的地方，但需在图形符号附近使用统一的文字符号。若有多个同类电气元件，可在文字符号后加上数字序号以示区别，如两个接触器，可用 KM_1、KM_2 加以区别。

（5）所有电气元件的触点均以自然状态画出。所谓自然状态是指各种电气元件在没有通电和没有外力作用时的状态。例如，接触器、继电器的触点按线圈不通电状态画出，控制器手柄按处于零位时的状态画出，控制按钮、行程开关触点按不受外力作用时的状态画出等。

（6）在电气原理图上应尽可能减少线条和避免线条交叉。当各导线之间有电的联系时，在导线的交点处画一个实心圆点。根据图面布置的需要，可以将图形符号旋转 90°或 180°或 45°绘制，即图面既可以水平布置，或者垂直布置，也可以采用斜的交叉线。

（7）为了接线和检查线路，方便阅读电气原理图，可将图面分成若干区域，并用数字标明各图区；为了标明每个电路在设备操作中的用途，可在图的顶部放置用途栏。

（8）为表示接触器和继电器线圈与触点的从属关系，应在继电器、接触器线圈下方画出触点索引表。也就是说，在电气原理图中相应线圈的下方给出触点的图形符号，并在其下面注明相应触点的索引代号，对未使用的触点用"×"表明，有时也可采用上述省去触点图形符号的表示方法。

（9）三相交流电源引入线采用 L_1、L_2、L_3 标记，中性线用 N 标记，电源开关之后的三相交流电源主电路用 U、V、W 顺序标记。

（10）对于循环运动的机械设备，在电气原理图上应绘出其工作循环图。

（11）对于由若干元件组成具有特定功能的环节，应用虚线框括起来，并标注出环节的主要作用，如速度调节器等。

（12）对于电路和元件完全相同并重复出现的环节，可以只绘出其中一个环节的完整电路，其余的可用虚线框表示，并标明该环节的文字符号或环节的名称。

2. 电气原理图上应标注的技术参数

（1）各个电源电路的电压值、极性或频率及相数。

（2）某些电气元件的特性（电阻、电容的量值等）。

（3）需要测试和拆、接外部引出线的端子，应该用图形符号"空心圆"表示。

（4）电器控制系统图中的全部电机、电气元件的型号、文字符号、用途、数量、技术数据，均应填写在电气元件明细表内。

（5）电气元件的数据和型号一般用小号字体注在电气元件代号下面，如图 6-35 中热继电器动作电流值范围和整定值的标注，图中标注的 $1.5 mm^2$、$2.5 mm^2$、…等字样表明该导线的截面积。

CW6132 型普通车床的电气原理图如图 6-35 所示。KM 线圈下面触点索引的含义是 KM 的三对主触点都在图区 2；有一对辅助常开触点，在图区 4；有一对辅助常闭触点，但未使用。

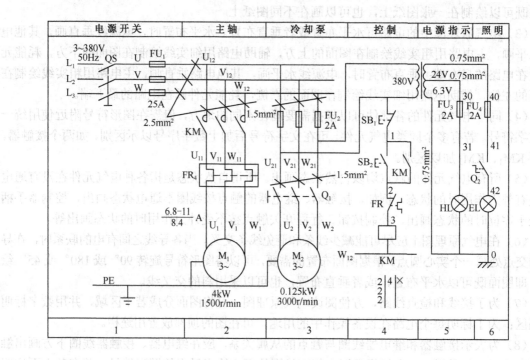

图 6-35 CW6132 型普通车床的电气原理图

6.2.3 电气元件布置图

电气元件布置图（又叫电气安装图）主要用来表明电气设备上所有电机、电气元件的实际位置，是机械电气控制设备制造、安装和维修必不可少的技术文件。电气元件布置图根据设备的复杂程度或集中绘制在一张图上，或对控制柜与操作台的电气元件布置图分别进行绘制。绘制电气元件布置图时，机械设备轮廓用双点画线画出，所有可见的和需要表达清楚的电气元件及设备用粗实线绘制出简单的外形轮廓。电气元件及设备代号必须与有关电路图和清单上的代号一致。

CW6132 型车床控制盘的电气元件布置图如图 6-36 所示。

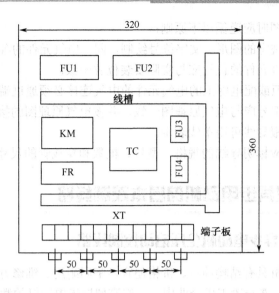

图 6-36 CW6132 型车床控制盘的电气元件布置图

6.2.4 电气安装接线图

电气安装接线图用来表明电气设备或装置之间的接线关系,以及电气设备外部元件的相对位置及它们之间的电气连接,是实际安装布线的依据。电气安装接线图主要用于电气元件的安装接线、线路检查、线路维修和故障处理。通常电气安装接线图与电气原理图和电气元件布置图一起使用。

某笼型电动机正、反转控制的电气安装接线图如图 6-37 所示。

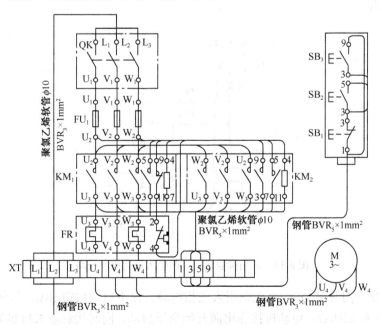

图 6-37 某笼型电动机正、反转控制的电气安装接线图

绘制电气安装接线图时应遵循以下原则:

(1) 各电气元件用规定的图形、文字符号绘制,同一电气元件的各部件必须画在一起,并用点画线框起来。各电气元件的位置应与实际安装位置一致。

(2) 不在同一控制柜或配电屏上的电气元件的电气连接必须通过端子板进行。各电气元件的文字符号及端子板的编号应与电气原理图一致,并按电气原理图的接线进行连接。

(3) 走向相同的多根导线可用单线表示。

(4) 画连接线时,应标明导线的规格、型号、根数和穿线管的尺寸。

6.3 三相笼型异步电动机的基本控制线路

6.3.1 三相笼型异步电动机全压启动控制线路

三相笼型异步电动机具有结构简单、价格便宜、坚固耐用、维修方便等优点,因此,它在实际中获得了广泛应用。在一般工矿企业中,三相笼型异步电动机的数量占电力拖动设备总数量的 85% 左右。三相笼型异步电动机的启动方式有全压启动与降压启动两种。第 3 章中已经讲解了如何决定电动机的启动方式,这里只介绍电气控制线路如何满足各种启动要求。

1. 控制线路的工作原理

三相笼型异步电动机的单向旋转控制可以用开关或接触器来实现,相应的电路有开关控制电路和接触器控制电路。如图 6-38 所示为采用接触器控制的全压启动控制线路,其中主电路由刀开关 QS、熔断器 FU_1、接触器 KM 的主触点、热继电器 FR 的热元件和电动机 M 构成。控制线路由热继电器 FR 的常闭触点、停止按钮 SB_1、启动按钮 SB_2、接触器 KM 的常开触点及它的线圈组成。

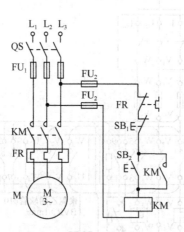

图 6-38 采用接触器控制的全压启动控制线路

启动时,合上刀开关 QS,主电路引入三相电源。按下启动按钮 SB_2,接触器 KM 的线圈通电,其常开主触点闭合,电动机接通电源开始全压启动,同时接触器 KM 的辅助常开触点闭合,使接触器 KM 线圈有两条通电路径。这样当松开启动按钮 SB_2 后,接触器 KM 的线圈仍能通过其辅助触点通电并保持吸合状态。这种依靠接触器本身的辅助触点使其线圈保持通电的现象称为自锁。起自锁作用的触点称为自锁触点。

要使电动机停止运转,可按下停止按钮 SB_1,则接触器 KM 的线圈失电,其主触点断开,切断电动机三相电源;电动机 M 自动停止,同时接触器 KM 的自锁触点也断开,控制回路解除自锁。松开停止按钮 SB_1,控制电路又回到启动前的状态。

2. 控制线路的保护环节

1) 短路保护

由熔断器 FU_1、FU_2 分别实现主电路与控制电路的短路保护。

2) 过载保护

由热继电器 FR 实现电动机的长期过载保护。当电动机出现长期过载时,串接在电动机定子电路中的发热元件会使双金属片受热弯曲,使串接在控制电路中的常闭触点断开,从而切断 KM 线圈电路,使电动机断开电源,达到保护目的。

3) 欠压和失压保护

当电源电压严重下降或电压消失时,接触器电磁吸力急剧下降或消失,衔铁释放,各触点复原,断开电动机的电源,电动机停止旋转。一旦电源电压恢复时,电动机也不会自行启动,从而可避免事故发生,因此,具有自保电路的接触器控制具有欠压与失压保护作用。

6.3.2 三相笼型异步电动机降压启动控制线路

三相笼型异步电动机的降压启动方法很多,常用的有定子绕组串电阻或电抗器降压启动、星形-三角形降压启动、自耦变压器降压启动、延边三角形降压启动等。尽管方法各异,但目的都是为了限制电动机启动电流,减小供电线路因电动机启动引起的电压降。当电动机转速上升到接近额定转速时,再将电动机定子绕组电压恢复到额定电压,电动机则进入正常运行状态。下面讨论几种常用的降压启动控制线路。

1. 定子绕组串电阻的降压启动控制线路

如图 6-39 所示为定子绕组串电阻的降压启动控制线路。

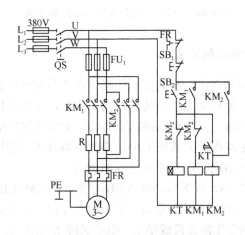

图 6-39 定子绕组串电阻的降压启动控制线路

其工作原理为:合上电源开关 QS,按下启动按钮 SB_2,KM_1、KT 线圈同时通电并自保,此时电动机定子绕组串接电阻 R 降压启动。当电动机转速接近额定转速时，时间继电器 KT 动作，其触点 KT 闭合，KM₂ 线圈通电并自保，触点 KM₂ 断开，使 KM₁、KT 线圈断电，KM₂ 主触点短接电阻，KM₁ 主触点已断开，于是电动机经 KM₂ 主触点在全压下进入正常运转状态。

2. 星形-三角形降压启动控制线路

正常运行时定子绕组接成三角形的三相笼型异步电动机，可采用星形-三角形降压启动方式来限制启动电流。星形-三角形降压启动控制线路如图 6-40 所示。

当启动电动机时，合上刀闸开关 QS，按下启动按钮 SB₂，接触器 KM₁、KM₃ 与时间继电器 KT 的线圈同时得电，接触器 KM₃ 的主触点将电动机接成星形并经过 KM₁ 的主触点接至电源，电动机降压启动。当 KT 的延时时间到时，KM₃ 线圈失电，KM₂ 线圈得电，电动机主回路换接成三角形接法，电动机进入正常运转状态。

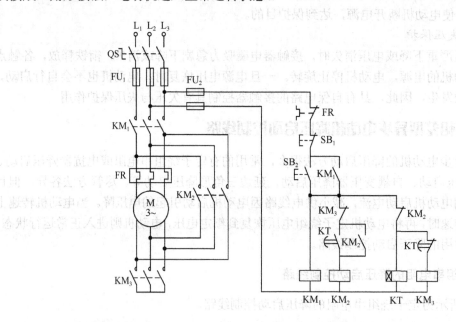

图 6-40　星形-三角形降压启动控制线路

3. 自耦变压器降压启动控制线路

自耦变压器降压启动是指在电动机的控制线路中串入自耦变压器，使启动时定子绕组上得到自耦变压器的二次电压，而启动完毕后切除自耦变压器，使额定电压直接加于定子绕组上，电动机进入全压正常工作状态。大功率电动机手动或自动操作的启动补偿器，如 XJ101 型（自动操作），QJ3、QJ5 型（手动操作）等均采用自耦变压器降压启动控制方式。

典型的自耦变压器降压启动控制线路如图 6-41 所示。

启动时，合上电源开关 QS，按下启动按钮 SB₂，接触器 KM₁ 的线圈和时间继电器 KT 的线圈通电，KT 瞬时动作的常开触点闭合，形成自锁，KM₁ 主触点闭合，将电动机定子绕组经自耦变压器接至电源，这时自耦变压器连接成星形，电动机降压启动。KT 延时后，其延时常闭触点断开，使 KM₁ 线圈失电，KM₁ 主触点断开，从而将自耦变压器从电网上切除。而 KT 延时常开触点闭合，使 KM₂ 线圈通电，电动机直接接到电网上运行，从而完成了整个启动过程。

自耦变压器降压启动适用于启动较大容量的正常工作时接成星形或三角形的电动机，启动转矩可以通过改变抽头的位置来得到改变。该方法存在的缺点是自耦变压器价格较高，而且不允许频繁启动。

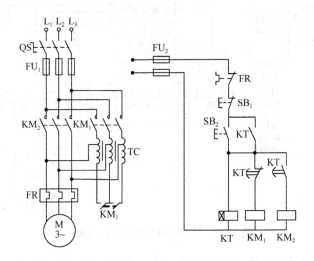

图 6-41　典型的自耦变压器降压启动控制线路

4. 软启动器降压启动控制线路

前述几种传统的三相异步电动机的启动线路比较简单，不需要增加额外启动设备，但其启动电流冲击一般还很大，启动转矩较小而且固定不可调，常用于对启动特性要求不高的场合。在一些对启动要求较高的场合，可选用软启动器控制异步电动机的启动。

1）软启动器的组成

软启动器的基本组成原理如图 6-42 所示。其主电路采用三相晶闸管反并联调压方式，三相晶闸管串联在三相供电电源 L_1、L_2、L_3 和电动机三个端子 U、V、W 之间。通过控制晶闸管的导通角，改变其输出电压，可达到通过调压方式来控制启动电流和启动转矩的目的。

为了能让定子电压和电流按所设定的规律变化，并且能对过压及过流等故障进行保护，必须要随时检测定子电压和电流，为此采用了电压互感器和电流互感器。电压互感器可将电网电压变换为标准电压（通常为 5V）信号，并送至电压保护电路。

2）软启动器的控制功能

异步电动机在软启动过程中，软启动器通过控制加到电动机上的电压来控制电动机的启动电流和转矩，若启动转矩逐渐增加，则转速也逐渐增加。一般软启动器可以通过改变参数设定得到不同的启动特性，以满足不同的负载特性要求。

（1）斜坡升压启动方式。该方式的斜坡升压启动特性曲线如图 6-43 所示。此种启动方式一般可设定启动初始电压 U_{q0} 和启动时间 t_1。在启动过程中，电压逐渐线性增加，在设定的时间内达到额定电压。这种启动方式主要用于一台软启动器并接多台电动机，或电动机功率远低于软启动器额定值的场合。

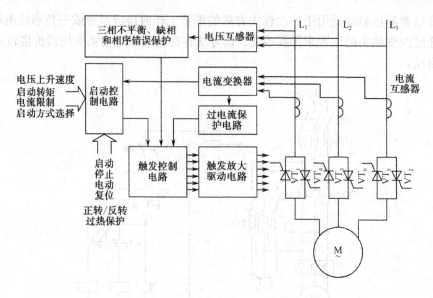

图 6-42 软启动器的基本组成原理

（2）转矩控制及启动电流限制启动方式。该方式的转矩控制及启动电流限制特性曲线如图 6-44 所示。此种启动方式一般可设定启动初始力矩 T_{q0}、启动阶段力矩限幅 T_{L1}、力矩斜坡上升时间 t_1 和启动电流限幅 I_{L1}。这种启动方式引入了电流反馈，通过计算可间接得到负载转矩，因此它属于闭环控制方式。由于其控制目标是力矩，所以软启动器的输出电压是非线性上升的。图 6-44 中也给出了启动过程中的转矩 T、电压 U、电流 I 和电动机转速 n 的曲线，其中转速曲线为恒加速度上升的。

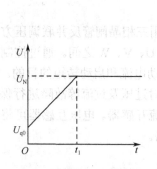 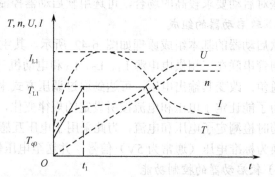

图 6-43 斜坡升压启动特性曲线　　图 6-44 转矩控制及启动电流限制特性曲线

在电动机启动过程中，保持恒定的转矩使电动机转速以恒定加速度上升，可实现平稳启动。在电动机启动的初始阶段，启动转矩逐渐增加，当转矩达到预先所设定的限幅值后保持稳定，直到启动完毕。在启动过程中，转矩上升的速率可以根据电动机负载情况进行调整设定。斜坡陡，转矩上升速率大，即加速度上升速率大，则启动时间短。当负载较轻或空载启动时，所需启动转矩较低，可使斜坡缓和一些。由于在启动过程中的控制目标为电动机转矩，即电动机的加速度，所以即使电网电压发生波动或负载发生波动，经控制电路自动增大或减小启动器的输出电压，也可以维持转矩设定值不变，保持启动的恒加速度。此种控制方式可以使电动机以最佳的启动速度，以最快的时间完成平稳的启动，是应用最多的启动方式。

随着软启动器控制技术的发展,目前它大多采用转矩控制方式,也有采用电流控制方式的,即电流斜坡控制及恒流升压启动方式。此种方式通过间接控制电动机电流来达到控制转矩的目的。与转矩控制方式相比,其启动效果略差,但控制相对简单。

(3) 电压提升脉冲启动方式。该方式的电压提升脉冲启动特性曲线如图 6-45 所示。此种启动方式一般可设定电压提升脉冲限幅。升压脉冲宽度一般为 5 个电源周波,即 100ms。在启动开始阶段,晶闸管在极短时间内按设定升压幅值启动,可得到较大的启动转矩,此阶段结束后,转入转矩控制及启动电流限制启动。该启动方法适用于重载并需克服较大静摩擦的启动场合。

(4) 转矩控制软停车方式。当电动机需要停车时,立即切断电动机电源,属于自由停车。传统的控制方式都采用这种方法。但许多应用场合不允许电动机瞬间停机,如高层建筑、楼宇的水泵系统,要求电动机逐渐停机,采用软启动器可满足这一要求。

该方式通过调节软启动器的输出电压逐渐降低而切断电源,这一过程时间较长且一般大于自由停车时间,因此称其为软停车方式。转矩控制软停车方式是指在停车过程中,匀速调整电动机转矩的下降速率,实现平滑减速。如图 6-46 所示为转矩控制软停车特性曲线。减速时间一般是可设定的。

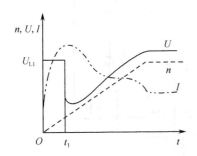

图 6-45 电压提升脉冲启动特性曲线

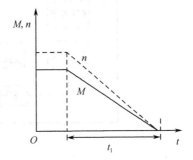

图 6-46 转矩控制软停车特性曲线

(5) 制动停车方式。当电动机需要快速停机时,软启动器具有能耗制动功能。在实施能耗制动时,软启动器向电动机定子绕组通入直流电,由于软启动器是通过晶闸管对电动机供电的,所以很容易通过改变晶闸管的控制方式而得到直流电。如图 6-47 所示为制动停车特性曲线。

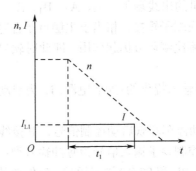

图 6-47 制动停车特性曲线

3) 软启动器的应用举例

目前国内外软启动器产品的技术发展很快，产品的型号很多，比较有代表性的有 ABB 公司的 PSA、PSD 和 PS-DH 型，法国 TE 公司的 Altistart46、Altistart48 型，德国西门子公司的 3RW22 型，英国 CT 公司的 SX 型等。

下面以 TE 公司生产的 Altistart 46 型软启动器为例，介绍软启动器的典型应用。Altistart 46 型软启动器有标准负载和重型负载应用两大类，其额定电流有 17~1200A 共 21 种额定值，电动机功率为 4~800kW。其主要特点是：具有斜坡升压、转矩控制及启动电流限制、电压提升脉冲三种启动方式；具有转矩控制停车、制动停车、自由停车三种停车方式；具有对电动机软启动器本身的热保护、限制转矩和电流冲击、三相电源不平衡、缺相、断相和电动机运行中过流等的保护功能并提供故障输出信号；具有实时检测并显示如电流、电压、功率因数等参数的功能，并提供模拟输出信号；提供本地端子控制接口和远程控制 RS—485 通信接口。

Altistart 46 型软启动器的内部基本组成如图 6-48 所示。

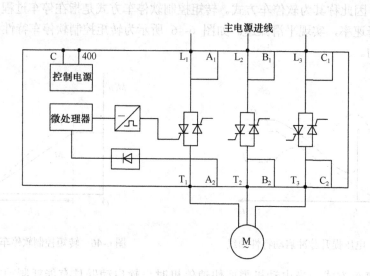

图 6-48 Altistart 46 型软启动器的内部基本组成

如图 6-49 所示为应用软启动器控制三相异步电动机启动的控制线路。图中虚线框所示为软启动器，图中的 C 和 400 为软启动器控制电源进线端子；L_1、L_2、L_3 为软启动器主电源进线端子；T_1、T_2、T_3 为连接电动机的出线端子；A_1、A_2、B_1、B_2、C_1、C_2 端子由软启动器三相晶闸管两端分别直接引出。当对应端子短接，相当于主触点闭合时，将软启动器内部的晶闸管短接，但此时软启动器内部的电流检测环节仍起作用，即此时软启动器对电动机的保护功能仍起作用。

PL 是软启动器为外部逻辑输入提供的 +24V 电源；L+ 为启动器逻辑输出部分的外接输入电源，在图中直接由 PL 提供。

STOP、RUN 分别为软启动停车和软启动控制信号，其接线方式分为三线制控制、二线制控制和通信远程控制。三线制控制要求输入信号为脉冲输入型；二线制控制要求输入信号为电平输入型；通信远程控制时，将 PL 和 STOP 端子短接，启停要使用通信口远程控制。如图 6-49 所示的控制线路为三线制控制方式接线。

KA_1 和 KA_2 为输出继电器。其中，KA_1 为可编程输出继电器，可设置成故障继电器或隔离继电器。若 KA_1 设置为故障继电器，则当软启动器控制电源上电时，KA_1 闭合；当软启动器发生故障时，KA_1 断开。若 KA_1 设置为隔离继电器，则当软启动器接收到启动信号时，KA_1 闭合；当软启动器软停车结束时，或软启动器在自由停车模式下接收到停车信号时，或在运行过程中出现故障时，KA_1 断开。KA_2 为启动结束继电器，当软启动器完成启动过程后，KA_2 闭合；当软启动器接收到停车信号或出现故障时，KA_2 断开。

具体而言，图 6-49 中的控制线路为电动机单向运行、软启动、软停车或自由停车控制线路。KA_1 设置为隔离继电器。此软启动器接有进线接触器 KA_1。当开关 QS 合闸时，按下启动按钮 SB_2，则 KA_1 触点闭合，KM_1 线圈上电，使其主触点闭合，主电源加入软启动器，电动机按设定的启动方式启动。当启动完成后，内部继电器 KA_2 的常开触点闭合，KM_2 接触器线圈吸合，电动机转由旁路接触器 KM_2 触点供电，同时将软启动器内部的功率晶闸管短接，电动机通过接触器由电网直接供电。但此时过载、过流等保护仍起作用，KA_1 相当于保护继电器的触点。若发生过载、过流，则切断接触器 KM_1 电源，软启动器进线电源切除。因此，电动机不需要额外增加过载保护电路。正常停车时，按下停车按钮 SB_1，停止指令使 KA_2 触点断开，旁路接触器 KM_2 跳闸，使电动机软停车，软停车结束后，KA_1 触点断开。按钮 SB_3 为紧急停车用，当按下 SB_3 时，接触器 KM_1 失电，软启动器内部的 KA_1 和 KA_2 触点复位，使 KM_2 失电，电动机自由停转。

由于带有旁路接触器，所以该线路有如下优点：在电动机运行时可以避免软启动器产生的谐波；软启动器仅在启动和停车时工作，可以避免长期运行使晶闸管发热，可延长其使用寿命。

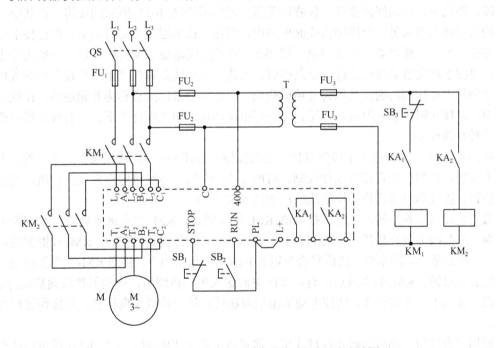

图 6-49 应用软启动器控制三相异步电动机启动的控制线路

6.3.3 三相笼型异步电动机正反转控制线路

在生产实践中，许多设备均需要两个相反方向的运行控制，如机床工作台的进退、升降及主轴的正、反向运转等。此类控制均可通过电动机的正转与反转来实现。由电动机原理可知，电动机三相电源进线中的任意两相对调,即可实现电动机的反向运转。通常情况下,电动机正反转可逆运行操作的控制线路如图 6-50 所示。

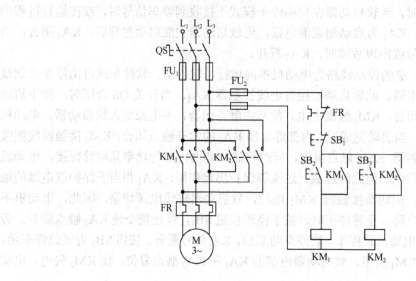

图 6-50 电动机正反转可逆运行操作的控制线路

当误操作即同时按下正反向启动按钮 SB_2 和 SB_3 时,若采用图 6-50 所示的线路,将造成短路故障,因此正、反向间需要有一种联锁关系。通常采用图 6-51 所示的线路,将其中一个接触器的常闭触点串入另一个接触器线圈电路中,则任一接触器线圈先带电后,即使按下相反方向的按钮,另一个接触器也无法得电。图 6-51 所示的线路要实现反转运行,必须先停止正转运行,再按下反向启动按钮才行,反之亦然。因此,这个线路称为"正-停-反"控制线路。接触器常闭触点互相制约的关系称为互锁或联锁。而这两个常闭触点称为互锁触点。在机床控制线路中,这种互锁关系应用极为广泛。凡是有相反动作,如工作台上下、左右移动都需要有类似的这种联锁控制。

在图 6-51 中,电动机由正转到反转,需先按停止按钮 SB_1,但这在操作上不方便,为了解决这个问题,可利用复合按钮进行控制。将图 6-51 中的启动按钮均换为复合按钮,则该电路变为按钮、接触器双重联锁的控制线路,如图 6-52 所示。

假定电动机正在正转,此时,接触器 KM_1 线圈吸合,KM_1 的主触点闭合。欲切换电动机的转向,只需按下复合按钮 SB_3 即可。按下 SB_3 后,其常闭触点先断开 KM_1 线圈回路,KM_1 释放,主触点断开正序电源。然后复合按钮 SB_3 的常开触点闭合,接通 KM_2 的线圈回路,KM_2 通电吸合且自锁,KM_2 的主触点闭合,负序电源送入电动机绕组,电动机作反向启动并运转,从而直接实现正、反向切换。欲使电动机由反向运转直接切换成正向运转,则操作过程与上述类似。

采用复合按钮,还可以起到联锁作用,这是由于按下 SB_2 时,只有 KM_1 可得电动作,同时 KM_2 回路被切断。同理按下 SB_3 时,只有 KM_2 可得电动作,同时 KM_1 回路被切断。但只用按钮进行联锁,而不用接触器常闭触点之间的联锁,是不可靠的。在实际中可能出现这样的情况,即由于负载短路或大电流的长期作用,接触器的主触点被强烈的电弧"烧焊"在一起,或者接触器的机构失灵,使衔铁卡住,总处于吸合状态。这都可能使主触点不能断开,这时如果另一个接触器动作,就会造成电源短路事故。如果采用接触器常闭触点进行联锁,不论什么原因，只要一个接触器是吸合状态，它的联锁常闭触点就必然将另一个接触器线圈电路切断，这样就能避免事故的发生了。

如图 6-52 所示的线路可以实现不按停止按钮，直接按反向按钮就能使电动机反向工作。因此，这个线路又称为"正-反-停"控制线路。

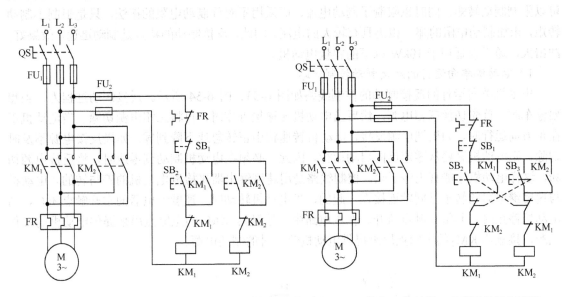

图 6-51 "正-停-反"控制线路　　　　　图 6-52 按钮、接触器双重联锁的控制线路

6.3.4 三相笼型异步电动机制动控制线路

在生产过程中，有些设备的电动机断电后由于惯性作用，总要经过一段时间才能停转，这往往不能满足某些生产机械的要求，会影响生产效率，产生停机位置不准确，工作不安全等负面作用。例如，万能铣床、卧式镗床、组合机床等都要求电动机能迅速停车，并要求对电动机进行制动控制。

制动方法一般有两大类：电磁机械制动和电气制动。电磁机械制动是指用电磁铁操纵机械装置来强迫电动机迅速停车，如电磁抱闸、电磁离合器。其工作原理为：当电动机启动时，电磁抱闸线圈同时得电，电磁铁吸合，使抱闸打开；当电动机断电时，电磁抱闸线圈同时断电，电磁铁释放，在弹簧的作用下，抱闸把电动机转子紧紧抱住实现制动。吊车、卷扬机等升降机械就是采用这种方法制动的，不但可以提高生产效率，还可以防止在工作中因突然断电或电路故障使重物滑下而造成事故。电气制动实质上是指在电动机转子中产生一个与原来旋转方向相反的电磁转矩，迫使电动机转速迅速下降，如反接制动、能耗制动、电容能耗制动和再生发电制动等。

1. 反接制动控制线路

三相笼型异步电动机的反接制动有两种情况：一种是在负载转矩作用下使正转接线的电动机出现反转的倒拉反接制动，它往往用在重力负载的场合，这一制动不能使电动机转速为零；另一种是电源反接制动，即改变电动机电源的相序，使定子绕组中产生与旋转方向相反的旋转磁场，进而产生制动转矩使电动机转速迅速下降，当电动机速度接近零时应迅速切断电源，否则电动机将会反向旋转。另外，反接制动时，转子与旋转磁场的相对速度接近于两倍的同步转速，因此定子绕组中流过的反接制动电流相当于全电压直接启动时电流的两倍，为了防止绕组过热和减少制动冲击，通常在电动机主电路中串接一定的电阻以限制反接制动电流，这个电阻称为反接制动电阻，反接制动电阻的接线方法有对称和不对称两种，显然采用对称电阻接法既可以限制制动转矩，同时也限制了制动电流，而采用不对称制动电阻的接法，只是限制了制动转矩，未加制动电阻的那一相仍具有较大的电流。因此，反接制动的特点是制动迅速，效果好，冲击大，通常仅适用于10kW以下的容量电动机。

1）电动机单向运行的反接制动控制线路

电动机单向运行的反接制动的控制线路如图 6-53、图 6-54 所示。反接制动过程为：当想要停车时，首先切换三相电源，然后当电动机转速接近零时，再将三相电源切除。当电动机正在正方向运行时，如果把电源反接，电动机转速将由正转急速下降到零。如果反接电源不及时切除，则电动机又要从零速反向启动运行。因此，必须在电动机制动到零速时，将反接电源切断，这样电动机才能真正停下来。控制线路是用速度继电器来检测电动机的停与转的。电动机与速度继电器的转子是同轴连接在一起的，当电动机转动时，速度继电器的常开触点闭合，当电动机停止时，其常开触点断开。在主电路中，接触器 KM_1 的主触点用来提供电动机的工作电源，接触器 KM_2 的主触点用来提供电动机停车时的制动电源。

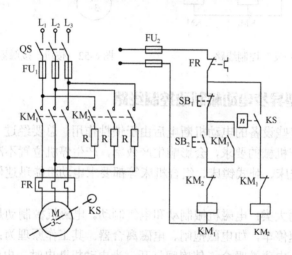

图 6-53　电动机单向运行的反接制动控制线路（一）

如图 6-53 所示控制线路的工作原理：启动时，合上电源开关 QS，按下启动按钮 SB_2，接触器 KM_1 线圈通电吸合且自锁，KM_1 的主触点闭合，电动机启动运转。当电动机转速升高到一定数值时，速度继电器 KS 的常开触点闭合，为反接制动做准备。停车时，按下停止按钮 SB_1，KM_1 线圈断电释放，KM_1 的主触点断开电动机的工作电源；而接触器 KM_2 线圈通电吸合，KM_2 的主触点闭合，串入电阻 R 进行反接制动，迫使电动机转速下降，当转速降至 100r/min 以下时，KS 的常开触点复位断开，使 KM_2 线圈断电释放，及时切断电动机的电源，防止电动机反向启动。

图 6-53 中的控制线路存在这样一个问题：在停车期间，如果为了调整工件，需要用手转动机床主轴，此时速度继电器的转子也将随着转动，其常开触点闭合，KM2 通电动作，电动机接通电源发生制动作用，不利于调整工作。图 6-54 的反接制动控制线路解决了这个问题。控制线

路中的停止按钮使用了复合按钮 SB_1，并在其常开触点上并联了 KM_2 的常开触点，使 KM_2 能自锁。这样在用手转动电动机时，虽然 KS 的常开触点闭合，但只要不按下复合按钮 SB_1，KM_2 就不会通电，电动机也就不会反接于电源，只有按下 SB_1，KM_2 才能通电，制动电路才能接通。

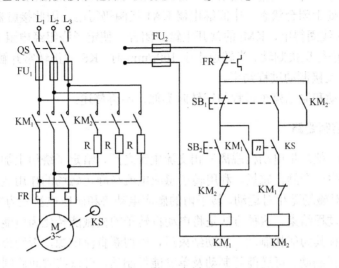

图 6-54　电动机单向运行的反接制动控制线路（二）

2）电动机可逆运行的反接制动控制线路

如图 6-55 所示为电动机可逆运行的反接制动控制线路。图中的电阻 R 为反接制动电阻，同时也具有限制启动电流的作用。KS_1 和 KS_2 分别为速度继电器 KS 的正转和反转常开触点。

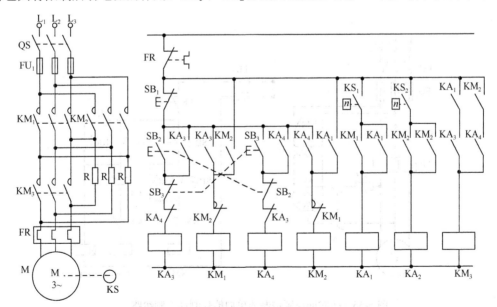

图 6-55　电动机可逆运行的反接制动控制线路

如图 6-55 所示控制线路的工作原理：按下正转启动按钮 SB_2 时，中间继电器 KA_3 得电并自锁，接触器 KM_1 线圈通电，KM_1 的主触点闭合，定子绕组经电阻 R 接通正向三相电源，电动机定子绕组串电阻降压启动。当电动机转速上升到一定值时，KS 的正转常开触点 KS_1 闭合，

中间继电器 KA_1 得电并自锁，这时 KA_1、KA_3 中间继电器的常开触点全部闭合，接触器 KM_3 线圈得电，KM_3 的主触点闭合，短接电阻 R，定子绕组得到额定电压，全压运行。若按下停止按钮 SB_1，则 KA_3、KM_1、KM_3 线圈断电。但此时电动机转速仍然很高，速度继电器 KS 的正转常开触点 KS_1 还处于闭合状态，中间继电器 KA_1 线圈仍得电，因此接触器 KM_1 常闭触点复位后，接触器 KM_2 线圈得电，KM_2 的常开主触点闭合，使定子绕组经电阻 R 获得反向的三相交流电源，电动机进行反接制动。当转速小于 100r/min 时，KS 的正转常开触点 KS_1 复位，KA_1 断电，KM_2 断电，反接制动过程结束。

电动机反向启动和制动停车过程与正转时类似，不再赘述。

2. 能耗制动控制线路

所谓能耗制动，就是指电动机脱离三相交流电源之后，给定子绕组上加一个直流电压，即通入直流电流，产生一个静止磁场，利用转子感应电流与静止磁场的作用达到制动的目的。当转速为零时，转子对磁场无相对运动，转子内的感应电动势和感应电流变为零，制动转矩消失，电动机停转，制动过程结束。这种方法是将电动机转子的机械能转化为电能，并消耗在电动机转子回路中，因此称其为能耗制动。制动结束后，应切断直流电源，否则会烧毁定子绕组。能耗制动分为单向能耗制动、可逆能耗制动及单管能耗制动，可以按时间原则和速度原则进行控制。下面分别进行讨论。

1）单向运转能耗制动控制线路

如图 6-56 所示为按时间原则控制的单向能耗制动控制线路。图中的变压器 TC、整流装置 VC 提供直流电源。接触器 KM_1 的主触点闭合接通三相电源，KM_2 将直流电源接入电动机定子绕组。

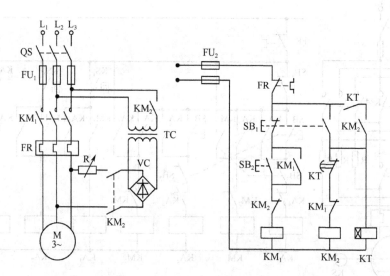

图 6-56 按时间原则控制的单向能耗制动控制线路

该线路的工作原理：当电动机正常运行时，若按下停止按钮 SB_1，电动机由于 KM_1 断电释放而脱离三相交流电源，同时 KM_1 的常闭触点复位，SB_1 的常开触点闭合，使制动接触器 KM_2 及时间继电器 KT 线圈通电自锁，KM_2 的主常开触点闭合，电源经变压器和单相整流桥变为直流电并接入电动机的定子，产生静止磁场，产生制动转矩，电动机在能耗制动下迅速停止。当电动机停止后，KT 的触点延时打开，KM_2 失电释放，直流电被切除，制动结束。图中设置 KT 的瞬时常开触点的作用是为了在 KT 线圈断线或机械卡阻故障时，使电动机在按下 SB_1 后能迅速制动，而两相的定子绕组不至长期接入能耗制动的直流电流。此时该线路具有手动控制能耗制动的能力，只要使 SB_1 处于按下的状态，电动机就能实现能耗制动。

能耗制动的制动转矩大小与接入直流电流的大小与电动机的转速 n 有关，转速相同时，电流大，制动作用强。一般接入的直流电流为电动机空载电流的 3～5 倍，过大会烧坏电动机的定子绕组。该控制线路采用在直流电源回路中串接可调电阻的方法，可调节制动电流的大小。能耗制动时，制动转矩随电动机的惯性转速下降而减小，因此制动平稳。

如图 6-57 所示为按速度原则控制的单向能耗制动控制线路。该线路与图 6-56 中的控制线路基本相同，仅在控制线路中取消了时间继电器 KT 的线圈及其触点电路，而在电动机转轴伸出端安装了速度继电器 KS，并且用 KS 的常开触点取代了 KT 的延时常闭触点。这样，该线路中的电动机在刚刚脱离三相交流电源时，由于电动机转子的惯性速度仍很高，KS 的常开触点仍然处于闭合状态，所以接触器 KM_2 线圈在按下按钮 SB_1 后通电自锁。于是，两相定子绕组获得直流电源，电动机进入能耗制动状态。当电动机转子的惯性速度接近零时，KS 的常开触点复位，KM_2 线圈断电而释放，能耗制动结束。

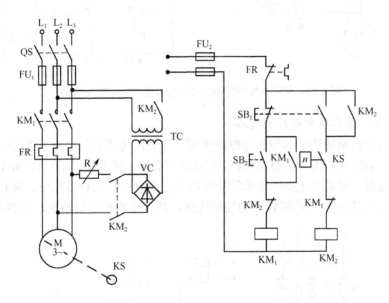

图 6-57 按速度原则控制的单向能耗制动控制线路

2）可逆运行能耗制动控制线路

如图 6-58 所示为电动机按时间原则控制的可逆运行能耗制动控制线路。图中的 KM_1 为正转用接触器，KM_2 为反转用接触器，KM_3 为制动用接触器，SB_2 为正向启动按钮，SB_3 为反向启动按钮，SB_1 为总停止按钮。

该线路的工作原理：在正向运转过程中，需要停止时，可按下 SB_1，则 KM_1 断电，KM_3 和 KT 线圈通电并自锁，KM_3 的常闭触点断开并锁住电动机启动电路；而 KM_3 的常开主触点闭合，使直流电压加至定子绕组，电动机进行正向能耗制动，转速迅速下降，当其接近零时，KT 的延时常闭触点断开 KM_3 线圈电源，电动机正向能耗制动结束。由于 KM_3 常开触点的复位，所以 KT 线圈也随之失电。反向启动与反向能耗制动的过程与上述正向情况相同。

电动机的可逆运行能耗制动也可以按速度原则控制，即用速度继电器取代时间继电器，同样能达到制动目的。

能耗制动适用于电动机容量较大，要求制动平衡和启动频繁的场合，它的缺点是需要一套整流装置，而整流变压器的容量随电动机容量增加而增大，这会使其体积和重量加大。为了简化线路，可采用无变压器单管能耗制动。

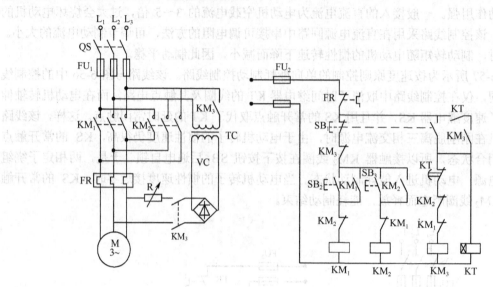

图 6-58　按时间原则控制的可逆运行能耗制动控制线路

3）无变压器单管能耗制动控制线路

前面介绍的能耗制动线路都需要带整流变压器和单向桥式整流电路，其制动效果较好。对于功率较大的电动机应采用三相整流电路，但所需设备多、成本高。对于10kW以下的电动机，在制动要求不高时，可采用无变压器单管能耗制动控制线路，其设备简单、体积小、成本低。如图 6-59 所示为无变压器单管能耗制动控制线路，其工作原理比较简单，读者可自行分析。

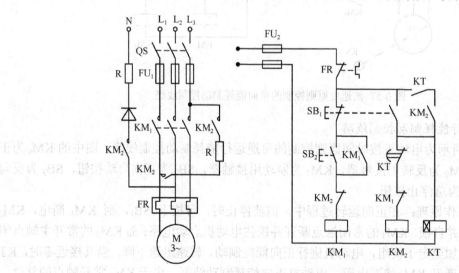

图 6-59　无变压器单管能耗制动控制线路

反接制动时，制动电流很大，因此制动力矩大，制动效果显著，但在制动时有冲击，制动不平稳且能量消耗大。

与反接制动相比，能耗制动的制动平稳，准确，能量消耗少，但制动力矩较弱，特别是在低速时制动效果差，并且还需提供直流电源。在实际使用时，应根据设备的工作要求选用合适的制动方法。

6.3.5 多速三相笼型异步电动机控制线路

电动机的转速与电动机的磁极对数有关，改变电动机的磁极对数即可改变其转速。采用改变极对数的变速方法一般只适合三相笼型异步电动机，下面以双速电动机为例分析这类电动机的控制线路。

如图 6-60 所示为双速异步电动机调速控制线路。图中的主电路接触器 KM_1 的主触点闭合，构成三角形连接；KM_2 和 KM_3 的主触点闭合，构成双星形连接。SB_2 为低速启动按钮，按下 SB_2，KM_1 线圈得电自锁，KM_1 的主触点闭合，电动机低速运行；复合按钮 SB_3 为高速启动按钮，按下 SB_3，KM_1 线圈得电自锁，时间继电器 KT 得电自锁，KM_1 的主触点闭合，电动机低速运行，当 KT 延时时间到时，先断开 KM_1 线圈电源，然后接通 KM_2 和 KM_3 线圈并自锁，再断开 KT 电源，电动机高速运行。电动机先低速后高速控制的目的是限制启动电流。

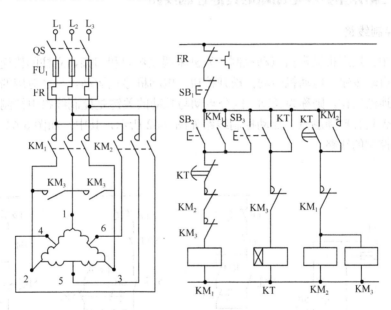

图 6-60 双速异步电动机调速控制线路（一）

如图 6-61 所示的控制线路采用选择开关 SA 控制。其中图 6-61（a）所示的控制线路可直接选择低速或高速运行，适用于小功率电动机；如图 6-61（b）所示的控制线路用于大功率电动机，选择低速运行时，直接启动低速运行，选择高速运行时，电动机先低速运行，一段时间后，再自动切换到高速。

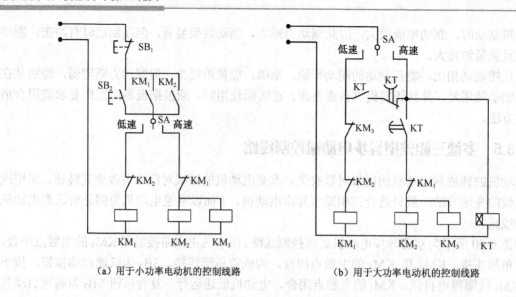

(a) 用于小功率电动机的控制线路　　　　(b) 用于大功率电动机的控制线路

图 6-61　双速异步电动机调速控制线路（二）

6.3.6　三相笼型异步电动机的其他控制线路

1. 点动控制线路

实际生产中，生产机械常需点动控制，如机床调整对刀和刀架、立柱的快速移动等。所谓点动，指按下启动按钮，电动机转动；松开按钮，电动机停止运动。与之对应的，若松开按钮后能使电动机连续工作，则称为长动。区分点动与长动的关键是控制线路中控制电器通电后能否自锁，即是否具有自锁触点。点动控制线路如图 6-62 所示，其中，如图 6-62（a）所示为用按钮实现点动控制的线路。

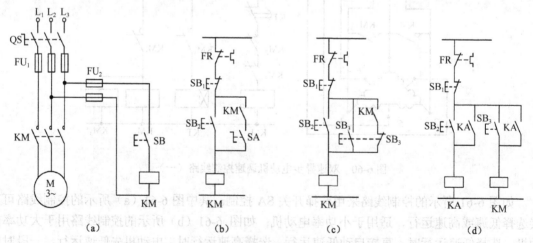

(a) 用按钮实现点动控制的线路；(b) 采用选择开关选择点动控制或长动控制的线路；
(c) 用复合按钮实现点动控制或长动控制的线路；(d) 采用中间继电器实现长动控制的线路

图 6-62　点动控制线路

生产实际中，有的生产机械既需要连续运转进行加工生产，又需要在进行调整工作时采用点动控制，这就产生了点动、长动混合控制线路。如图 6-62（b）所示便为采用选择开关选择点动控制或长动控制的线路；在图 6-62（c）中，是用复合按钮 SB_3 实现点动控制，用 SB_2 实现长动控制的。需要点动控制时，按下点动按钮 SB_3，其常闭触点先断开自锁电路，然后常开触点闭合，接通启动控制线路，KM 线圈通电，电动机启动运转；当松开点动按钮 SB_3 时，其常开触点先断开，常闭触点后闭合，线圈断电释放，电动机停止运转。由此可利用 SB_2 和 SB_1 来实现连续控制。如图 6-55（d）所示是采用中间继电器实现长动控制的线路。正常工作时，按下长动按钮 SB_2，中间继电器 KA 通电并自锁，同时接通接触器 KM 线圈，电动机连续转动；调整工作时，按下点动按钮 SB_3，此时 KA 不工作，KM 连续通电的常开触点断开，SB_3 接通 KM 的线圈电路，电动机转动，而且 SB_3 一松开，KM 的线圈便断电，电动机停止转动，实现点动控制。

2. 多地点与多条件控制线路

多地点控制是指在两地或两个以上地点进行的控制操作，多用于规模较大的设备。在某些机械设备上，为保证操作安全，需要满足多个条件后设备才能工作，这样的控制要求可通过在电路中串联或并联电器的常闭触点和常开触点来实现。多地点控制按钮的连接原则为：常开按钮均相互并联，组成"或"逻辑关系；常闭按钮均相互串联，组成"与"逻辑关系。任一条件满足，结果即可成立。如图 6-63 所示为两地点控制线路。遵循以上原则还可实现三地及更多地点的控制。多条件控制按钮的连接原则为：常开按钮均相互串联，常闭按钮均相互并联。所有条件满足，结果才能成立。如图 6-64 所示为两个条件控制线路。遵循以上原则还可实现更多条件的控制。

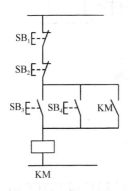

图 6-63 两地点控制线路

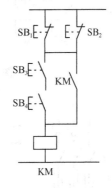

图 6-64 两个条件控制线路

3. 顺序控制线路

在生产实践中，有时要求多台电动机实现先后顺序工作，如在机床中要求主轴电动机启动后，工作台电动机才能启动。如图 6-65 所示为两台电动机顺序启动，逆序停止的控制线路。

4. 循环控制线路

在某些电气设备中，有些是通过设备自动循环工作的。自动循环控制是利用行程开关按机床运动部件的位置或部件的位置变化来进行的，通常又称为行程控制。自动循环控制是机械设备应用较广泛的控制方式之一。生产中常见的自动循环控制有龙门刨床、磨床等生产机械的工作台的自动往复控制。工作台行程示意图如图6-66所示，自动循环控制线路如图6-67所示。

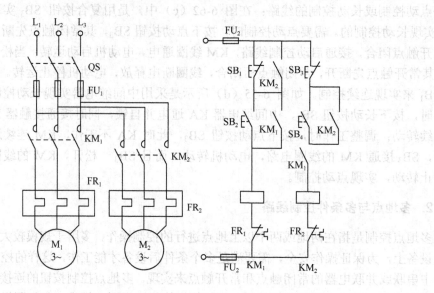

图6-65 两台电动机顺序启动，逆序停止的控制线路

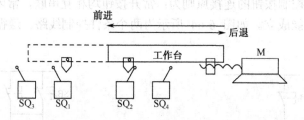

图6-66 工作台行程示意图

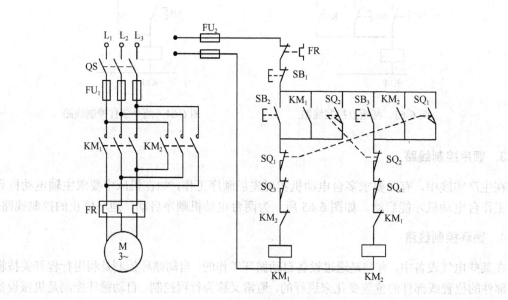

图6-67 自动循环控制线路

该线路的工作原理为：按下启动按钮 SB_2，接触器 KM_1 通电并自锁，其主触点闭合，电动机正转，带动工作台向左运行，当工作台到达行程开关 SQ_1 的位置时，SQ_1 被压下，其常闭触点断开，切断电动机的正转回路，同时，其常开触点闭合，接通接触器 KM_2 的线圈回路，KM_2 通电并自锁，其主触点闭合，电动机反转，带动工作台向右运行；当工作台到达行程开关 SQ_2 的位置时，SQ_2 被压下，切断电动机的反转回路，同时又接通电动机的正转回路，工作台又向左运行，从而实现工作台的自动往返。

6.4 继电器-接触器控制系统的设计

生产机械一般都由机械部分与电气部分组成。具体设计时，首先要明确机械设备的技术要求，拟定总体技术方案；其次应根据要求设计电气原理图，选择电气元件；最后要编写电气系统说明书。

6.4.1 继电器-接触器控制系统设计的基本内容

继电器-接触器控制系统是生产机械不可缺少的重要组成部分，它对生产机械能否正确、可靠的工作起着决定性的作用。生产机械高效率的生产方式使得机械部分的结构与电气控制密切相关，因此生产机械电气控制系统的设计应与机械部分的设计同步进行、密切配合，并拟订出最佳的控制方案。

继电器-接触器控制系统的设计内容主要包括：
（1）拟定电气设计任务书（给出技术条件）；
（2）确定传动方案，选择电动机；
（3）设计电气原理图；
（4）选择电气元件，并编制电气元件明细表；
（5）设计操作台、电控柜及非标准电气元件；
（6）设计电气元件布置图、元器件安装底板图、控制面板图、电气安装接线图等；
（7）编写设计说明书和使用操作说明书。

6.4.2 电气原理图设计的基本步骤及一般规律

1. 电气原理图设计的基本步骤

（1）根据选定的拖动方案和控制方式设计系统的原理框图，拟定出各部分的主要技术要求和主要技术参数。

（2）根据原理框图设计主电路。在绘制主电路时，主要考虑以下几个方面。

① 对于每台电动机的控制方式，应根据电动机的容量及拖动负载性质考虑其启动要求，选择适当的启动线路。对于容量小（7.5kW 以下）、启动负载不大的电动机，可采用直接启动；对于大容量电动机，应采用降压启动。

② 根据运动要求决定转向控制。

③ 根据每台电动机的工作制，决定是否需要设置过载保护或过电流控制措施。

④ 根据拖动负载及工艺要求决定停车时是否需要制动控制，并决定采用何种控制方式。

⑤ 设置短路保护及其他必要的电气保护。

⑥ 考虑其他特殊要求，如调速要求、主电路参数测量、信号检测等。

(3) 根据主电路的控制要求设计控制回路，其设计方法是：

① 正确选择控制电路的电压种类及大小；

② 根据每台电动机的启动、运行、调速、制动及保护要求依次绘制各控制环节（基本单元控制线路）；

③ 设置必要的联锁（包括同一台电动机各动作之间及各台电动机之间的动作联锁）；

④ 设置短路保护及设计任务书中要求的位置保护（如极限位、越位、相对位置保护）、电压保护、电流保护和各种物理量保护（温度、压力、流量等）；

⑤ 根据拖动要求，设计特殊要求控制环节，如自动变速、自动循环、工艺参数测量等控制；

⑥ 按需要设置应急操作。

(4) 根据照明、指示、报警等要求设计辅助电路。

(5) 总体检查、修改、补充及完善，主要内容包括：

① 校核各种动作控制是否满足要求，是否有矛盾或遗漏；

② 检查接触器、继电器、主令电器的触点使用是否合理，是否超过元器件允许的数量；

③ 检查联锁要求能否实现；

④ 检查各种保护能否实现；

⑤ 检查发生误操作所引起的后果与防范措施。

(6) 进行必要的参数计算。

(7) 正确、合理地选择各电气元件，按规定格式编制电气元件目录表。

(8) 根据完善后的设计草图，按电气制图标准绘制电气原理图。

2. 电气原理图设计的一般规律

(1) 电气控制系统应满足生产机械的工艺要求。在设计前，应对生产机械的工作性能、结构特点、运动情况、加工工艺工程及加工情况进行充分的了解，并在此基础上考虑控制方案，如控制方式、启动、制动、反向及调速要求，必要的联锁与保护环节，以保证生产机械工艺要求的实现。

(2) 尽量减少控制电路中电流、电压的种类，控制电压选择标准电压等级。

(3) 尽量选用典型环节或经过实际检验的控制线路。

(4) 在控制原理正确的前提下，减少连接导线的根数与长度；合理安排各电气元件之间的连线，尤其注重电气柜与各操作面板、行程开关之间的连线，使电路结构更为合理。例如，图 6-68（a）所示的两地控制线路的原理虽然正确，但因为电气柜及一组控制按钮安装在一起，距另一地的控制按钮有一定的距离，所以两地间的连线较多，而图 6-68（b）所示控制线路的两地间的连线较少，结构更合理。

(5) 合理安排电气元件及触点的位置。

(6) 减少线圈通电电流所经过的触点点数，提高控制线路的可靠性；减少不必要的触点和电器通电时间，延长器件的使用寿命。在如图 6-69（a）所示的顺序控制线路中，KA_3 线圈通电电流要经过 KA_1、KA_2、KA_3 的三对触点，若改为图 6-69（b）所示线路，则每个继电器的接通只需经过一对触点，工作较为可靠。

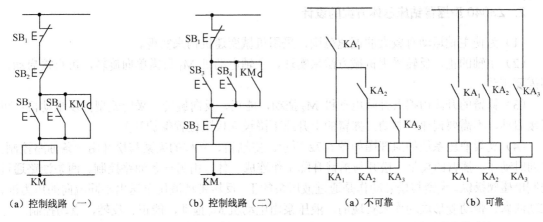

图 6-68 两地控制电路　　　　　图 6-69 线圈的电控制

（7）保证电磁线圈的正确连接。电磁式电器的电磁线圈分为电压线圈和电流线圈两种类型。为保证电磁机构的可靠工作，动作电器的电压线圈只能并联连接，不允许串联连接，否则因衔铁气隙的不同，线圈交流阻抗不同，电压不会平均分配，会导致电器不能可靠工作；反之，电流线圈同时工作时只能串联连接，不能并联连接，以避免出现寄生电路。如图 6-70 所示为存在寄生电路的控制线路，所谓寄生电路是指控制线路在正常工作或事故情况下，意外接通的电路。若有寄生电路存在，将破坏线路的工作顺序，造成误动作。图 6-70 中的控制线路在正常情况下能完成启动、正反转和停止的操作控制，信号灯也能指示电动机的状态，但当出现过热故障，热继电器 FR 的常闭触点断开时，会出现如图中虚线所示的寄生电路，将使 KM_1 不能断电释放，电动机则会失去过热保护。

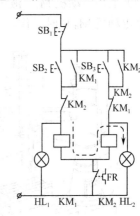

图 6-70 存在寄生电路的控制线路

（8）控制变压器容量的选择。控制变压器用来降低控制线路和辅助线路的电压，满足一些电气元件的电压要求。在保证控制线路工作安全、可靠的前提下，控制变压器的容量应大于控制线路最大工作负载时所需要的功率。

6.4.3 电气控制线路设计举例

本节主要设计 Z3040 型摇臂钻床的电气控制线路。Z3040 型摇臂钻床的主要结构如图 6-71 所示。

1. 控制要求

（1）主轴能正、反转，以便能加工螺纹。
（2）摇臂能上、下移动。
（3）内、外立柱、主轴箱与摇臂能自动加紧和松开。
（4）可以手控操作冷却泵电动机单向旋转。
（5）必要的联锁和保护环节。
（6）机床安全照明及信号指示电路。

2. Z3040型摇臂钻床总体方案的设计

（1）为使主轴运动有较大的调速范围，采用机械变速机构来实现。

（2）主轴的正、反转采用机械方法来实现，主轴电动机 M_1 只需单向旋转，可直接启动，不需要制动。

（3）摇臂的升降由摇臂升降电动机 M_2 拖动，能正、反向旋转，采用笼型异步电动机；可直接启动，不需要调速和制动。摇臂的上升或下降设立极限位置保护开关。

（4）夹紧液压系统的原理图如图 6-72 所示。主轴箱、立柱的夹紧与松开由一条油路控制，且同时动作。摇臂的夹紧、松开与摇臂升降工作连成一体，由另一条油路控制。两条油路通过控制电磁阀操纵。夹紧与松开动作是通过液压泵的正、反转带动液压泵送出不同流向的压力油，推动活塞、带动菱形块动作来实现的。液压泵由电动机 M_3 拖动，能正、反转，点动控制。

（5）摇臂的回转和主轴箱沿摇臂水平导轨方向的左、右移动通常采用手动来实现。

（6）电动机 M_4 拖动冷却泵工作，对加工的刀具进行冷却。M_4 为单向控制。

（7）主轴电动机 M_1、液压泵电动机 M_3 采用热继电器进行过载保护，摇臂升降电动机 M_2、冷却泵电动机 M_4 短时工作，不设过载保护，但各电路均设短路保护。

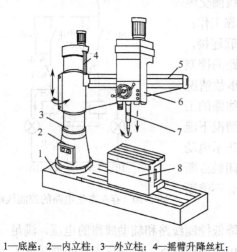

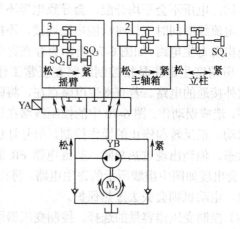

1—底座；2—内立柱；3—外立柱；4—摇臂升降丝杠；

5—摇臂；6—主轴箱；7—主轴；8—工作台

图 6-71　Z3040 型摇臂钻床的主要结构

图 6-72　夹紧液压系统的原理图

3. Z3040型摇臂钻床的电气控制线路设计

1）主电路的设计

根据设计方案，主轴电动机 M_1 为单方向旋转，由接触器 KM_1 控制。主轴的正、反转由机械装置实现，并用热继电器 FR_1 做电动机过载保护。摇臂升降电动机 M_2 由正、反转接触器 KM_2、KM_3 控制来实现正、反转。在操纵摇臂升降时，控制电路首先使液压泵电动机 M_3 启动旋转，送出压力油，经液压系统将摇臂松开，然后才使 M_2 启动，拖动摇臂上升或下降。当摇臂移动到位后，控制电路首先使 M_2 先停下，再自动通过液压系统将摇臂夹紧，最后液压泵电动机 M_3 才停转。M_2 为短时工作，不用设过载保护。M_3 由接触器 KM_4、KM_5 实现正、反转控制，热继电器 FR_2 用做过载保护。M_4 的容量小，由开关 SA_1 直接控制其启动和停车。

2）控制电路的设计

主轴电动机 M_1 的控制：由按钮 SB_1、SB_2 与接触器 KM_1 构成主轴电动机的单方向启动-停止控制电路。M_1 启动后，指示灯 HL_3 亮，表示主轴电动机在旋转。

摇臂升降的控制：由摇臂上升启动按钮 SB_3、下降启动按钮 SB_4 及正、反转接触器 KM_2、KM_3 组成具有双重互锁的电动机正、反转点动控制线路。摇臂的升降控制须与摇臂夹紧液压系统密切配合。如果摇臂没有松开，摇臂升降电动机不能转动。由正、反转接触器 KM_4、KM_5 控制双向液压泵电动机 M_3 的正、反转，送出压力油，经二位六通阀送至摇臂夹紧机构实现其夹紧与松开。

下面以摇臂上升为例简述动作过程：按下按钮 SB_3，时间继电器 KT 线圈通电，瞬时常开触点（13-14）闭合，瞬时常闭触点（17-18）打开，接触器 KM_4 线圈得电，液压泵电动机 M_3 启动，带动液压泵送出压力油，同时断电延时断开的 KT 常开触点（1-17）闭合，使电磁阀 YA 线圈得电，液压泵输出的压力油经二位六通阀左位进入摇臂夹紧机构的松开油腔，推动活塞和菱形块，将摇臂松开。同时，活塞杆通过弹簧片压上行程开关 SQ_2 发出摇臂已松开信号。此时，SQ_2 触点（6-13）断开，使接触器 KM_4 线圈断电，液压泵电动机 M_3 停转。与此同时，SQ_2 触点（6-7）闭合，接触器 KM_2 线圈得电，升降电动机 M_2 得电启动旋转，带动摇臂上升。待摇臂上升至所需位置时，松开按钮 SB_3，KM_2 线圈断电，M_2 停转，摇臂停止上升。同时，KT 线圈也断电，KT 常开触点（13-14）瞬时打开，常闭触点（17-18）瞬时闭合，而其延时断开的常开触点（1-17）仍未打开，使电磁阀 YA 继续得电，同时接触器 KM_5 线圈得电，液压泵电动机 M_3 反转，反向送出压力油，经二位六通阀左位反方向推动活塞和菱形块，将摇臂夹紧。同时，活塞杆通过弹簧片压下行程开关 SQ_3，SQ_3 的常闭触点（1-17）打开。KT 断电延时断开触点（1-17）经过 1~3s 延时后断开，使电磁阀 YA 和 KM_5 线圈断电。液压泵电动机 M_3 停转，摇臂上升后重新夹紧，过程结束。

主轴箱、立柱松开与夹紧的控制：主轴箱和立柱的夹紧与松开是同时进行的。当按下按钮 SB_5 时，接触器 KM_4 线圈通电，液压泵电动机 M_3 反转，拖动液压泵送出压力油，这时电磁阀 YA 线圈处于断电状态，压力油经二位六通阀右位进入主轴箱与立柱松开油腔，推动活塞和菱形块，使主轴箱与立柱松开。由于 YA 线圈断电，压力油不能进入摇臂松开油腔，所以摇臂仍处于夹紧状态。当主轴箱与立柱松开时，行程开关 SQ_4 没有受压，指示灯 HL_1 亮，表示主轴箱与立柱确已松开。此时可以手动操作主轴箱在摇臂的水平导轨上移动，也可推动摇臂使外立柱绕内立柱做回转移动。当移动到位后，按下夹紧按钮 SB_6，接触器 KM_5 线圈通电，M_3 正转，拖动液压泵送出压力油至夹紧油腔，使主轴箱与立柱夹紧。当确已夹紧时，压下 SQ_4，HL_2 亮，HL_1 灭，指示主轴箱与立柱已夹紧，可以进行钻削加工。

冷却泵电动机 M_4 的控制：由开关 SA_1 进行单向旋转控制。

联锁、保护环节：行程开关 SQ_2 实现摇臂松开到位与开始升降的联锁；行程开关 SQ_3 实现摇臂完全夹紧与液压泵电动机 M_3 停止旋转的联锁。时间继电器 KT 实现摇臂升降电动机 M_2 断开电源，待惯性旋转停止后再进行摇臂夹紧的联锁。摇臂升降电动机 M_2 的正、反转具有双重互锁。SB_5 与 SB_6 常闭触点接入电磁阀 YA 线圈电路实现进行主轴箱与立柱夹紧、松开操作时，压力油不能进入摇臂夹紧油腔的联锁。熔断器 FU_1 为总电路的短路保护。熔断器 FU_2 为电动机 M_2、M_3 及控制变压器 T 一次侧的短路保护。熔断器 FU_3 为照明电路的短路保护。热继电器 FR_1、FR_2 为电动机 M_1、M_3 的长期过载保护。组合开关 SQ_1 为摇臂上升、下降的极限位置保护。带自锁触点的启动按钮与相应接触器实现电动机的欠电压、失电压保护。

3) 照明与信号指示电路的设计

设 HL_1 为主轴箱、立柱松开指示灯，灯亮表示已松开，此时可以手动操作主轴箱沿摇臂水平移动或摇臂回转。HL_2 为主轴箱、立柱夹紧指示灯，灯亮表示已夹紧，此时可以进行钻削加工。设 HL_3 为主轴旋转工作指示灯。机床工作灯 EL 由控制变压器 T 供给 36V 安全电压，经开关 SA_2 操作实现钻床局部照明。

4) 控制电路电源的选择

考虑安全可靠及满足照明指示灯的要求，采用变压器供电，控制线路为 127V，照明为 36V，指示灯为 3.6V。

5) 绘制电气原理图

根据各局部线路之间的关系绘制电气原理图，如图 6-73 所示。

6) 选择电气元件，编制电气元件明细表

电气原理图绘制完毕后，根据被控对象的要求选择各电气元件。确定电气元件后，编制电气元件明细表。明细表中要注明各元器件的型号、规格及数量等。如表 6-5 所示为简明的电气元件明细表。

表 6-5 简明的电气元件明细表

符 号	名称及用途	符 号	名称及用途
M_1	主轴电动机	FU_3	工作灯短路保护熔断器
M_2	摇臂升降电动机	YA	电磁阀
M_3	液压泵电动机	SA_1	冷却泵工作开关
M_4	冷却泵电动机	SA_2	机床工作灯开关
KM_1	主轴旋转接触器	FR_1	M_1 电动机过载保护用热继电器
KM_2	摇臂上升接触器	FR_2	M_3 电动机过载保护用热继电器
KM_3	摇臂下降接触器	TC	控制变压器
KM_4	主轴箱、立柱、摇臂放松接触器	QS	电源引入开关
KM_5	主轴箱、立柱、摇臂夹紧接触器	SB_1	主电动机停止按钮
KT	放松、夹紧用断电延时时间继电器	SB_2	主电动机启动按钮
SQ_1	摇臂升降极限保护限位开关	SB_3	摇臂上升启动按钮
SQ_2	摇臂放松用限位开关	SB_4	摇臂下降启动按钮
SQ_3	摇臂夹紧用限位开关	SB_5	主轴箱、立柱松开按钮
SQ_4	立柱夹紧、放松指示用限位开关	SB_6	主轴箱、立柱夹紧按钮
FU_1	总电路短路保护熔断器	$HL_1 \sim HL_3$	工作状态指示信号灯
FU_2	M_1、M_2 及变压器一次侧的短路保护熔断器	EL	机床工作灯

7) 设计电气元件布置图、元器件安装底板图、控制面板图（略）

8) 绘制电气设备安装接线图（略）

9) 设计操作台、电控柜及非标准电气元件

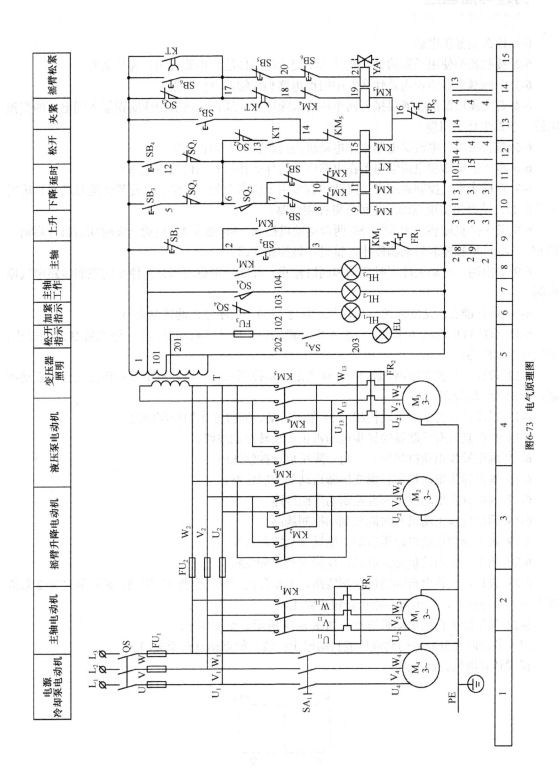

图6-73 电气原理图

习题与思考题

6-1 什么是低压电器？

6-2 接触器的使用类别的含义是什么？交流接触器能否串联使用？为什么？

6-3 中间继电器的作用是什么？中间继电器和接触器有何区别？

6-4 若交流电器的线圈误接入同电压的直流电源，或直流电器的线圈误接入同电压的交流电源，会发生什么问题？

6-5 是否可用过电流继电器来作电动机的过载保护？为什么？

6-6 电压继电器和电流继电器在电路中各起什么作用？如何接入电路？

6-7 在机床电气控制系统中，点动控制多用于机床刀架、横梁、立柱等快速移动和机床对刀等场合，试画出实现点动的几种常见控制线路。

6-8 某生产机械要求由 M_1、M_2 两台电动机拖动，M_2 能在 M_1 启动一段时间后自行启动，但 M_1、M_2 可单独控制启动和停止。试设计该控制线路。

6-9 画出两台电动机能同时启动和同时停止，并能分别启动和分别停止的控制线路电气原理图。

6-10 设计能在两地实现两台电动机的顺序启动、逆序停止的控制电路。

6-11 有两台电动机 A 和 B，要求 A 电动机先启动后才能启动 B，当 A 停止后 B 才能停止。试设计控制线路。

6-12 设计一个控制电路，能在 A、B 两地分别控制同一台电动机单方向连续运行与点动控制，画出电气原理图。

6-13 试设计三台交流电动机相隔 3s 顺序启动、同时停止的控制线路。

6-14 画出具有双重联锁的异步电动机正、反转控制线路。

6-15 画出异步电动机星形-三角形降压启动控制线路。

6-16 画出异步电动机用自耦变压器启动的控制线路。

6-17 画出异步电动机单向反接制动控制线路。

6-18 画出异步电动机双向能耗制动控制线路。

6-19 画出异步电动机降压启动，能耗制动控制线路。

6-20 画出异步电动机降压启动，反接制动控制线路。

6-21 设计一工作台自动循环控制线路，工作台在原位（位置1）启动，运行到位置2后立即返回，循环往复，直至按下停止按钮才停止。

6-22 某学校大门由电动机拖动，如图 6-74 所示。要求如下：
（1）长动时在开或关门到位后能自动停止；（2）能点动开门或关门。
试设计其电气控制线路。

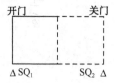

图 6-74 题 6-20 的图

第7章

机电传动系统的可编程序控制器控制

7.1 可编程序控制器概述

7.1.1 可编程序控制器的产生

可编程序控制器是在继电器顺序控制基础上发展起来的，以微处理器为核心的通用工业自动化控制装置。

20世纪60年代，汽车生产流水线的自动控制系统基本上都是由继电器控制装置构成的。当时汽车的每一次改型都直接导致继电器控制装置的重新设计和安装。随着生产的发展，汽车制造业竞争加剧，汽车型号更新的周期越来越短，这样，继电器控制装置就需要经常地重新设计和安装，十分费时、费工、费料，甚至阻碍了更新周期的缩短。为了改变这一现状，美国通用汽车公司在1969年公开招标，要求用新的控制装置取代继电器控制装置，并提出了十项招标指标，即：

(1) 编程方便，现场可修改程序；
(2) 维修方便，采用模块化结构；
(3) 可靠性高于继电器控制装置；
(4) 体积小于继电器控制装置；
(5) 数据可直接送入管理计算机；
(6) 成本可与继电器控制装置竞争；
(7) 输入可以是交流115V；
(8) 输出为交流115V，2A以上，能直接驱动电磁阀、接触器等；
(9) 在扩展时，原系统只需要很少变更；
(10) 用户程序存储器容量至少能扩展到4KB。

1969年，美国数字设备公司（DEC）研制出第一台PLC，在美国通用汽车自动装配线上试用并获得了成功。这种新型的工业控制装置以其简单易懂、操作方便、可靠性高、通用灵活、体积小、使用寿命长等一系列优点，很快地在美国其他工业领域推广应用。到1971年，它已经成功地应用于食品、饮料、冶金、造纸等工业。这一新型工业控制装置的出现，也受到了世界上其他国家的高度重视。1971年，日本从美国引进了这项新技术，很快研制出了日本的第一台PLC。1973年，西欧国家也研制出它们的第一台PLC。我国从1974年开始研制，于1977年开始在工业上应用PLC。

随着半导体技术，尤其是微处理器和微型计算机技术的发展，20世纪70年代中期以后，特别是进入20世纪80年代以来，PLC已广泛地使用16位甚至32位微处理器作为中央处理器，其输入/输出模块和外围电路也都采用了中、大规模甚至超大规模的集成电路，使PLC在概念、设计、性能价格比及应用方面都有了新的突破。这时的PLC已不仅仅具备逻辑判断功能，还同时具备数据处理、PID调节和数据通信功能，因此称之为可编程序控制器（Programmable Controller）更为合适，简称PC，但为了与个人计算机（Personal Computer）的简称PC相区别，一般仍将它简称为PLC。PLC的定义有许多种。国际电工委员会（IEC）对PLC的定义是：可编程序控制器是一种数字运算操作的电子系统，专为在工业环境下应用而设计。它采用可编程序的存储器，在其内部存储执行逻辑运算、顺序控制、定时、计数和算术运算等操作的指令，并通过数字的、模拟的输入和输出，控制各种类型的机械或生产过程。可编程序控制器及其有关设备，都应按易于与工业控制系统形成一个整体，易于扩充其功能的原则设计。

PLC是计算机技术与传统的继电器-接触器控制技术相结合的产物，其基本设计思想是把计算机的功能完善、灵活、通用等优点和继电器-接触器控制系统的简单易懂、操作方便、价格便宜等优点结合起来，而且其控制器的硬件是标准的、通用的，控制程序可根据实际控制要求进行编写、存储。继电器-接触器控制系统已有上百年历史，它是用弱电信号控制强电系统的控制方法，在复杂的继电器-接触器控制系统中，故障的查找和排除困难，花费时间长，严重地影响工业生产。在工艺要求发生变化的情况下，控制柜内的元件和接线需要进行相应的变动，改造工期长、费用高，导致用户宁愿另外制作一台新的控制柜。而PLC克服了继电器-接触器控制系统中机械触点的接线复杂、可靠性低、功耗高、通用性和灵活性差的缺点，充分利用了微处理器的优点，并将控制器和被控对象方便地连接了起来。由于PLC由微处理器、存储器和外围器件组成，所以它应属于工业控制计算机中的一类。

从用户的角度看，可编程序控制器是一种无触点设备，通过改变其程序即可改变生产工艺，因此如果在初步设计阶段就选用可编程序控制器，可以使得设计和调试变得简单容易。从制造生产可编程序控制器的厂商角度看，在制造阶段不需要根据用户的订货要求专门设计控制器，适合进行批量生产。由于这些特点，所以可编程序控制器问世以后很快受到工业控制界的欢迎，并得到迅速的发展。目前，可编程序控制器已成为工厂自动化的强有力工具，得到了广泛的应用。

7.1.2 可编程序控制器的特点

1. 编程简单，使用方便

梯形图是使用得最多的可编程序控制器的编程语言，其符号与继电器电路原理图相似。有继电器电路基础的电气技术人员只需要很短的时间就可以熟悉梯形图语言，并用它来编制用户程序。梯形图语言形象直观，易学易懂。

2. 控制灵活，程序可变，具有很好的柔性

可编程序控制器产品采用模块化形式，配备品种齐全的各种硬件装置供用户选用，用户能灵活方便地进行系统配置，以组成不同功能、不同规模的系统。可编程序控制器用软件功能取代了继电器控制系统中大量的中间继电器、时间继电器、计数器等器件，确定其硬件配置后，通过修改用户程序（不用改变硬件），便可方便、快速地适应工艺条件的变化，因此它具有很好的柔性。

3. 功能强，扩充方便

可编程序控制器有很强的逻辑判断、数据处理、PID 调节和数据通信功能，可以实现非常复杂的控制功能，几乎能满足所有工业控制领域的需要。另外，PLC 除了有基本单元外，还有扩展单元，可根据需要进行功能扩充，非常方便。

4. 系统设计周期短、安装容易、维护方便

由于系统硬件的设计任务仅仅是根据对象的控制要求配置适当的模块，而不需要设计具体的接口电路，且软件的设计和外围电路的设计可以同时进行，所以大大缩短了整个系统的设计时间，加快了系统的设计周期。

可编程序控制器的配线与其他控制系统的配线相比少得多，因此可以省下大量的配线，减少大量的安装接线时间，缩小控制柜体积，节省大量的费用。可编程序控制器有较强的带负载能力，可以直接驱动一般的电磁阀和交流接触器，而且它一般可采用接线端子连接外部接线。可编程序控制器的故障率很低，且有完善的自诊断和显示功能，便于迅速地排除故障。

5. 可靠性高，抗干扰能力强

可编程序控制器是为现场工作设计的，采取了一系列硬件和软件抗干扰措施。其中，硬件措施有屏蔽、滤波、电源调整与保护、隔离、后备电池等，软件措施有故障检测、信息保护和恢复、警戒时钟，加强对程序的检测和校验。这些措施提高了系统的抗干扰能力，使其平均无故障时间达到数万小时以上，可以直接用于有强烈干扰的工业生产现场。可编程序控制器现已被广大用户公认为最可靠的工业控制设备之一。

6. 体积小、质量小、能耗低，是"机电一体化"特有的产品

一台收录机大小的 PLC 具有相当于 1.8m 高的继电器控制柜的功能，一般可节电 50%以上。

由于 PLC 是工业控制的专用计算机，其结构紧密、坚固、体积小巧，并具备很强的抗干扰能力，易于装入机械设备内部，所以它成为实现"机电一体化"较理想的控制设备。

由于 PLC 具备以上特点，再加上它把微计算机技术与继电器-接触器控制技术很好地融合在一起，最新发展的 PLC 产品还把直接数字控制（DDC）技术加进去，并具有监控计算机联网的功能，所以它的应用几乎覆盖了所有的工业企业，既能改造传统机械产品成为机电一体化的新一代产品，又适用于生产过程控制，可实现工业生产的优质、高产、节能与降低成本等目标。

7. 兼容性差

PLC 虽然具有以上众多优点，但也存在各公司的 PLC 互不兼容的不足。例如，PLC 的软、硬件体系结构是封闭而不是开放的，有专用总线、专用通信网络及协议，I/O 模板不通用，甚至连机柜、电源模板也各不相同。又如编程语言虽然多数是梯形图，但它们的组态、寻址、语言结构均不一致。关于 PLC 开放性的工作在 20 世纪 80 年代就已经展开，但由于受到各大公司基于利益的阻挠和技术标准化难度的影响，这项工作进展得并不顺利。随着可编程序控制器国际标准 IEC61131 的逐步完善和实施，特别是 IEC61131—3 标准编程语言的推广，PLC 会进一步标准化。

总之，PLC 技术代表了当前电气控制的世界先进水平，PLC 与数控技术和工业机器人已成为工业自动化的三大支柱。

7.1.3 可编程序控制器的主要功能及应用

初期的 PLC 主要在以开关量居多的电气顺序控制系统中使用，20 世纪 90 年代后，PLC 也开始广泛地在流程工业自动化系统中使用，一直到现在的现场总线控制系统，PLC 更是其中的主角，其应用面越来越广。PLC 之所以被广泛使用，其主要原因如下。

（1）价格越来越低。微处理器芯片及有关元件的价格大大下降，使得 PLC 的成本下降。

（2）功能越来越强。随着计算机、芯片、软件、控制等技术的飞速发展，使得 PLC 的功能大大增强。它不仅能更好地完成原来得心应手的顺序逻辑控制任务，也能处理大量的模拟量，解决复杂的计算和通信联网问题。

（3）与时俱进地发展。在当前最热的现场总线控制系统中，主站和从站中几乎都有 PLC，PLC 的通信技术又往前发展了一大步。现在开放式、标准化的 PLC 也已走到前台，为适应现在和未来自动化技术的发展要求做好了准备。

目前，PLC 在国、内外已广泛应用于钢铁、采矿、水泥、石油、化工、制药、电力、机械制造、汽车、批量控制、装卸、造纸/纸浆、食品/粮食加工、纺织、环保和娱乐等行业。

PLC 的主要功能及应用通常有以下几方面。

1. 逻辑控制

用 PLC 的与、或、非指令取代继电器触点的串并联等逻辑连接，可实现开关量的逻辑控制。

2. 定时与计数控制

用 PLC 的定时器、计数器指令取代时间继电器等，可实现某些操作的定时或计数控制。

3. 数据处理

用 PLC 的数据传送、比较、移位、数码转换、编码、译码及数学运算和逻辑运算等指令可实现数据的采集、分析和处理。这些数据可以用做运算的中间参考值，也可以通过通信功能传送到别的智能装置，或者将它们保存、打印出来。数据处理一般用于大型控制系统，如无人柔性制造系统，也可以用于过程控制系统，如造纸、冶金、食品工业中的一些大型控制系统。

4. 步进控制

用 PLC 的步进指令取代由硬件构成的步进控制器等，可实现上、下工序操作的控制。该功能可以取代传统的继电器顺序控制，可以用于单机、多机群控、生产自动线控制，如注塑机、印刷机械、组合机床、装配生产线、包装生产线、电镀车间及电梯控制线路等。

5. 运动控制

通过 PLC 的高速计数器和位置控制模块等控制步进电动机或伺服电动机，从而可控制单轴或多轴生产机械。随着变频器、电动机启动器的普遍使用，PLC 可以与变频器结合，其运动控制功能更为强大，并广泛地用于各种机械，如金属切削机床、装配机械、机器人、电梯等。

6. 过程控制

通过 A/D 和 D/A 转换，用 PLC 的 PID 指令（或 PID 模块）可对生产过程中的温度、压力、速度、流量等模拟量进行单回路或多回路的闭环控制。现代的大、中型可编程序控制器一般都有 PID 闭环控制功能,此功能已经广泛地应用于工业生产、加热炉、锅炉等设备,以及轻工、化工、机械、冶金、电力、建材等行业。

7. 通信与远程控制

通过各种通信模块能够将 PLC 与 PLC、PLC 与上位计算机之间连接成一个网络。

8. 监控功能

为监控 PLC 运行程序是否正常,PLC 系统都设置了"看门狗"(Watching dog)监控程序。PLC 还有很多防止及检测故障的指令,可以产生各重要模块工作正常与否的提示信号。可通过编制相应的用户程序,对 PLC 的工作状况及 PLC 所控制的系统进行监控,以确保其可靠工作。PLC 每次上电后,都要运行自检程序及对系统进行初始化。当 PLC 出现故障时,还会有相应的出错信号提示。

7.1.4 可编程序控制器与继电器-接触器控制系统的区别

继电器-接触器控制系统虽有较好的抗干扰能力,但使用了大量的机械触点,使得设备连线复杂,且触点在开闭时易受电弧的损害,寿命短,系统可靠性差。

可编程序控制器的梯形图与传统的电气原理图非常相似,主要原因是其大致上沿用了继电器控制的电路元件符号和术语,仅个别之处有些不同,同时信号的输入/输出形式及控制功能基本上也相同。但是可编程序控制器与继电器-接触器控制系统又有根本的不同之处,主要表现在以下几个方面。

1. 控制逻辑

继电器控制逻辑采用硬接线逻辑,并利用继电器机械触点的串联或并联及时间继电器等组合成控制逻辑,接线多而复杂、体积大、功耗大、故障率高,一旦系统构成后,想再改变或增加功能都很困难。另外,继电器触点数目有限,每个继电器只有 4~8 对触点,因此其灵活性和扩展性很差。而 PLC 采用存储器逻辑,其控制逻辑以程序方式存储在内存中,要想改变控制逻辑,只需改变程序即可,因此 PLC 常称为"软接线",其灵活性和扩展性都很好。

2. 工作方式

电源接通时,继电器控制线路中的各继电器同时都处于受控状态,即该吸合的都应吸合,不该吸合的都因受某种条件限制不能吸合,因此它属于并行工作方式。而在 PLC 的控制逻辑中,各内部器件都处于周期性循环扫描过程中,各种逻辑、数值输出的结果都是按照在程序中的前后顺序计算得出的,因此它属于串行工作方式。

3. 可靠性和可维护性

继电器控制逻辑使用了大量的机械触点,连线也多,且触点在开闭时会受到电弧的损害,并有机械磨损,寿命短,因此其可靠性和可维护性差。而 PLC 采用微电子技术,大量的开关动作由无触点的半导体电路来完成,其体积小、寿命长、可靠性高。PLC 还配有自检和监督功能,能检查出自身的故障,并随时显示给操作人员;还能动态地监视控制程序的执行情况,为现场调试和维护提供了方便。

4. 控制速度

继电器控制逻辑依靠触点的机械动作实现控制，工作频率低，触点的开闭动作时间一般在几十毫秒数量级。另外，机械触点还会出现抖动问题。而 PLC 是由程序指令控制半导体电路来实现控制的，属于无触点控制，速度极快，一般一条用户指令的执行时间在微秒数量级，且不会出现抖动。

5. 定时控制

继电器控制逻辑利用时间继电器进行时间控制。一般来说，时间继电器存在定时精度不高，定时范围窄，易受环境湿度和温度变化的影响，调整时间困难等问题。而 PLC 使用半导体集成电路作为定时器，时基脉冲由晶体振荡器产生，精度相当高，且定时时间不受环境的影响，定时范围最小可为 0.001s，最长几乎没有限制，用户可根据需要在程序中设置定时值，然后由软件来控制定时时间。

6. 设计和施工

使用继电器控制逻辑完成一项控制工程，其设计、施工、调试必须依次进行，周期长，而且修改困难。工程越大，这一点就越突出。而用 PLC 完成一项控制工程，在系统设计完成以后，现场施工和控制逻辑的设计（包括梯形图设计）可以同时进行，周期短，且调试和修改都很方便。

从以上几个方面的比较可知，PLC 在性能上比继电器-接触器控制系统优异，特别是其可靠性高、通用性强、设计施工周期短、调试修改方便，而且体积小、功耗低、使用维护方便。但在很小的系统中使用 PLC 时，其成本要高于继电器-接触器控制系统。

7.1.5 可编程序控制器的发展趋势

PLC 总的发展趋势是向高集成度、小体积、大容量、高速度、易使用、高性能、信息化、软 PLC、标准化、与现场总线技术紧密结合等方向发展。

1. 向小型化、专用化、低成本方向发展

随着微电子技术的发展，新型器件的性能大幅度提高，其价格却大幅度降低，使得 PLC 的结构更紧凑，操作使用更简便。从体积上讲，有些专用的微型 PLC 仅为一个香皂大小。现在，PLC 功能不断增加，原来大、中型 PLC 才有的功能正逐步地移植到小型 PLC 上，如模拟量处理、复杂的功能指令和网络通信等。据统计，小型和微型 PLC 的市场份额一直保持在 70%～80%之间，因此对 PLC 小型化的追求不会停止。另外，PLC 的价格也在不断下降，使其真正成为现代电气控制系统中不可替代的控制装置。

2. 向大容量、高性能、高速度、信息化方向发展

现在的大、中型 PLC 多采用多微处理器系统，如有的采用了 32 位微处理器，并集成了通信联网功能，可同时进行多任务操作，其运算速度、数据交换速度及外设响应速度都有大幅度提高，其存储容量也大大增加，特别是增强了过程控制和数据处理的功能。为了适应工厂控制

系统和企业信息管理系统日益有机结合的要求，信息技术也逐渐渗透到了 PLC 中，如设置开放的网络环境、支持 OPC（OLE for Process Control）技术等。

3. 向智能化方向发展

为了实现一些特殊的控制功能，PLC 制造商开发出了许多智能化的 I/O 模块。这些模块本身带有 CPU，使得占用主 CPU 的时间很少，减小了对 PLC 扫描速度的影响，提高了整个 PLC 控制系统的性能。另外，它们本身有很强的信息处理能力和控制功能，可以完成 PLC 的主 CPU 难以兼顾的功能，从而简化了某些控制领域的系统设计和编程，提高了 PLC 的适应性和可靠性。典型的智能化模块主要有高速计数模块、定位控制模块、温度控制模块、闭环控制模块、以太网通信模块和各种现场总线协议通信模块等。

4. 向编程软件的多样化和高级化方向发展

PLC 的编程语言主要有梯形图、状态转移图和指令表语言等。其中最常用的是梯形图。梯形图编程虽然方便直观，但随着现代 PLC 产品应用领域的急速扩展，尤其是对于逻辑控制以外的控制领域而言，如一些复杂的大规模控制系统及在通信联网方面的应用，仅靠梯形图编程已经不能满足需求。因此，近年来 PLC 已发展出了多种编程语言，有面向顺序控制的步进顺控语言和面向过程控制系统的流程图语言，还有与计算机兼容的高级语言，如 BASIC、C 语言及汇编语言。另外，还有专用的高级语言，如三菱公司的 MELSAP，它可采用编译的方法将语句变为梯形图程序。还有很多 PLC 公司已开发了图形化编程组态软件，这种软件提供简捷、直观的图形符号及注释信息，使得用户控制逻辑的表示更加直观明了，操作和使用也更加方便。

5. 向人机交互方便化发展

过去在 PLC 控制系统中进行参数的设定和显示非常麻烦，对输入设定参数要使用大量的拨码开关组，对输出显示参数要使用数码管，它们不仅占据了大量的 I/O 资源，而且其功能少、接线烦琐。现在各种单色、彩色的显示设定单元、触摸屏、覆膜键盘等应有尽有，它们不仅能完成大量的数据的设定和显示任务，更能直观地显示动态图形画面，而且还能完成数据处理任务。

在中、大型 PLC 控制系统中，通过组态软件可以完成复杂的和大量的画面显示、数据处理、报警处理、设备管理等任务。对于这些组态软件，国外的品牌有 WinCC、iFIX、Intouch 等，国产知名生产公司有亚控、力控等。

6. 向高可靠性方向发展

控制系统的可靠性日益受到人们的重视，一些公司已将自诊断技术、冗余技术、容错技术广泛应用到现有产品中，推出了高可靠性的冗余系统，并采用了热备用或并行工作、多数表决的工作方式。这样，即使在恶劣、不稳定的工作环境下，PLC 的坚固、全密封的模板依然可正常工作，在操作运行过程中模板还可热插拔。

7. 向开放性和标准化方向发展

世界上大大小小的电气设备制造商几乎都推出了自己的 PLC 产品，但没有一个统一的规范和标准，因此所有 PLC 产品在使用上都存在着一些差别，而这些差别的存在对 PLC 产品制造商和用户而言都是不利的。一方面，这些差别增加了制造商的开发费用；另一方面，它们也增加了用户学习和培训的负担。这些非标准化的使用结果，使得程序的重复使用和可移植性都成为不可能的事情。

现在的 PLC 采用了各种工业标准，如 IEC61131、IEEE802.3 以太网、TCP/IP、UDP/IP 等，以及各种事实上的工业标准，如 Windows NT、OPC 等。特别是 PLC 的国际标准 IEC61131，为 PLC 从硬件设计、编程语言到通信联网等各方面都制定了详细的规范。该标准的第 3 部分 IEC61131—3 是 PLC 的编程语言标准。IEC61131—3 的软件模型是现代 PLC 的软件基础，是整个标准的基础性理论工具。它使传统的 PLC 突破了原有的体系结构（即在一个 PLC 系统中装插多个 CPU 模块），并为相应的软件设计奠定了基础。IEC61131—3 不仅在 PLC 系统中被广泛采用，在其他的工业计算机控制系统、工业编程软件中也得到了广泛的应用。越来越多的 PLC 制造商都在尽量朝该标准靠拢。尽管由于受到硬件和成本等因素的制约，不同的 PLC 和 IEC61131—3 兼容的程度有大有小，但这毕竟已成为一种趋势。

8. 向通信网络化发展

在中、大型 PLC 控制系统中，需要将多个 PLC 及智能仪器仪表连接成一个网络，进行信息的交换。PLC 通信联网功能的增强使它更容易与计算机和其他智能控制设备进行互联，使系统形成一个统一的整体，并可实现分散控制和集中管理。现在许多小型，甚至微型 PLC 的通信功能也十分强大。PLC 控制系统通信的介质一般为双绞线或光纤，它们具备常用的串行通信功能。在提供网络接口方面，PLC 将向两个方向发展：一是提供直接挂接到现场总线网络中的接口（如 PROFIBUS、AS-i 等）；二是提供 Ethernet 接口，使 PLC 直接接入以太网。

虽然 PLC 的通信网络功能强大，但硬件连接和软件程序设计的工作量却不大，再加上许多制造商为用户设计了专用的通信模块，并且在编程软件中增加了向导，因此用户大部分的工作只是简单的组态和参数设置，从而实现了 PLC 中复杂通信网络功能的易用化。

9. 软 PLC 的发展

所谓软 PLC 就是在计算机的平台上，在 Windows 操作环境下，用软件来实现 PLC 的功能。这个概念大概是在 20 世纪 90 年代中期提出的。既然安装有组态软件的计算机能完成人机界面的功能，为什么不能把 PLC 的功能也用软件来实现呢？因为计算机价格便宜，有很强的数学运算、数据处理、通信和人机交互的功能，如果其软件功能完善，则利用这些软件可以方便地进行工业控制流程的实时和动态监控，完成报警、历史趋势和各种复杂的控制功能，同时节约控制系统的设计时间。配上远程 I/O 和智能 I/O 后，软 PLC 还能完成复杂的分布式的控制任务。在随后的几年，软 PLC 的开发也呈现了上升的势头。但后来软 PLC 并没有像人们希望的那样出现占据相当市场份额的局面，这是由软 PLC 本身存在的一些缺陷造成的：

（1）软 PLC 对维护和服务人员的要求较高；

（2）电源故障对系统影响较大；

（3）在占绝大多数的低端应用场合，软 PLC 没有优势可言；

（4）在可靠性方面和对工业环境的适应性方面，它和 PLC 无法比拟；

（5）计算机机发展速度太快，技术支持不容易保证。

虽然软 PLC 存在很多缺点，但随着生产厂家的努力和技术的发展，它肯定也能在最适合的地方得到认可和发展。

10. PAC 的发展

在工控界,对 PLC 的应用情况有一个"80-20"法则,即:
(1) 80%的 PLC 应用场合都使用的是简单的低成本的小型 PLC;
(2) 78%(接近 80%)的 PLC 都使用的是开关量(或数字量);
(3) 80%的 PLC 应用使用 20 个左右的梯形图指令就可解决问题;
(4) 其余 20%的应用要求或控制功能要求使用 PLC 无法轻松满足,需要使用别的控制手段或 PLC 配合其他手段来实现。

于是,一种能结合 PLC 的高可靠性和计算机的高级软件功能的新产品应运而生,这就是 PAC(Programmable Automation Controller),或称为基于计算机架构的控制器。其主要特点是使用标准的 IEC61131—3 编程语言、具有多控制任务处理功能,兼具 PLC 和计算机的优点。PAC 主要用来解决那些所谓的剩余的 20%问题,但现在一些高端 PLC 也具备了解决这些问题的能力,加之 PAC 是一种较新的控制器,因此其市场还有待于开发和推动。

7.2 可编程序控制器的组成与工作原理

PLC 的产品型号很多,发展非常迅速,应用日益广泛,不同的产品在硬件结构、资源配置和指令系统等方面各不相同。但从总体来看,不同厂商的 PLC 在硬件结构和指令系统等方面大同小异。对于初学者而言,只要熟悉一种 PLC 的组成和指令系统,在涉及其他 PLC 时就可以做到触类旁通,举一反三。

7.2.1 可编程序控制器的基本组成

PLC 从组成形式上一般分为整体式和模块式两种,但它们的逻辑结构基本相同。整体式 PLC 一般由 CPU 单元、I/O 单元、显示面板、存储器和电源等组成。模块式 PLC 一般由 CPU 模块、I/O 模块、存储器模块、电源模块、底板或机架等组成。无论哪种结构类型的 PLC,都属于总线式的开放结构,其 I/O 能力可根据用户需要进行扩展与组合。整体式 PLC 的组成如图 7-1 所示。

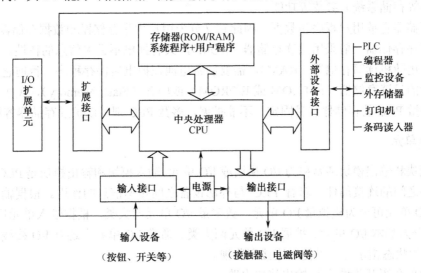

图 7-1 整体式 PLC 的组成

1. CPU 单元

CPU 是 PLC 的核心，起神经中枢的作用。每台 PLC 至少有一个 CPU，它按 PLC 的系统程序赋予的功能接收并存储用户程序和数据，诊断电源和 PLC 内部电路的工作状态和编程过程中的语法错误等。当 PLC 投入运行时，CPU 首先以扫描的方式采集由现场输入装置送来的状态或数据，并存入输入映像寄存区或数据存储器中，然后从用户程序存储器中逐条读取指令，经过命令解释后按指令的规定执行数据的传送、逻辑或算数运算，并更新输出映像寄存区或数据寄存器的内容。等所有的用户程序执行完毕之后，最后将输出映像寄存区的各输出状态或数据寄存器内的数据传送到相应的输出装置，如此循环直到停止运行。

CPU 主要由运算器、控制器、寄存器及实现它们之间联系的数据、控制及状态总线构成，CPU 单元还包括外围芯片、总线接口及有关电路。控制器控制 CPU 的工作，由它读取指令、解释指令及执行指令。但 CPU 的工作节奏由振荡信号控制。运算器用于进行数字或逻辑运算，它在控制器的指挥下工作。寄存器参与运算，并存储运算的中间结果，它也需要在控制器的指挥下工作。

CPU 的速度和存储器容量是 PLC 的重要参数，它们决定着 PLC 的工作速度、I/O 数量及软件容量等，因此它们限制着控制规模。

常用 CPU 类型有通用型微处理器、单片机和位片式计算机等。小型 PLC 的 CPU 多采用单片机或专用 CPU，中型 PLC 的 CPU 大多采用 16 位微处理器或单片机，大型 PLC 的 CPU 多采用高速位片式处理器，具有高速处理能力。近年来，对大型 PLC 还采用了双 CPU 以构成冗余系统，或采用三 CPU 的表决式系统。这样，即使某个 CPU 出现故障，整个系统仍能正常运行。

2. 存储器

PLC 的存储器分为系统程序存储器和用户存储器。

系统程序存储器用以存放系统工作程序（监控程序）、模块化应用功能子程序、命令解释程序、故障诊断程序及其各种管理程序，以及对应定义（I/O、内部继电器、计时器、计数器、移位寄存器等存储系统）参数等功能。

用户存储器存放用户程序和数据，因此它又分为用户程序存储器和数据存储器两部分。

系统程序存储器一般采用只读存储器（ROM），具有掉电不丢失信息的特性。用户存储器早期一般采用随机读写存储器（RAM），需要后备电池在掉电后保存程序。目前它则倾向于采用电可擦除的只读存储器（EEPROM 或 E^2PROM）或闪存（Flash Memory），免去了后备电池的麻烦。少数 PLC 的存储器容量固定，不能扩展，多数 PLC 则可以扩展存储器容量。

3. I/O 单元

输入模块和输出模块通常称为 I/O 模块或 I/O 单元。输入模块和输出模块是 PLC 与现场 I/O 装置或设备之间的连接部件，起着 PLC 与外部设备之间传递信息的作用。根据输入信号形式的不同，I/O 单元可分为模拟量 I/O 单元、数字量 I/O 单元两大类，根据输入单元形式的不同，I/O 单元可分为基本 I/O 单元、扩展 I/O 单元两大类。通常 I/O 单元上还有 I/O 接线端子排和显示 I/O 状态的状态指示灯，以便于连接和监视。

下面简单介绍开关量输入/输出接口电路。

（1）开关量输入接口电路。为防止各种干扰信号和高电压信号进入 PLC，影响其可靠性或造成设备损坏，输入接口电路一般用光电耦合电路进行隔离。光电耦合电路的关键器件是光耦合器，一般由发光二极管和光电三极管组成。

通常 PLC 的输入类型可以是直流、交流或交直流，使用最多的是直流信号输入的 PLC。输入电路的电源可由外部提供，也可由 PLC 自身的电源提供。交流输入方式适合于在有油雾、粉尘的恶劣环境下使用，其输入电压有 110V、220V 两种。直流输入电路的延迟时间较短，因此它可以直接与接近开关、光电开关等电子输入装置连接。

开关量直流和交流输入模块原理图分别如图 7-2、图 7-3 所示，图中的 LED 发光管可以指示输入信号的状态。从图中可以看出，PLC 的所谓的输入继电器就是由一些电子器件电路组成的有记忆功能的寄存器，若在外部给它一个输入信号，它就为"1"状态，其原理和传统的继电器一样。

（2）开关量输出接口电路。输出接口电路通常有三种类型：继电器输出型、晶体管输出型和晶闸管输出型。每种输出电路都采用电气隔离技术，其电源都由外部提供，其输出电流一般为 0.5～2A，这样的负载容量（输出电流）一般可以直接驱动一个常用的接触器线圈或电磁阀。开关量输出接口电路原理图如图 7-4 所示，图中的 LED 发光管可以指示输出信号的状态。

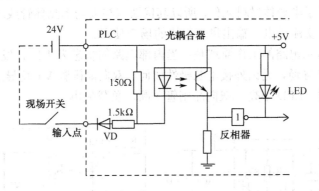

图 7-2　开关量直流输入模块原理图

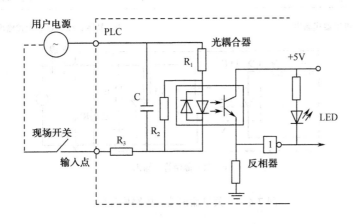

图 7-3　开关量交流输入模块原理图

继电器式输出如图 7-4（a）所示，这种输出形式既可驱动交流负载，又可驱动直流负载。

它的优点是适用电压范围比较宽，导通压降小，承受瞬时过电压和过电流的能力强。其缺点是动作速度较慢，动作次数（寿命）有一定的限制。建议在输出量变化不频繁时优先选用这种输出形式。

如图 7-4（a）所示电路的工作原理是：当内部电路的状态为 1 时，发光二极管 LED 亮，继电器 K 的线圈通电，产生电磁吸力，触点闭合，则负载得电；当内部电路的状态为 0 时，LED 熄灭，继电器 K 的线圈中无电流，触点断开，则负载断电。与触点并联的 RC 电路和压敏电阻 RV 用来消除触点断开时产生的电弧。

晶体管或场效应管式输出如图 7-4（b）所示，这种输出形式只可驱动直流负载。它的优点是可靠性强，执行速度快，寿命长。缺点是过载能力差。这种输出形式适合在直流供电、输出量变化快的场合使用。

如图 7-4（b）所示电路的工作原理是：当内部电路的状态为 1 时，点亮 LED，光电耦合器 V 导通，使大功率晶体管 VT 饱和导通，则负载得电；当内部电路的状态为 0 时，光电耦合器 V 断开，大功率晶体管 VT 截止，则负载失电。当负载为电感性负载，VT 关断时会产生较高的反电势，续流二极管 VD 的作用是为其提供放电回路，避免 VT 承受过电压。

双向晶闸管式输出如图 7-4（c）所示。这种输出形式适合驱动交流负载。由于双向晶闸管和大功率晶闸管同属于半导体材料元件，所以其优缺点与大功率晶体管或场效应管输出形式的优缺点相似，适合在交流供电、输出量变化快的场合使用。

如图 7-4（c）所示电路的工作原理是：当内部电路的状态为 1 时，发光二极管 LED 导通发光，光电耦合器 V 导通，无论外接电源极性如何，双向晶闸管 VT 均导通，负载得电；当内部电路的状态为 0 时，LED 不亮，双向晶闸管关断，负载失电。

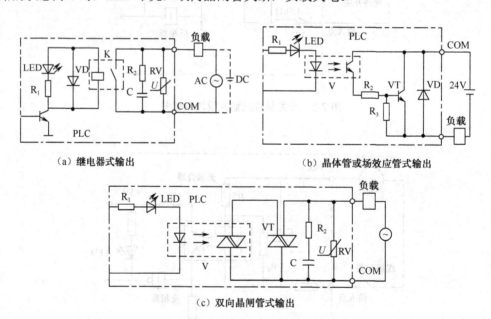

图 7-4 开关量输出接口电路原理图

具体选用哪种输出形式的 PLC 由项目实际需要决定。继电器输出型 PLC 最为常用，它的输出接口可使用交流或直流两种电源，其输出信号的通/断频率不能太高；晶体管输出型 PLC 的输出接口的通/断频率高，适合在运动控制系统（控制步进电动机等）中使用，但只能使用直流电源；晶闸管输出型 PLC 也适合在对输出接口的通/断频率要求较高的场合使用，但其电源为交流电源，现在这种 PLC 使用较少。

为避免 PLC 受瞬间大电流的作用而损坏，其输出端外部接线必须采用保护措施：一是输入和输出公共端接熔断器；二是采用保护电路，对交流感性负载一般使用阻容吸收回路，对直流感性负载一般使用续流二极管。

由于输入端和输出端是靠光信号耦合的，在电气上是完全隔离的，所以输出端的信号不会反馈到输入端，也不会产生地线干扰或其他串扰，因此 PLC 具有很高的可靠性和极强的抗干扰能力。

4．I/O 扩展接口

PLC 利用 I/O 扩展接口使 I/O 扩展单元与 PLC 的基本单元实现连接。当基本 I/O 单元的输入或输出点数不够使用时，可以用 I/O 扩展单元来扩充开关量 I/O 点数和增加模拟量的 I/O 端子。

5．外部设备接口（通信接口）

外部设备接口也称通信接口。PLC 通过该接口可以与触摸屏、文本显示器、打印机等相连，提供方便的人机交互途径；也可以与其他的 PLC、计算机或现场总线相连，构建控制网络。

6．电源

PLC 中的不同电路单元需要不同的工作电源，电源单元的作用就是把外部电源（220V 的交流电源或 24V 直流电源）转换成内部电路和各模块的集成电路所需要的直流工作电源（5V、±12V、24V）。有些 PLC 还向外提供 24V 的直流电源，用于给外部输入信号或传感器供电。驱动 PLC 负载的电源由用户提供。

7.2.2 可编程序控制器的工作原理及主要技术指标

1．可编程序控制器的工作原理

PLC 采用的是循环扫描的工作方式。对每个程序，CPU 从第一条指令开始执行，按指令步序号做周期性的程序循环扫描，如果无跳转指令，则从第一条指令开始逐条执行用户程序，直至遇到结束符后又返回第一条指令，如此周而复始不断循环。每一个循环称为一个扫描周期。一个扫描周期主要可分为 3 个阶段，如图 7-5 所示。

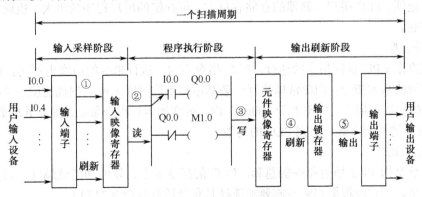

图 7-5　PLC 的扫描工作过程

1) 输入采样阶段

在输入采样阶段，CPU 扫描全部输入端口，读取其状态并写入输入映像寄存器。完成输入端采样工作后，将关闭输入端口，转入程序执行阶段。在程序执行期间，即使输入端状态发生变化，输入状态寄存器的内容也不会改变，而这些变化必须等到下一个扫描周期的输入采样阶段才能被读入。

2) 程序执行阶段

在程序执行阶段，根据用户输入的控制程序，从第一条开始逐步执行，并将相应的逻辑运算结果存入对应的内部辅助寄存器和输出映像寄存器。当最后一条控制程序执行完毕后，即转入输出刷新阶段。在此阶段，允许对数字量 I/O 指令和不设置数字滤波的模拟量 I/O 指令进行处理。

3) 输出刷新阶段

当所有指令执行完毕后，CPU 按照输出缓冲区中对应的状态和数据刷新所有的输出锁存器，再经输出电路驱动相应的外设。然后 PLC 进入下一个扫描周期，重新执行输入采样阶段，周而复始。

如果程序中使用了立即 I/O 指令，则可以直接存取 I/O 点。用立即 I/O 指令读输入点值时，相应的输入映像寄存器的值未被修改；用立即 I/O 指令写输出点值时，相应的输出映像寄存器的值被修改。

在扫描周期的各个部分，均可对中断事件进行响应。

2. 可编程序控制器的主要技术指标

可编程序控制器的种类很多，用户可以根据控制系统的具体要求选择不同技术指标的 PLC。可编程序控制器主要有以下几个方面的技术指标。

1) 输入/输出点数（I/O 点数）

可编程序控制器的 I/O 点数指外部输入、输出端子数量的总和。它是描述 PLC 大小的一个重要的参数。

2) 存储容量

PLC 的存储器由系统程序存储器和用户存储器组成。PLC 的存储容量通常指用户存储器容量，表征系统提供给用户的可用资源，是系统性能的一项重要技术指标。

PLC 用户存储器的存储容量越大，内部器件种类越多，数量越多，越便于 PLC 进行种种控制与数据处理。PLC 用户存储器的存储容量大，可存储的用户程序量也大，也就可以进行更为复杂的控制。

3) 扫描速度

扫描速度指 CPU 执行指令的速度。PLC 指令不同，执行指令的速度也不同。但各种 PLC 大致都有相同的基本指令，因此常以执行一条基本指令的时间来衡量扫描速度。当扫描速度高时，在允许的扫描周期（一般不大于 100ms）内，可增加运行指令条数，提升处理数据的能力，进而增加 PLC 的控制点数，增强 PLC 的功能。

4) 指令系统

指令系统是指 PLC 所有指令的总和。PLC 的指令越多，软件功能就越强，但其掌握应用也相对较复杂。用户应根据实际控制要求选择具有合适数量指令的 PLC。

5）通信功能

PLC 的通信包括 PLC 之间的通信和 PLC 与其他设备之间的通信。通信主要涉及通信模块、通信接口、通信协议和通信指令等内容。PLC 的组网和通信能力也已成为 PLC 产品水平的重要衡量指标之一。

PLC 厂家的产品手册上一般还提供有 PLC 的负载能力、外形尺寸、重量、保护等级、适用的安装和使用环境（如温度、湿度）等技术指标参数，可供用户参考。

7.2.3 可编程序控制器的分类

1. 按 I/O 点数分类

可编程序控制器用于对外部设备进行控制时，外部信号的输入、PLC 运算结果的输出都要通过 PLC 输入/输出端子来进行接线，输入/输出端子的数目之和被称为 PLC 的输入/输出点数，简称 I/O 点数。

由 I/O 点数的多少可将 PLC 分成小型 PLC、中型 PLC 和大型 PLC。

小型 PLC 的 I/O 点数小于 256 点，以开关量控制为主，具有体积小、价格低的优点。它可用于开关量的控制、定时/计数的控制、顺序控制及少量模拟量的控制，可代替继电器-接触器控制系统在单机或小规模生产过程中使用。

中型 PLC 的 I/O 点数在 256～1024 之间，其功能比较丰富，兼有开关量和模拟量的控制能力，适用于较复杂系统的逻辑控制和闭环过程的控制。

大型 PLC 的 I/O 点数在 1024 点以上，用于大规模过程控制、集散式控制和工厂自动化网络。

2. 按结构形式分类

PLC 可分为整体式结构和模块式结构两大类。

整体式 PLC 将 CPU、存储器、I/O 部件等组成部分集于一体安装在印制电路板上，并连同电源一起装在一个机壳内，形成一个整体，通常称其为主机或基本单元。整体式 PLC 具有结构紧凑、体积小、重量轻、价格低的优点。一般小型或超小型 PLC 多采用这种结构。

模块式 PLC 把各个组成部分做成独立的模块，如 CPU 模块、输入模块、输出模块、电源模块等。各模块做成插件式并组装在一个具有标准尺寸并带有若干插槽的机架内。模块式 PLC 配置灵活，装配和维修方便，易于扩展。一般大、中型的 PLC 都采用这种结构。

7.2.4 可编程序控制器的编程语言

PLC 是专为工业控制而开发的装置，其主要使用者是企业电气技术人员。为了适应他们的传统习惯和掌握能力，通常 PLC 不采用计算机编程语言，而采用面向控制过程、面向问题的"自然语言"编程。国际电工委员会（IEC）于 1994 年 5 月公布的 IEC 61131—3《可编程序控制器语言标准》详细地说明了其句法、语义，并介绍了下述 5 种编程语言：

（1）梯形图（Ladder Diagram，LD）；

（2）顺序功能图（Sequential Function Chart，SFC），也称状态转移图；

（3）功能块图（Function Black Diagram，FBD）；

（4）指令表（Instruction List，IL）；

（5）结构文本（Structured Text，ST）。

其中，梯形图（LD）和功能块图（FBD）为图形语言，指令表（IL）和结构文本（ST）为文字语言，顺序功能图（SFC）是一种结构块控制流程图。

目前已有越来越多的生产 PLC 的厂家提供符合 IEC 61131—3 标准的产品，有的厂家推出的在个人计算机上运行的"PLC 软件包"也是按 IEC 61131—3 标准设计的。

1. 梯形图（LD）

梯形图是用得最多的图形编程语言，其基本结构形式如图 7-6 所示。

（a）西门子格式的梯形图　　　　（b）三菱格式的梯形图

图 7-6　梯形图的基本结构形式

梯形图与继电器-接触器控制系统的电路图很相似，特别适用于开关量逻辑控制。梯形图由触点、线圈和应用指令等组成。触点代表逻辑输入条件。CPU 运行扫描到触点符号时，便转到触点位指定的存储器位访问（即 CPU 对存储器的读操作）。CPU 读操作的次数不受限制；在用户程序中，常开触点和常闭触点也可以使用无数次。线圈通常代表逻辑输出结果和输出标志位。当线圈左侧接点组成的逻辑运算结果为"1"时，"能流"可以到达线圈，使线圈得电动作，则 CPU 将线圈的位地址指定的存储器的位置为"1"，逻辑运算结果为"0"，线圈断电，存储器的位置"0"。也就是说，线圈代表 CPU 对存储器的写操作。由于 PLC 采用的是循环扫描的工作方式，所以在用户程序中，每个线圈只能使用一次。

PLC 的梯形图源于继电器逻辑控制系统的描述，并与电气控制系统的梯形图的基本思想一致，只是在使用符号和表达方式上有一定区别。PLC 的梯形图有以下几个基本特点。

（1）PLC 梯形图与电气原理图相对应，具有直观性和对应性，并与传统的继电器逻辑控制系统相一致。

（2）在梯形图中为了分析各个元器件间的输入与输出关系，假想有一个概念电流（也称能流，Power Flow）从左向右流向线圈，这一方向与执行用户程序时的逻辑运算关系是一致的。

（3）梯形图中的各编程元件所描述的常开触点和常闭触点可在编制用户程序时无限引用，不受次数的限制，且既可常开又可常闭。

（4）梯形图中的继电器与物理上的继电器具有不同的概念。PLC 梯形图中的编程元件沿用了继电器这一名称，如输入继电器、输出继电器、内部辅助继电器等。但对于 PLC 梯形图来说，其内部的继电器并不是实际存在的具有物理结构的继电器，而是指软件中的编程元件（软继电器）。编程元件中的每个软继电器触点都与 PLC 存储器中的一个存储单元相对应。因此，在应用时，必须将其与原有继电器逻辑控制技术中的有关概念区别对待。

（5）梯形图中的输入继电器的状态只取决于对应的外部输入电路的通/断状态，因此在梯形图中没有输入继电器的线圈。梯形图中的输出线圈只对应输出映像区的相应位，不能用该编程元件直接驱动现场机构，位的状态必须通过 I/O 模板上对应的输出单元才能驱动现场执行机构进行最后动作的执行。

（6）根据梯形图中各触点的状态和逻辑关系，可以求出与图中各线圈对应的编程元件的 ON/OFF 状态，这称为梯形图的逻辑解算。在梯形图中，逻辑解算是按从上到下、从左至右的顺序进行的。另外，逻辑解算是根据输入映像寄存器中的值，而不是逻辑解算瞬时外部输入触点的状态来进行的。

（7）梯形图中的用户逻辑解算结果可以马上为后面用户程序的逻辑解算所利用。

（8）梯形图与其他程序设计语言有一一对应关系，便于相互转换和对程序的检查。

但对于较为复杂的控制系统而言，与状态转移图等程序设计语言比较，梯形图的逻辑性描述还不够清晰。

2. 功能块图（FBD）

这是一种类似于数字逻辑门电路的编程语言，有数字电路基础的人很容易掌握。该编程语言用类似与门、或门的方框来表示逻辑运算关系。方框的左侧为逻辑运算的输入变量，右侧为输出变量。I/O 端的小圆圈表示"非"运算，方框被"导线"连接在一起，信号自左向右流动。功能块图程序如图 7-7 所示。西门子公司的"LOGO"系列微型可编程序控制器使用的是功能块图语言，除此之外，国内很少有人使用功能块图编程语言。

3. 顺序功能图（SFC）

顺序功能图如图 7-8 所示。它是一种真正的图形语言，用来编制顺序控制程序。它提供了一种组织程序的图形方法。在顺序功能图中可以用别的语言嵌套编程。步、转移条件和动作是顺序功能图中的 3 种主要元素。顺序功能图主要用来描述开关量顺序控制系统，根据它可以很容易地画出顺序控制梯形图程序。

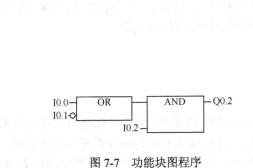

图 7-7　功能块图程序　　　　　　图 7-8　顺序功能图

4. 指令表（IL）

指令表又称语句表（Statement List，STL），是用一个或几个字符来表示某种操作功能的编程语言，类似于计算机中的指令助记符编程语言。用指令表编写的程序不方便理解，它一般与梯形图配合使用，互为补充。将图 7-6（a）所示梯形图程序用指令表语言编写如下：

```
LD    I0.0
AN    M0.0
=     Q0.0
```

```
     LD    I0.0
     =     M0.0
```

在通常情况下，梯形图（LAD）程序、功能块图（FBD）程序、语句表（STL）程序可有条件的相互转换（以网络为单位转换）。但是语句表（STL）可以编写梯形图（LAD）或功能块图（FBD）无法实现的程序。

5. 结构文本（ST）

结构文本是为 IEC 61131—3 标准创建的一种专用的高级编程语言。它采用计算机的描述语句来描述系统中各种变量之间的各种运算关系，完成所需的功能或操作。与梯形图相比，它能实现复杂的数学运算，其编写的程序非常简捷和紧凑。在中、大型 PLC 控制系统中，常采用结构文本设计语言来描述系统中各个变量的关系。它也被用于集散控制系统的编程和组态。

另外，在进行 PLC 程序设计时，IEC 61131—3 标准还规定编程者可在同一程序中使用多种编程语言，这使得编程者能选择不同的语言来适应特殊的工作。

7.3 S7-200 系列 PLC 的基础知识

S7-200 系列 PLC 是西门子公司生产的一种小型 PLC，其许多功能达到了中、大型 PLC 的水平，而价格却和小型 PLC 接近。特别是 S7-200 CPU22*系列 PLC（CPU21*系列的替代产品），它具有多种功能模块和人机界面（HMI）可供选择，便于系统的集成，并很容易地组成 PLC 网络；此外，它还具有功能齐全的编程和工业控制组态软件，使得 S7-200 系列 PLC 在完成控制系统的设计时更加简单，几乎可以完成任何功能的控制任务。

S7 系列还有 S7-300 和 S7-400 系列，分别为中、大型 PLC，完全可以替代西门子早期的 S5 系列 PLC。S7 系列 PLC 的编程均使用 STEP7 编程语言。因此，本节将以 S7-200 CPU22*系列为例，介绍 S7-200 系列 PLC 的硬件系统、内部资源及寻址方式等。

7.3.1 S7-200 系列 PLC 的硬件系统

1. 硬件系统的基本构成

S7-200 系列 PLC 属于小型整体式结构的 PLC，本机自带 RS-485 通信接口、内置电源和 I/O 接口。它的结构小巧，运行速度快，可靠性高，具有极其丰富的指令系统和扩展模块，实时特性和通信能力强大，便于操作、易于掌握，性价比非常高，在各种行业中的应用越来越广，成为中、小规模控制系统的理想控制设备。

SIMATIC S7-200 系列 PLC 的硬件配置灵活，既可用一个单独的 S7-200 CPU 构成一个简单的数字量控制系统，也可通过扩展电缆进行数字量 I/O 模块、模拟量 I/O 模块或智能接口模块的扩展，构成较复杂的中等规模控制系统。如图 7-9 所示为一个完整的 PLC 系统。

（1）基本单元，即 PLC 主机，也可称为 CPU 单元。其内部包括中央处理器 CPU，存储单元、输入/输出接口、内置 5V 和 24V 直流电源、RS-485 通信接口等，是 PLC 的核心部分。其功能足以使它完成基本控制功能，因此 CPU 单元就是一个完整的控制系统。

（2）编程设备，是对基本单元进行编程、调试的设备。可用 PC/PPI 编程电缆与 CPU 单元进行连接。常用设备为手持编程器和装有 SIMATIC S7-200 系列 PLC 编程软件的计算机。

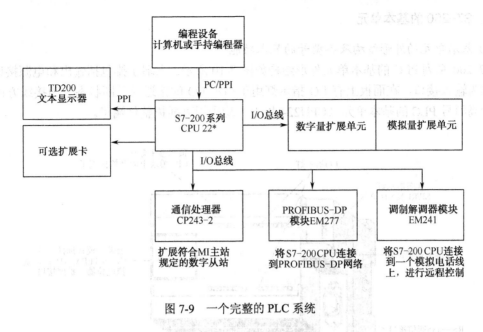

图 7-9 一个完整的 PLC 系统

（3）数字量扩展单元，即 I/O 接口单元，用于对数字量 I/O 模块的扩展。在工程应用中，基本单元自带的 I/O 接口往往不能满足控制系统要求，用户需要根据实际需要选用不同 I/O 模块进行扩展，以增加 I/O 接口的数量。不同的基本单元可连接的最大 I/O 模块数不同，而且可使用的 I/O 点数也是由多种因素共同决定的。

（4）模拟量扩展单元，即模拟量与数字量的转换单元。在控制领域中，模拟量的使用十分广泛，模拟量扩展单元可十分方便地与基本单元连接，实现 A/D 转换和 D/A 转换。

（5）智能扩展模块，多为特殊功能模块，模块内含有 CPU，能够进行独立运算和功能设置，如定位模块、Modem 模块、PROFIBUS-DP 模块等。

（6）TD200 文本显示器，为西门子提供的简单易用的人机界面。它可使用 5 种文字（英文、德文、法文、意大利文、西班牙文）中的任一种进行显示，为操作人员提供了一个方便、简洁的操作员界面；通过编程设置能够显示最多 80 条信息，每条信息最多有 4 种状态；具有 8 个可由用户自定义的功能键，每一个都由基本单元分配了一个存储空间，能够在执行程序的过程中修正参数，或直接设置输入或输出量对程序进行调试。新一代 TD 200C（S7-200 的文本显示界面）提供了非常灵活的键盘布置和面板设计，可选择多达 20 种不同形状、颜色和字体的按键，其背景图像也可任意变化。

（7）通信处理模块，为多 PLC 通信模块。CP243—2 通信处理器是 AS-接口主站连接部件，专门为 S7-200 CPU22*型 PLC 设计而成，使 AS-接口上能运行最多 31 个数字从站，可显著增加系统中可利用的数字量和模拟量 I/O，便于 S7-200 适应不同的控制系统。

（8）可选扩展卡。可根据用户需求配置用户存储卡、时钟卡、电池卡，并通过可选卡插槽进行连接。用户存储卡可与 PLC 主机双向联系，传输程序、数据或组态结果，对这些重要内容进行备份，其存储时间可延长到 200 天。时钟卡可提供误差为 2 分钟/月的时钟信号。电池卡是质量小于 0.6g、容量为 30mA·h、输出电压为 3V 的锂电池，其平均使用寿命为 10 年。

2. S7-200 的基本单元

1) 基本单元的外形结构及各型号的基本功能

S7-200 系列 PLC 的基本单元外形结构如图 7-10 所示。上端子排包括输出和电源接口,下端子排为输入接口,在面板上有 I/O 指示灯用于指示 I/O 的接通或关断状态。为接线方便,推出的较高型号 PLC 的基本单元(CPU224 以上)均采用可插拔整体端子。

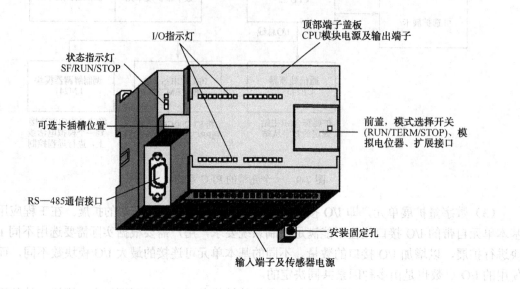

图 7-10 S7-200 系列 PLC 的基本单元外形结构

图 7-10 中右部前盖下是模式选择开关(RUN/TERM/STOP)、模拟电位器、扩展接口。通过拨动模式选择开关可分别使 PLC 工作在运行(RUN)或编程状态(STOP),若将开关拨至 TERM 位置,则可由编程软件来控制 PLC 工作在运行或编程状态。每一个模拟电位器均与一个内部特殊存储器相关,电位器的旋转可改变内部特殊存储器中的值,从而对程序的运行产生影响。扩展接口用于模块的扩展连接。

图中左上部为状态指示灯和可选卡插槽位置,左下部为一个或两个通信接口,可与编程器、计算机或其他通信设备连接,以进行数据交换。状态指示灯有 3 个,其中 SF 用于指示事故状态,RUN 用于指示运行状态,STOP 用于指示停止状态。

目前市场上的 S7-22* 系列 PLC 已基本取代了第一代 S7-21* 系列 PLC,并成为市场中的主流产品。S7-22* 系列有 CPU221、CPU222、CPU224、CPU224XP、CPU226、CPU226XM 6 种不同型号,其外观结构基本相同。CPU226XM 只是在原有的 CPU226 基础上将程序存储空间和数据存储空间扩大了一倍,其他指标未变。S7-200 系列 PLC 的 CPU 的技术指标如表 7-1 所示。

表 7-1 S7-200 系列 PLC 的 CPU 的技术指标

特 性	CPU221	CPU222	CPU224	CPU224XP	CPU226
外形尺寸/mm	90×80×62	90×80×62	120.5×80×62	140×80×62	190×80×62
输入电压	20.4~28.2V DC/85~264V AC(43~63Hz)				
本机数字量 I/O 数量	6DI/4DO	8DI/6DO	14DI/10DO	14DI/10DO	24DI/16DO

续表

特 性	CPU221	CPU222	CPU224	CPU224XP	CPU226
本机模拟量 I/O 数量	0	0	0	2AI/1AO	0
允许扩展模块数量	0	2	7	7	7
允许扩展智能模块数量	0	2	7	7	7
高速计数器数量	4	4	6	6	6
脉冲输出频率（DC）	2个 20kHz（DC）	2个 20kHz（DC）	2个 20kHz（DC）	2个 100kHz（DC）	2个 20kHz（DC）
模拟电位器个数	1个8位分辨率	1个8位分辨率	1个8位分辨率	2个8位分辨率	2个8位分辨率
脉冲捕捉输入/个	6	8	14	14	24
程序空间/B	4096	4096	8192	12288	16384
数据空间/B	2048	2048	8192	10240	24576
RS-485 通信接口数/个	1	1	1	2	2
每网络最大连接站数/个	126	126	126	126	126
掉电保存时间（超级电容）/h	50	50	100	100	100
为扩展模块提供的+5V 电源的输出电流最大值/mA	0	340	660	660	1000

2）基本单元的供电电源

S7-200 系列 PLC 有直流 24V 和交流 220V 两种供电电源。

3）基本单元的输入接口与输出接口

S7-200 系列 PLC 的输入信号采用 24V 直流电压，该电压可以由外部提供，也可以使用由 PLC 内部提供的 24V 直流电源。

在 S7-200 系列 PLC 中，每种基本单元都有晶体管和继电器两种输出形式，它们在电源电压和输出特性方面有较大区别，其应用领域也各有所长。当输出形式为晶体管式时，PLC 由 24V 直流供电，负载也只能用直流供电。晶体管式输出可以输出高达 20kHz 的高速脉冲，可直接驱动步进电动机或对伺服电动机控制器发送控制脉冲进行准确定位，但其驱动能力不足。当输出形式为继电器式时，PLC 由 220V 交流供电，负载可以选用直流供电，也可以选用交流供电。若负载采用交流供电，则单口驱动能力可达 2A，但不能输出高速脉冲，而且输出有 10ms 的延迟，因此该输出方式多用于直接驱动负载。

如图 7-11 所示为 CPU224 型 PLC 使用内部 24V 直流电源为输入回路供电，输出为晶体管式时的硬件连接方式。如图 7-12 所示为 CPU224 型 PLC 使用外部 24V 直流电源为输入回路供电，输出为继电器式时的硬件连接方式。

3. 扩展单元

S7-200 系列 PLC 的扩展单元包括数字量 I/O 扩展单元、模拟量 I/O 扩展单元和一些特殊功能扩展单元。连线时，基本单元放在最左侧，扩展单元用扁平电缆与左侧的模块相连，如图 7-13 所示。

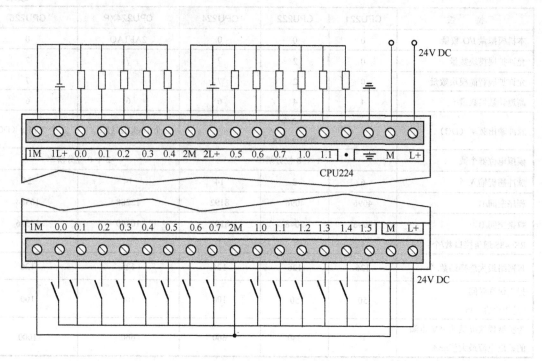

图 7-11　晶体管输出形式时的硬件连接方式

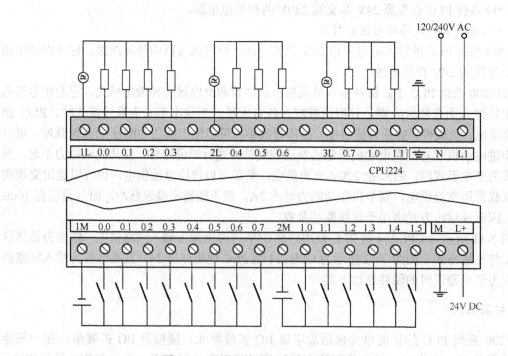

图 7-12　继电器输出形式时的硬件连接方式

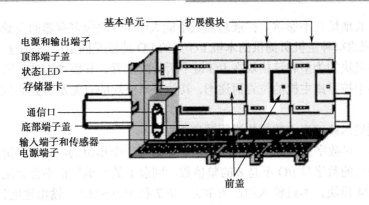

图 7-13 S7-200 系列 PLC 的扩展单元与基本单元的连接

1) 数字量 I/O 扩展单元

因为数字量 I/O 扩展单元内部没有 CPU，所以它必须与基本单元相连，并使用基本单元的寻址功能对模块上的 I/O 接口进行控制。S7-200 系列 PLC 目前可以提供 3 种类型的数字量输入/输出模块，即 EM221、EM222 和 EM223，如表 7-2 所示。

不同的基本单元的可扩展模块数量有限，如 CPU221 不能扩展，CPU222 只能扩展两个模块，CPU224、CPU226 能够扩展 7 个模块。扩展模块消耗的总电流不能超过 CPU 模块能够提供的最大电流。

表 7-2 数字量输入/输出模块

型号	EM221	EM222	EM223
类型	8 点 24V DC 输入	8 点 24V DC 输出	DI4/DO4×DC 24V
	8 点 AC 120/230V 输入	8 点继电器输出	DI4/DO4×DC 24V/继电器
	16 点 24V DC 输入	8 点 AC 120/230V 输出	DI8/DO8×DC 24V
		4 点 24V DC 输出，5A/点	DI8/DO8×DC 24V/继电器
		4 点继电器输出，10A/点	DI16/DO16×DC 24V
			DI16/DO16×DC 24V/继电器

2) 模拟量 I/O 扩展单元

在 S7-200 系列 PLC 中，除了 CPU224XP 的基本单元本身自带有模拟量 I/O 接口外，其他基本单元若要处理模拟量信号，均需扩展模拟量模块。模拟量扩展模块主要分为 3 种，即模拟量输入模块 EM231（4 路模拟量输入）、模拟量输出模块 EM232（2 路模拟量输出）和模拟量 I/O 组合模块 EM235（4 路模拟量输入、1 路模拟量输出），如表 7-3 所示。

表 7-3 模拟量扩展模块

模块	EM231	EM232	EM235
点数	4 路模拟量输入	2 路模拟量输出	4 路模拟量输入，1 路模拟量输出

3) I/O 点数扩展和编址

因为数字量扩展模块与模拟量扩展模块均属于对 CPU 模块 I/O 的扩展，所以 CPU 模块会对两种模块的 I/O 进行统一寻址。但 S7-200 系列 PLC 对数字量扩展模块与模拟量扩展模块的寻址是分开的，即不论排列顺序如何，数字量扩展模块的寻址是连续的，模拟量扩展模块的寻址也是连续的，其地址互不影响。扩展总点数不能大于I/O映像寄存器的总数。

CPU22*系列的每种主机所提供的本机I/O点的I/O地址是固定的，每个扩展模块的组态地址编号取决于各模块的类型和该模块在I/O链中所处的位置。其编址方法是同种类型输入或输出点的模块在链中按距离主机的位置而递增，其他类型模块的有无及所处的位置不影响本类型模块的编号。

（1）同类型输入或输出点的模块进行顺序编址。

（2）基本单元对数字量的寻址都是以8位寄存器为一个单位的，对数字量扩展模块也是相同的。若某一模块的数字量I/O不是8的整倍数，则余下的空地址也不会分配给其他模块。例如，对于CPU224模块，本机输入地址为I0.0～I0.7和I1.0～I1.5，输出地址为Q0.0～Q0.7和Q1.0～Q1.1。若扩展一个4输入、4输出的EM223数字量扩展模块，则扩展模块输入地址为I2.0～I2.3，输出地址为Q2.0～Q2.3。地址I1.6～I1.7与Q1.2～Q1.7都不能与外部接口对应，即它们是未用位。对于输出寄存器中没有使用的位，可以像使用内部存储器标志位一样使用它们。但对于输入寄存器中没有使用的位，由于每次输入更新时都把未用位清0，所以不能将其作为内部存储器标志位使用。

（3）对于模拟量，输入/输出以2字节（1个字）递增方式来分配空间。

例如，某一控制系统选用CPU224，系统所需的输入输出点数为：数字量输入24点、数字量输出20点、模拟量输入6点和模拟量输出2点。本系统可有多种不同模块的选取组合，并且各模块在I/O链中的位置排列方式也可能有多种，如图7-14所示为其中一种模块连接形式。

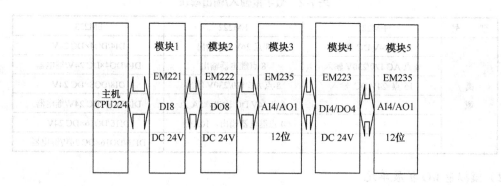

图7-14 一种模块连接形式

根据图7-14的连接情况知各模块的地址分配如下。

CPU224基本单元的I/O地址：

I0.0、I0.1、I0.2、I0.3、I0.4、I0.5、I0.6、I0.7、I1.0、I1.1、I1.2、I1.3、I1.4、I1.5；

Q0.0、Q0.1、Q0.2、Q0.3、Q0.4、Q0.5、Q0.6、Q0.7、Q1.0、Q1.1。

第一个扩展模块EM221的I/O地址：

I2.0、I2.1、I2.2、I2.3、I2.4、I2.5、I2.6、I2.7。

第二个扩展模块EM222的I/O地址：

Q2.0、Q2.1、Q2.2、Q2.3、Q2.4、Q2.5、Q2.6、Q2.7。

第三个扩展模块EM235的I/O地址：

AIW0、AIW2、AIW4、AIW6、AQW0。

第四个扩展模块 EM223 的 I/O 地址：
I3.0、I3.1、I3.2、I3.3、Q3.0、Q3.1、Q3.2、Q3.3。
第五个扩展模块 EM235 的 I/O 地址：
AIW8、AIW10、AIW12、AIW14、AQW2。

4）特殊功能扩展模块

典型的特殊功能扩展模块有以下几个。

（1）温度测量扩展模块，包括热电偶输入模块 EM231TC 和热电阻输入模块 EM231RTD，可直接与热电偶或热电阻连接，相当于将变送器与 A/D 转换模块合为一体。

（2）定位模块 EM253。EM253 能产生脉冲串，可用于步进电动机和伺服电动机速度、位置的开环控制。

（3）调制解调器模块 EM241。使用该模块可通过电话线、Modbus 或 PPI 协议进行 S7-200 CPU 与计算机之间，S7-200 CPU 之间的通信，实现远程编程、调试服务。

（4）PROFIBUS-DP 从站模块 EM277。该模块可以用做 PROFIBUS-DP 从站和 MPI（Multi Point Interface）从站。使用 MPI 协议或 PROFIBUS 协议的 STEP7—Micro/WIN 软件和 PROFIBUS 卡，以及 OP 操作面板或文本显示器 TD200，均可通过 EM277 模块与 S7-200 通信。最多可将 6 台设备连接到 EM277 模块上，其中可为编程器和 OP 操作面板各保留一个连接，其余 4 个可以通过任何 MPI 主站使用。为了使 EM277 模块可以与多个主站通信，各个主站必须使用相同的波特率。

（5）以太网模块 EM243。通过该模块可以把 S7-200 PLC 接入工业互联网中。

（6）AS-i 主站模块 CP243—2。通过该模块可以把 S7-200 PLC 接入 AS-i（Actuator Sensor interface，传感器/执行器接口）网络中，使 S7-200 PLC 作为 AS-i 网络中的主站。

7.3.2　S7-200 系列 PLC 的内部资源及寻址方式

1. 数据类型及数据范围

S7-200 系列 PLC 的数据类型可以是字符串、布尔型（0 或 1）、整数型和实数型（浮点数）。布尔型数据指字节型无符号整数；整数型数据包括 16 位符号整数（INT）和 32 位符号整数（DINT）。实数型数据采用 32 位单精度数来表示。不同的数据类型具有不同的数据长度和数值范围。在上述数据类型中，用字节（B）型、字（W）型、双字（D）型分别表示 8 位、16 位、32 位数据的数据长度。数据类型、长度及数据范围如表 7-4 所示。

表 7-4　数据类型、长度及数据范围

数据的长度、类型	无符号整数范围		符号整数范围	
	十进制数	十六进制数	十进制数	十六进制数
字节 B（8 位）	0～255	0～FF	-128～127	80～7F
字 W（16 位）	0～65535	0～FFFF	-32768～32767	8000～7FFF
双字 D（32 位）	0～4294967295	0～FFFFFFFF	-2147483648～2147483647	80000000～7FFFFFFF
位（BOOL）	0、1			
实数	-10^{38}～10^{38}			
字符串	以字节形式存储，最大长度为 255 字节，第一个字节中定义该字符串的长度			

2. 常数

S7-200 系列 PLC 的许多指令中常会使用常数。常数的数据长度可以是字节、字和双字。CPU 以二进制数的形式存储常数，在指令中可用二进制数、十进制数、十六进制数、ASCII 码或浮点数形式来表示常数。其表示格式举例如下。

十进制常数：1234；十六进制常数：16#3AC6；二进制常数：2#1010 0001 1110 0000；ASCII 码："Show"；实数（浮点数）：+1.175495E-38（正数），-1.175495E-38（负数）。

3. 软元件（软继电器）及地址分配

PLC 的软元件是指 PLC 的数据存储区。早期的 PLC 注重的是逻辑量控制功能。为便于使用，PLC 的内存区都是按功能划分，并用电器含义来命名的，如某某继电器、某某定时器、某某计数器，某某数据存储器等。其实，这些都只是内存区中的一个字节、字或位。这些字节、字的值或位的状态代表着这些器件的状态。因此称之为软元件或软继电器。随着 PLC 技术的发展，软元件（特别是内部器件）的类型及数量现已大为增加。因此，新型的 PLC 多已不用继电器（RELAY）这个称谓，而改称它为区（AREA）。这突出了 PLC 信息处理的功能。

1）数字量输入映像寄存器区（I 区）

数字量输入映像寄存器区是 S7-200 系列 PLC 的 CPU 为输入端信号状态开辟的一个存储区，用 I 表示。输入映像寄存器中的每一个位地址对应 PLC 的一个输入端子（如 PLC 的输入端子 I0.0 与输入映像区寄存器 I0.0 位相对应），用于存放外部传感器或开关元件发来的信号。在每次扫描周期的开始，CPU 对输入端子状态进行采样，当外部开关信号闭合时，则输入映像区寄存器相应位置"1"，即"输入继电器线圈"得电，在程序中其常开触点闭合，常闭触点断开。在一个扫描周期内，程序执行只使用输入映像寄存器中的数据进行处理，而不论外部输入端子的状态是什么。该区的数据可以是位（1bit）、字节（8bit）、字（16bit）或者双字（32bit）。需要指出的是，输入映像寄存器的状态值只能由外部输入信号驱动，而不能在内部由程序指令来改变。因此，在用户编制的梯形图中只应出现"输入继电器"的触点，而不应出现"输入继电器"的线圈。

S7-200 系列 PLC 的输入映像寄存器区有 IB0～IB15 共 16 字节的存储单元，且对输入映像寄存器是以字节（8 位）为单位进行地址分配的。输入映像寄存器可以按位进行操作，每一位对应一个数字量的输入点。例如，CPU224 的基本单元输入为 14 点，需占用两个字节，即占用 IB0 和 IB1 两个字节。而 I1.6、I1.7 因没有实际输入而未使用，则在用户程序中也不可使用。但如果整个字节未使用，如 IB3～IB15，则整个字节可作为内部标志位存储器（M）使用。

输入继电器可采用位、字节、字或双字来存取。输入继电器位存取的地址编号范围为 I0.0～I15.7。

2）数字量输出映像寄存器区（Q 区）

数字量输出映像寄存器区是 S7-200 系列 PLC 的 CPU 为输出端信号状态开辟的一个存储区，用 Q 表示。输出映像寄存器中的每一个位地址对应 PLC 的一个输出端子，用于存放程序执行后的所有输出结果，以控制外部负载的接通与断开。PLC 在执行用户程序的过程中，并不把输出信号直接输出到输出端子，而是送到输出映像寄存器（Q）中，在每个扫描周期的最后，才将输出映像寄存器中的数据统一送到输出端子。该区的数据可以是位（1bit）、字节（8bit）、字（16bit）或者双字（32bit）。

S7-200 系列 PLC 的 CPU 的输出映像寄存器区有 QB0~QB15 共 16 字节的存储元，且对输出映像寄存器也是以字节（8 位）为单位进行地址分配的。输出映像寄存器可以按位进行操作，每一位对应一个数字量的输出点。例如，CPU224 的基本单元输出为 10 点，需占用 2×8=16 位，即占用 QB0 和 QB1 两个字节。但未使用的位和字节均可在用户程序中作为内部标志位使用。

输出继电器可采用位、字节、字或双字来存取。输出继电器位存取的地址编号范围为 Q0.0~Q15.7。

PLC 在程序的执行过程中，对于输入或输出的存取通常是通过映像寄存器，而不是实际的输入、输出端子来完成的。S7-200 系列 PLC 的 CPU 执行有关输入、输出程序时的操作过程如图 7-15 所示。

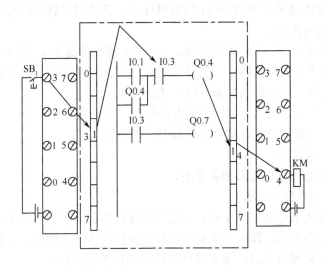

图 7-15　S7-200 系列 PLC 的 CPU 执行有关输入、输出程序时的操作过程

3）变量存储器区（V 区）

变量存储器主要用于存储变量，可以存放数据运算的中间运算结果或设置参数。在进行数据处理时，变量存储器会被经常使用。变量存储器可以按位寻址，也可以字节、字、双字为单位寻址，其位存取的编号范围根据 CPU 的型号有所不同，如 CPU221/222 为 V0.0~V2047.7 共 2KB 存储容量，CPU224/226 为 V0.0~V5119.7 共 5KB 存储容量。

4）内部标志位存储器区（M 区）

内部标志位存储器用来保存控制继电器的中间操作状态，其作用相当于继电器控制中的中间继电器。内部标志位存储器在 PLC 中没有输入/输出端与之对应，其线圈的通/断状态只能在程序内部用指令驱动；其触点不能直接驱动外部负载，只能在程序内部驱动输出继电器的线圈，再用输出继电器的触点去驱动外部负载。

内部标志位存储器可采用位、字节、字或双字来存取。内部标志位存储器位存取的地址编号范围为 M0.0~M31.7 共 32 字节。

5）特殊标志位存储器区（SM 区）

PLC 中还有若干特殊标志位存储器。特殊标志位存储器位提供大量的状态和控制功能，用来在 CPU 和用户程序之间交换信息。特殊标志位存储器能按位、字节、字或双字来存取。例如，CPU224 的 SM 区的位地址编号范围为 SM0.0~SM179.7 共 180 字节，其中 SM0.0~SM29.7 的 30 字节为只读型区域。

常用的特殊存储器的用途如下。

SM0.0：运行监视。SM0.0 始终为"1"状态。当 PLC 运行时，可以利用其触点驱动输出继电器，在外部显示程序是否处于运行状态。

SM0.1：初始化脉冲。每当 PLC 的程序开始运行时，SM0.1 线圈接通一个扫描周期，因此 SM0.1 的触点常用于调用初始化程序等。

SM0.2：当 RAM 中保存的数据丢失时，SM0.2 接通一个扫描周期（该位很少用）。

SM0.3：开机进入 RUN 时，接通一个扫描周期，可用在启动操作之前，给设备提前预热。

SM0.4、SM0.5：占空比为 50%的时钟脉冲。当 PLC 处于运行状态时，SM0.4 产生周期为 1min 的时钟脉冲，SM0.5 产生周期为 1s 的时钟脉冲。若将时钟脉冲信号送入计数器作为计数信号，可起到定时器的作用。

SM0.6：扫描时钟，一个扫描周期闭合，下一个扫描周期断开，循环交替。

SM0.7：工作方式开关位置指示。当开关放置在 RUN 位置时，该位为 1。

SM1.0：零标志位。当运算结果为 0 时，该位置 1。

SM1.1：溢出标志位。当结果溢出或为非法值时，该位置 1。

SM1.2：负数标志位。当运算结果为负数时，该位置 1。

SM1.3：被 0 除标志位。

其他特殊存储器的用途可查阅相关手册。

6) 局部变量存储器区（L 区）

局部变量存储器用来存放局部变量。局部变量存储器和变量存储器十分相似，其主要区别在于全局变量是全局有效的，即同一个变量可以被任何程序（主程序、子程序和中断程序）访问；而局部变量只是局部有效的，即变量只和特定的程序相关联。

S7-200 系列 PLC 有 64 字节的局部变量存储器，其中 60 字节可以作为暂时存储器，或用于给子程序传递参数。后 4 字节作为系统的保留字节。PLC 在运行时，根据需要动态地分配局部变量存储器，在执行主程序时，局部变量存储器分配给主程序；当调用子程序或出现中断时，局部变量存储器分配给子程序或中断程序。

局部变量存储器可以按位、字节、字、双字直接寻址，其位存取的地址编号范围为 L0.0~L63.7。

局部变量存储器可以作为间接寻址的指针，但是不能作为间接寻址的存储器。

7) 定时器区（T 区）

PLC 所提供的定时器的作用相当于继电器-接触器控制系统中的时间继电器。每个定时器可提供无数对常开和常闭触点供编程使用。其设定时间由程序设置。

每个定时器有一个 16 位的当前值寄存器，用于存储定时器累计的时基增量值（1~32767），另有一个状态位表示定时器的状态。若当前值寄存器累计的时基增量值大于等于设定值时，定时器的状态位被置"1"，该定时器的常开触点闭合。

定时器的定时精度（时基或时基增量）有 1ms、10ms 和 100ms 三种。CPU222、CPU224 及 CPU226 的定时器地址编号范围为 T0~T225，但它们的分辨率、定时范围并不相同，用户应根据所用 CPU 型号及时基正确选用定时器的编号。

8）计数器区（C 区）

计数器用于累计计数输入端接收到的由断开到接通的脉冲个数。计数器可提供无数对常开和常闭触点供编程使用，其设定值由程序赋予。

计数器的结构与定时器基本相同，每个计数器有一个 16 位的当前值寄存器用于存储计数器累计的脉冲数，另有一个状态位表示计数器的状态。当前值寄存器累计的脉冲数大于等于设定值时，计数器的状态位被置"1"，该计数器的常开触点闭合。计数器的地址编号范围为 C0～C255。

9）高速计数器区（HC 区）

一般计数器的计数频率受扫描周期的影响，不能太高。而高速计数器可用来累计比 CPU 的扫描速度更快的事件。S7-200 系列 PLC 的各个高速计数器不仅计数频率高达 30kHz，而且有 12 种工作模式。高速计数器的当前值是一个双字长（32 位）的整数，且为只读值。

高速计数器的地址编号范围根据 CPU 的型号有所不同，如 CPU221/222 各有 4 个高速计数器（HSC0、HSC3、HSC4、HSC5），CPU224/226 各有 6 个高速计数器（HC0～HC5）。

10）累加器区（AC 区）

累加器是用来暂存数据的寄存器，它可以用来存放运算数据、中间数据和结果。S7-200 系列 PLC 的 CPU 提供了 4 个 32 位的累加器，其地址编号为 AC0～AC3。累加器的可用长度为 32 位，可采用字节、字、双字的存取方式，按字节、字只能存取累加器的低 8 位或低 16 位，按双字则可以存取累加器的全部 32 位。

11）顺序控制继电器（状态元件）区（S 区）

顺序控制继电器是使用步进顺序控制指令编程时的重要状态元件，通常与步进指令一起使用，以实现顺序功能流程图的编程。

顺序控制继电器的地址编号范围为 S0.0～S31.7。

12）模拟量输入/输出映像寄存器区（AI/AQ 区）

S7-200 系列 PLC 的模拟量输入电路用于将外部输入的模拟量信号转换成 1 个字长的数字量存入模拟量输入映像寄存器区，其区域标志符为 AI。

S7-200 系列 PLC 的模拟量输出电路用于将模拟量输出映像寄存器区的 1 个字长（16 位）数值转换为模拟电流或电压输出，其区域标志符为 AQ。

PLC 内的数字量字长为 16 位，即两个字节，因此其地址均以偶数表示，如 AIW0，AIW2，……AQW0，AQW2，……

对模拟量输入/输出是以 2 个字（W）为单位分配地址的，每路模拟量输入/输出占用 1 个字（2 字节）。如果有 3 路模拟量输入，需分配 4 个字（AIW0、AIW2、AIW4、AIW6），其中没有被使用的字 AIW6 不可被占用或分配给后续模块；如果有 1 路模拟量输出，则需分配 2 个字（AQW0、AQW2），其中没有被使用的字 AQW2 不可被占用或分配给后续模块。

模拟量输入/输出的地址编号范围根据 CPU 的型号的不同有所不同，如 CPU222 为 AIW0～AIW30/AQW0～AQW30，CPU224/226 为 AIW0～AIW62/AQW0～AQW62。

4. 编址方式

可编程序控制器的编址就是对 PLC 内部的元件进行编码，以便执行程序时可以唯一地识别每个元件。PLC 内部在数据存储区为每一种元件分配一个存储区域，并用字母作为区域标志符，同时表示元件的类型。例如，I 既表示数字量输入元件，又为数字量输入映像寄存器区的标志符；Q 既表示数字量输出元件，又为数字量输出映像寄存器区的标志符。除了输入、输出元件外，PLC 还有其他元件，如模拟量输入映像寄存器 AI、模拟量输出映像寄存器 AQ、内部标志位存储器 M、特殊标志位存储器 SM、变量存储器 V、局部变量存储器 L、定时器 T、计数器 C、高速计数器 HC、顺序控制继电器 S、累加器 AC。掌握各元件的功能和使用方法是编程的基础。下面介绍元件的编址方式。

存储器的单位可以是位（bit）、字节（Byte）、字（Word）、双字（Double Word），因此编址方式也可以分为位、字节、字、双字编址。

1) 位编址

位编址的指定方式为：（区域标志符）bit（位号），如 I0.0，Q0.0，I1.2。

2) 字节编址

字节编址的指定方式为：（区域标志符）B（字节号），如 IB0 表示由 I0.0～I0.7 这 8 位组成的字节。

3) 字编址

字编址的指定方式为：（区域标志符）W（起始字节号），且最高有效字节为起始字节。例如，VW0 表示由 VB0 和 VB1 这 2 字节组成的字。

4) 双字编址

双字编址的指定方式为：（区域标志符）D（起始字节号），且最高有效字节为起始字节。例如，VD0 表示由 VB0 到 VB3 这 4 字节组成的双字。

5. 寻址方式

1) 立即寻址

在一条指令中，如果操作码后面的操作数就是操作码所需要的具体数据，则这种指令的寻址方式就叫做立即寻址。

例如，传送指令为"MOVD 2505 VD500"，该指令的功能是将十进制数 2505 传送到 VD500 中。这里的 2505 是指令码中的源操作数，因为这个操作数的数值已经在指令中，不用再去寻找了，所以这个操作数为立即数，这个寻址方式就是立即寻址方式。如果目标操作数的数值在指令中并未给出，只给出了要传送到的地址 VD500，则这个操作数的寻址方式就不是立即寻址，而是直接寻址了。

2) 直接寻址

在一条指令中，如果操作码后面的操作数是以操作数所在地址的形式出现的，则这种指令的寻址方式就叫做直接寻址。

例如，传送指令为"MOVD VD400 VD500"，该指令的功能是将 VD400 中的双字数据传送到 VD500 中。指令中的源操作数的数值在指令中并未给出，只给出了存储操作数的地址 VD400，寻址时要到该地址 VD400 中寻找操作数，因此这种给出操作数地址的寻址方式是直接寻址。

在 S7-200 系列 PLC 中，可以存放操作数的存储区有数字量输入映像寄存器区（I 区）、数字量输出映像寄存器区（Q 区）、变量存储器区（V 区）、内部标志位存储器区（M 区）、顺序控制存储器区（S 区）、特殊标志位存储器区（SM 区）、局部变量存储器区（L 区）、定时器区（T 区）、计数器区（C 区）、模拟量输入映像寄存器区（AI 区）、模拟量输出映像寄存器区（AQ 区）、累加器区（AC 区）和高速计数器区（HC 区）。

3）间接寻址

在一条指令中，如果操作码后面的操作数是以操作数所在地址的地址的形式出现的，则这种指令的寻址方式就叫做间接寻址。

例如，如果传送指令为"MOVD 2505 *VD500"。这里的*VD500 中指出的不是存放 2505 的地址，而是存放 2505 的地址的地址。假如 VD500 中存放的是 VD0，则 VD0 才是存放 2505 的地址。该指令的功能是将十进制数 2505 传送到 VD0 地址中。指令中的目标操作数的数值在指令中并未给出，只给出了存储操作数的地址的地址 VD500，这种给出操作数地址的地址形式的寻址方式是间接寻址。存储操作数地址的地址又称为地址指针。

间接寻址时，操作数并不提供直接数据位置，而是通过使用地址指针来存取存储器中的数据。在 S7-200 系列 PLC 中，允许使用指针对 I、Q、M、V、S、T（仅当前值）、C（仅当前值）存储区进行间接寻址。

（1）使用间接寻址前，要先创建一个指向该位置的指针。指针为双字（32 位），存放的是另一个存储器的地址，只能用 V、L 或累加器 AC（AC1、AC2、AC3）做指针。生成指针时，要使用双字传送指令（MOVD）将数据所在单元的内存地址送入指针，双字传送指令的输入操作数开始处加"&"符号，表示某存储器的地址，而不是存储器内部的值。指令输出操作数是指针地址。例如，"MOVD &VB200,AC1"指令就是将 VB200 的地址送入累加器 AC1 中。指令中的&VB200 如果改为&VW200 或&VD200，效果也完全相同，因为具体的寻址范围取决于随后的间接存取指令类型。

（2）指针建立好后，利用指针存取数据。在使用地址指针存取数据的指令中，操作数前加"*"号表示该操作数为地址指针。使用指针可存取字节、字、双字型数据。

例如：

```
MOVD  &VB0, VD10   //确定 VD10 为间接寻址的指针。
MOVD  *VD10, VD20  //把 VD10 指针指出的地址 VD0 中的 32 位数据传送到 VD20 中。
MOVW  *VD10, VW30  //把 VD10 指针指出的地址 VW0 中的 16 位数据传送到 VW30 中。
MOVB  *VD10, VB40  //把 VD10 指针指出的地址 VB0 中的 8 位数据传送到 VB40 中。
```

再如，要把 VB200、VB201 中的数据送到 AC0 中去，可以利用下面两条指令，其过程示意如图 7-16 所示。

```
MOVD  &VW200, AC1
MOVD  *AC1, AC0
```

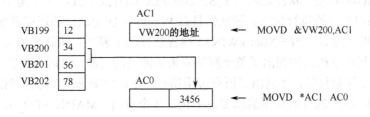

图 7-16　间接寻址的过程示意

在间接寻址方式中，指针指示了当前存取数据的地址。当一个数据已经存入或取出时，如果不及时修改指针则会出现以后的存取仍使用用过的地址的现象。为了使存取地址不重复，必须修改指针。因为指针为 32 位的值，所以可使用双字指令来修改指针值。简单的数学运算指令，加法指令"+D   IN1   OUT "或自增指令"INCD   OUT"可用于修改指针值。

要注意存取的数据的长度。当存取字节时，指针值加 1；当存取一个字、定时器或计数器的当前值时，指针值加 2；当存取双字时，指针值加 4。

例如：

LD	SM0.1		//PLC 首次扫描为 ON 状态。
MOVD	&VB0,	VD10	//把 VB0 的地址装入间接寻址的地址指针 VD10。
LD	I0.0		//输入 I0.0 由 OFF 变为 ON 时有效。
MOVD	*VD10,	VD20	//将 VD0 中的数据传送到 VD20 中。
+D	+4,	VD10	//地址指针 VD10 指向 VB4。
LD	I0.2		//输入 I0.2 由 OFF 变为 ON 时有效。
MOVW	*VD10,	VW24	//将 VW4 中的数据传送到 VW24 中。
+D	+2,	VD10	//地址指针 VD10 指向 VB6。
MOVB	*VD10,	VB26	//将 VB6 中的数据传送到 VB26 中。
INCD	VD10		//地址指针 VD10 指向 VB7。

在这个例子中，当 PLC 启动后，SM0.1 使 VD10 装入的间接地址指针为 VB0。当 I0.0 为 ON 时，把 VD0 的数据装入 VD20 中，并利用加法指令把 VD10 中的间接地址指针修改为 VB4。当 I0.2 为 ON 时，把 VW4 的数据装入 VW24 中，并利用加法指令把 VD10 中的间接地址指针修改为 VB6，接着把 VB6 的数据装入 VB26 中，并利用加一指令把 VD10 中的间接地址指针修改为 VB7。从这个例子中可以看出 S7-200 系列 PLC 间接寻址的全过程。

7.3.3 S7-200 系列 PLC 的指令系统及编程软件

S7-200 系列 PLC 既可使用 SIMATIC 指令集，又可使用 IEC 1131—3 指令集。SIMATIC 指令集是西门子公司专为 S7-200 系列 PLC 设计的，STEP7—Micro/WIN32 编程软件中可使用的 3 个编程器（LAD、STL、FBD）都可用于编辑该指令集，而且指令的执行速度较快。IEC 1131—3 指令集的指令执行时间要长一些，且只能在梯形图（LAD）、功能块图（FBD）编辑器中使用，不能使用灵活的指令表（STL）编辑器。由于许多 SIMATIC 指令集不符合 IEC 1131—3 指令集标准，所以两种指令集不能混用，而且许多功能使用 IEC 1131—3 指令集不能实现。

STEP7—Micro/WIN32 软件是西门子 S7-200 PLC 的开发工具，主要用于开发程序，也可用于适时监控用户程序的执行状态。该软件具有 Windows 应用软件的通用界面，易学易用。

如图 7-17 所示为 STEP7—Micro/WIN32 编程软件的主界面。该软件的菜单栏和工具栏可提供各种功能，其指令树结构列出了整个程序编辑所涉及的资源，包括所有的程序块、符号表、状态图、数据块、通信块等，还列出了所有可用指令。在程序编辑区，可打开相关的各种窗口，进行程序的编辑。编程软件的程序编辑窗口中包括 3 个页面：MAIN、SBR_0、INT_0，分别表示主程序、子程序 0、中断程序 0，而且子程序和中断程序页面可根据需要添加。这种结构使用了模块化编程体系，使程序结构简单、层次清楚、组织方便，十分有利于编写规模较大的程序。

编程软件的具体功能如下。

（1）可以用梯形图（Ladder Diagram，LAD）、语句表（Statement List，STL）和功能块图（Function Block Diagram，FBD）编程。

（2）可以进行符号编程。通过符号表分配符号和绝对地址，即对编程元件定义符号名称，可增加程序的可读性，并可打印输出。

（3）支持三角函数、开方、对数运算功能。

（4）具有易于使用的组态向导，用于 TD 200 文本显示器、PID 控制器、CPU 间数据传输的通信功能、高速计数器。

（5）可用于 CPU 硬件的设置，如扩展模块组态、输入延时、实时时钟设置、口令分配、CPU 保持区的组态、通信系统的网络地址、CPU 最近的错误状态。

（6）可以将 STEP7—Micro/WIN 正在处理的程序与所连接的 PLC 中的程序进行比较。

（7）可通过调制解调器支持 S7-200 系列 PLC 远程编程。

（8）可进行检测和故障诊断，执行单次扫描，强制输出等。

（9）具有可编辑的变量状态表，易于进行程序调试。

（10）可同时打开多个窗口显示信号状态和状态表。

（11）可导入和导出 STEP7—Micro/DOS 格式的文件。

（12）可在 Windows 下设置打印机，并可在任何 Windows 打印机上打印程序和其他表格。

图 7-17　STEP7—Micro/WIN32 编程软件的主界面

7.4　S7-200 系列 PLC 的基本指令及编程方法

S7-200 系列 PLC 的指令包括完成基本控制任务的基本指令和完成特殊任务的功能指令，其中基本指令多用于开关量逻辑控制。本节着重介绍基本指令的梯形图和语句表，并讨论其功能及编程方法。

7.4.1　基本逻辑指令及使用举例

基本逻辑指令在语句表中是指对位存储单元的简单逻辑运算，在梯形图中是指对触点的简单连接和对标准线圈的输出。S7-200 系列 PLC 中有一个 9 层的堆栈，可用来处理所有的逻辑操作，称为逻辑堆栈。S7-200 系列 PLC 使用逻辑堆栈来分析控制逻辑，当使用语句表编程时，要用相关指令来实现堆栈操作；当使用梯形图和功能框图编程时，程序员不必考虑主机的这一逻辑操作，因为这两种编程工具会自动地插入必要的指令来处理各种堆栈操作。

1. 逻辑取（装载）及线圈驱动指令 LD/LDN/=

LD（load）：常开触点逻辑运算的开始，其对应的梯形图为在左侧母线或线路分支点处初始装载一个常开触点。

LDN（load not）：常闭触点逻辑运算的开始（即对操作数的状态取反），其对应的梯形图为在左侧母线或线路分支点处初始装载一个常闭触点。

=（OUT）：输出指令，其对应的梯形图则为线圈驱动。该指令对同一元件只能使用一次。

执行 LD 指令，实质上是将 LD 后的操作数的值装入堆栈的栈顶。例如，执行 LD I0.0，表示将输入映像寄存器 I0.0 处的值取出放入堆栈栈顶。

执行 LDN 指令，实质上是将操作数的值取反后再装入栈顶。

执行输出指令（=），实质上是将栈顶值取出，存储到指定存储器位或输出映像寄存器位。LD/LDN/=指令的使用举例如图 7-18 所示。

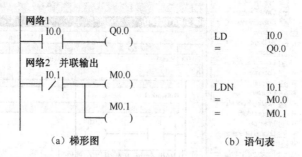

图 7-18　LD/LDN/=指令的使用举例

LD/LDN/=指令的使用说明：

（1）LD、LDN 指令用于与输入公共母线（输入母线）相连的接点，也可与 OLD、ALD 指令配合使用于分支回路的开头；

（2）"="指令用于 Q,M,SM,T,C,V,S，但不能用于输入映像寄存器 I，当输出端不带负载时，控制线圈应尽量使用 M 或其他，而不使用 Q；

(3)"="可以并联使用任意次,但不能串联。

2. 触点串联指令 A（And）/AN（And not）

A（And）：与操作,在梯形图中表示串联连接单个常开触点。
AN（And not）：与非操作,在梯形图中表示串联连接单个常闭触点。
A/AN 指令的使用举例如图 7-19 所示。

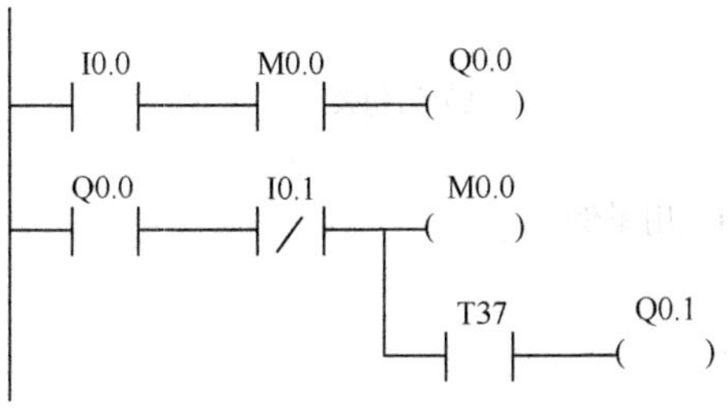

```
LD   I0.0    //装载常开触点
A    M0.0    //与常开触点
=    Q0.0    //输出线圈
LD   Q0.0    //装载常开触点
AN   I0.1    //与常闭触点
=    M0.0    //输出线圈
A    T37     //与常开触点
=    Q0.1    //输出线圈
```

（a）梯形图　　　　　　　　　　　（b）语句表

图 7-19　A/AN 指令的使用举例

执行串联指令 A,实质上是将 A 后面的操作数的值取出,与堆栈的栈顶值逻辑"与",并将结果装入栈顶。例如,执行 A M0.0,表示将位存储器 M0.0 处的值取出后与栈顶值相"与",并将结果装入栈顶。

执行 AN 指令,实质上是将操作数的值取反后再与堆栈的栈顶值逻辑"与",并将结果装入栈顶。

A/AN 指令的使用说明：
（1）A、AN 是单个触点串联连接指令,可连续使用;
（2）若按正确顺序编程（即输入为左重右轻、上重下轻；输出为上轻下重）,则可以反复使用=指令,如图 7-19（b）所示。但若按图 7-20 所示的编程顺序,就不能连续使用"="指令；
（3）A、AN 的操作数为 I,Q,M,SM,T,C,V,S 和 L。

3. 触点并联指令为 O（Or）/ON（Or not）

O：或操作,在梯形图中表示并联连接一个常开触点。

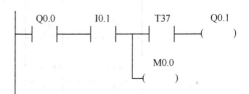

图 7-20　梯形图

ON：或非操作,在梯形图中表示并联连接一个常闭触点。

执行并联指令 O,实质上是将 O 后面的操作数的值取出,与堆栈的栈顶值逻辑"或",并将结果装入栈顶。例如,执行 O　M0.1,表示将位存储器 M0.1 处的值取出后与栈顶值相"或",并将结果装入栈顶。

执行 ON 指令,实质上是将操作数的值取反后再与堆栈的栈顶值逻辑"或",并将结果装入栈顶。

O/ON 指令的使用举例如图 7-21 所示。

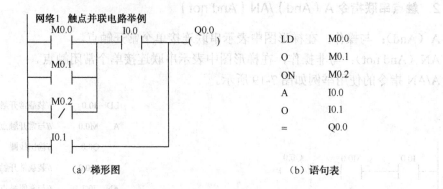

图 7-21　O/ON 指令的使用举例

O/ON 指令的使用说明：

（1）单个触点的 O/ON 指令可以连续使用；

（2）O、ON 的操作数为 I,Q,M,SM,V,S,T,C 和 L。

4．电路块的并联指令 OLD

OLD：块"或"操作，用于多个串联电路块的并联连接。

OLD 指令的使用举例如图 7-22 所示。

每个串联电路块的逻辑结果将依次压入堆栈。执行 OLD 指令的实质就是把堆栈的第一层、第二层的值进行"或"操作，并将结果置于栈顶，如图 7-24（b）所示。

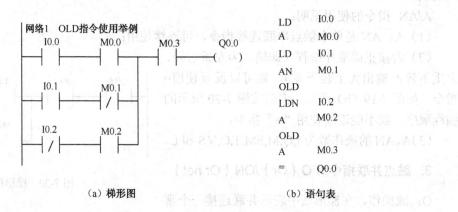

图 7-22　OLD 指令的使用举例

OLD 指令的使用说明：

（1）先组块后并联；

（2）各个支路的起点必须使用 LD、LDN 指令；

（3）对于由多个支路组成的并联电路，每写一条并联支路后应紧跟一条 OLD 指令，OLD 指令无操作数。

5. 电路块的串联指令 ALD

ALD：块"与"操作，用于多个并联电路块的串联连接。

ALD 指令的使用举例如图 7-23 所示。

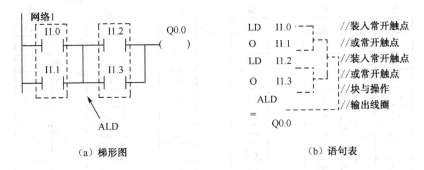

图 7-23 ALD 指令的使用举例

每个并联电路块的逻辑结果将依次压入堆栈。执行 ALD 指令的实质就是把堆栈的第一层、第二层的值进行"与"操作，并将结果置于栈顶，如图 7-24（a）所示。

ALD 指令的使用说明：

（1）先组块后串联；

（2）各个支路的起点必须使用 LD、LDN 指令；

（3）对于由多个支路组成的串联电路，在组成一个电路块后应紧跟一条 ALD 指令，ALD 指令无操作数。

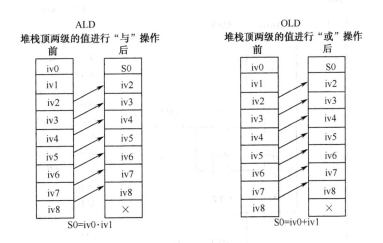

图 7-24 ALD、OLD 指令执行示意图

6. 逻辑入栈指令 LPS、逻辑读栈指令 LRD、逻辑出栈指令 LPP

LPS：逻辑入栈指令（分支电路开始指令），即把栈顶值复制后压入堆栈，栈底值压出丢失。

LRD：逻辑读栈指令（分支电路开始指令），即把堆栈第二级值复制到栈顶，堆栈底没有压入和弹出。

LPP：逻辑出栈指令（分支电路结束指令），即把堆栈弹出一级，原堆栈第二级的值成为新的栈顶值。

LPS、LRD、LPP 指令的操作过程示意图如图 7-25 所示。

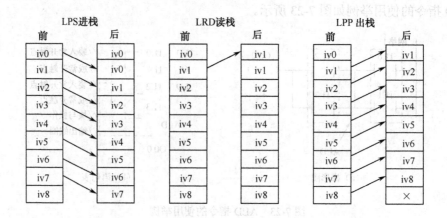

图 7-25 LPS、LRD、LPP 指令的操作过程示意图

在梯形图分支结构中，LPS 用于生成一条新的母线，其左侧为原来的主逻辑块，右侧为新的从逻辑块。LPS 用于右侧的第一个从逻辑块的编程，LRD 用于第二个以后的从逻辑块的编程，LPP 用于最后一个从逻辑块的编程。

LPS、LRD、LPP 指令的使用举例如图 7-26 所示。

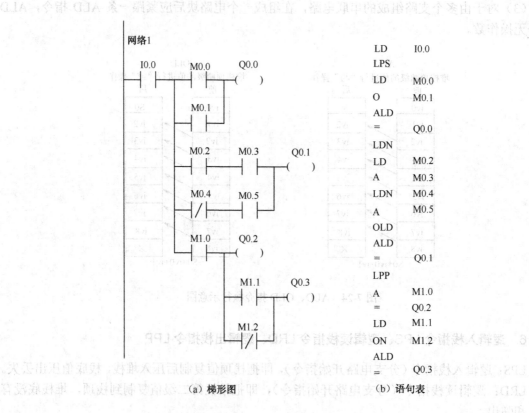

(a) 梯形图　　　　　(b) 语句表

图 7-26 LPS、LRD、LPP 指令的使用举例

LPS、LRD、LPP 指令的使用说明：

（1）上述三种逻辑堆栈指令可以嵌套使用，最多为 9 层；

（2）为保证程序地址指针不发生错误，入栈指令 LPS 和出栈指令 LPP 必须成对使用，最后一次读栈操作应使用出栈指令 LPP；

（3）堆栈指令没有操作数。

7. 置位/复位指令 S/R

置位指令 S：使能输入有效后将从指定位（位 bit）开始的 N 个同类存储器位置位。

复位指令 R：使能输入有效后将从指定位（位 bit）开始的 N 个同类存储器位复位。

置位/复位指令的 LAD、STL 格式及功能如表 7-5 所示。

表 7-5　置位/复位指令的 LAD、STL 格式及功能

	LAD	STL	功　　能
置位指令	bit ——(S) N	S　bit, N	从 bit 开始的 N 个元件置 1 并保持
复位指令	bit ——(R) N	R　bit, N	从 bit 开始的 N 个元件清零并保持

S/R 指令的使用举例如图 7-27 所示。

S/R 指令的使用说明：

（1）对同一元件（同一寄存器的位）可以多次使用 S/R 指令（与"="指令不同）；

（2）由于是扫描工作方式，所以当置位、复位指令同时有效时，写在后面的指令具有优先权；

（3）操作数 N 的取值范围为 0～255，且它可以是 VB、IB、QB、MB、SMB、SB、LB、AC，常量，*VD、*AC、*LD，一般情况下使用常数；

（4）S/R 指令的操作数为 I, Q, M, SM, T, C, V, S, L，其数据类型为布尔；

（5）置位/复位指令通常成对使用，也可以单独使用或与指令盒配合使用。

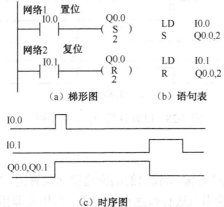

图 7-27　S/R 指令的使用举例

8. 边沿脉冲生成指令 EU/ED

EU 指令：在 EU 指令前的逻辑运算结果有一个上升沿时（由 OFF→ON）产生一个宽度为一个扫描周期的脉冲，驱动后面的输出线圈。

ED 指令：在 ED 指令前有一个下降沿时产生一个宽度为一个扫描周期的脉冲，驱动后面的输出线圈。

EU/ED 指令的 LAD、STL 格式及功能如表 7-6 所示。

表 7-6 EU/ED 指令的 LAD、STL 格式及功能

指令名称	LAD	STL	功能	说明
上升沿脉冲	─┤P├─	EU	在上升沿产生脉冲	无操作数
上降沿脉冲	─┤N├─	ED	在下降沿产生脉冲	

EU/ED 指令的使用举例如图 7-28 所示。

EU/ED 指令的使用说明：

（1）EU、ED 指令只在输入信号变化时有效，其输出信号的脉冲宽度为一个机器扫描周期；

（2）对开机时就为接通状态的输入条件，EU 指令不执行；

（3）EU、ED 指令无操作数。

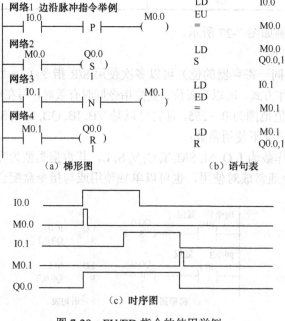

图 7-28 EU/ED 指令的使用举例

9. 立即指令

立即指令是为了提高 PLC 对输入/输出的响应速度而设置的，它不受 PLC 循环扫描工作方式的影响，允许对输入点和输出点进行快速直接存取。当用立即指令读取输入点的状态时，对 I 进行操作，相应的输入映像寄存器中的值并未更新；当用立即指令访问输出点的状态时，对 Q 进行操作，新值同时写到 PLC 的物理输出点和相应的输出映像寄存器中。

立即指令的名称、指令格式和使用说明如表 7-7 所示。

立即指令的使用举例如图 7-29 所示。

表 7-7 立即指令的名称、指令格式和使用说明

指令名称	STL	LAD	使用说明
立即取	LDI bit	bit —| I |—	bit 只能为 I
立即取反	LDNI bit	bit —|/I|—	
立即或	OI bit		
立即或反	ONI bit		
立即与	AI bit		
立即与反	ANI bit		
立即输出	=I bit	bit —(I)	bit 只能为 Q
立即置位	SI bit, N	bit —(SI) N	(1) bit 只能为 Q (2) N 的范围：1~128 (3) N 的操作数同 S/R 指令
立即复位	RI bit, N	bit —(RI) N	

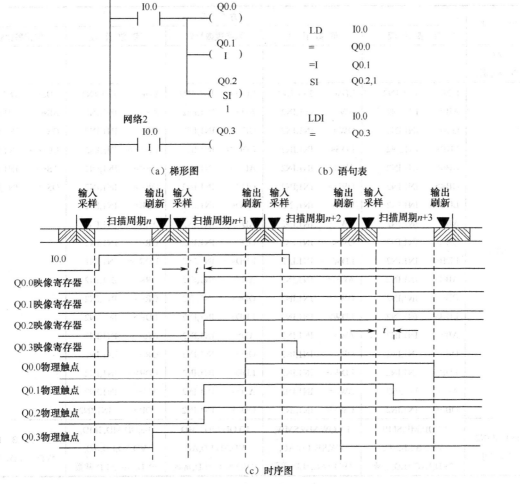

图 7-29 立即指令的使用举例

10. 比较指令

比较指令用于将两个数值或字符串按指定条件进行比较，当条件成立时，触点就闭合。因此，比较指令实际上也是一种位指令。

比较指令的类型有：字节比较、整数比较、双字整数比较、实数比较和字符串比较。

数值比较指令的运算符有=、>=、<、<=、>和<>6种，而字符串比较指令只有=和<>两种。

对比较指令可进行 LD、A 和 O 编程。

比较指令的 LAD、STL 格式如表 7-8 所示。

1）字节比较

字节比较用于比较两个字节型整数值 IN1 和 IN2 的大小。字节比较是无符号的，其比较式可以是在 LDB、AB 或 OB 后直接加比较运算符构成。

指令格式举例：

```
LDB=    VB10,  VB12
AB<>    MB0,   MB1
OB<=    AC1,   116
```

表 7-8　比较指令的 LAD、STL 格式

形式	方式				
	字节比较	整数比较	双字整数比较	实数比较	字符串比较
LAD（以=为例）					
STL	LDB=　IN1,IN2 AB=　IN1,IN2 OB=　IN1,IN2 LDB<>　IN1,IN2 AB<>　IN1,IN2 OB<>　IN1,IN2 LDB<　IN1,IN2 AB<　IN1,IN2 OB<　IN1,IN2 LDB<=　IN1,IN2 AB<=　IN1,IN2 OB<=　IN1,IN2 LDB>　IN1,IN2 AB>　IN1,IN2 OB>　IN1,IN2 LDB>=　IN1,IN2 AB>=　IN1,IN2 OB>=　IN1,IN2	LDW=　IN1,IN2 AW=　IN1,IN2 OW=　IN1,IN2 LDB<>　IN1,IN2 AW<>　IN1,IN2 OW<>　IN1,IN2 LDW<　IN1,IN2 AW<　IN1,IN2 OW<　IN1,IN2 LDW<=　IN1,IN2 AW<=　IN1,IN2 OW<=　IN1,IN2 LDW>　IN1,IN2 AW>　IN1,IN2 OW>　IN1,IN2 LDW>=　IN1,IN2 AW>=　IN1,IN2 OW>=　IN1,IN2	LDD=　IN1,IN2 AD=　IN1,IN2 OD=　IN1,IN2 LDD<>　IN1,IN2 AD<>　IN1,IN2 OD<>　IN1,IN2 LDD<　IN1,IN2 AD<　IN1,IN2 OD<　IN1,IN2 LDD<=　IN1,IN2 AD<=　IN1,IN2 OD<=　IN1,IN2 LDD>　IN1,IN2 AD>　IN1,IN2 OD>　IN1,IN2 LDD>=　IN1,IN2 AD>=　IN1,IN2 OD>=　IN1,IN2	LDR=　IN1,IN2 AR=　IN1,IN2 OR=　IN1,IN2 LDR<>　IN1,IN2 AR<>　IN1,IN2 OR<>　IN1,IN2 LDR<　IN1,IN2 AR<　IN1,IN2 OR<　IN1,IN2 LDR<=　IN1,IN2 AR<=　IN1,IN2 OR<=　IN1,IN2 LDR>　IN1,IN2 AR>　IN1,IN2 OR>　IN1,IN2 LDR>=　IN1,IN2 AR>=　IN1,IN2 OR>=　IN1,IN2	LDS=　IN1,IN2 AS=　IN1,IN2 OS=　IN1,IN2 LDS<>　IN1,IN2 AS<>　IN1,IN2 OS<>　IN1,IN2
IN1 和 IN2 寻址范围	IB,QB,MB,SMB, VB,SB,LB,AC, *VD,*AC,*LD,常数	IW,QW,MW,SMW, VW,SW,LW,AC, *VD,*AC,*LD,常数	ID,QD,MD,SMD, VD,SD,LD,AC, *VD,*AC,*LD,常数	ID,QD,MD,SMD, VD,SD,LD,AC, *VD,*AC,*LD,常数	（字符）VB、LD、 *VD、*LD、*AC

2）整数比较

整数比较用于比较两个单字长整数值 IN1 和 IN2 的大小。整数比较是有符号的（整数范围为 16#8000～16#7FFF），其比较式可以是在 LDW、AW 或 OW 后直接加比较运算符构成。

指令格式举例：

```
LDW=   VW10,  VW12
AW<>   MW0,   MW4
OW<=   AC2,   1160
```

3）双字整数比较

双字整数比较用于比较两个双字长整数值 IN1 和 IN2 的大小。双字整数比较是有符号的（双字整数范围为 16#80000000～16#7FFFFFFF），其比较式可以是在 LDD、AD 或 OD 后直接加比较运算符构成。

指令格式举例：

```
LDD=   VD10,  VD14
AD<>   MD0,   MD8
OD<=   AC0,   1160000
```

4）实数比较

实数比较用于比较两个双字长实数值 IN1 和 IN2 的大小。实数比较是有符号的（负实数范围为 -1.175495E-38～-3.402823E+38，正实数范围为 +1.175495E-38～+3.402823E+38），其比较式可以是在 LDR、AR 或 OR 后直接加比较运算符构成。

指令格式举例：

```
LDR=   VD10,  VD18
AR<>   MD0,   MD12
OR<=   AC1,   1160.478
```

5）字符串比较

字符串比较用于比较两个字符串数据的相同与否。字符串的长度不能超过 254 个字符。

比较指令的使用举例如图 7-30 所示。

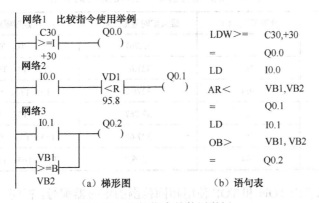

图 7-30 比较指令的使用举例

应用举例：某自动仓库存放某种货物，最多 6000 箱，需对所存的货物进/出进行计数。当货物多于 1000 时，灯 L1 亮；当货物多于 5000 箱时，灯 L2 亮。其中，L1 和 L2 分别受 Q0.0 和 Q0.1 控制，数值 1000 和 5000 分别存储在 VW20 和 VW30 字存储单元中。

该控制系统的程序如图 7-31 所示。

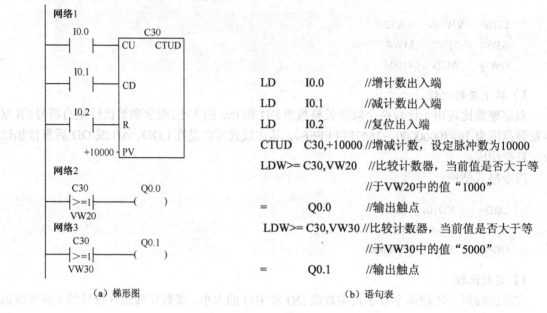

图 7-31 控制系统的程序

7.4.2 定时器指令和计数器指令

1. 定时器指令

S7-200 系列 PLC 共有三种类型定时器：通电延时型定时器（TON）、断电延时型定时器（TOF）和记忆型通电延时定时器（TONR）。每种定时器的分辨率（又称时间增量或时间单位）有 3 个等级：1ms、10ms 和 100ms。定时时间为分辨率与设定值的乘积。定时器分辨率和定时器编号的关系如表 7-9 所示。

表 7-9 定时器分辨率与定时器编号的关系

类型	分辨率（ms）	最大定时范围（s）	定时器编号
TONR	1	32.767	T0，T64
	10	327.67	T1～T4，T65～T68
	100	3276.7	T5～T31，T69～T95
TON/TOF	1	32.767	T32，T96
	10	327.67	T33～T36，T97～T100
	100	3276.7	T37～T63，T101～T255

从表 7-9 中可以看出 TON 和 TOF 使用相同范围的定时器编号，在同一个 PLC 程序中绝不能把同一编号的定时器同时用做 TON 和 TOF。

S7-200 系列 PLC 定时器的指令格式如表 7-10 所示。

表 7-10 S7-200 系列 PLC 定时器的指令格式

LAD	STL	说明
IN TON ???? / ???? PT	TON T××, PT	① TON：通电延时型定时器 ② TONR：记忆型通电延时定时器 ③ TOF：断电延时型定时器 ④ IN：使能输入端 ⑤ 指令盒上方输入定时器的编号（T××），范围为 T0～T255； ⑥ PT 是预置值输入端，最大预置值为 32767。PT 的操作数有 IW、QW、MW、SMW、T、C、VW、SW、AC、常数、*VD、*AC 和 *LD
IN TONR ???? / ???? PT	TONR T××, PT	
IN TOF ???? / ???? PT	TOF T××, PT	

1）通电延时型定时器（TON）

通电延时型定时器用于单一间隔定时。上电周期或首次扫描时，定时器位为 OFF，当前值为 0；使能输入接通时，定时器位为 OFF，当前值从 0 开始计数时间；当前值达到预设值时，定时器位为 ON，当前值连续计数到 32767；使能输入断开时，定时器自动复位，即定时器位为 OFF，当前值为 0。

TON 指令的使用、分析如图 7-32 所示。

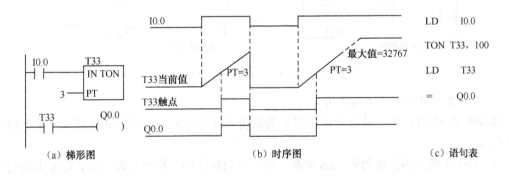

图 7-32 TON 指令的使用、分析

2）记忆型通电延时定时器（TONR）

记忆型通电延时定时器用于对许多间隔的累计定时。上电周期或首次扫描时，定时器位为 OFF，当前值保持；使能输入接通时，定时器位为 OFF，当前值从 0 开始累计计数时间；使能输入断开时，定时器位和当前值保持最后状态；使能输入再次接通时，当前值从上次的保持值继续计数；当累计当前值达到预设值时，定时器位为 ON，当前值连续计数到 32767。TONR 定时器只能用复位指令 R 进行复位操作，使当前值清零。

TONR 指令的使用、分析如图 7-33 所示。

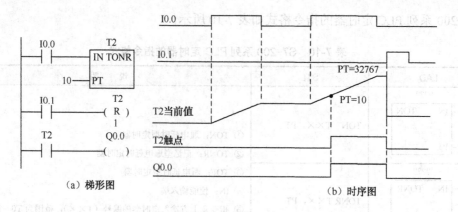

图 7-33 TONR 指令的使用、分析

3）断电延时型定时器（TOF）

断电延时型定时器用于断电后的单一间隔定时。上电周期或首次扫描时，定时器位为 OFF，当前值为 0；使能输入接通时，定时器位为 ON，当前值为 0；当使能输入由接通到断开时，定时器开始计数，当前值达到预设值时，定时器位为 OFF，当前值等于预设值，停止计数。TOF 复位后，如果使能输入再有从 ON 到 OFF 的负跳变，则可实现再次启动。

TOF 指令的使用、分析如图 7-34 所示。

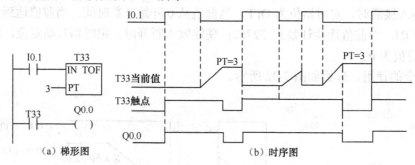

图 7-34 TOF 指令的使用、分析

4）定时器刷新方式及正确使用

S7-200 系列 PLC 的三种分辨率定时器的刷新方式是不同的，因此其在使用方法上也有很大的不同。

（1）1ms 定时器由系统每隔 1ms 刷新一次，与扫描周期及程序处理无关。它采用的是中断刷新方式。因此，当扫描周期大于 1ms 时，它在一个周期中可能被多次刷新。其当前值在一个扫描周期内不一定保持一致。

（2）10ms 定时器由系统在每个扫描周期开始时自动刷新，由于是每个扫描周期只刷新一次，故在一个扫描周期内定时器位和定时器的当前值保持不变。

（3）100ms 定时器在定时器指令执行时被刷新，因此，100ms 定时器被激活后，如果不是每个扫描周期都执行定时器指令或在一个扫描周期内多次执行定时器指令，都会造成计时失准。100ms 定时器仅用在定时器指令在每个扫描周期执行一次的程序中。

不同分辨率的定时器由于刷新方式不同，可能会产生不同的结果。下面通过图 7-35 所示的例子加以说明。该例分别使用三种不同分辨率的定时器来实现一个机器扫描周期的时钟脉冲输出。

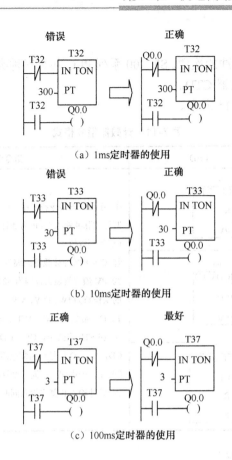

图 7-35 定时器的正确使用举例

（1）图 7-35（a）中的 T32 为 1ms 时基定时器，每隔 1ms 定时器刷新一次当前值，若当前值恰好在处理常闭触点和常开触点之间被刷新，则 Q0.0 可以接通一个扫描周期，但这种情况出现的概率很小，而在其他情况下，Q0.0 不可能有输出。

（2）图 7-35（b）中的 T33 为 100ms 时基定时器，当前值在每个扫描周期开始刷新。当计时时间到，扫描周期开始时，定时器输出状态位置位，常闭触点断开，立即将定时器当前值清零，定时器输出状态位复位（为 0）。这样，输出线圈 Q0.0 永远不可能通电。

（3）若用时基为 100ms 的 T37 定时器（如图 7-35（c）所示），当计时时间到时，Q0.0 接通一个扫描周期。

（4）若将定时器到达设定产生结果的元件的常闭触点用做定时器的使能输入信号，则无论何种时基都能正常工作。

（5）在子程序和中断程序中不应使用 100ms 定时器。因为子程序和中断程序不是每个扫描周期都执行的，则在子程序和中断程序中的 100ms 定时器的当前值就不能及时刷新，会造成时基脉冲丢失，致使计时失准；在主程序中，不能重复使用同一个 100ms 的定时器，否则该定时器指令在一个扫描周期中将多次被执行，定时器的当前值在一个扫描周期中将多次被刷新。这样，定时器就会多计了时基脉冲，同样会造成计时失准。因此，100ms 定时器只能用于每个扫描周期内同一个定时器指令执行一次，且仅执行一次的场合。

2. 计数器指令

计数器用来累计输入脉冲的次数。S7-200 系列 PLC 共有三种类型计数器：增计数器 CTU、增减计数器 CTUD 和减计数器 CTD。

计数器指令格式如表 7-11 所示。

表 7-11 计数器指令格式

STL	LAD	指令使用说明
CTU C×××, PV	???? CU CTU R ????—PV	① 在梯形图指令符号中：CU 为加计数脉冲输入端；CD 为减计数脉冲输入端；R 为加计数复位端；LD 为减计数复位端；PV 为预置值 ② C××× 为计数器的编号，其范围为 C0~C255 ③ PV 预置值最大范围为 32767；PV 的数据类型为 INT；PV 的操作数为 IW、QW、MW、SMW、VW、SW、LW、AIW、T、C、常数、AC、*VD、*AC 和 *LD ④ 在 STL 形式中，CU、CD、R、LD 的顺序不能错；CU、CD、R、LD 信号可为复杂逻辑关系 ⑤ 在一个程序中，同一个计数器编号只能使用一次 ⑥ 脉冲输入和复位输入同时有效时，优先执行复位操作
CTD C×××, PV	???? CD CTD LD ????—PV	
CTUD C×××, PV	???? CU CTUD CD R ????—PV	

1) 增计数器指令 (CTU)

首次扫描时，计数器位为 OFF，当前值为 0。在增计数器的计数输入端 (CU) 的脉冲输入的每个上升沿，计数器计数 1 次，当前值增加 1 个单位。当前值达到预设值时，计数器位为 ON，当前值继续计数到 32767 后停止计数。复位输入有效或执行复位指令时，计数器自动复位，即计数器位为 OFF，当前值为 0。

CTU 指令的使用、分析如图 7-36 所示。

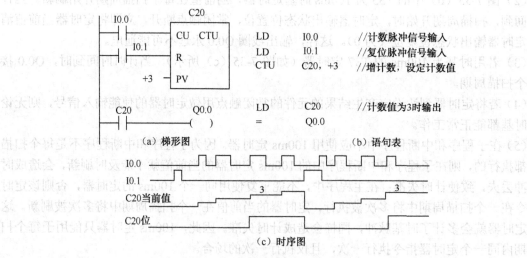

图 7-36 CTU 指令的使用、分析

2）增减计数器指令（CTUD）

该指令有两个脉冲输入端：CU 输入端，用于递增计数；CD 输入端，用于递减计数。首次扫描时，定时器位为 OFF，当前值为 0。在 CU 输入的每个上升沿，计数器当前值增加 1 个单位；而在 CD 输入的每个上升沿，计数器当前值减小 1 个单位。当前值达到预设值时，计数器位为 ON。

增减计数器计数到 32767（最大值）后，下一个 CU 输入的上升沿将使当前值跳变为最小值（-32768）；反之，当前值达到最小值（-32768）时，下一个 CD 输入的上升沿将使当前值跳变为最大值（32767）。复位输入有效或执行复位指令时，计数器自动复位，即计数器位为 OFF，当前值为 0。

CTUD 指令的使用、分析如图 7-37 所示。

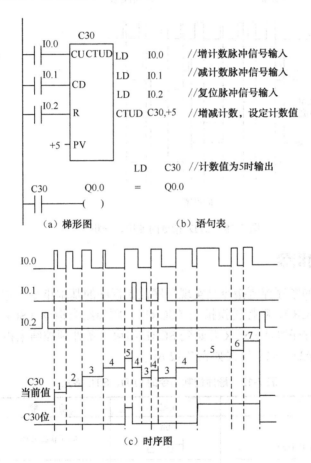

图 7-37 CTUD 指令的使用、分析

3）减计数器指令（CTD）

首次扫描时，定时器位为 OFF，当前值为预设值 PV。当计数器检测到 CD 输入的每个上升沿时，计数器当前值减小 1 个单位。当前值减到 0 时，计数器位为 ON。

复位输入有效或执行复位指令时，计数器自动复位，即计数器位为 OFF，当前值复位为预设值，而不是 0。

CTD 指令的使用、分析如图 7-38 所示。

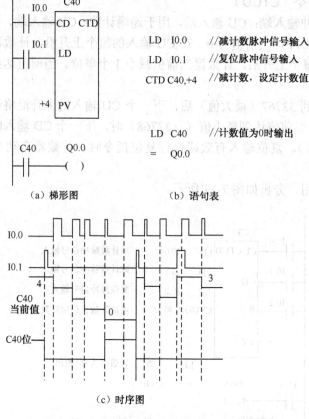

图 7-38 CTD 指令的使用、分析

7.4.3 顺序控制指令

S7-200 系列 PLC 的顺序控制指令是实现顺序控制程序的基本指令。它包括 4 条指令，分别为顺控开始指令（LSCR）、顺控转换指令（SCRT）、顺控结束指令（SCRE）、条件顺控结束指令（CSCRE）。顺控程序段从 LSCR 开始到 SCRE 结束。条件顺控结束指令使用较少。

顺序控制指令的 LAD、STL 格式如表 7-12 所示。

表 7-12 顺序控制指令的 LAD、STL 格式

STL	LAD	功　能	操作对象
LSCR　bit （Load Sequential Control Relay）	bit ─┤SCR	顺序状态开始	S（位）
SCRT　bit （Sequential Control Relay Transition）	bit ──(SCRT)	顺序状态转移	S（位）
SCRE （Sequential Control Relay End）	──(SCRE)	顺序状态结束	无
CSCRE （Conditional Sequence Control Relay End）		条件顺序状态结束	无

1）顺控开始指令（LSCR）

该指令定义一个顺序控制继电器段的开始。其操作数为顺序控制继电器位 Sx.y，Sx.y 作为

本段的段标志位。当 Sx.y 位置 1 时，允许该 SCR 段工作。

2）顺控结束指令（SCRE）

一个 SCR 段必须用该指令来结束。

3）顺控转换指令（SCRT）

该指令用来实现本段与另一段之间的切换。其操作数为顺序控制继电器位 Sx.y，Sx.y 是下一个 SCR 段的标志位。当使能输入有效时，它一方面对 Sx.y 置位，以便让下一个 SCR 段开始工作，另一方面同时对本 SCR 段的标志位复位，以使本段停止工作。

4）顺序控制指令与顺序功能图

虽然 S7-200 系列 PLC 不能够直接用绘制顺序功能图的办法生成复杂的顺序控制程序，但是可以利用顺序控制指令在顺序功能图和程序之间架起桥梁，即先根据工程要求绘制顺序功能图，再利用顺控指令极方便地形成用 PLC 梯形图或语句表等语言编制的程序。

顺序控制指令的使用举例如图 7-39 所示。

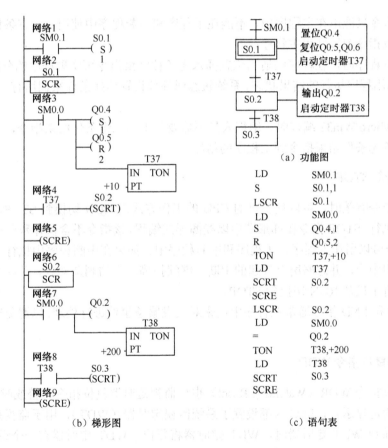

图 7-39　顺序控制指令的使用举例

使用顺序控制指令时的注意事项如下。

（1）不能在多个程序内使用相同的 S 位。例如，如果在主程序内使用 S0.1，则不能再在子程序内使用。

（2）在一个 SCR 段中不能使用跳转（JMP）及标号（LBL）指令，这意味着不允许跳入、跳出或在内部跳转。可以围绕 SCR 段使用跳转及标签指令。

（3）在一个 SCR 段中不允许出现循环程序结构和条件结束，即禁止使用 FOR、NEXT 和 END 指令。

（4）在状态发生转移后，置位下一个状态的同时，会自动复位原状态。如果希望继续输出，可使用置位/复位指令，如图 7-39（a）中的 Q0.4 所示。

（5）在所有 SCR 段结束后，要用复位指令 R 复位仍为运行状态的 S 位，否则程序会出现运行错误。

7.4.4 程序控制指令

1. 结束指令 END/MEND

END：条件结束指令，即执行条件成立（左侧逻辑值为 1）时结束主程序，返回主程序起点。
MEND：无条件结束指令，即结束主程序，返回主程序起点。
注意：

（1）结束指令只能用在主程序中，不能在子程序和中断程序中使用，而有条件结束指令可用在无条件结束指令前以结束主程序；

（2）在调试程序时，在程序的适当位置插入无条件结束指令可实现程序的分段调试；

（3）可以利用程序执行的结果状态、系统状态或外部设置切换条件来调用有条件结束指令，使程序结束；

（4）使用 Micro/Win32 编程时，编程人员不需要手工输入无条件结束指令，该软件会自动在内部加上一条无条件结束指令到主程序的结尾。

2. 停止指令 STOP

当 STOP 指令有效时，可以使主机的 CPU 的工作方式由 RUN 切换到 STOP，从而立即中止用户程序的执行。STOP 指令在梯形图中以线圈形式编程。该指令不含操作数（——（STOP））。

STOP 指令可以用在主程序、子程序和中断程序中。如果在中断程序中执行 STOP 指令，则中断处理立即中止，并忽略所有挂起的中断，继续扫描程序的剩余部分，并在本次扫描周期结束后，完成将主机从 RUN 切换到 STOP。

STOP 指令和 END 指令通常在程序中用来对突发紧急事件进行处理，以避免实际生产中的重大损失。

3. 看门狗复位指令 WDR

看门狗复位指令 WDR（Watchdog Reset）也称监视定时器复位指令、警戒时钟刷新指令。为了保证系统的可靠运行，PLC 内部设置了系统监视定时器（WDT），用于监视扫描周期是否超时。每当扫描到 WDT 定时器时，WDT 定时器将复位。WDT 定时器有一个设定值（100～300ms），当系统正常工作时，所需扫描时间小于 WDT 的设定值，WDT 定时器及时复位。当系统出现故障时，扫描时间大于 WDT 的设定值，该定时器不能及时复位，则报警并停止 CPU 的运行，同时复位输出。这种故障称为 WDT 故障，可以防止因系统故障或程序进入死循环而引起的扫描周期过长。

当系统正常工作时，有时会因为用户程序过长或使用中断指令、循环指令使扫描时间过长而超过 WDT 定时器的设定值，为防止在这种情况下 WDT 动作，可使用监视定时器复位指令

（WDR），使 WDT 定时器复位。这样，可以增加一次扫描时间，从而有效地避免 WDT 出现超时错误。WDR 指令在梯形图中以线圈形式编程，无操作数。

STOP、END、WDR 指令的使用举例如图 7-40 所示。

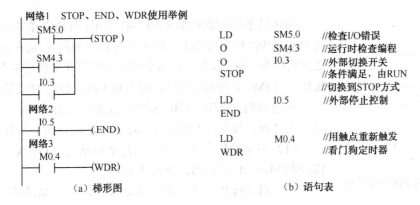

图 7-40　STOP、END、WDR 指令的使用举例

使用 WDR 指令时要特别小心，如果因为使用 WDR 指令而使扫描时间拖得过长（如在循环结构中使用 WDR），那么下列程序只有在扫描循环完成后才能执行：

（1）通信（自由口除外）；

（2）I/O 刷新（直接 I/O 除外）；

（3）强制刷新；

（4）运行时间诊断；

（5）SM 位刷新（SM0、SM5～SM29 的位不能被刷新）；

（6）扫描时间超过 25s 时，使 10ms 和 100ms 定时器不能正确计时；

（7）中断程序中的 STOP 指令。

如果预计扫描时间将超过 500ms，或者预计中断时间将超过 500ms 时，应使用 WDR 指令，重新触发看门狗计时器。

4．跳转及标号指令

跳转指令 JMP（Jump to Label）：当输入端有效时，使程序跳转到标号处执行。

标号指令 LBL（Label）：指令跳转的目标标号。其操作数为 0～255。

跳转指令可以使 PLC 编程的灵活性大大提高，使主机可根据不同条件的判断，选择不同的程序段执行程序。

跳转指令和标号指令的使用说明如下。

（1）跳转指令和标号指令必须配合使用，而且只能使用在同一程序块中，如主程序、同一个子程序或同一个中断程序中，不能在不同的程序块中互相跳转。

（2）执行跳转后，被跳过程序段中的各元器件的状态为：

① Q、M、S、C 等元器件的位保持跳转前的状态；

② 计数器 C 停止计数，当前值存储器保持跳转前的计数值；

③ 对定时器来说，因刷新方式不同而工作状态不同。在跳转期间，分辨率为 1ms 和 10ms 的定时器会一直保持跳转前的工作状态，原来工作的继续工作，到设定值后，其位的状态也

会改变,输出触点动作,其当前值存储器一直累计到最大值32767才停止;对分辨率为100ms的定时器来说,跳转期间停止工作,但不会复位,存储器里的值为跳转时的值,跳转结束后,若输入条件允许,可继续计时,但已失去了准确计时的意义。因此,在跳转段里的定时器要慎用。

跳转指令的使用举例:如图7-41所示,当JMP条件满足(即10.0为ON时)时,程序跳转执行LBL标号以后的指令,而在JMP和LBL之间的指令一概不执行,在这个过程中即使I0.1接通也不会有Q0.1输出;当JMP条件不满足时,则当I0.1接通Q0.1便有输出。

应用举例:JMP、LBL指令在工业现场控制中,常用于工作方式的选择,设有3台电动机$M_1 \sim M_3$,具有如下两种工作方式。

（1）手动操作方式:分别用每个电动机各自的启动、停止按钮控制$M_1 \sim M_3$的启动、停止状态。

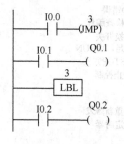

图7-41 跳转指令的使用举例

（2）自动操作方式:按下启动按钮,$M_1 \sim M_3$每隔5s依次启动;按下停止按钮,$M_1 \sim M_3$同时停止。

该电动机控制操作的外部接线图、程序结构图和梯形图分别如图7-42（a）、（b）、（c）所示。

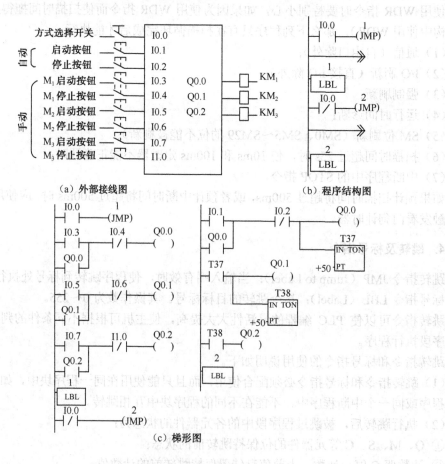

图7-42 电动机控制操作

从控制要求中可以看出,需要在程序中体现两种可以任意选择的控制方式,因此运用跳转指令的程序结构可以满足控制要求。如图 7-42（b）所示,当操作方式选择开关闭合时,I0.0 的常开触点闭合,跳过手动方式的程序段不执行;而 I0.0 常闭触点断开,则选择自动方式的程序段执行。而操作方式选择开关断开时的情况与此相反,跳过自动方式程序段不执行,选择手动方式程序段执行。

5. 循环指令

循环指令的引入为解决重复执行相同功能的程序段问题提供了极大方便,并且优化了程序结构。循环指令有两条:FOR 和 NEXT。

FOR:循环开始指令,用来标记循环体的开始。

NEXT:循环结束指令,用来标记循环体的结束,无操作数。

FOR 和 NEXT 之间的程序段称为循环体,每执行一次循环体,当前计数值增 1,并且将其结果同终值进行比较,如果大于终值,则终止循环。

FOR/NEXT 指令格式如图 7-43 所示。

在梯形图中,FOR 指令为指令盒格式。

EN:使能输入端。

INDX:当前值计数器,其操作数为 VW, IW, QW, MW, SW, SMW, LW, T, C, AC。

INIT:循环次数初始值,其操作数为 VW, IW, QW, MW, SW, SMW, LW, T, C, AC, AIW, 常数。

FINAL:循环次数终止值,其操作数为 VW, IW, QW, MW, SW, SMW, LW, T, C, AC, AIW, 常数。

ENO:指令盒的布尔量输出,如果指令盒的输入有能流,而且执行没有错误,则 ENO 输出就把能流传到下一个指令盒;如果执行有错误,则停止程序的执行。ENO 可以作为允许位表示指令成功执行。同时,ENO 也为出错或溢出等标志位的输出,它影响特殊存储器位（SM）。

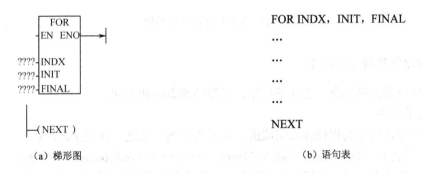

图 7-43 FOR/NEXT 指令格式

工作原理:使能输入 EN 有效时,循环体开始执行,执行到 NEXT 指令时返回,每执行一次循环体,当前值计数器 INDX 增 1,达到终止值 FINAL 时,循环结束。

循环指令的使用说明:

（1）FOR、NEXT 指令必须成对使用;

（2）FOR 和 NEXT 可以循环嵌套,嵌套最多为 8 层,但各个嵌套之间一定不可有交叉现象;

(3) 每次使能输入（EN）重新有效时，指令将自动复位各参数；

(4) 当初值大于终值时，循环体不被执行。

循环指令的使用举例如图 7-44 所示。当 I0.0 为 ON 时，图中①所示的外循环执行 2 次，由 VW100 累积循环次数；当 I0.1 为 ON 时，外循环每执行一次，图中②所示的内循环执行 3 次，且由 VW110 累计循环次数。

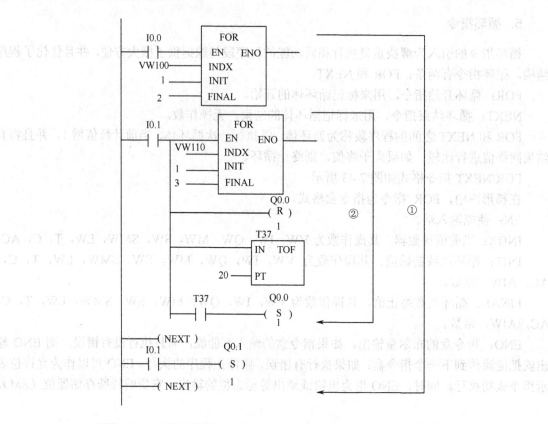

图 7-44 循环指令的使用举例

6. 子程序调用与返回指令

与子程序有关的操作有：建立子程序、子程序的调用和返回。

1）建立子程序

建立子程序是通过编程软件来完成的。可采用下列方法之一建立子程序：

（1）从"编辑"菜单中选择"插入（Insert）→子程序（Subroutine）"命令；

（2）在"指令树"中，用鼠标右键单击"程序块"图标，并从弹出的快捷菜单中选择"插入（Insert）→子程序（Subroutine）"命令；

（3）在"程序编辑器"窗口中，用鼠标右键单击，并从弹出的快捷菜单中选择"插入（Insert）→子程序（Subroutine）"命令。

建立子程序后，在指令树窗口可以看到新建的子程序图标，其默认的程序名是 SBR_N，编号 N 从 0 开始按递增顺序生成；也可以在图标上直接更改子程序的程序名，把它变为更能描述该子程序功能的名字。在指令树窗口双击子程序的图标就可进入子程序，并对它进行编辑。

对于 CPU 226XM,最多可以有 128 个子程序;对于其余的基本单元,最多可以有 64 个子程序。

2)子程序调用与返回指令

子程序调用与返回指令的 LAD 和 STL 形式如表 7-13 所示。

表 7-13　子程序调用与返回指令的 LAD 和 STL 形式

指　令	子程序调用指令	子程序返回指令
LAD	SBR-0 — EN	—（RET）
STL	CALL　SBR_0	CRET

CALL SBR_n:子程序调用指令。在梯形图中为指令盒的形式。子程序的编号 n 从 0 开始,随着子程序个数的增加自动生成。操作数 n 的范围为 0~63。子程序的调用可以带参数,也可以不带参数。

CRET:子程序条件返回指令,条件成立时结束该子程序,返回原调用处的指令 CALL 的下一条指令。

RET:子程序无条件返回指令,子程序必须以本指令作为结束。它由编程软件自动生成。

无参数子程序的调用举例如图 7-45 所示。

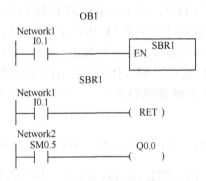

图 7-45　无参数子程序的调用举例

3)带参数的子程序调用

子程序中可以有参变量。带参数的子程序调用扩大了子程序的使用范围,增加了调用的灵活性。如果子程序的调用过程中存在数据的传递,则在调用指令中应包含相应的参数。

子程序的参数在子程序的局部变量表中加以定义。参数包含的信息有地址、变量名(符号)、变量类型和数据类型。子程序最多可以传递 16 个参数。

(1)变量类型。局部变量表中的变量有 IN、OUT、IN/OUT 和 TEMP 4 种类型。4 种变量类型的参数在变量表中的位置必须按 IN、IN/OUT、OUT、TEMP 顺序排列。

① IN(输入)型:将指定位置的参数传入子程序。如果参数是直接寻址(如 VB10),则指定位置的数值被传入子程序;如果参数是间接寻址(如 *AC1),则地址指针指定地址的数值被传入子程序;如果参数是数据常量(如 16#1234)或地址(如 &VB100),则常量或地址数值被传入子程序。

② IN/OUT(输入/输出)型:将指定参数位置的数值传入子程序,返回时从子程序得到的

结果值被返回到同一地址。输入/输出型的参数不允许使用常量（如 16#1234）和地址（如 &VB100）。

③ OUT（输出）型：将子程序的结果数值返回至指定的参数位置。常量（如 16#1234）和地址（如&VB100）不允许用做输出参数。

④ TEMP 型：暂时变量参数。在子程序内部暂时存储数据，只能用在子程序内部暂时存储中间运算结果，不能用来传递参数。

（2）数据类型。局部变量表中还要对数据类型进行声明。数据类型可以是能流、布尔型、字节型、字型、双字型、整数型、双整数型和实数型。

① 能流：能流仅用于位（布尔）输入。能流输入必须用在局部变量表中的其他类型输入之前。只有输入参数允许使用能流。其在梯形图中的表达形式为用触点（位输入）将左侧母线和子程序的指令盒连接起来，如图 7-46 中的使能输入（EN）和 IN1 输入使用的是布尔逻辑。

② 布尔型：该数据类型用于位输入和输出，如图 7-46 中的 IN3 是布尔输入。

③ 字节型、字型、双字型：这些数据类型分别用于 1、2 或 4 字节不带符号的输入或输出参数。

④ 整数型、双整数型：这些数据类型分别用于 2 或 4 字节带符号的输入或输出参数。

⑤ 实数型：该数据类型用于单精度（4 字节）IEEE 浮点数值。

带参数子程序的调用举例如图 7-46 所示，其中梯形图如图 7-46（a）所示。图 7-46（b）中的 STL 主程序是由编程软件 STEP 7—Micro/WIN32 根据 LAD 程序建立的 STL 代码。注意：系统保留局部变量存储器 L 内存的 4 个字节（LB60～LB63）用于调用参数。在图 7-46（a）中，L60.0，L63.7 被用于保存布尔输入参数，此类参数在 LAD 中被显示为能流输入。图 7-46（b）中的由 Micro/WIN 从 LAD 图形建立的 STL 代码可在 STL 视图中显示。

若用 STL 编辑器输入与图 7-46 相同的子程序，则语句表编程的调用程序为：

```
LD I0.0
CALL SBR_0  I0.1， VB10， I1.0 ，&VB100， *AC1 ， VD200
```

需要说明的是：该程序只能在 STL 编辑器中显示，因为用做能流输入的布尔参数未在 L 内存中保存。

调用子程序时，输入参数被复制到局部存储器；调用完成时，从局部存储器复制输出参数到指令的输出参数地址。

子程序的使用注意事项：

① 子程序可以多次被调用，也可以嵌套（最多 8 层）调用；

② 不允许直接递归，如不能从 SBR0 调用 SBR0，但是允许进行间接递归；

③ 各子程序调用的输入/输出参数的最大限制是 16 个，如果要下载的程序超过此限制，将返回错误；

④ 对于带参数的子程序调用指令应遵守下列原则，即参数必须与子程序局部变量表内定义的变量完全匹配，参数顺序应为输入参数最先，其次是输入/输出参数，再次是输出参数；

⑤ 在子程序内不能使用 END 指令；

⑥ 累加器可在调用程序和被调用子程序之间自由传递，因此累加器的值在子程序调用时既不保存也不恢复。

```
LD      I0.0
=       L60.0
LD      I0.1
=       L63.7
LD      L60.0
CALL    SBR-0,L63.7,VB10,
        I1.0,&VB100,VD200
```

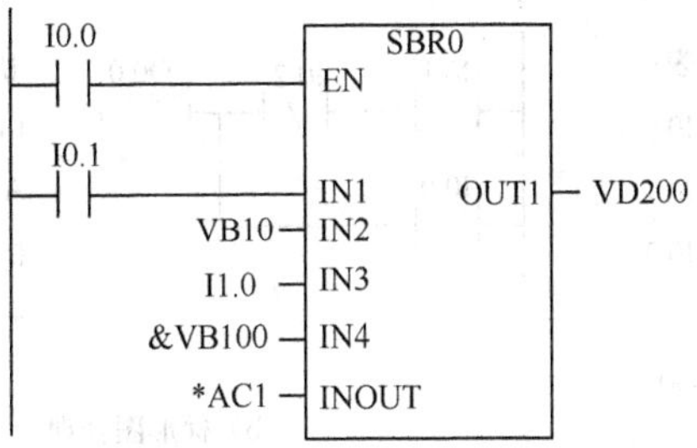

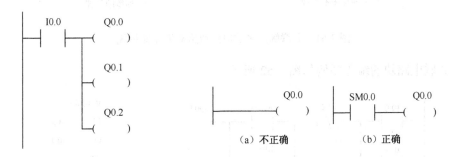

（a）梯形图　　　　　　　　　　（b）语句表

图 7-46　带参数子程序的调用举例

7.4.5　梯形图编程的基本规则及注意事项

（1）程序应按自上而下，从左至右的顺序编写。

（2）触点可以任意串、并联，输出线圈只能并联，如图 7-47 所示。

（3）每一个网络要起于左母线，然后连接触点，终止于输出线圈。线圈不能直接与左母线相连。如果需要，可以通过特殊内部标志位存储器 SM0.0（该位始终为 1）来连接，如图 7-48 所示。

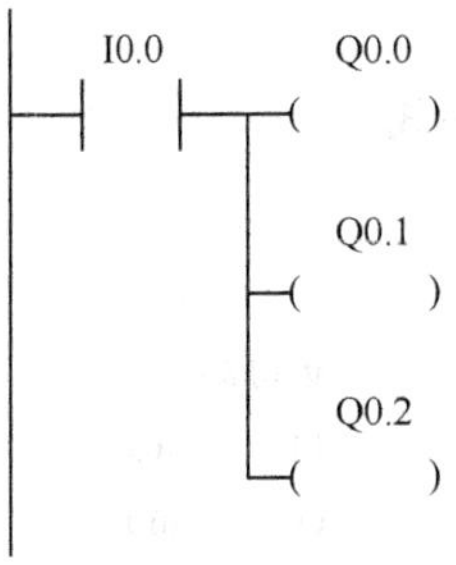

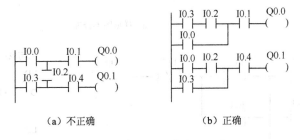

图 7-47　线圈的并联输出

（a）不正确　　　　（b）正确

图 7-48　线圈与母线的连接

（4）同一个触点的使用次数不受限制。

（5）触点只能画在水平方向的支路上，而不能画在纵向支路上，如图 7-49 所示。

（a）不正确　　　　　　　　（b）正确

图 7-49　触点只能画在水平方向

（6）应按照“上重下轻、左重右轻”的原则安排编程顺序，这样做一是节省指令，二是美观。

① 当几条支路并联时，串联触点多的支路应尽量放在上部，如图 7-50 所示。

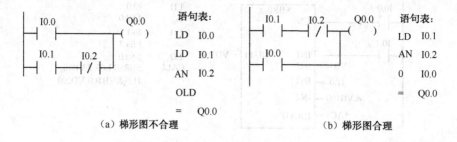

图 7-50　串联触点多的支路应放在上部

② 当几个电路块串联时，并联触点多的电路块应靠近左侧母线，如图 7-51 所示。

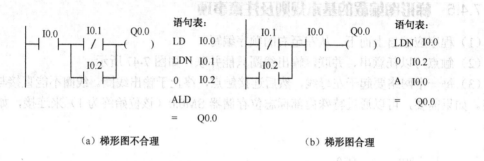

图 7-51　并联触点多的电路块应靠近左侧母线

串、并联电路块的编程举例如图 7-52 所示。

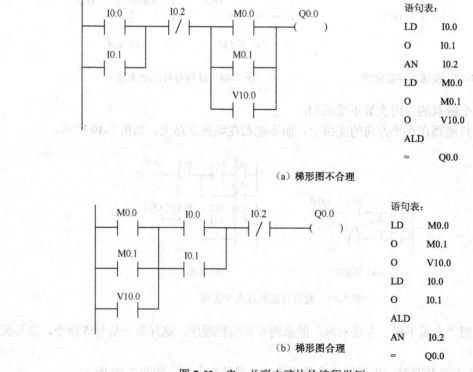

图 7-52　串、并联电路块的编程举例

③ 触点不能放在线圈的右边。

④ 对于复杂的电路，用 ALD、OLD 等指令难以编程时，可重复使用一些触点画出其等效电路，然后再进行编程，如图 7-53 所示。

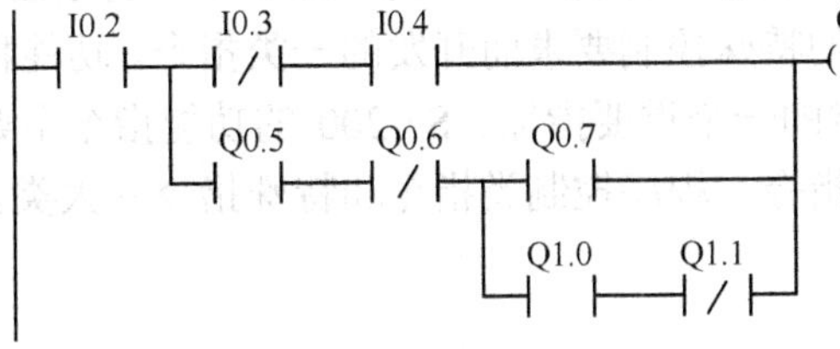

(a) 复杂电路

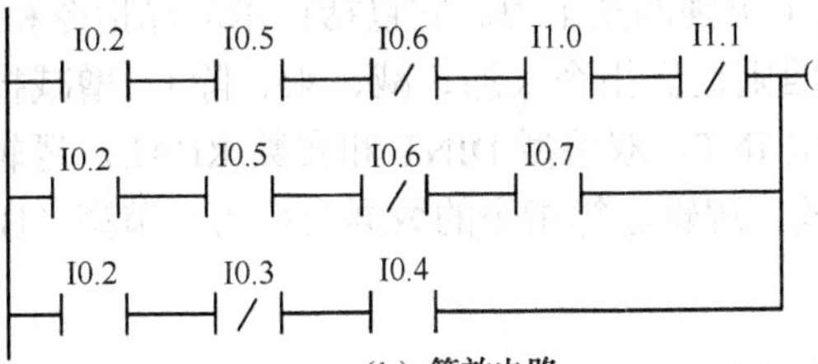

(b) 等效电路

图 7-53　复杂电路的处理

（7）关于输入线圈的问题。

① 在 PLC 中，输入继电器通过端子与输入开关相连，一个输入继电器线圈只能连接一个输入开关，但继电器触点则可无限引用，即可提供无数个常开、常闭触点供梯形图编程使用。

② 输入继电器接收外部开关或传感器的信号，则输入继电器线圈只能由外部输入信号驱动。因此，梯形图中只出现输入继电器的触点，而不出现输入继电器的线圈。

③ 梯形图中的常开、常闭控制触点的状态，都是相对输入继电器线圈不通电时的状态而言的，一旦输入继电器线圈通电，梯形图中相应的控制触点动作，常开的触点闭合，常闭的触点断开。

④ 由于 PLC 仅能识别输入继电器线圈的接通或断开，而无法识别外部输入设备接的是常开触点还是常闭触点，所以在梯形图中，当用到某一输入信号时，是使用输入继电器的常开触点还是常闭触点，应由控制要求来决定。

（8）关于输出线圈的问题。

① 同一操作数的输出线圈在一个程序中一般只使用一次。

② 多次使用同一个输出线圈称为双线圈输出。不同 PLC 对双线圈输出的处理为：有些 PLC 将其视为语法错；有些 PLC 以最后一次输出为准（S7－200 系列）；有些 PLC 在限定指令中可以使用。因此，在编程中要尽量避免双线圈输出。

7.5 S7-200 系列 PLC 的功能指令及应用

PLC 的功能指令（Function Instruction）又称为应用指令，它是在基本指令的基础上，PLC 制造商为满足用户不断提出的特殊控制要求而开发的一类指令。功能指令的丰富程度以及使用的方便程度是衡量 PLC 性能的一个重要指标。S7-200 的功能指令主要分为运算指令、数据处理指令、表功能指令、转换指令、程序控制类指令和特殊指令六大类。

7.5.1 运算指令

运算指令的出现使得 PLC 不再局限于位操作，而是具有越来越强的运算能力，扩大了 PLC 的应用范围，使得 PLC 具有了更强的竞争力。它包括算术运算指令和逻辑运算指令。

算术运算指令可细分为四则运算指令（加、减、乘、除）、增减指令和数学函数指令。算术运算指令的数据类型为整型 INT、双整型 DINT 和实数 REAL。逻辑运算指令包括逻辑与、或、非、异或，以及数据比较，逻辑运算指令的数据类型为字节型（BYTE）、字型（WORD）、双字型（DWORD）。

1. 四则运算指令及增减指令

算术运算指令中的四则运算指令分为加法、减法、乘法和除法指令，这四种指令的有效操作数如表 7-14 所示。

表 7-14 四则运算指令有效操作数

输入/输出	类　型	操　作　数
IN1、IN2	INT（整数）	IW、QW、VW、MW、SMW、SW、T、C、LW、AC、AIW、*VD、*AC、*LD、常量
	DINT（双整数）	ID、QD、VD、MD、SMD、SD、LD、AC、HC、*VD、*LD、*AC、常量
	REAL（实数）	ID、QD、VD、MD、SMD、SD、LD、AC、*VD、*LD、*AC、常量
OUT	INT（整数）	IW、QW、VW、MW、SMW、SW、T、C、LW、AC、*VD、*AC、*LD
	DINT、REAL	ID、QD、VD、MD、SMD、SD、LD、AC、*VD、*LD、*AC

四则运算 LAD（梯形图）指令采用指令盒格式，指令盒由指令类型，允许输入端 EN，操作数（IN1、IN2）输入端，运算结果输出 OUT，允许输出端 ENO 等组成。使用 LAD 指令编程时，IN1、IN2 和 OUT 可以使用不一样的存储单元，但使用 STL（语句表或指令表）指令编程时，OUT 要和其中的一个操作数使用相同的存储单元。因此，梯形图格式程序转化为语句表格式程序或语句表格式程序转化为梯形图格式程序时，会有不同的转化结果。一般来说，四则运算 LAD（梯形图）指令对存储单元的分配更加灵活，编写出的程序比较清晰易懂。

1）加法指令

加法指令是对两个有符号数进行相加。包括：整数加法、双整数加法和实数加法。该指令格式如表 7-15 所示。

表 7-15 加法指令格式

指令名称	梯形图	STL	STL 指令执行结果	执行结果对特殊标志位的影响	影响 ENO 正常工作的出错条件
整数加法指令 +I	ADD_I EN ENO ????-IN1 OUT-???? ????-IN2	+I IN1, OUT (IN2 与 OUT 是同一个存储单元)	IN1+OUT = OUT	SM1.0（零） SM1.1（溢出） SM1.2（负）	SMI.I（溢出） SM4.3（运行时间） 0006（间接寻址）
双整数加法指令 +DI	ADD_DI EN ENO ????-IN1 OUT-???? ????-IN2	+DI IN1, OUT (IN2 与 OUT 是同一个存储单元)	IN1+OUT = OUT	SM1.0（零） SM1.1（溢出） SM1.2（负）	SMI.I（溢出） SM4.3（运行时间） 0006（间接寻址）
实数加法指令 +R	ADD_R EN ENO ????-IN1 OUT-???? ????-IN2	+R IN1, OUT (IN2 与 OUT 是同一个存储单元)	IN1+OUT = OUT	SM1.0（零） SM1.1（溢出） SM1.2（负）	SMI.I（溢出） SM4.3（运行时间） 0006（间接寻址）

（1）整数加法指令：+I。当允许输入端 EN 有效时，将两个单字长（16 位）的有符号整数 IN1 和 IN2 相加，产生一个 16 位整数 OUT。若在梯形图编程时，IN2 和 OUT 使用了不同的存储单元，在转换为指令表格式时会使用数据传递指令对程序进行处理，将 IN2 与 OUT 变为一致，如表 7-16 所示。

表 7-16 加法指令的转换

	IN2 和 OUT 一致	IN2 和 OUT 不一致
指令表	LD I0.0 +I VW10, VW20	LD I0.0 MOVW VW10, VW30 +I VW10, VW20
梯形图	Network 1 I0.0 ── ADD_I EN ENO VW10-IN1 OUT-VW20 VW20-IN2	Network 1 I0.0 ── ADD_I EN ENO VW10-IN1 OUT-VW30 VW20-IN2

（2）双整数加法指令：+DI。当允许输入端 EN 有效时，将两个双字长（32 位）的有符号整数 IN1 和 IN2 相加，产生一个 32 位整数 OUT。

（3）实数数加法指令：+R。当允许输入端 EN 有效时，将两个双字长（32 位）的实数 IN1 和 IN2 相加，产生一个 32 位实数 OUT。

2）减法指令

减法指令是对两个有符号数进行相减操作。该指令格式如表 7-17 所示

表 7-17 减法指令格式

指令名称	梯形图	STL	STL 指令执行结果	执行结果对特殊标志位的影响	影响 ENO 正常工作的出错条件
整数减法指令 -I	SUB_I EN ENO ????-IN1 OUT-???? ????-IN2	-I IN1, OUT (IN1 与 OUT 是同一个存储单元)	OUT-IN1 = OUT	SM1.0（零） SM1.1（溢出） SM1.2（负）	SMI.I（溢出） SM4.3（运行时间） 0006（间接寻址）
双整数减法指令 -I	SUB_DI EN ENO ????-IN1 OUT-???? ????-IN2	-DI IN1, OUT (IN1 与 OUT 是同一个存储单元)	OUT-IN1 = OUT	SM1.0（零） SM1.1（溢出） SM1.2（负）	SMI.I（溢出） SM4.3（运行时间） 0006（间接寻址）
实数减法指令 -I	SUB_DI EN ENO ????-IN1 OUT-???? ????-IN2	-R IN1, OUT (IN1 与 OUT 是同一个存储单元)	OUT −IN1= OUT	SM1.0（零） SM1.1（溢出） SM1.2（负）	SMI.I（溢出） SM4.3（运行时间） 0006（间接寻址）

减法指令应用实例如图 7-54 所示，指令执行结果如表 7-18 所示。

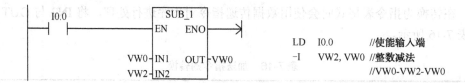

图 7-54 整数减法实例

表 7-18 操作数执行前后结果

操作数	地址单元	单元长度（字节）	运算前的值	运算后的值
IN1	VW0	2	6000	5000
IN2	VW2	2	1000	1000
OUT	VW0	2	6000	

3）乘法指令

乘法指令是对两个有符号数进行相乘运算。该指令格式如表 7-19 所示

表 7-19 乘法指令格式

指令名称	梯形图	STL	STL 指令执行结果	执行结果对特殊标志位的影响	影响 ENO 正常工作的出错条件
整数乘法指令 *I	MUL_I EN ENO ????-IN1 OUT-???? ????-IN2	*I IN1, OUT (IN2 与 OUT 是同一个存储单元)	IN1×OUT = OUT	SM1.0（零） SM1.1（溢出） SM1.2（负）	SMI.I（溢出） SM4.3（运行时间） 0006（间接寻址）

续表

指令名称	梯形图	STL	STL 指令执行结果	执行结果对特殊标志位的影响	影响 ENO 正常工作的出错条件
双整数乘法指令 *D	MUL_DI EN ENO ????-IN1 OUT-???? ????-IN2	*D IN1. OUT (IN2 与 OUT 是同一个存储单元)	IN1×OUT = OUT	SM1.0（零） SM1.1（溢出） SM1.2（负）	SMI.I（溢出） SM4.3（运行时间） 0006（间接寻址）
实数乘法指令 *R	MUL_R EN ENO ????-IN1 OUT-???? ????-IN2	*R IN1. OUT (IN2 与 OUT 是同一个存储单元)	IN1×OUT = OUT	SM1.0（零） SM1.1（溢出） SM1.2（负）	SMI.I（溢出） SM4.3（运行时间） 0006（间接寻址）
完全整数乘法 MUL	MUL EN ENO ????-IN1 OUT-???? ????-IN2	MUL IN1. OUT (IN2 与 OUT 的低 16 位是同一个存储单元)	IN1×OUT = OUT	SM1.0（零） SM1.1（溢出） SM1.2（负）	SMI.I（溢出） SM4.3（运行时间） 0006（间接寻址）

（1）一般乘法指令

一般乘法指令包括整数乘法指令、双整数乘法指令和实数乘法指令。整数乘法时，输入/输出均为 INT，双整数乘法时，输入/输出均为 DINT，实数乘法时，输入/输出均为 REAL。

（2）完全乘法指令

将两个单字长（16 位）的符号整数 IN1 和 IN2 相乘，产生一个 32 位双整数 OUT。

4）除法指令

除法指令是对两个有符号数进行相除运算。该指令格式如表 7-20 所示。

表 7-20 除法指令格式

指令名称	梯形图	STL	STL 指令执行结果	执行结果对特殊标志位的影响	影响 ENO 正常工作的出错条件
整数除法指令 /I	DIV_I EN ENO ????-IN1 OUT-???? ????-IN2	/I IN2, OUT (IN1 与 OUT 是同一个存储单元)	OUT/IN2 = OUT	SM1.0（零） SM1.1（溢出） SM1.2（负） SM1.3（被 0 除）	SMI.I（溢出） SM4.3（运行时间） 0006（间接寻址）
双整数除法指令 /D	DIV_DI EN ENO ????-IN1 OUT-???? ????-IN2	/D IN2. OUT (IN1 与 OUT 是同一个存储单元)	OUT/IN2 = OUT	SM1.0（零） SM1.1（溢出） SM1.2（负） SM1.3（被 0 除）	SMI.I（溢出） SM4.3（运行时间） 0006（间接寻址）
实数除法指令 /R	DIV_R EN ENO ????-IN1 OUT-???? ????-IN2	/R IN2. OUT (IN1 与 OUT 是同一个存储单元)	OUT/IN2 = OUT	SM1.0（零） SM1.1（溢出） SM1.2（负） SM1.3（被 0 除）	SMI.I（溢出） SM4.3（运行时间） 0006（间接寻址）

指令名称	梯形图	STL	STL 指令执行结果	执行结果对特殊标志位的影响	影响 ENO 正常工作的出错条件
完全整数除法 DIV	DIV EN ENO ????-IN1 OUT-???? ????-IN2	DIV IN2, OUT（IN1 与 OUT 的低 16 位是同一个存储单元）	OUT/IN2 = OUT	SM1.0（零）SM1.1（溢出）SM1.2（负）SM1.3（被 0 除）	SM1.1（溢出）SM4.3（运行时间）0006（间接寻址）

（1）一般除法指令。一般除法指令包括整数除法指令、双整数除法指令和实数除法指令。整数除法时，输入/输出均为 INT；双整数除法时，输入/输出均为 DINT；实数除法时，输入/输出均为 REAL。

（2）完全除法指令。将两个单字长（16 位）的符号整数 IN1 和 IN2 相除，产生一个 32 位双整数 OUT。其中，低 16 位为商，高 16 位为余数。32 位结果的低 16 位在运算前兼用存放被除数。

完全除法指令应用实例如图 7-55 所示，VD10 包含 VW10，VW1，在完全除法运算前，被除数（即 12345）存放在低 16 地址 VW12 中，运算结束后，得出 32 位结果，其中商 123 放在低 16 位地址中（即（VW12）=123），余数 45 放在高 16 位地址中（即（VW10）=45）。

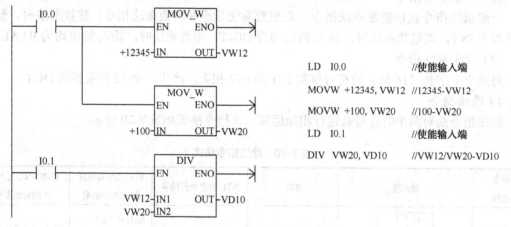

图 7-55 乘法、除法指令应用实例

5）增减指令

增、减指令又称自增和自减，是对无符号或有符号整数进行自动增加或减少一个单位的操作，数据长度可以是字节、字或双字。其中，字节增减是对无符号数操作，字和双字的增减是对有符号数的操作。增减指令格式及功能如表 7-21 所示。

表 7-21 增减指令格式

指令名称	梯形图	STL	STL 指令执行结果	功能
字节增指令 INCB	INC_B EN ENO ????-IN OUT-????	INCB, OUT（IN 与 OUT 地址相同）	IN+1= OUT	允许输入有效时，将一个字节长（8 位）的无符号数 IN 增加 1，产生一个 8 位无符号数

续表

指令名称	梯形图	STL	STL 指令执行结果	功能
字节减指令 DECB	DEC_B EN ENO ????–IN OUT–????	DECB, OUT (IN 与 OUT 地址相同)	IN-1=OUT	允许输入有效时，将一个字节长（8 位）的无符号数 IN 减少 1，产生一个 8 位无符号数
字增指令 INCW	INC_W EN ENO ????–IN OUT–????	INCW, OUT (IN 与 OUT 地址相同)	IN+1=OUT	允许输入有效时，将一个字长（16 位）的有符号数 IN 增加 1，产生一个 16 位有符号数
字减指令 DECW	DEC_W EN ENO ????–IN OUT–????	DECW, OUT (IN 与 OUT 地址相同)	IN-1=OUT	允许输入有效时，将一个字长（16 位）的有符号数 IN 减少 1，产生一个 16 位有符号数
双字增指令 INCD	INC_DW EN ENO ????–IN OUT–????	INCD, OUT (IN 与 OUT 地址相同)	IN+1=OUT	允许输入有效时，将一个双字长（32 位）的有符号数 IN 增加 1，产生一个 32 位有符号数
双字减指令 DECD	DEC_DW EN ENO ????–IN OUT–????	DECD, OUT (IN 与 OUT 地址相同)	IN-1=OUT	允许输入有效时，将一个双字长（32 位）的有符号数 IN 减少 1，产生一个 32 位有符号数

双字增指令应用实例如图 7-56 所示。

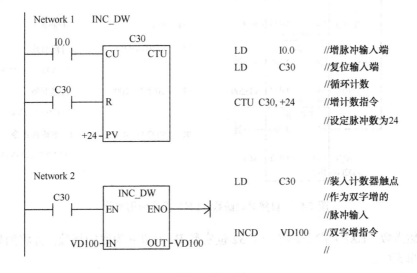

图 7-56 双字增指令应用实例

2. 数学函数指令

数学函数指令包括平方根、自然对数、指数、三角函数等几个常用的函数指令。运算输入输出数据都为双字长的实数。结果如果大于 32 位二进制表示的范围，则产生溢出。数学函数指令的格式及功能如表 7-22 所示。

表 7-22 数学函数指令格式

LAD	SQRT EN ENO IN OUT	LN EN ENO IN OUT	EXP EN ENO IN OUT	SIN EN ENO IN OUT	COS EN ENO IN OUT	TAN EN ENO IN OUT
STL	SQRT IN, OUT	LN IN, OUT	EXP IN, OUT	SIN IN, OUT	COS IN, OUT	TAN IN, OUT
功能	SQRT(IN)=OUT	LN(IN)=OUT	EXP(IN)=OUT	SIN(IN)=OUT	COS(IN)=OUT	TAN(IN)=OUT
操作数及数据类型	IN：VD, ID, QD, MD, SMD, SD, LD, AC, 常量, *VD, *LD, *AC OUT：VD, ID, QD, MD, SMD, SD, LD, AC, *VD, *LD, *AC 数据类型：实数					
使 ENO = 0 的错误条件	0006（间接地址），SM1.1（溢出）SM4.3（运行时间）					
对标志位的影响	SM1.0（零），SM1.1（溢出），SM1.2（负数）					

（1）平方根函数（SQRT）指令。对 32 位实数（IN）取平方根，并产生一个 32 位实数结果，从 OUT 指定的存储单元输出。

（2）自然对数函数（LN）指令。将一个 32 位实数 IN 取自然对数，并将结果置于 OUT 指定的存储单元中。

求以 10 为底数的对数时，用自然对数除以 2.302585（约等于 10 的自然对数）。

自然对数函数（LN）指令的应用实例如图 7-57 所示。

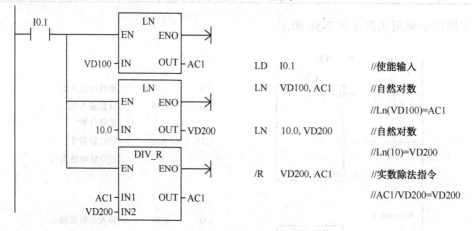

图 7-57 自然对数函数（LN）指令应用实例

（3）自然指数（EXP）指令。将一个 32 位实数 IN 取以 e 为底的指数，并将结果置于 OUT 指定的存储单元中。

将"自然指数"指令与"自然对数"指令相结合，可以实现以任意数为底，任意数为指数的计算。求 y^x，可以用指令 EXP（x * LN（y））来求取。

例如：求 2^3=EXP（3*LN（2））=8；27 的 3 次方根=$27^{1/3}$=EXP（1/3*LN（27））=3。

（4）三角函数指令。三角函数指令包括正弦函数 SIN、余弦函数 COS、正切函数 TAN。利用三角函数可以求取一个 32 位实数（弧度值）IN 的正弦值、余弦值或正切值，并将结果置于 OUT 指定的存储单元中。

例如，求 45°正弦值，首先应求出 45°所对应的弧度值（3.14159/180）×45，再求取正切值。相应程序如图 7-58 所示。

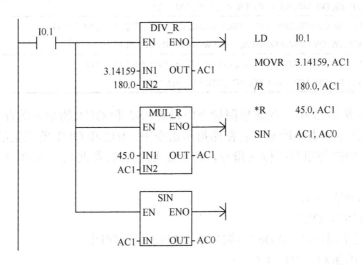

图 7-58 三角函数指令应用实例

3. 逻辑运算指令

逻辑运算是对无符号数进行的逻辑处理，主要包括逻辑与、逻辑或、逻辑异或和取反等运算指令。按操作数长度可分为字节、字和双字逻辑运算。

逻辑运算指令的格式及功能如表 7-23 所示。

表 7-23 逻辑运算指令格式

LAD	WAND_B / WAND_W / WAND_DW	WOR_B / WOR_W / WOR_DW	WXOR_B / WXOR_W / WXOR_DW	INV_B / INV_W / INV_DW

续表

		ANDB IN1, OUT	ORB IN1, OUT	XORB IN1, OUT	INVB OUT
STL		ANDW IN1, OUT	ORW IN1, OUT	XORW IN1, OUT	INVW OUT
		ANDD IN1, OUT	ORD IN1, OUT	XORD IN1, OUT	INVD OUT
功能		IN1, IN2 按位相与	IN1, IN2 按位相或	IN1, IN2 按位异或	对 IN 取反
操作数	B	IN1/IN2: VB, IB, QB, MB, SB, SMB, LB, AC, 常量, *VD, *AC, *LD OUT: VB, IB, QB, MB, SB, SMB, LB, AC, *VD, *AC, *LD			
	W	IN1/IN2: VW, IW, QW, MW, SW, SMW, T, C, AC, LW, AIW, 常量, *VD, *AC, *LD OUT: VW, IW, QW, MW, SW, SMW, T, C, LW, AC, *VD, *AC, *LD			
	DW	IN1/IN2: VD, ID, QD, MD, SMD, AC, LD, HC, 常量, *VD, *AC, SD, *LD OUT: VD, ID, QD, MD, SMD, LD, AC, *VD, *AC, SD, *LD			

说明：① 在表 7-23 中，在梯形图指令中设置 IN2 和 OUT 所指定的存储单元相同，这样对应的语句表指令如表中所示。若在梯形图指令中，IN2 和 OUT 所指定的存储单元不同，在 STL 指令中，则需使用数据传送指令，将 IN2 输入端的数据先送入 OUT，再进行逻辑运算。如：

  MOVB IN2，OUT

  ANDB IN1，OUT

② ENO=0 的错误条件：0006 间接地址，SM4.3 运行时间。

③ 对标志位的影响：SM1.0（零）。

（1）逻辑与（WAND）指令。将输入 IN1、IN2 按位相与，得到的逻辑运算结果，放入 OUT 指定的存储单元。

（2）逻辑或（WOR）指令。将输入 IN1、IN2 按位相或，得到的逻辑运算结果，放入 OUT 指定的存储单元。

（3）逻辑异或（WXOR）指令。将输入 IN1、IN2 按位相异或，得到的逻辑运算结果，放入 OUT 指定的存储单元。

（4）取反（INV）指令。将输入 IN 按位取反，将结果放入 OUT 指定的存储单元。

逻辑运算指令的应用实例如图 7-59 所示。

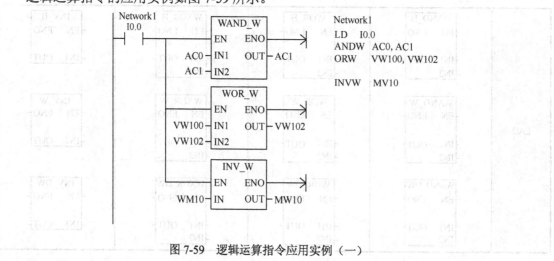

图 7-59 逻辑运算指令应用实例（一）

该例子的功能是 I4.0 接通后，分别进行字与、字或、字异或运算，运算结果如图 7-60 所示。

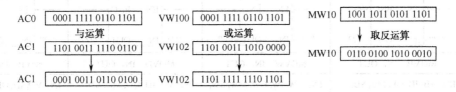

图 7-60 逻辑运算结果

若在梯形图编程时，逻辑运算指令中的 IN2 和 OUT 使用了不同的存储单元，在转换为指令表格式时应使用数据传递指令对程序进行处理，将 IN2 与 OUT 变为一致，如图 7-61 所示。

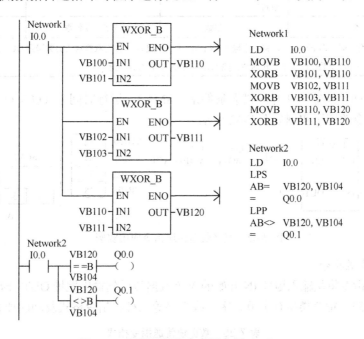

图 7-61 逻辑运算指令应用实例（二）

7.5.2 数据处理指令

数据处理指令包括数据传送指令、移位指令、字节交换指令和存储器填充指令等。

1. 数据传送指令

数据传送指令有字节、字、双字和实数的单个传送指令，还有以字节、字、双字为单位的数据块的成组传送指令，用来实现各存储器单元之间数据的传送和复制。

1）单个数据传送指令

单个数据传送指令一次完成一个字节，字和双字的传送。单字节数据为无符号数、单字长或双字长数据为有符号数。指令格式及功能如表 7-24 所示。

表 7-24 单个数据传送指令格式

	MOV_B	MOV_W	MOV_DW	MOV_R
LAD	EN ENO ????─IN OUT─????	EN ENO ????─IN OUT─????	EN ENO ????─IN OUT─????	EN ENO ????─IN OUT─????
STL	MOVB IN, OUT	MOVW IN, OUT	MOVD IN, OUT	MOVR IN, OUT
操作数及数据类型	IN: VB, IB, QB, MB, SB, SMB, LB, AC, 常量 OUT: VB, IB, QB, MB, SB, SMB, LB, AC	IN: VW, IW, QW, MW, SW, SMW, LW, T, C, AIW, 常量, AC OUT: VW, T, C, IW, QW, SW, MW, SMW, LW, AC, AQW	IN: VD, ID, QD, MD, SD, SMD, LD, HC, AC, 常量 OUT: VD, ID, QD, MD, SD, SMD, LD, AC	IN: VD, ID, QD, MD, SD, SMD, LD, AC, 常量 OUT: VD, ID, QD, MD, SD, SMD, LD, AC
	字节	字、整数	双字、双整数	实数
功能	使能输入有效时，即 EN=1 时，将一个输入 IN 的字节、字/整数、双字/双整数或实数送到 OUT 指定的存储器输出。在传送过程中不改变数据的大小。传送后，输入存储器 IN 中的内容不变			

使 ENO = 0 即使能输出断开的错误条件是：SM4.3（运行时间），0006（间接寻址错误）。双字数据传送指令的应用实例如图 7-62 所示。

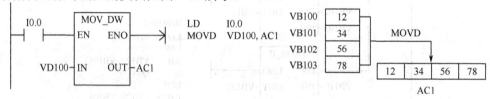

图 7-62 双字数据传送指令应用实例

2）数据块传送指令

数据块传送指令将从输入地址 IN 开始的 N 个数据传送到输出地址 OUT 开始的 N 个单元中，N 的范围为 1~255。指令类型有字节、字、或双字等三种。指令格式及功能如表 7-25 所示。

表 7-25 数据块传送指令格式

	BLKMOV_B	BLKMOV_W	BLKMOV_D
LAD	EN ENO ????─IN OUT─???? ????─N	EN ENO ????─IN OUT─???? ????─N	EN ENO ????─IN OUT─???? ????─N
STL	BMB IN, OUT	BMW IN, OUT	BMD IN, OUT
操作数及数据类型	IN: VB, IB, QB, MB, SB, SMB, LB. OUT: VB, IB, QB, MB, SB, SMB, LB 数据类型：字节	IN: VW, IW, QW, MW, SW, SMW, LW, T, C, AIW OUT: VW, IW, QW, MW, SW, SMW, LW, T, C, AQW 数据类型：字	IN/OUT: VD, ID, QD, MD, SD, SMD, LD 数据类型：双字
	N: VB, IB, QB, MB, SB, SMB, LB, AC, 常量；数据类型：字节；数据范围：1~255		
功能	使能输入有效时，即 EN=1 时，把从输入 IN 开始的 N 个字节（字、双字）传送到以输出 OUT 开始的 N 个字节（字、双字）中		

数据块传送指令的应用实例如图 7-63 所示。

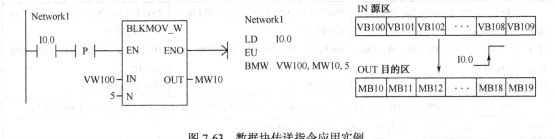

图 7-63 数据块传送指令应用实例

2. 移位指令

移位指令都是对无符号数进行的处理，执行时只考虑要移位的存储单元的每一位数字状态，而不管数据的值的大小。本类指令在一个数字量输出点对应多个相对固定状态的情况下有广泛的应用。

移位指令分为左、右移位和循环左、右移位及寄存器移位指令三大类。前两类移位指令按移位数据长度又分为字节型、字型、双字型三种，移位指令最大移位位数 N 小于等于数据类型（B、W、DW）对应的位数，若 N 大于数据长度，则执行移位的次数等于实际数据长度的位数。

1）左移和右移位指令

左移和右移根据所移位的数据长度可分为字节型、字型和双字型。

左移位指令（SHL）：使能输入有效时，将输入的字节、字或双字（IN）左移 N 位后（右端补 0），将结果输出到 OUT 所指定的存储单元中，最后一次溢出位保存在 SM1.1。

右移位指令（SHR）：使能输入有效时，将输入的字节、字或双字（IN）右移 N 位后，将结果输出到 OUT 所指定的存储单元中，最后一次溢出位保存在 SM1.1。

左移和右移指令格式如表 7-26 所示。

表 7-26 移位指令格式

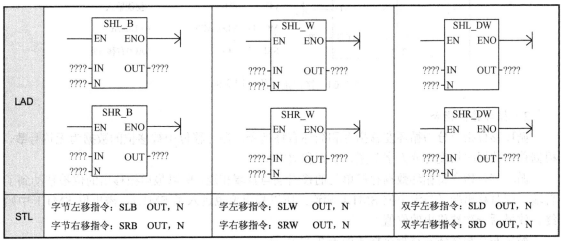

续表

操作数及数据类型	IN: VB, IB, QB, MB, SB, SMB, LB, AC, 常量	IN: VW, IW, QW, MW, SW, SMW, LW, T, C, AIW, AC, 常量	IN: VD, ID, QD, MD, SD, SMD, LD, AC, HC, 常量
	OUT: VB, IB, QB, MB, SB, SMB, LB, AC	OUT: VW, IW, QW, MW, SW, SMW, LW, T, C, AC	OUT: VD, ID, QD, MD, SD, SMD, LD, AC
	数据类型：字节	数据类型：字	数据类型：双字
	N: VB, IB, QB, MB, SB, SMB, LB, AC, 常量；数据类型：字节；数据范围：N≤数据类型（B、W、D）对应的位数		
功能	SHL: 字节、字、双字左移 N 位；SHR: 字节、字、双字右移 N 位		

说明：在表 7-26 中，在梯形图指令中设置 IN 和 OUT 所指定的存储单元相同，这样对应的语句表指令如表中所示。在 STL 指令中，若 IN 和 OUT 指定的存储器不同，则须首先使用数据传送指令 MOV 将 IN 中的数据送入 OUT 所指定的存储单元。例如：

MOVB   IN，OUT
SLB   OUT，N

左移和右移指令的特点如下：

移位数据存储单元的移出端与 SM1.1（溢出）相连，所以最后被移出的位被放到 SM1.1 位存储单元。

移位时，移出位进入 SM1.1，另一端自动补 0。SM1.1 始终存放最后一次被移出的位。

移位次数与移位数据的长度有关，如果所需移位次数大于移位数据的位数，则超出的次数无效。

如果移位操作使数据变为 0，则零存储器位（SM1.0）自动置位。

移位指令影响的特殊存储器位：SM1.0（零）；SM1.1（溢出）。

使能流输出 ENO 断开的出错条件：SM4.3（运行时间）；0006（间接寻址）。

移位指令的应用实例如图 7-64 所示。

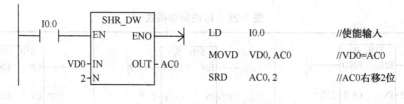

图 7-64 移位指令的应用实例

2）循环移位指令

循环移位指令分为循环左移指令和循环右移指令。循环移位中被移位的数据为无符号数，根据移位数据的长度可分为字节型、字型和双字型。

循环移位指令将循环数据存储单元的移出端与首端相连，所以最后被移出的位被移动到了首端。同时移出端又与溢出位 SM1.1 相连，所以移出位也进入了 SM1.1，溢出位 SM1.1 中始终存放最后一次被移出的位值。

循环左移和循环右移指令格式如表 7-27 所示。

表 7-27 循环移位指令格式

LAD	ROL_B EN ENO ????-IN OUT-???? ????-N ROR_B EN ENO ????-IN OUT-???? ????-N	ROL_W EN ENO ????-IN OUT-???? ????-N ROR_W EN ENO ????-IN OUT-???? ????-N	ROL_DW EN ENO ????-IN OUT-???? ????-N ROR_DW EN ENO ????-IN OUT-???? ????-N
STL	字节左移指令：RLB OUT，N 字节右移指令：RRB OUT，N	字左移指令：RLW OUT，N 字右移指令：RRW OUT，N	双字左移指令：RLD OUT，N 双字右移指令：RRD OUT，N
操作数及数据类型	**IN**：VB, IB, QB, MB, SB, SMB, LB, AC, 常量 **OUT**：VB, IB, QB, MB, SB, SMB, LB, AC 数据类型：字节	**IN**：VW, IW, QW, MW, SW, SMW, LW, T, C, AIW, AC, 常量 **OUT**：VW, IW, QW, MW, SW, SMW, LW, T, C, AC 数据类型：字	**IN**：VD, ID, QD, MD, SD, SMD, LD, AC, HC, 常量 **OUT**：VD, ID, QD, MD, SD, SMD, LD, AC 数据类型：双字
	N：VB, IB, QB, MB, SB, SMB, LB, AC，常量；数据类型：字节		
功能	ROL：字节、字、双字循环左移 N 位；ROR：字节、字、双字循环右移 N 位		

循环移动指令的特点如下：

移位次数与移位数据的长度有关，如果移位次数设定值大于移位数据的位数，则执行循环移位之前，系统先对设定值取以数据长度为底的模，用小于数据长度的结果作为实际循环移位的次数。如字左移时，若移位次数设定为 36，则先对 36 取以 16 为底的模，得到小于 16 的结果 4，故指令实际循环移位 4 次。取模后，若结果为 0 则不执行循环移位，结果不为 0，则溢出位 SM1.1 中为最后一个移出的位值。

如果移位操作使数据变为 0，则零存储器位（SM1.0）自动置位。

移位指令影响的特殊存储器位：SM1.0（零）；SM1.1（溢出）。

使能流输出 ENO 断开的出错条件：SM4.3（运行时间）；0006（间接寻址）。

左移指令与循环右移指令的应用实例如图 7-65 所示，结果如图 7-66 所示。

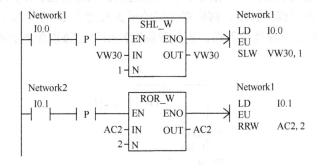

图 7-65 左移指令与循环右移指令的应用实例

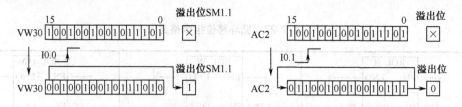

图 7-66　左移指令与循环右移指令运行结果

再举一例，用 I0.0 控制接在 Q0.0~Q0.7 上的 8 个彩灯循环移位，从左到右以 0.5s 的速度依次点亮，保持任意时刻只有一个指示灯亮，到达最右端后，在从左到右依次点亮。

分析：8 个彩灯循环移位控制，可以用字节的循环移位指令。根据控制要求，首先应置彩灯的初始状态为 QB0=1，即左边第一盏灯亮；接着灯从左到右以 0.5s 的速度依次点亮，即要求字节 QB0 中的"1"用循环左移位指令每 0.5s 移动一位，因此须在 ROL-B 指令的 EN 端接一个 0.5s 的移位脉冲（可用定时器指令实现）。梯形图程序和语句表程序如图 7-67 所示。

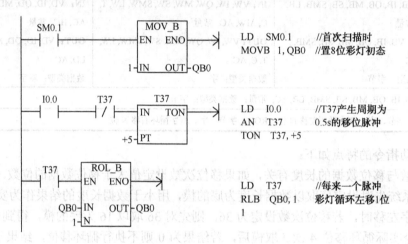

图 7-67　循环左移指令的应用实例

3) 移位寄存器指令 SHRB

寄存器移位指令可以将数值移入移位寄存器并指定移位寄存器的长度和移位方向。移位寄存器指令格式如图 7-68 所示。该指令在梯形图中有 3 个数据输入端：DATA 为数值输入，连接移入移位寄存器的二进制数值，执行指令时将该位的值移入寄存器；S_BIT 为移位寄存器的最低位端；N 指定移位寄存器的长度，移位寄存器的最大长度为 64 位，N 为正值表示左移位，为负值表示右移位。EN 为使能输入端，连接移位脉冲信号，每次使能有效时，整个移位寄存器移动 1 位。

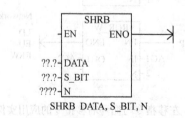

图 7-68　移位寄存器指令格式

移位特点如下：

移位寄存器长度在指令中指定，没有字节型、字型、双字型之分。可指定的最大长度为64位，可正也可负。

移位数据存储单元的移出端与SM1.1（溢出）相连，所以最后被移出的位被放到SM1.1位存储单元。

移位时，移出位进入SM1.1，另一端自动补以DATA移入位的值。

正向移位时长度N为正值，移位是从最低字节的最低位S_BIT移入，从最高字节的最高位移出；反向移位时，长度N为负值，移位是从最高字节的最高位移入，从最低字节的最低位S_BIT移出。

最高位的计算方法如下：

（N的绝对值-1+S_BIT的位号））/8，相除结果中，余数即是最高位的位号，商与S_BIT的字节号之和即是最高位的字节号。

假如S_BIT是V22.5，N是8，则：

最高位的位号=[（8-1+5）÷8]的余数=4

最高位的字节号=[（8-1+5）÷8]的商+22=23

最高位：V23.4

因此，该移位寄存器的最低位为V22.5，最高位为V23.4，共8位。由于N=8>0，为正向移动，即从最低位V22.5向最高位V23.4移位。

移位寄存器指令的应用如图7-69所示，移位寄存器指令执行的结果如图7-70所示。

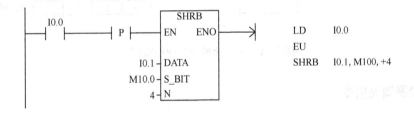

图7-69 移位寄存器指令应用实例

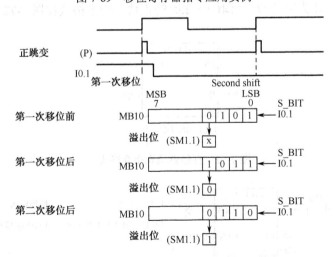

图7-70 移位寄存器指令执行结果

3. 字节交换指令

SWAP 为字节交换指令。当使能输入有效时，将字型输入数据 IN 高位字节与低位字节进行交换，交换的结果输出到 IN 存储器单元中。因此又可称为半字交换指令，常用于有模拟量输入/出的情况。其指令格式如表 7-28 所示。指令应用如图 7-71 所示。

表 7-28 字节交换指令使用格式及功能

LAD	STL	功能及说明
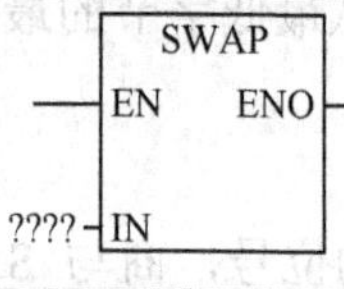 SWAP EN ENO ????–IN	SWAP IN	**功能**：使能输入 EN 有效时，将输入字 IN 的高字节与低字节交换，结果仍放在 IN 中 **IN**：VW, IW, QW, MW, SW, SMW, T, C, LW, AC **数据类型**：字

ENO = 0 的错误条件：0006（间接寻址错误），SM4.3（运行时间）。

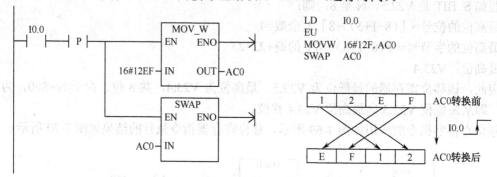

图 7-71 字节交换指令应用实例

4. 存储器填充指令

FILL 为存储器填充指令。当使能输入有效时，将字型输入值 IN 填充至从 OUT 开始的 N 个字的存储单元中。N 为字节型，可取 1~255 的正数。指令格式如图 7-72 所示。指令应用如图 7-73 所示。

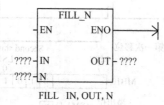

图 7-72 存储器填充指令格式

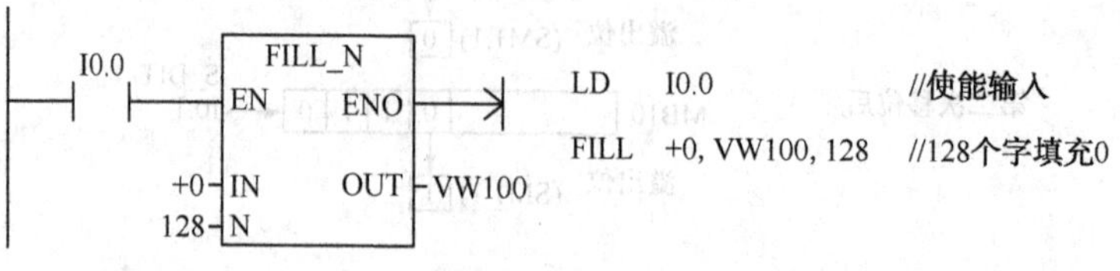

```
         FILL_N
I0.0     EN   ENO        LD    I0.0            //使能输入
  +0 –IN  OUT –VW100     FILL  +0, VW100, 128  //128个字填充0
 128 –N
```

图 7-73 存储器填充指令应用实例

7.5.3 表功能指令

表功能指令是指定存储器区域中数据的管理指令。可建立一个不大于 100 个字的数据表，依次向数据区填入或取出数据，并可在数据区查找符合设置条件的数据，以便对数据区内的数据进行统计、排序、比较等处理。

数据表格的第一个字地址即首地址，首地址中的数值是表格的最大长度（TL），即最大填表数。表格的第二个字地址中的数值是表的实际长度（EC），指定表格中的实际填表数。每次向表格中增加新数据后，EC 加 1。从第三个字地址开始，存放数据（字）。表格最多可存放 100 个数据（字）。数据在数据表格中的存储形式如表 7-29 所示。

表 7-29 数据表的存储格式

存储单元地址	存储数据	说　明
VW200	0006	TL=6，最多填写 6 个数据，VW200 为表格的首地址
VW202	0004	EC=4，表中实际有 4 个数据
VW204	4357	数据 0（D0）
VW206	9642	数据 1（D1）
VW208	3279	数据 2（D2）
VW210	1233	数据 3（D3）
VW212	****	无效数据
VW214	****	无效数据

表功能指令包括填表指令、查表指令、先进先出指令、后进先出指令及填充指令。

1. 填表指令

填表指令是向数据表中添加数据。填表指令的格式如图 7-74 所示。DATA 为数据输入端，数据类型为字。TBL 为数据表的首地址，数据类型为字。EN 为使能输入端，当使能输入端有效时，向 TBL 指定的数据表中添加 DATA 端的数据。新填入的数据放在表格中最后一个数据的后面，EC 的值自动加 1。填表指令的应用如图 7-75 所示。

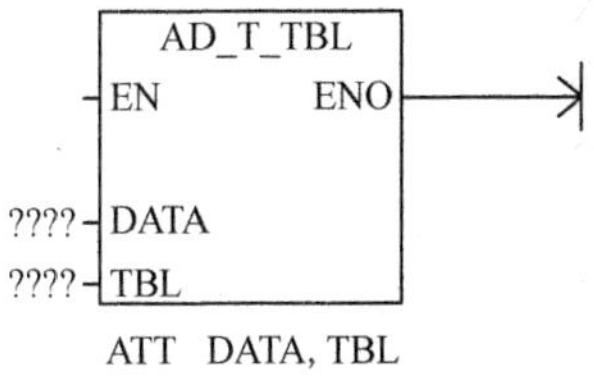

DATA 操作数为：VW，IW，QW，MW，SW，SMW，LW，T，C，AIW，AC，常量，*VD，*LD，*AC。

TBL 操作数为：VW，IW，QW，MW，SW，SMW，LW，T，C，*VD，*LD，*AC。

图 7-74 填表指令的格式

使 ENO = 0 的错误条件：0006（间接地址），0091（操作数超出范围），SM1.4（表溢出），SM4.3（运行时间）。

填表指令影响特殊标志位：SM1.4（填入表的数据超出表的最大长度，SM1.4=1）。

2. 查表指令

通过表查找指令可以从字型数据表中找出符合条件的数据在表中的数据编号（编号范围是 0～99），并存入 INDX 指定的字地址中。查表指令的格式如图 7-76 所示。在梯形图中有 4 个输入端：TBL 为表格的首地址，用以指明被访问的表格；PTN 是用来描述查表条件时进行比较的数据；CMD 是比较运算符"？"的编码，它是一个 1~4 的数值，分别代表＝、<>、< 和 > 运算符；INDX，搜索指针，即从 INDX 所指的数据编号开始查找，并将搜索到的符合条件的数据的编号放入 INDX 所指定的存储器。EN 为使能输入端。

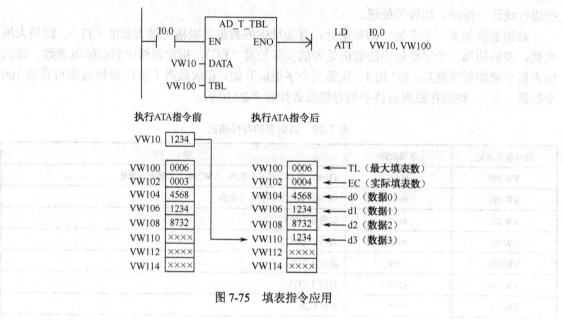

图 7-75 填表指令应用

TBL 操作数为：VW，IW，QW，MW，SMW，LW，T，C，*VD，*LD，*AC。
PIN 操作数为：VW，IW，QW，MW，SMW，LW，T，C，常量，*VD，*LD，*AC。
INDX 操作数为：VW，IW，QW，MW，SW，SMW，LW，T，C，AIW，AC，*VD，*LD，*AC。

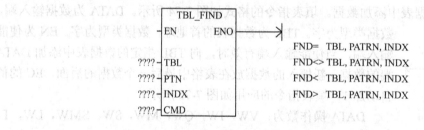

图 7-76 查表指令格式

当 EN 有效时，从 INDX 指定的数据编号开始搜索表 TBL，查找符合比较条件的数据，如果没有发现符合条件的数据，则 INDX 的值等于 EC（最大填表数）。如果找到一个符合条件的数据，则将该数据在表中的地址装入 INDX 中。若找到一个符合条件的数据后，想继续向下查找，必须先对 INDX 加 1，以重新激活表查找指令，从表中符合条件的下一个数据开始开始查找。

一个表格最多可有 100 数据，数据编号范围：0~99。查表指令执行之前，将 INDX 的值设为 0，则从表格的顶端开始搜索。查表指令的应用如图 7-77 所示。

3. 表取数指令

S7-200 中，可以将数据表中的字型数据按先进先出或后进先出的方式取出送到指定的存储单元。所以表取数指令分为先进先出指令和后进先出指令。指令的格式如表 7-30 所示。一个数据从表中取出之后，表的实际表数 EC 值减 1。两种方式指令在梯形图中有 2 个数据端：输入端 TBL 表格的首地址，用以指明被访问的表格；输出端 DATA 指明数值取出后要存放的目标单元。

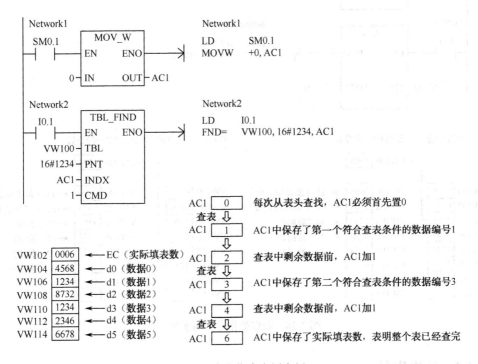

图 7-77 查表指令应用实例

先进先出指令（FIFO）：移出表格（TBL）中的第一个数（数据 0），并将该数值移至 DATA 指定存储单元，表格中的其他数据依次向上移动一个位置，实际存表数自动减 1。

后进先出指令（LIFO）：将表格（TBL）中的最后一个数据移至输出端 DATA 指定的存储单元，表格中的其他数据位置不变，实际存表数自动减 1。

表 7-30 表取指令的格式

LAD	FIFO EN ENO ????-TBL DATA-????	LIFO EN ENO ????-TBL DATA-????
STL	先进先出指令：FIFO TBL, DATA	后进先出指令：LIFO TBL, DATA
说明	输入端 TBL 为数据表的首地址，输出端 DATA 为存放取出数值的存储单元	
操作数及数据类型	**TBL**：VW, IW, QW, MW, SW, SMW, LW, T, C, *VD, *LD, *AC。数据类型：字 **DATA**：VW, IW, QW, MW, SW, SMW, LW, AC, T, C, AQW, *VD, *LD, *AC 数据类型：整数	

表取数指令的应用如图 7-78 所示。

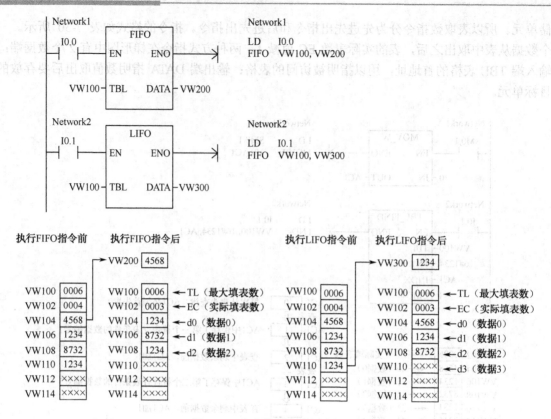

图 7-78　表取数指令应用实例

7.5.4 转换指令

转换指令是指对操作数的类型进行转换，包括数据的类型转换、码制类型转换以及数据和码制之间的类型转换。

1. 数据类型转换指令

可编程序控制器中的主要数据类型包括字节、整数、双整数和实数。主要的码制有 BCD 码、ASCII 码、十进制数和十六进制数等。不同性质的指令对操作数的类型要求不同，比如一个数据是字型，另一个数据是双字型，这两个数据就不能直接进行数学运算操作。因此，在指令使用之前需要将操作数转化成相应的类型，这样才能保证指令的正确执行。转换指令可以完成这样的任务。

1）字节与字整数之间的转换指令

字节与字整数之间的转换指令格式如表 7-31 所示。

表 7-31　字节与字整数之间的转换指令格式

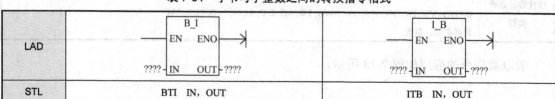

操作数及数据类型	IN：VB, IB, QB, MB, SB, SMB, LB, AC, 常量，数据类型：字节 OUT：VW, IW, QW, MW, SW, SMW, LW, T, C, AC 数据类型：整数	IN：VW, IW, QW, MW, SW, SMW, LW, T, C, AIW, AC 常量,数据类型：整数 OUT：VB, IB, QB, MB, SB, SMB, LB, AC 数据类型：字节
功能及说明	BTI 指令将字节数值（IN）转换成整数值，并将结果置入 OUT 指定的存储单元。因为字节不带符号，所以无符号扩展	ITB 指令将字整数（IN）转换成字节，并将结果置入 OUT 指定的存储单元。输入的字整数 0 至 255 被转换。超出部分导致溢出，SM1.1=1。输出不受影响
ENO=0 的错误条件	0006　间接地址 SM4.3　运行时间	0006　间接地址 SM1.1　溢出或非法数值 SM4.3　运行时间

2）字整数与双字整数之间的转换指令

字整数与双字整数之间的转换格式、功能及说明，如表 7-32 所示。

表 7-32　字整数与双字整数之间的转换指令

LAD	I_DI EN　ENO ????—IN　OUT—????	DI_I EN　ENO ????—IN　OUT—????
STL	ITD　IN, OUT	DTI　IN, OUT
操作数及数据类型	IN：VW, IW, QW, MW, SW, SMW, LW, T, C, AIW, AC 常量 数据类型：整数 OUT：VD, ID, QD, MD, SD, SMD, LD, AC 数据类型：双整数	IN：VD, ID, QD, MD, SD, SMD, LD, HC, AC,常量 数据类型：双整数 OUT：VW, IW, QW, MW, SW, SMW, LW, T, C, AC 数据类型：整数
功能及说明	ITD 指令将整数值（IN）转换成双整数值，并将结果置入 OUT 指定的存储单元。符号被扩展	DTI 指令将双整数值（IN）转换成整数值，并将结果置入 OUT 指定的存储单元。如果转换的数值过大，则无法在输出中表示，产生溢出 SM1.1=1，输出不受影响
ENO=0 的错误条件	0006　间接地址 SM4.3　运行时间	0006　间接地址 SM1.1　溢出或非法数值 SM4.3　运行时间

3）双字整数与实数之间的转换指令

双字整数与实数之间的转换指令格式如表 7-33 所示。

表 7-33　双字整数与实数之间的转换指令格式

LAD	DI_R EN　ENO ????—IN　OUT—????	ROUND EN　ENO ????—IN　OUT—????	TRUNC EN　ENO ????—IN　OUT—????
STL	DTR　IN, OUT	ROUND　IN, OUT	TRUNC　IN, OUT
操作数及数据类型	IN：VD, ID, QD, MD, SD, SMD, LD, HC, AC, 常量 数据类型：双整数	IN：VD, ID, QD, MD, SD, SMD, LD, AC, 常量 数据类型：实数	IN：VD, ID, QD, MD, SD, SMD, LD, AC, 常量 数据类型：实数

续表

操作数及数据类型	OUT：VD, ID, QD, MD, SD, SMD, LD, AC 数据类型：实数	OUT：VD, ID, QD, MD, SD, SMD, LD, AC 数据类型：双整数	OUT：VD, ID, QD, MD, SD, SMD, LD, AC 数据类型：双整数
功能及说明	DTR 指令将 32 位带符号整数 IN 转换成 32 位实数，并将结果置入 OUT 指定的存储单元	ROUND 指令按小数部分四舍五入的原则，将实数（IN）转换成双整数值，并将结果置入 OUT 指定的存储单元	TRUNC（截位取整）指令将小数部分直接舍去的原则，将 32 位实数（IN）转换成 32 位双整数，并将结果置入 OUT 指定存储单元
ENO=0 的错误条件	0006　间接地址 SM4.3　运行时间	0006　间接地址 SM1.1　溢出或非法数值 SM4.3　运行时间	0006　间接地址 SM1.1　溢出或非法数值 SM4.3　运行时间

值得注意的是：不论是四舍五入取整，还是截位取整，如果转换的实数数值过大，无法在输出中表示，则产生溢出，即影响溢出标志位，使 SM1.1=1，输出不受影响。

4）整数与 BCD 码之间的转换指令

整数与 BCD 码之间的转换指令格式如表 7-34 所示。

表 7-34　整数与 BCD 码之间的转换指令格式

LAD	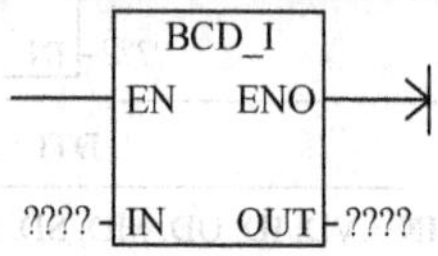 BCD_I EN　ENO ????—IN　OUT—????	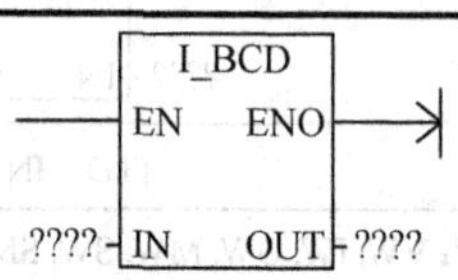 I_BCD EN　ENO ????—IN　OUT—????
STL	BCDI　OUT	IBCD　OUT
操作数及数据类型	IN：VW, IW, QW, MW, SW, SMW, LW, T, C, AIW, AC, 常量 OUT：VW, IW, QW, MW, SW, SMW, LW, T, C, AC IN/OUT 数据类型：字	
功能及说明	BCD-I 指令将二进制编码的十进制数 IN 转换成整数，并将结果送入 OUT 指定的存储单元。IN 的有效范围是 BCD 码 0~9999	I-BCD 指令将输入整数 IN 转换成二进制编码的十进制数，并将结果送入 OUT 指定的存储单元。IN 的有效范围是 0~9999
ENO=0 的错误条件	0006　间接地址，SM1.6 无效 BCD 数值，SM4.3　运行时间	

说明：① 数据长度为字的 BCD 格式的有效范围为：0~9999（十进制），0000~9999（十六进制）0000 0000 0000 0000~1001 1001 1001 1001（BCD 码）。

② 指令影响特殊标志位 SM1.6（无效 BCD）。

③ 在表 5-10 的 LAD 和 STL 指令中，IN 和 OUT 的操作数地址相同。若 IN 和 OUT 操作数地址不是同一个存储器，对应的语句表指令为：

MOV　IN　OUT
BCDI　OUT

数据类型转换指令的应用实例如图 7-79 所示。该程序是将英寸长度转化成 cm 长度。其中，VW100 中存放英寸长度数值，VD8 中存放的是 cm 长度数值。

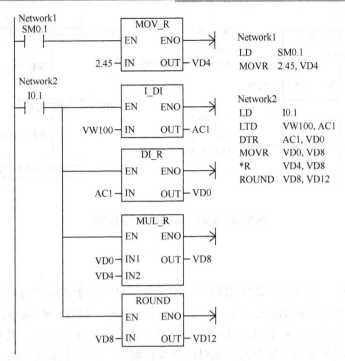

图 7-79 数据类型转换指令应用实例

2. 编码与译码指令

编码与译码指令包括编码指令和译码指令，其格式如表 7-35 所示。当使能输入端 EN 有效时，编码指令将字型输入数据 IN 的最低有效位（由低位到高位第一个值为 1 的位）的位号编码为 4 位二进制数，输出到 OUT 指定的字节单元的低 4 位。当使能输入端 EN 有效时，译码指令将字型输入数据 IN 的低四位的内容（二进制值）译成位号（0～15），并且将 OUT 指定字的该位置 1，其余位置零。译码和编码指令的应用实例如图 7-80 所示。

表 7-35 译码和编码指令的格式和功能

LAD	DECO EN　ENO ????－IN　OUT－????	ENCO EN　ENO ????－IN　OUT－????
STL	编码指令：DECO IN，OUT	译码指令：ENCO IN，OUT
操作数及数据类型	**IN**:VB, IB, QB, MB, SMB, LB, SB, AC, 常量 数据类型：字节 **OUT**：VW, IW, QW, MW, SMW, LW, SW, AQW, T, C, AC 数据类型：字	**IN**:VW, IW, QW, MW, SMW, LW, SW, AIW, T, C, AC, 常量 数据类型：字 **OUT**：VB, IB, QB, MB, SMB, LB, SB, AC 数据类型：字节
功能及说明	译码指令根据输入字节（IN）的低 4 位表示的输出字的位号，将输出字的相对应的位，置位为 1，输出字的其他位均置位为 0	编码指令将输入字（IN）最低有效位（其值为 1）的位号写入输出字节（OUT）的低 4 位中
ENO=0 的错误条件	0006——间接地址，SM4.3 运行时间	

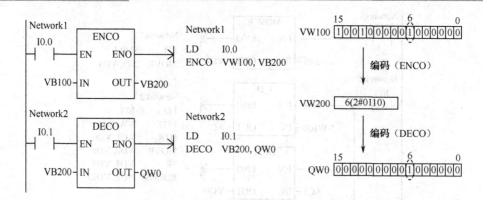

图 7-80 编码与译码指令应用实例

3. 段码指令

在控制系统中，可以利用 LED 数码管显示一些信息，每个数码管可以显示一位数字或一个字母。每个数码管由 abcdefg 七段组成，对应于七个发光二极管。abcdefg 段分别对应于字节的第 0~6 位，字节的某位为 1 时，其对应的段亮；字节的某位为 0 时，其对应的段暗。将字节的第 7 位补 0，则构成与七段数码管相对应的 8 位编码，称为七段显示码。数字 0~9、字母 A~F 与七段显示码的对应关系如图 7-81 所示。段码指令 SEG 是将输入的 4 位有效数字（16#0~F）转换成七段显示码。

(IN) LSD	段显示	(OUT) -gfe dcba		(IN) LSD	段显示	(OUT) -gfe dcba
0	０	0011 1111		8	８	0111 1111
1	１	0000 0110		9	９	0110 0111
2	２	0101 1011		A	Ａ	0111 0111
3	３	0100 1111		B	ｂ	0111 1100
4	４	0110 0110		C	Ｃ	0011 1001
5	５	0110 1101		D	ｄ	0101 1110
6	６	0111 1101		E	Ｅ	0111 1001
7	７	0100 0111		F	Ｆ	0111 0001

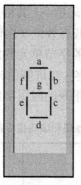

图 7-81 七段码编码表

段码指令格式及功能如表 7-36 所示。

表 7-36 七段显示译码指令

LAD	STL	功能及操作数
SEG EN ENO ???? — IN OUT — ????	SEG IN, OUT	功能：将输入字节（IN）的低四位确定的 16 进制数（16#0~F），产生相应的七段显示码，送入输出字节 OUT IN：VB, IB, QB, MB, SB, SMB, LB, AC, 常量 OUT：VB, IB, QB, MB, SMB, LB, AC IN/OUT 的数据类型：字节

使 ENO = 0 的错误条件：0006　间接地址，SM4.3　运行时间。
例如，执行以下程序：
LD　I0.0
EU
SEG　VB10，QB0

若 VB10=05，执行上述指令后，在 Q0.0~Q0.7 上输出 01101101。

4. 字符串（ASCII 码）转换指令

ASCII 是 American Standard Code for Information Interchange 的缩写，它用来制定计算机中每个符号对应的代码，这也叫做计算机的内码（code）。每个 ASCII 码以 1 个字节（byte）储存，从 0 到数字 127 代表不同的常用符号，如大写 A 的 ASCII 码是 65，小写 a 则是 97。

ASCII 码转换指令是将标准字符 ASCII 编码与 16 进制数值、整数、双整数及实数之间进行转换。可进行转换的 ASCII 码为 30~39 和 41~46，对应的十六进制数为 0~9 和 A~F。

1）ASCII 码与十六进制数之间的转换指令

ASCII 码与十六进制数之间的转换指令格式如表 7-37 所示。

表 7-37　ASCII 码与十六进制数之间的转换指令格式

LAD	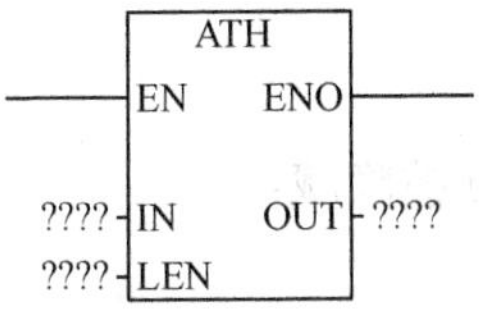 ATH EN　ENO ????–IN　OUT–???? ????–LEN	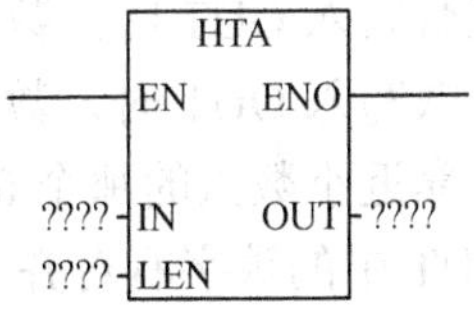 HTA EN　ENO ????–IN　OUT–???? ????–LEN
STL	ATH IN, OUT, LEN	HTA IN, OUT, LEN
操作数及数据类型	IN/ OUT：VB, IB, QB, MB, SB, SMB, LB。数据类型：字节。 LEN：VB, IB, QB, MB, SB, SMB, LB, AC, 常量。数据类型：字节。最大值为 255	
功能及说明	ASCII 至 HEX（ATH）指令将从 IN 开始的长度为 LEN 的 ASCII 字符转换成十六进制数，放入从 OUT 开始的存储单元	HEX 至 ASCII（HTA）指令将从输入字节（IN）开始的长度为 LEN 的十六进制数转换成 ASCII 字符，放入从 OUT 开始的存储单元
ENO=0 的错误条件	0006　间接地址，SM4.3　运行时间，0091　操作数范围超界 SM1.7　非法 ASCII 数值（仅限 ATH）	

注意： 合法的 ASCII 码对应的十六进制数包括 30H~39H，41H~46H。如果在 ATH 指令的输入中包含非法的 ASCII 码，则终止转换操作，特殊内部标志位 SM1.7 置位为 1。

指令应用实例如图 7-82 所示，将 VB100~VB103 中存放的 4 个 ASCII 码 36、46、39、43，转换成十六进制数，存入 VB200 开始的地址单元中。

2）整数、双字整数、实数转换为 ASCII 码指令

（1）整数转换为 ASCII 码指令。整数转换为 ASCII 码指令格式如图 7-83（a）所示。使能输入端 EN 有效时，将输入端（IN）的有符号整数转换成 ASCII 字符串，转换结果存入以 OUT 为起始字节地址的 8 个连续字节的输出缓冲区中。

指令格式操作数 FMT 指定 ASCII 码字符串中分隔符的位置和表示方法，即小数点右侧的转换精度，以及是否将小数点显示为逗号或点号。FMT 占用一个字节，高 4 位必须为 0，低 4 位用 cnnn 表示，C 位指定整数和小数之间的分隔符：C=1，用逗号分隔；C=0，用小数点分隔。输出缓冲器中小数点右侧的位数由 nnn 域指定，nnn 域的有效范围是 0～5。指定小数点右侧的数字为 0 会使显示的数值无小数点。对于大于 5 的 nnn 数值为非法格式，此时无输出，用 ASCII 空格（00000000）填充输出缓冲器。

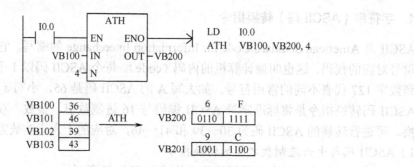

图 7-82 编码与译码指令格式

输出缓冲区的格式符合以下规则：
① 正数写入 OUT 时，数值前没有符号；
② 负数写入 OUT 时，数值前有负号；
③ 除靠近小数点的那个 0 外，小数点左侧的 0 被隐藏；
④ OUT 中的数字右对齐。

（2）双字整数转换为 ASCII 码指令。双字整数转换为 ASCII 码指令格式如图 7-83（b）所示。使能输入端 EN 有效时，将输入端（IN）的有符号双整数转换成 ASCII 字符串，转换结果存入以 OUT 为起始字节地址的 12 个连续字节的输出缓冲区中。指令格式操作数 FMT 与 ITA 指令的 FMT 定义相同。

（3）实数转换为 ASCII 码指令。实数转换为 ASCII 码指令格式如图 7-83（c）所示。使能输入端 EN 有效时，将输入端（IN）的实数转换成 ASCII 字符串，转换结果存入以 OUT 为起始字节地址的 3～15 个连续字节的输出缓冲区中。FMT 占用一个字节，高 4 位用 ssss 表示，ssss 区的值指定输出缓冲区的字节数（3～15 个字节），0、1 或 2 个字节无效。并规定输出缓冲区的字节数应大于输入实数小数点右边的位数。低 4 位的定义与 ITA 指令相同。

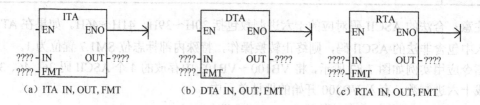

(a) ITA IN, OUT, FMT　　(b) DTA IN, OUT, FMT　　(c) RTA IN, OUT, FMT

图 7-83 整数、双字整数、实数转换为 ASCII 码指令格式

7.5.5 特殊指令

1. 时钟指令

利用时钟指令可以实现调用系统实时时钟或根据需要设定时钟,这对控制系统运行的监视、运行记录及和实时时间有关的控制等十分方便。时钟指令有两条:读实时时钟和设定实时时钟。指令格式如表 7-38 所示。

表 7-38 读实时时钟和设定实时时钟指令格式

LAD	STL	功能说明
READ_RTC EN ENO ????-T	TODR T	读取实时时钟指令:读取硬件时钟的当前时间和日期,并将其载入以地址 T 起始的 8 个字节的缓冲区,依次存放年、月、日、时、分、秒、零和星期
SET_RTC EN ENO ????-T	TODW T	设定实时时钟指令:将当前时间和日期写入时钟。当前时间和日期存放在以地址 T 起始的 8 个字节的缓冲区中
输入/输出 T 的操作数:VB、IB、QB、MB、SMB、SB、LB、*VD、*AC、*LD;数据类型:字节		

时钟指令中,时间和日期存放在 8 个字节中,其格式如表 7-39 所示。所有日期和时间值必须采用 BCD 码表示。例如,对于年仅使用年份最低的两个数字,16#13 代表 2013 年;对于小时而言,16#21 表示晚上 9 点。星期的范围是 1~7:1 代表星期日,2 代表星期一,以此类推,7 代表星期六,0 表示禁用星期。

表 7-39 8 字节缓冲区的格式

地址	T	T+1	T+2	T+3	T+4	T+5	T+6	T+7
含义	年	月	日	小时	分钟	秒	0	星期
范围	00~99	01~12	01~31	00~23	00~59	00~59		0~7

时钟指令使用说明如下:

① 硬件时钟在 CPU224 以上的 PLC 中才有。

② 对于没有使用过时钟指令或长时间断电或内存丢失后的 PLC,在使用时钟指令之前,要在编程软件的"PLC"一栏中对 PLC 的时钟进行设定,然后才能开始使用时钟。时钟可以设定成和 PC 中的一样,也可用 TODW 指令自由设定,但必须先对时钟存储单元赋值,然后才能使用 TODW 指令。

③ S7-200 CPU 不会根据日期核实星期是否正确,不检查无效日期,如 2 月 31 日为无效日期,但可以被系统接受。所以必须确保输入正确的日期。

④ 不能同时在在主程序和中断程序中使用 TODR/TODW 指令;否则,将产生非致命错误 (0007),SM4.3 置 1。

时钟指令应用实例 1:设置系统时间为 05 年 12 月 31 日 12 时 30 分 26 秒星期六,并在 10 分钟后读出时钟信息,存放在 VB100 开始的 8 个字节中。相应程序如图 7-84 所示。

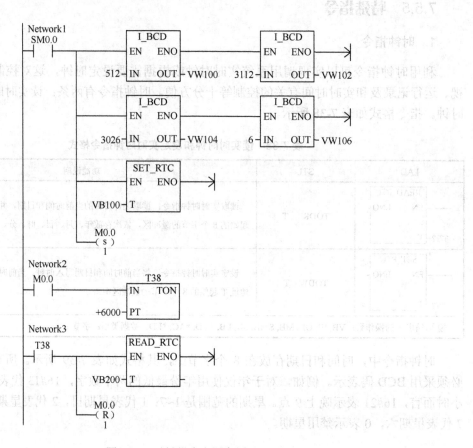

图 7-84 时钟指令应用实例 1

时钟指令应用实例 2：控制灯 18：00 时开灯，06：00 时关灯。时钟存储单元从 VB0 开始。程序如图 7-85 所示。

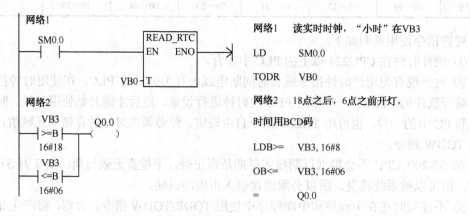

图 7-85 时钟指令应用实例 2

时钟指令应用实例 3：读取当前时钟值，并用 LED 数码管显示秒值。程序如图 7-86 所示。

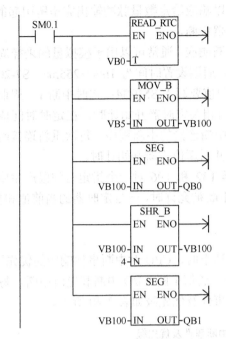

图 7-86　时钟指令应用实 3

2. 中断指令

S7-200 设置了中断功能，用于实时控制、高速处理、通信和网络等复杂和特殊的控制任务。中断就是终止当前正在运行的程序，去执行为立即响应的信号而编制的中断服务程序，执行完毕再返回原先被终止的程序并继续运行。

中断主要由中断源和中断服务程序构成。

中断控制指令又可分为中断允许、中断禁止指令和中断连接、分离指令。

中断程序控制的最大特点是响应迅速，在中断源触发后，它可以立即中止程序的执行过程，转而执行中断程序，而不必等到本次扫描周期结束。在中断服务程序执行完后重新返回原程序继续运行。

1）中断源

中断源即发出中断请求的事件，又叫中断事件。为了便于识别，系统给每个中断源都分配一个编号，称为中断事件号。

S7-200 系列可编程控制器最多有 34 个中断源，分为三大类：通信中断、输入/输出中断和时基中断。

（1）通信中断。用户通过编程控制通信端口的事件为通信中断。

在自由口通信模式下，用户可以通过接收中断和发送中断来控制串行口通信。可以设置通信的波特率、每个字符位数、起始位、停止位及奇偶校验。

（2）I/O 中断。包括：上升沿和下降沿中断、高速计数器中断、高速脉冲输出中断。

① 上升沿和下降沿中断。S7-200 用 I0.0～I0.3 这 4 个输入点捕捉上升沿或下降沿事件，用于捕获在发生时必须立即处理的事件。

② 高速计数器中断。可以响应当前值与预置值相等、计数方向的改变、计数器外部复位等事件所引起的中断；高速脉冲输出中断可以响应给定数量脉冲输出完毕所引起的中断。

(3) 时基中断。包括：定时中断和定时器中断。

定时中断可以设置一个周期性触发的中断响应，通常可以用于模拟量的采样周期或执行一个 PID 控制。周期时间以 1ms 为增量单位，周期设置时间为 1ms~255ms。S7-200 系列 PLC 提供了两个定时中断，定时中断 0，周期时间值要写入 SMB34；定时中断 1，周期时间值要写入 SMB35。当定时中断被允许，则定时中断相关定时器开始计时，在定时时间值与设置周期值相等时，相关定时器溢出，开始执行定时中断连接的中断程序。每次重新连接时，定时中断功能能够清除前一次连接时的各种累计值，并用新值重新开始计时。

定时器中断使用且只能使用 1ms 定时器 T32 和 T96 对一个指定时间段产生中断。T32 和 T96 使用方法同其他定时器，只是在定时器中断被允许时，一旦定时器的当前值和预置值相等，则执行被连接的中断程序。

2) 中断优先级和排队等候

优先级是指多个中断事件同时发出中断请求时，CPU 对中断事件响应的优先次序。

S7-200 规定的中断优先由高到低依次是：通信中断、I/O 中断和定时中断。每类中断中不同的中断事件又有不同的优先权。所有中断事件及优先级如表 7-40 所示。

表 7-40　中断事件及优先级

组优先级	组内类型	中断事件号	中断事件描述	组内优先级
通信中断（最高级）	通信口 0	8	通信口 0：接收字符	0
		9	通信口 0：发送完成	0
		23	通信口 0：接收信息完成	0
	通信口 1	24	通信口 1：接收信息完成	1
		25	通信口 1：接收字符	1
		26	通信口 1：发送完成	1
输入/输出中断（中等）	脉冲输出	19	PTO0：脉冲串输出完成中断	0
		20	PTO1：脉冲串输出完成中断	1
	外部输入	0	I0.0：上升沿中断	2
		2	I0.1：上升沿中断	3
		4	I0.2：上升沿中断	4
		6	I0.3：上升沿中断	5
		1	I0.0：下降沿中断	6
		3	I0.1：下降沿中断	7
		5	I0.2：下降沿中断	8
		7	I0.3：下降沿中断	9

续表

组优先级	组内类型	中断事件号	中断事件描述	组内优先级
输入/输出中断（中等）	高速计数器	12	HSC0：当前值等于预设值中断	10
		27	HSC0：输入方向中断	11
		28	HSC0：外部复位中断	12
		13	HSC1：当前值等于预设值中断	13
		14	HSC1：输入方向改变中断	14
		15	HSC1：外部复位中断	15
		16	HSC2：当前值等于预设值中断	16
		17	HSC2：输入方向改变中断	17
		18	HSC2：外部复位中断	18
		32	HSC3：当前值等于预设值中断	19
		29	HSC4：当前值等于预设值中断	20
		30	HSC4：输入方向改变中断	21
		31	HSC4：外部复位中断	22
		33	HSC5：当前值等于预设值中断	23
时基中断（最低级）	定时	10	定时中断0	0
		11	定时中断1	1
	定时器	21	T32当前值等于预设值中断	2
		22	T96当前值等于预设值中断	3

一个程序中总共可以有128个中断。S7-200在各自的优先级组内按照先来先服务的原则为中断提供服务。在任何时刻，只能执行一个中断程序。一旦一个中断程序开始执行，则一直执行至完成，不能被另一个中断程序打断，即使是更高优先级的中断程序。

中断程序执行中，新的中断请求按优先级排队等候。

中断队列能保存的中断个数有限，若超出，则会产生溢出。中断队列的最多中断个数和溢出标志位如表7-41所示。

表7-41 中断队列的最多中断个数和溢出标志位

队列	CPU 221	CPU 222	CPU 224	CPU 226和CPU 226XM	溢出标志位
通讯队列	4	4	4	8	SM4.0
I/O中断队列	16	16	16	16	SM4.1
定时中断队列	8	8	8	8	SM4.2

3）中断指令

中断调用即响应中断程序，使系统对特殊的内部或外部事件作出响应。系统响应中断时自动保护现场。中断处理完成时，又自动恢复现场。

中断指令主要有开、关中断指令（ENI、DISI），中断连接、分离指令（ATCH、DTCH），中断返回指令（CRETI、RETI）。指令格式如表7-42所示

表 7-42　中断指令格式

LAD	—(ENI)	—(DISI)	ATCH EN　ENO ????—INT ????—EVNT	DTCH EN　ENO ????—EVNT	—(RETI)	⊢(RETI)
STL	ENI	DISI	ATCH INT, EVNT	DTCH EVNT	CRETI	RETI
功能	开中断指令	关中断指令	中断连接指令	中断分离指令	中断子程序条件返回	中断子程序无条件返回
操作数及数据类型	无	无	INT: 常量　0-127 EVNT: 常量, CPU 224: 0-23; 27-33 INT/EVNT 数据类型: 字节	EVNT: 常量, CPU 224:　0-23; 27-33 数据类型: 字节	无	无

（1）开中断（ENI）指令：全局中断允许指令，全局性的允许所有被连接的中断事件。

（2）关中断（DISI）指令：全局中断禁止指令，全局性的禁止处理所有的中断事件。执行 DISI 指令后，出现的中断事件就进入中断队列排队等候，直到 ENI 指令重新允许中断。CPU 进入 RUN 运行模式时自动禁止所有中断。在 RUN 运行模式中执行 ENI 指令后，允许所有中断。

（3）中断连接指令（ATCH）指令：用来建立某个中断事件（EVNT）和某个中断程序（INT）之间的联系。并允许这个中断事件。

INT 端口指定中断程序入口地址，即中断程序名称，在建立联系后，若中断程序名改变，则 INT 端口指定名称也随之改变。

EVNT 端口指定与中断程序相联系的中断源，即中断事件号。

（4）分离中断（DTCH）指令：取消某中断事件（EVNT）与所有中断程序之间的连接，并禁用该中断事件。

（5）无条件中断返回指令（RETI）：RETI 是中断服务程序必备的结束指令。

（6）有条件中断返回指令（CRETI）：当满足一定条件时，提前结束中断程序的执行，返回主程序。

中断指令使用说明如下：

① PLC 系统每次切换到 RUN 状态时，自动关闭所有中断事件。可以通过编程，在 RUN 状态时，使用 ENI 指令开放所有中断。若用 DISI 指令关闭所有中断，则中断程序不能被激活，但允许发生的中断事件等候，直到重新允许中断。

② 多个中断事件可以调用同一个中断程序，但同一个中断事件不能同时连接多个中断服务程序。

③ 中断程序的编写规则是：短小、简单，执行时不能延时过长。

④ 在中断程序中不能使用 DISI、ENI、HDEF、LSCR 和 END 指令。

⑤ 中断程序的执行影响触点、线圈和累加器状态，所以系统在执行中断程序时，会自动保存和恢复逻辑堆栈、累加器及指示累加器和指令操作状态的特殊存储器标志位（SM），以保护现场。

⑥ 中断程序中可以嵌套调用一个子程序，累加器和逻辑堆栈在中断程序和子程序中是共用的。

4）中断程序

中断程序是为处理中断事件而事先编好的程序。中断程序不是由程序调用，而是在中断事件发生时由操作系统调用。

在中断程序中不能改写其他程序使用的存储器,最好使用局部变量。中断程序应实现特定的任务,应"越短越好",中断程序由中断程序号开始,以无条件返回指令(CRETI)结束。在中断程序中禁止使用 DISI、ENI、HDEF、LSCR 和 END 指令

建立中断程序的方法如下。

方法一:选择"编辑"菜单→选择插入(Insert)→ 中断(Interrupt)。

方法二:从指令树,用鼠标右键单击"程序块"图标并从弹出菜单→选择插入(Insert)→中断(Interrupt)。

方法三:从"程序编辑器"窗口的弹出菜单中用鼠标右键单击插入(Insert)→中断(Interrupt)。

默认的中断程序名(标号)为 INT_N,编号 N 的范围为 0~127,从 0 开始按顺序递增,也可以通过"重命名"命令为中断程序改名。

中断指令应用实例 1:由 I0.1 的上升沿产生的中断事件(中断事件号为 2)的初始化主程序。程序如图 7-87 所示。

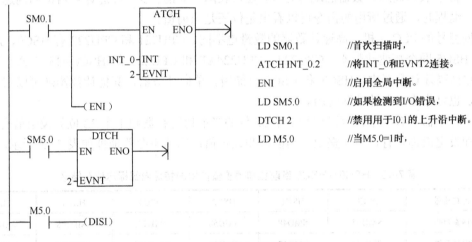

图 7-87 中断指令应用实例 1

中断指令应用实例 2:每 10ms 采样一次的数据采集程序。程序如图 7-88 所示。

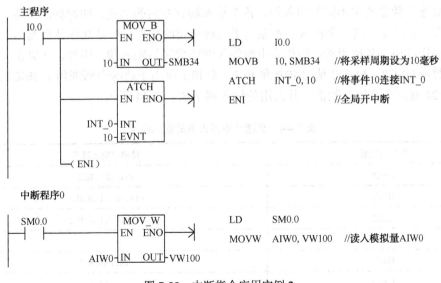

图 7-88 中断指令应用实例 2

3. 高速计数器指令

PLC 的普通计数器的计数过程与扫描工作方式有关，CPU 通过每个扫描周期读取一次被测信号的方法来捕捉被测信号的上升沿，被测信号的频率较高时，会丢失计数脉冲，因为普通计数器的工作频率很低，一般仅有几十赫兹。为此，SIMATIC S7-200 系列 PLC 设计了高速计数功能（HSC），其计数自动进行不受扫描周期的影响，最高计数频率取决于 CPU 的类型，CPU22x 系列最高计数频率为 30kHz，用于捕捉比 CPU 扫描速更快的事件，并产生中断，执行中断程序，完成预定的操作。高速计数器最多可设置 12 种不同的操作模式。用高速计数器可实现高速运动的精确控制。

1）高速计数器的数量及编号

高速计数器在程序中使用时的地址编号用 HCn 来表示（在非程序中有时用 HSCn），HC 表编程元件名称为高速计数器，n 为编号。

HCn 除了表示高速计数器的编号之外，还代表两方面的含义：高速计数器位和高速计数器当前值。编程时，通过所用的指令可以看出是位还是当前值。

不同型号的 PLC 主机，高速计数器的数量也不同。CPU221 和 CPU222 有 HSC0、HSC3、HSC4、HSC5 四个高速计数器；CPU224、CPU224XP 和 CPU226 有 HSC0~HSC5 六个高速计数器。这些高速计数器中，HSC3 和 HSC5 只能用作单向计数器，其他计数器既可以用作单向计数器，也可作为双向计数器使用。

每个计数器都有 1 个计数器位和 1 个 32 位的当前值寄存器和 1 个 32 位的设定值寄存器，当前值和设定值都是有符号的整数。当前值和设定值占用的寄存器地址如表 7-43 所示。

表 7-43 HSC0~HSC5 当前值和预置值占用的特殊内部标志位存储区

高速计数器号	HSC0	HSC1	HSC2	HSC3	HSC4	HSC5
当前值寄存器	SMD38	SMD48	SMD58	SMD138	SMD148	SMD158
设定值寄存器	SMD42	SMD52	SMD62	SMD142	SMD152	SMD162

2）高速计数器占用的输入端子

各个高速计数器使用不同的输入端，各个输入端有专用的功能，如时钟脉冲端、方向控制端、复位端、启动端。同一个输入端不能用于两种不同的功能。但是高速计数器当前模式未使用的输入端均可用于其他用途，如作为中断输入端或数字量输入端。例如，如果在模式 2 中使用高速计数器 HSC0，模式 2 使用 I0.0 和 I0.2，则 I0.1 可用于边缘中断或用于 HSC3。

CPU224 有六个高速计数器，其占用的输入端子如表 7-44 所示。

表 7-44 高速计数器占用的输入端子

高速计数器	使用的输入端子
HSC0	I0.0, I0.1, I0.2
HSC1	I0.6, I0.7, I1.0, I1.1
HSC2	I1.2, I1.3, I1.4, I1.5
HSC3	I0.1
HSC4	I0.3, I0.4, I0.5
HSC5	I0.4

3）高速计数器的计数方式

（1）内部方向控制的单路加/减计数：即只有一个脉冲输入端，通过高速计数器的控制字节的第3位来控制作加计数或者减计数。该位=1，加计数；该位=0，减计数。

（2）外部方向控制的单路加/减计数：即有一个脉冲输入端、一个方向控制端，方向输入信号等于1时，加计数；方向输入信号等于0时，减计数。

（3）两路脉冲输入的单相加/减计数：即有两个脉冲输入端，一个是加计数脉冲，另一个是减计数脉冲，计数值为两个输入端脉冲的代数和。

（4）两路脉冲输入的双相正交计数：即有两个脉冲输入端，输入的两路脉冲A相、B相，相位互差90°（正交），A相超前B相90°时，加计数；A相滞后B相90°时，减计数。在这种计数方式下，可选择1×模式（单倍频，一个时钟脉冲计一个数）和4×模式（四倍频，一个时钟脉冲计四个数）。

两路脉冲输入的双相正交计数方式举例如图7-89所示，PV表示设定值，CV表示当前值。

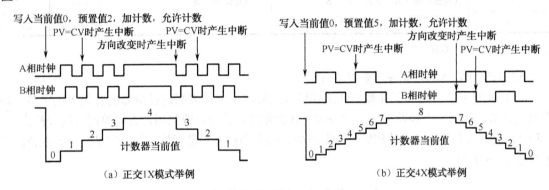

图7-89 两路脉冲输入的双相正交计数方式举例

4）高速计数器的工作模式

高速计数器有12种工作模式，模式0~模式2采用单路脉冲输入的内部方向控制加/减计数；模式3~模式5采用单路脉冲输入的外部方向控制加/减计数；模式6~模式8采用两路脉冲输入的加/减计数；模式9~模式11采用两路脉冲输入的双相正交计数。

S7-200 CPU224有HSC0~HSC5六个高速计数器，每个高速计数器有多种不同的工作模式，如表7-45所示。

表7-45 高速计数器的工作模式和输入端子的关系及说明

HSC编号及其对应的输入端子	功能及说明	占用的输入端子及其功能			
	HSC0	I0.0	I0.1	I0.2	×
	HSC4	I0.3	I0.4	I0.5	×
	HSC1	I0.6	I0.7	I1.0	I1.1
	HSC2	I1.2	I1.3	I1.4	I1.5
HSC模式	HSC3	I0.1	×	×	×
	HSC5	I0.4	×	×	×

续表

HSC 模式	功能及说明	占用的输入端子及其功能			
0	单路脉冲输入的内部方向控制加/减计数 控制字 SM37.3=0，减计数 SM37.3=1，加计数	脉冲输入端	×	×	×
1			×	复位端	×
2			×	复位端	启动
3	单路脉冲输入的外部方向控制加/减计数 方向控制端=0，减计数 方向控制端=1，加计数	脉冲输入端	方向控制端	×	×
4				复位端	×
5				复位端	启动
6	两路脉冲输入的单相加/减计数 加计数有脉冲输入，加计数 减计数端脉冲输入，减计数	加计数脉冲输入端	减计数脉冲输入端	×	×
7				复位端	×
8				复位端	启动
9	两路脉冲输入的双相正交计数 A 相脉冲超前 B 相脉冲，加计数 A 相脉冲滞后 B 相脉冲，减计数	A 相脉冲输入端	B 相脉冲输入端	×	×
10				复位端	×
11				复位端	启动

说明：表中×表示没有。

5）高速计数器的控制字节和状态字

（1）控制字节。定义了计数器和工作模式之后，还要设置高速计数器的有关控制字节。每个高速计数器均有一个控制字节，它决定了计数器的计数允许或禁用，方向控制（仅限模式 0、1 和 2）或对所有其他模式的初始化计数方向，装入当前值和预置值。控制字节每个控制位的说明如表 7-46 所示。

表 7-46 HSC 的控制字节

HSC0	HSC1	HSC2	HSC3	HSC4	HSC5	说 明
SM37.0	SM47.0	SM57.0		SM147.0		复位有效电平控制： 0=复位信号高电平有效；1=低电平有效
	SM47.1	SM57.1				启动有效电平控制： 0=启动信号高电平有效；1=低电平有效
SM37.2	SM47.2	SM57.2		SM147.2		正交计数器计数速率选择： 0=4×计数速率；1=1×计数速率
SM37.3	SM47.3	SM57.3	SM137.3	SM147.3	SM157.3	计数方向控制位： 0=减计数；1=加计数
SM37.4	SM47.4	SM57.4	SM137.4	SM147.4	SM157.4	向 HSC 写入计数方向： 0=无更新；1=更新计数方向
SM37.5	SM47.5	SM57.5	SM137.5	SM147.5	SM157.5	向 HSC 写入新预置值： 0=无更新；1=更新预置值
SM37.6	SM47.6	SM57.6	SM137.6	SM147.6	SM157.6	向 HSC 写入新当前值： 0=无更新；1=更新当前值
SM37.7	SM47.7	SM57.7	SM137.7	SM147.7	SM157.7	HSC 允许： 0=禁用 HSC；1=启用 HSC

（2）状态字节。每个高速计数器都有一个状态字节，状态位表示当前计数方向以及当前值是否大于或等于预置值。每个高速计数器状态字节的状态位如表 7-47 所示。

表 7-47　高速计数器状态字节的状态位

HSC0	HSC1	HSC2	HSC3	HSC4	HSC5	说　明
SM36.5	SM46.5	SM56.5	SM136.5	SM146.5	SM156.5	当前计数方向状态位： 0=减计数；1=加计数
SM36.6	SM46.6	SM56.6	SM136.6	SM146.6	SM156.6	当前值等于预设值状态位： 0=不相等；1=等于
SM36.7	SM46.7	SM56.7	SM136.7	SM146.7	SM156.7	当前值大于预设值状态位： 0=小于或等于；1=大于

6）高速计数器的中断事件类型

当高速计数器状态字中的计数方向位与当前值等于设定值位发生变化，会引起高速计数器中断事件。另外，外部复位信号也能引起中断事件。因此，各种型号的 PLC 可用的高速计数器的中断事件大致分为 3 类：当前值等于预设值中断、输入方向改变中断和外部复位中断。所有高速计数器都支持当前值等于预设值中断，但并不是所有高速计数器都支持另外两种方式。

高速计数器的中断事件有 14 个，如表 7-48 所示。

表 7-48　高速计数器中断

高速计数器	当前值等于预设值中断		计数方向改变中断		外部信号复位中断	
	事件号	优先级	事件号	优先级	事件号	优先级
HSC0	12	10	27	11	28	12
HSC1	13	13	14	14	15	15
HSC2	16	16	17	17	18	18
HSC3	32	19	无	无	无	无
HSC4	29	20	30	21	无	无
HSC5	33	23	无	无	无	无

7）高速计数器指令

（1）定义高速计数器指令 HDEF：指令指定高速计数器（HSCx）的工作模式。工作模式的选择即选择了高速计数器的输入脉冲、计数方向、复位和启动功能。每个高速计数器只能用一条"高速计数器定义"指令。

执行 HDEF 指令之前，必须将高速计数器控制字节的位设置成需要的状态，否则将采用默认设置。默认设置为：复位和启动输入高电平有效，正交计数速率选择 4×模式。执行 HDEF 指令后，就不能再改变计数器的设置，除非 CPU 进入停止模式。

（2）执行高速计数器指令 HSC：根据高速计数器控制位的状态和按照 HDEF 指令指定的工作模式，控制高速计数器。参数 N 指定高速计数器的号码。

执行 HSC 指令时，CPU 检查控制字节和有关的当前值和预置值。要设置高速计数器的新当前值和新预置值，必须设置控制字节，令其第五位和第六位为 1，允许更新预置值和当前值，新当前值和新预置值写入特殊内部标志位存储区。然后执行 HSC 指令，将新数值传输到高速计数器。

高速计数器指令格式如表 7-49 所示。

表 7-49　高速计数器指令格式

LAD	HDEF EN　ENO ????－HSC ????－MODE	HSC EN　ENO ????－N
STL	HDEF　HSC，MODE	HSC　N
功能说明	高速计数器定义指令 HDEF	高速计数器指令 HSC
操作数	HSC：高速计数器的编号，为常量（0～5） 数据类型：字节 MODE 工作模式，为常量（0～11） 数据类型：字节	N：高速计数器的编号，为常量（0～5） 数据类型：字
ENO=0 的出错条件	SM4.3（运行时间）， 0003（输入点冲突）， 0004（中断中的非法指令）， 000A（HSC 重复定义）	SM4.3（运行时间）， 0001（HSC 在 HDEF 之前）， 0005（HSC/PLS 同时操作）

8）高速计数器指令的初始化

由于高速计数器的 HDEF 指令在进入 RUN 模式后只能执行 1 次，为了减少程序运行时间、优化程序结构，一般以子程序的形式进行初始化。初始化的步骤如下。

（1）用首次扫描时接通一个扫描周期的特殊内部存储器 SM0.1 去调用一个子程序，完成初始化操作。因为采用了子程序，在随后的扫描中，不必再调用这个子程序，以减少扫描时间，使程序结构更好。

（2）在初始化的子程序中，根据希望的控制设置控制字（SMB37、SMB47、SMB137、SMB147、SMB157），如设置 SMB47=16#F8，则为：允许计数，写入新当前值，写入新预置值，更新计数方向为加计数，若为正交计数设为 4×，复位和启动设置为高电平有效。

（3）执行 HDEF 指令，设置 HSC 的编号（0～5），设置工作模式（0～11）。如 HSC 的编号设置为 1，工作模式输入设置为 11，则为既有复位又有启动的正交计数工作模式。

（4）用新的当前值写入 32 位当前值寄存器（SMD38，SMD48，SMD58，SMD138，SMD148，SMD158）。如写入 0，则清除当前值，用指令 MOVD 0，SMD48 实现。

（5）用新的预置值写入 32 位预置值寄存器（SMD42，SMD52，SMD62，SMD142，SMD152，SMD162）。如执行指令 MOVD　1000，SMD52，则设置预置值为 1000。若写入预置值为 16#00，则高速计数器处于不工作状态。

（6）为了捕捉当前值等于预置值的事件，将条件 CV=PV 中断事件（事件 13）与一个中断程序相联系。

（7）为了捕捉计数方向的改变，将方向改变的中断事件（事件 14）与一个中断程序相联系。

（8）为了捕捉外部复位，将外部复位中断事件（事件 15）与一个中断程序相联系。

（9）执行全局中断允许指令（ENI）允许 HSC 中断。

（10）执行 HSC 指令使 S7-200 对高速计数器进行编程。

（11）结束子程序。

高速计数器的应用举例如下。

（1）主程序。如图7-90（a）所示，用首次扫描时接通一个扫描周期的特殊内部存储器SM0.1去调用一个子程序，完成初始化操作。

（2）初始化的子程序。如图7-90（b）所示，定义HSC1的工作模式为模式11（两路脉冲输入的双相正交计数，具有复位和启动输入功能），设置SMB47=16#F8（允许计数，更新新当前值，更新新预置值，更新计数方向为加计数，若为正交计数设为4×，复位和启动设置为高电平有效）。HSC1的当前值SMD48清零，预置值SMD52=50，当前值 = 预设值，产生中断（中断事件13），中断事件13连接中断程序INT-0。

（3）中断程序INT-0，如图7-90（c）所示。

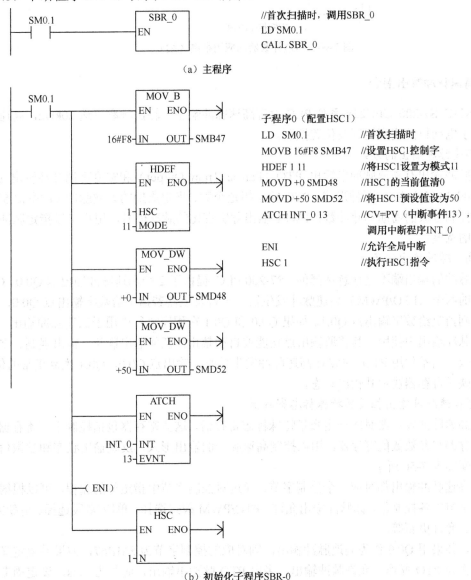

图7-90 高速计数器的应用举例

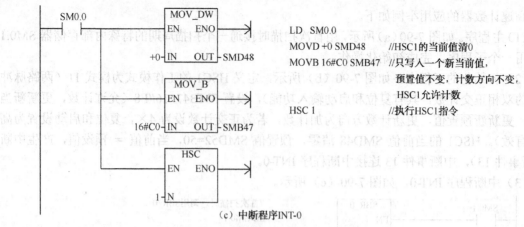

图 7-90 高速计数器的应用举例（续）

4. 高速脉冲输出指令

SIMATIC S7-200 CPU22x 系列 PLC 设有高速脉冲输出，输出频率可达 20kHz，高速脉冲输出可用于电动机的速度控制及位置控制。

1）高速脉冲输出的方式

高速脉冲输出有高速脉冲串输出 PTO（Paulse Train Output）和宽度可调脉冲输出 PWM（Pulse Width Modulation）两种形式。PTO 输出指定个数、指定周期的方波脉冲（占空比 50%），用户可以控制方波的周期和脉冲数；PWM 输出脉宽变化的脉冲信号，用户可以指定脉冲的周期和脉冲的宽度。

2）高速脉冲输出端子

高速脉冲的输出端不是任意选择的，S7-200 PLC 提供了 2 个高速脉冲输出端 Q0.0、Q0.1。每种主机的两个（PTO/PWM）高速脉冲发生器，一台发生器若指定给数字输出点 Q0.0，另一台发生器则指定给数字输出点 Q0.1。如果 Q0.0 和 Q0.1 在程序执行中用于高速脉冲输出，则只能在高速脉冲输出中使用。其普通输出点功能被自动禁止，任何输出刷新、输出强制、立即输出指令无效。当不使用 PTO、PWM 高速脉冲发生器时，输出点 Q0.0、Q0.1 恢复正常的使用，即由输出映像寄存器决定其输出状态。

3）跟高速脉冲输出相关的特殊标志寄存器

每个高速脉冲发生器对应一定数量特殊标志寄存器，这些寄存器包括控制字节寄存器、状态字节寄存器和参数数值寄存器，用以控制高速脉冲的输出形式、反映输出状态和参数值。各寄存器分配如表 7-50 所示。

每个高速脉冲输出都对应一个控制字节，通过对控制字节中指定位的编程，可以根据操作要求设置字节中各控制位，如脉冲输出允许、PTO/PWM 模式选择、单段/多段选择、更新方式、时间基准、允许更新等。

例如，如果用 Q0.0 作为高速脉冲输出，则对应的控制字节为 SMB67，如果希望定义的输出脉冲操作为 PTO 操作，允许脉冲输出，多段 PTO 脉冲串输出，时基为 1ms，设定周期值和脉冲数，则应向 SMB67 写入 2#10101101，即 16#AD。

每个高速脉冲输出都有一个状态字节，程序运行时根据运行状况自动使某些位置位，可以通过程序来读相关位的状态，用以作为判断条件实现相应的操作。

表 7-50　脉冲输出（Q0.0 或 Q0.1）的特殊存储器

Q0.0	Q0.1	说　明
	Q0.0 和 Q0.1 对 PTO/PWM 输出的控制字节		
SM67.0	SM77.0	PTO/PWM 刷新周期值　　0：不刷新；　　1：刷新
SM67.1	SM77.1	PWM 刷新脉冲宽度值　　0：不刷新；　　1：刷新
SM67.2	SM77.2	PTO 刷新脉冲计数值　　0：不刷新；　　1：刷新
SM67.3	SM77.3	PTO/PWM 时基选择　　0：1 μs；　　1：1ms
SM67.4	SM77.4	PWM 更新方法　　0：异步更新；　　1：同步更新
SM67.5	SM77.5	PTO 操作　　0：单段操作；　　1：多段操作
SM67.6	SM77.6	PTO/PWM 模式选择　　0：选择 PTO　　1：选择 PWM
SM67.7	SM77.7	PTO/PWM 允许　　0：禁止；　　1：允许
	Q0.0 和 Q0.1 对 PTO/PWM 输出的周期值		
Q0.0	Q0.1	说　明
SMW68	SMW78	PTO/PWM 周期时间值（范围：2~65 535）
	Q0.0 和 Q0.1 对 PTO/PWM 输出的脉宽值		
Q0.0	Q0.1	说　明
SMW70	SMW80	PWM 脉冲宽度值（范围：0~65 535）
	Q0.0 和 Q0.1 对 PTO 脉冲输出的计数值		
Q0.0	Q0.1	说　明
SMD72	SMD82	PTO 脉冲计数值（范围：1~4 294 967 295）
	Q0.0 和 Q0.1 对 PTO 脉冲输出的多段操作		
Q0.0	Q0.1	说　明
SMB166	SMB176	段号（仅用于多段 PTO 操作），多段流水线 PTO 运行中的段的编号
SMW168	SMW178	包络表起始位置，用距离 V0 的字节偏移量表示（仅用于多段 PTO 操作）
	Q0.0 和 Q0.1 的状态位		
Q0.0	Q0.1	说　明
SM66.4	SM76.4	PTO 包络由于增量计算错误异常终止　0：无错；　　1：异常终止
SM66.5	SM76.5	PTO 包络由于用户命令异常终止　　0：无错；　　1：异常终止
SM66.6	SM76.6	PTO 流水线溢出　　0：无溢出；　　1：溢出
SM66.7	SM76.7	PTO 空闲　　0：运行中；　　1：PTO 空闲

修改脉冲输出（Q0.0 或 Q0.1）特殊存储器 SM 区（包括控制字节）的内容，执行高速脉冲输出（PLS）指令时，可更改 PTO 或 PWM 的输出波形。

注意：所有控制位、周期、脉冲宽度和脉冲计数值的默认值均为零。向控制字节（SM67.7 或 SM77.7）的 PTO/PWM 允许位写入零，然后执行 PLS 指令，将禁止 PTO 或 PWM 波形的生成。

4）高速脉冲输出指令

高速脉冲输出（PLS）指令的功能为：使能输入 EN 有效时，检查用于脉冲输出（Q0.0 或 Q0.1）的特殊存储器位（SM），然后执行特殊存储器位（SM）定义的脉冲操作。指令格式如表 7-51 所示。

PTO 高速脉冲串输出和 PWM 脉冲输出都由 PLS 指令激活。

表 7-51 脉冲输出（PLS）指令格式

LAD	STL	操作数及数据类型
PLS EN ENO ???? QOX	PLS Q	Q：常量（0 或 1） 数据类型：字

5）PTO 输出

PTO 输出指定脉冲数和周期（占空比为 50%）的高速脉冲串。状态字节中的最高位（空闲位）用来指示脉冲串输出是否完成。可在脉冲串完成时启动中断程序，若使用多段操作，则在包络表完成时启动中断程序。

（1）周期和脉冲数。

周期：单位可以是微秒 μs 或毫秒 ms；为 16 位无符号数据，周期变化范围是 50～65535μs 或 2～65535ms，通常应设定周期值为偶数，若设置为奇数，则会引起输出波形占空比的轻微失真。如果编程时设定周期单位小于 2，系统默认按 2 进行设置。

脉冲数：用双字长无符号数表示，脉冲数取值范围是 1～4294967295 之间。如果编程时指定脉冲数为 0，则系统默认脉冲数为 1 个。

（2）PTO 的种类。PTO 功能可输出多个脉冲串，当前脉冲串输出完成时，新的脉冲串输出立即开始。这样就保证了输出脉冲串的连续性。PTO 功能允许多个脉冲串排队，从而形成流水线。流水线分为两种：单段流水线和多段流水线。

单段流水线是指流水线中每次只能存储一个脉冲串的控制参数，初始 PTO 段一旦启动，必须按照对第二个波形的要求立即刷新 SM，并再次执行 PLS 指令，第一个脉冲串完成，第二个波形输出立即开始，重复此一步骤可以实现多个脉冲串的输出。

单段流水线中的各段脉冲串可以采用不同的时间基准，但有可能造脉冲串之间的不平稳过渡。输出多个高速脉冲时，编程复杂。

多段流水线是指在变量存储区 V 建立一个包络表。包络表存放每个脉冲串的参数，执行 PLS 指令时，S7–200 PLC 自动按包络表中的顺序及参数进行输出脉冲串。包络表中每段脉冲串的参数占用 8 个字节，由一个 16 位周期值（2 字节）、一个 16 位周期增量值 Δ（2 字节）和一个 32 位脉冲计数值（4 字节）组成。包络表的格式如表 6-13 所示。

多段流水线的特点是编程简单，能够通过指定脉冲的数量自动增加或减少周期，周期增量值 Δ 为正值会增加周期，周期增量值 Δ 为负值会减少周期，若 Δ 为零，则周期不变。在包络表中的所有的脉冲串必须采用同一时基，在多段流水线执行时，包络表的各段参数不能改变。多段流水线常用于步进电机的控制。

表 7-52 包络表的格式

从包络表起始地址的字节偏移	段	说明
VB$_n$		段数（1～255）；数值 0 产生非致命错误，无 PTO 输出
VB$_{n+1}$	段 1	初始周期（2 至 65 535 个时基单位）

续表

从包络表起始地址的字节偏移	段	说 明
VB$_{n+3}$	段1	每个脉冲的周期增量Δ（符号整数：-32 768~32 767 个时基单位）
VB$_{n+5}$		脉冲数（1~4 294 967 295）
VB$_{n+9}$	段2	初始周期（2~65535 个时基单位）
VB$_{n+11}$		每个脉冲的周期增量Δ（符号整数：-32 768~32 767 个时基单位）
VB$_{n+13}$		脉冲数（1~4 294 967 295）
VB$_{n+17}$	段3	初始周期（2~65 535 个时基单位）
VB$_{n+19}$		每个脉冲的周期增量值Δ（符号整数：-32 768~32 767 个时基单位）
VB$_{n+21}$		脉冲数（1~4 294 967 295）

注意：周期增量值Δ为整数微秒或毫秒。

例如，步进电机的控制要求如图 7-91 所示。从 A 点到 B 点为加速过程，从 B 到 C 为恒速运行，从 C 到 D 为减速过程。根据控制要求列出 PTO 包络表。

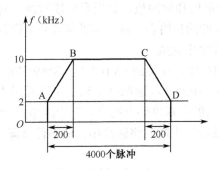

图 7-91 步进电机的控制要求

根据控制要求，需建立 3 段脉冲的包络表。起始和终止脉冲频率为 2kHz，最大脉冲频率为 10kHz，所以起始和终止周期为 500μs，与最大频率的周期为 100μs。1 段：加速运行，应在约 200 个脉冲时达到最大脉冲频率；2 段：恒速运行，约（4000-200-200）=3600 个脉冲；3 段：减速运行，应在约 200 个脉冲时完成。

某一段每个脉冲周期增量值Δ用以下式确定：

周期增量值Δ=（该段结束时的周期时间-该段初始的周期时间）/该段的脉冲数

用该式，计算出 1 段的周期增量值Δ为-2μs，2 段的周期增量值Δ为 0，3 段的周期增量值Δ为 2μs。假设包络表位于从 VB200 开始的 V 存储区中，包络表如表 7-53 所示。

表 7-53 步进电动机控制参数包络表

V 变量存储器地址	段 号	参 数 值	说 明
VB200		3	段数
VB201	段1	500 μs	初始周期
VB203		-2 μs	每个脉冲的周期增量Δ
VB205		200	脉冲数
VB209	段2	100μs	初始周期

续表

V 变量存储器地址	段 号	参 数 值	说 明
VB211	段2	0	每个脉冲的周期增量Δ
VB213		3600	脉冲数
VB217	段3	100μs	初始周期
VB219		2μs	每个脉冲的周期增量Δ
VB221		200	脉冲数

（3）PTO 的使用。使用高速脉冲串输出时，可按以下步骤进行：

① 确定脉冲发生器及工作模式。用首次扫描位（SM0.1）使高速脉冲串输出位复位为 0，选择工作模式为 PTO，并且确定多段或单段工作模式。如写入 16#A0（选择微秒递增）或 16#A8（选择毫秒递增），两个数值表示允许 PTO 功能、选择 PTO 操作、选择多段操作，以及选择时基（微秒或毫秒）。

② 设置控制字节。按控制要求将控制字节写入 SMB67 或 SMB77。

③ 写入周期值、周期增量值和脉冲数。如果是单段脉冲，对以上各值分别设置；如果是多段脉冲，则需要建立多段脉冲的包络表，并对各段参数分别设置。在变量存储器 V 中建立包络表的过程也可以在一个子程序中完成。

④ 将包络表的首地址（16 位）写入 SMW168（或 SMW178）。只在多段脉冲输出时需要。

⑤ 设置中断事件并全局开中断。高速脉冲串输出可以采用中断方式进行控制，各种型号的 PLC 可用的高速脉冲串输出的中断事件有两个，即中断事件 19 和 20。如果想在 PTO 完成后，立即执行相关功能，则须设置中断，将脉冲串完成事件（即中断事件号 19 或 20）连接一中断程序。

⑥ 执行 PLS 指令。一般情况下，用一个子程序实现 PTO 初始化，首次扫描（SM0.1）时从主程序调用初始化子程序，执行初始化操作。以后的扫描不再调用该子程序，这样可以减少扫描时间，程序结构更好。

例如，编写对上述步进电动机进行控制的程序。

编程前首先选择高速脉冲发生器为 Q0.0，并确定 PTO 为 3 段流水线。设置控制字节 SMB67 为 16#A0 表示允许 PTO 功能、选择 PTO 操作、选择多段操作，以及选择时基为微秒，不允许更新周期和脉冲数。建立 3 段的包络表，并将包络表的首地址装入 SMW168。PTO 完成调用中断程序，使 Q1.0 接通。PTO 完成的中断事件号为 19。用中断调用指令 ATCH 将中断事件 19 与中断程序 INT-0 连接，并全局开中断。执行 PLS 指令，退出子程序。本例题的主程序、初始化子程序和中断程序如图 7-92 所示。

6）PWM 输出

PWM 输出的是脉宽可调的高速脉冲，通过控制脉宽和脉冲的周期，实现控制任务。

（1）周期和脉冲宽度。

周期：单位是μs 或 ms；为 16 位无符号数据，取值范围是 50~65535μs 或 2~65535ms，通常应设定为偶数。若为奇数，则会引起输出波形占空比的轻微失真。如果编程时设定周期单位小于 2，系统默认按 2 进行设置。

脉冲宽度：单位可以是μs 或 ms；为 16 位无符号数据，变化范围是 50~65535μs 或 2~65535ms。

（2）更新方式。有两种改变 PWM 波形的方法：同步更新和异步更新。

同步更新：不需改变时基时，可以用同步更新。执行同步更新时，波形的变化发生在周期的边缘，形成平滑转换。

异步更新：需要改变 PWM 的时基时，则应使用异步更新。异步更新使高速脉冲输出功能被瞬时禁用，与 PWM 波形不同步。这样可能造成控制设备震动。

常见的 PWM 操作是脉冲宽度不同，但周期保持不变，即不要求时基改变。因此先选择适合于所有周期的时基，尽量使用同步更新。

（3）PWM 的使用。使用脉宽可调脉冲输出时，可按以下步骤进行：

① 用首次扫描位（SM0.1）使脉宽可调脉冲输出位复位为 0，并调用初始化子程序。这样可减少扫描时间，程序结构更合理。

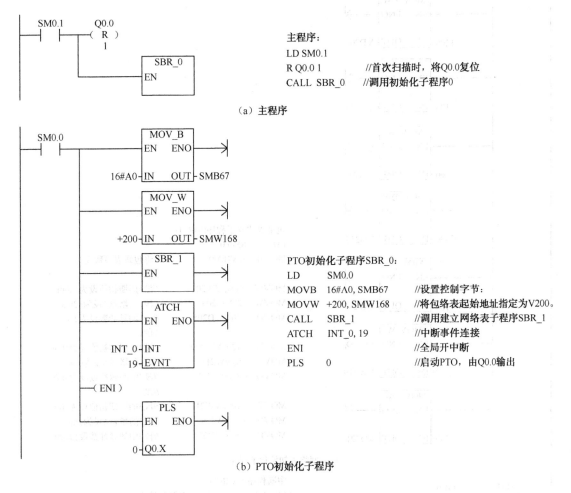

图 7-92　步进电动机控制程序

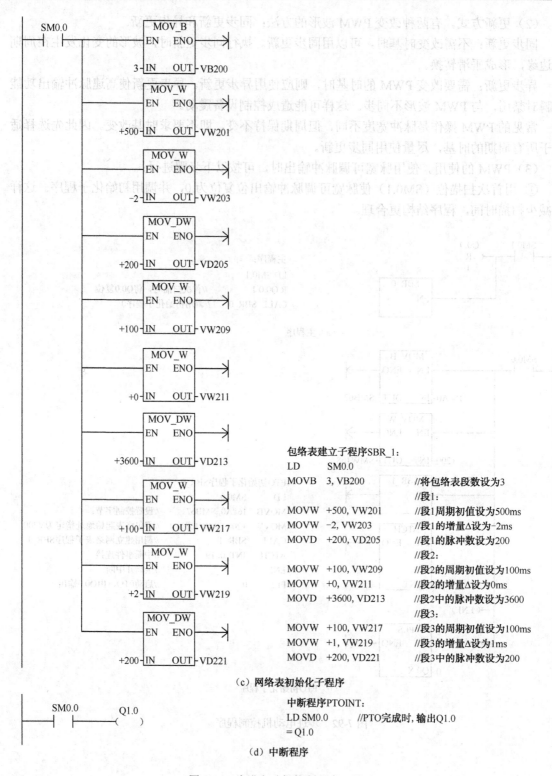

图 7-92 步进电动机控制程序（续）

② 设置控制字节。在初始化子程序中设置控制字节。如将 16#D3（时基微秒）或 16#DB（时基毫秒）写入 SMB67 或 SMB77，控制功能为：允许 PTO/PWM 功能、选择 PWM 操作、

设置更新脉冲宽度和周期数值，以及选择时基（微秒或毫秒）。

在 SMB67 或 SMB77 中写入 16#D2（微秒）或 16#DA（毫秒）控制字节中将禁止改变周期值，允许改变脉宽。以后只要装入一个新的脉宽值，不用改变控制字节，直接执行 PLS 指令就可以改变脉宽值。

③ 写入周期值和脉宽值。在 SMW68 或 SMW78 中写入一个字长的周期值。

在 SMW70 或 SMW80 中写入一个字长的脉宽值。

④ 执行 PLS 指令，使 S7-200 为 PWM 发生器编程，并由 Q0.0 或 Q0.1 输出。

实例： 要求设计一段程序，从 PLC 的 Q0.0 输出一段脉冲。该段脉冲脉宽的初始值为 0.5s，周期固定为 5s，其脉宽每周期递增 0.5s，当脉宽达到设定的 4.5s 时，脉宽改为每周期递减 0.5s，直到脉宽减为零为止。以上过程重复执行。

分析： 因为每个周期都有要求的操作，所以需要把 Q0.0 接到 I0.0，采用输入中断的方法完成控制任务。另外还要设置一个标志，来决定什么时候脉冲递增，什么时候脉冲递减。控制字设定为 16#DA，即 11011010，把它放到 SMB67 中，它表示输出端 Q0.0 为 PWM 方式，不允许更新周期，允许更新脉宽，时间基准单位为 ms 量级，同步更新，并且允许 PWM 输出。

梯形图程序如图 7-93 所示，它包括主程序、子程序和中断程序。

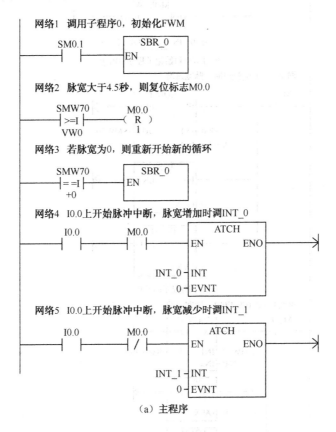

图 7-93 PWM 应用举例程序

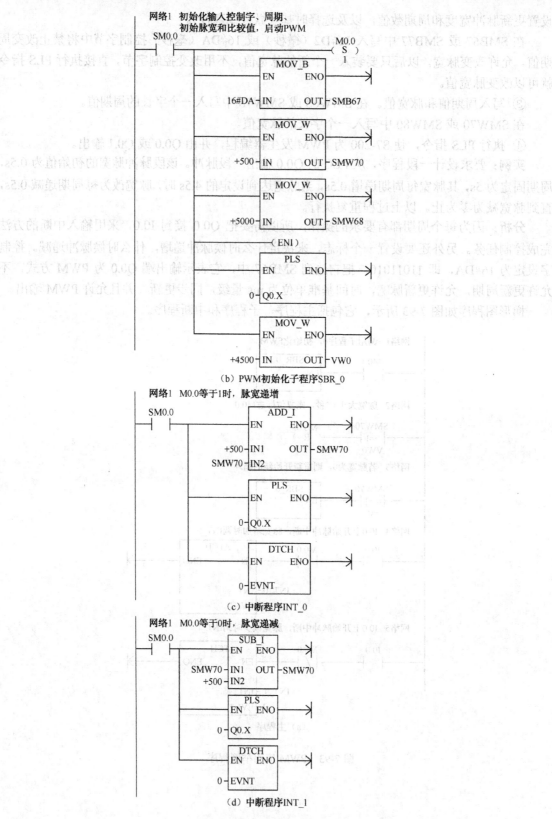

图 7-93 PWM 应用举例程序（续）

5. PID 指令

在工业生产过程控制中,模拟信号 PID(由比例 P、积分 I、微分 D 构成的闭合回路)调节是常见的一种控制方法。PID 调节器具有结构典型、参数整定方便、结构改变灵活(有 P、PI、PD 和 PID 结构)、控制效果较佳、可靠性高等优点,是目前控制系统中一种最基本的控制环节。

1)PID 算法

典型的 PID 算法包括三项:比例项、积分项和微分项。即:输出=比例项+积分项+微分项。计算机在周期性地采样并离散化后进行 PID 运算,算法如下:

$M_n = K_c*(SP_n-PV_n) + K_c*(T_s/T_i)*(SP_n-PV_n) + M_x + K_c*(T_d/T_s)*(PV_{n-1}-PV_n)$

式中各参数的含义如表 7-54 所示。参数表中有 9 个参数,全部为 32 位的实数,共占用 36 个字节。

表 7-54 PID 控制回路的参数表

地址偏移量	参 数	数据格式	参数类型	说 明
0	过程变量当前值 PV_n	双字,实数	输入	必须在 0.0~1.0 范围内。
4	给定值 SP_n	双字,实数	输入	必须在 0.0~1.0 范围内
8	输出值 M_n	双字,实数	输入/输出	在 0.0~1.0 范围内
12	增益 K_c	双字,实数	输入	比例常量,可为正数或负数
16	采样时间 T_s	双字,实数	输入	以秒为单位,必须为正数
20	积分时间 T_i	双字,实数	输入	以分钟为单位,必须为正数。
24	微分时间 T_d	双字,实数	输入	以分钟为单位,必须为正数。
28	上一次的积分值 M_x	双字,实数	输入/输出	0.0 和 1.0 之间(根据 PID 运算结果更新)
32	上一次过程变量 PV_{n-1}	双字,实数	输入/输出	最近一次 PID 运算值

比例项 $K_c*(SP_n-PV_n)$:能及时产生与偏差 (SP_n-PV_n) 成正比的调节作用,比例系数 K_c 越大,比例调节作用越强,系统的稳态精度越高,但 K_c 过大会使系统的输出量振荡加剧,稳定性降低。

积分项 $K_c*(T_s/T_i)*(SP_n-PV_n)+M_x$:与偏差有关,只要偏差不为 0,PID 控制的输出就会因积分作用而不断变化,直到偏差消失,系统处于稳定状态,所以积分的作用是消除稳态误差,提高控制精度,但积分的动作缓慢,给系统的动态稳定带来不良影响,很少单独使用。从式中可以看出:积分时间常数增大,积分作用减弱,消除稳态误差的速度减慢。

微分项 $K_c*(T_d/T_s)*(PV_{n-1}-PV_n)$:根据误差变化的速度(既误差的微分)进行调节具有超前和预测的特点。微分时间常数 T_d 增大时,超调量减少,动态性能得到改善,如 T_d 过大,系统输出量在接近稳态时可能上升缓慢。

2)PID 回路控制的类型

许多控制系统中,有时只需一种或两种回路控制,例如系统只使用比例回路或者比例积分回路。可以通过设置常量参数,选择想要的回路控制类型。

(1)如果不需要积分回路(即在 PID 计算中无"I"),则应将积分时间 T_i 设为无限大。由于积分项 M_x 的初始值,虽然没有积分运算,积分项的数值也可能不为零。

（2）如果不需要微分运算（即在 PID 计算中无"D"），则应将微分时间 T_d 设定为 0.0。

（3）如果不需要比例运算（即在 PID 计算中无"P"），但需要 I 或 ID 控制，则应将增益值 K_c 指定为 0.0。因为 K_c 是计算积分和微分项公式中的系数，将增益设为 0.0，系统会在计算积分项和微分项时，把比例放大当作 1.0 看待。

3）回路输入量的转换和标准化

每个 PID 回路有两个输入量：给定值（SP）和过程变量（PV）。给定值通常是一个固定的值。过程变量是与 PID 回路输出有关，可以衡量输出对控制系统作用的大小。给定值和过程变量都可能是现实世界的值，它们的大小、范围和工程单位都可能不一样。在 PLC 进行 PID 控制之前，必须将其转换成标准化浮点型实数。转换时先把 16 位整数值转成浮点型实数值，然后实数值进一步标准化为 0.0~1.0 之间的实数，步骤如下：

（1）将实际从 16 位整数转换成 32 位浮点数或实数。下列指令说明如何将整数数值转换成实数。

```
XORD   AC0, AC0       //将 AC0 清 0
ITD    AIW0, AC0      //将输入数值转换成双字
DTR    AC0, AC0       //将 32 位整数转换成实数
```

（2）将实数转换成 0.0~1.0 之间的标准化数值。用下式：

实际数值的标准化数值=实际数值的非标准化数值或原始实数/取值范围+偏移量

其中：取值范围=最大可能数值−最小可能数值=32 000（单极数值）或 64 000（双极数值）；

偏移量：对单极数值取 0.0，对双极数值取 0.5；

单极数值范围：0~32000；

双极数值范围：−32000~32000。

如将上述 AC0 中的双极数值（间距为 64,000）标准化：

```
/R    64000.0, AC0    //使累加器中的数值标准化
+R    0.5, AC0        //加偏移量 0.5
MOVR  AC0, VD100      //将标准化数值写入 PID 回路参数表中。
```

4）回路输出量的转换和标准化

回路输出值一般是控制变量，而 PID 输出是 0.0~1.0 之间的归一化了的实数，在回路输出驱动模拟输出之前，必须把回路输出转换成相应的实际数值（实数型）。

PID 回路输出成比例实数数值=（PID 回路输出标准化实数值−偏移量）×取值范围

程序如下：

```
MOVR  VD108, AC0      //将 PID 回路输出送入 AC0。
-R    0.5, AC0        //双极数值减偏移量 0.5
R     64000.0, AC0    //AC0 的值*取值范围，变为成比例实数数值
ROUND AC0, AC0        //将实数四舍五入取整，变为 32 位整数
DTI   AC0, AC0        //32 位整数转换成 16 位整数
MOVW  AC0, AQW0       //16 位整数写入 AQW0
```

5) PID 指令

PID 指令格式如表 7-555 所示。运行 PID 控制指令，S7-200 将根据参数表 7-55 中的输入值、控制设定值及 PID 参数，进行 PID 运算，求得输出控制值。

表 7-55 PID 指令格式

LAD	STL	说 明
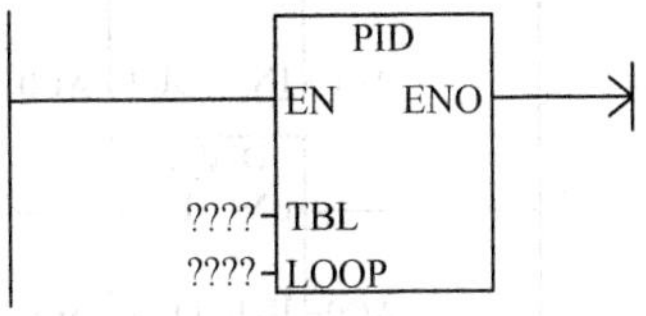 PID EN ENO ????–TBL ????–LOOP	PID TBL, LOOP	TBL：参数表起始地址 VB， 数据类型：字节 LOOP：回路号，常量（0-7）， 数据类型：字节

（1）程序中可使用八条 PID 指令，分别编号 0~7，不能重复使用。

（2）使 ENO = 0 的错误条件：0006（间接地址），SM1.1（溢出，参数表起始地址或指令中指定的 PID 回路指令号码操作数超出范围）。

（3）PID 指令不对参数表输入值进行范围检查。必须保证过程变量和给定值积分项前值和过程变量前值在 0.0~1.0 之间。

6) PID 指令应用实例

一恒压供水水箱，通过变频器驱动的水泵供水，维持水位在满水位的 70%。过程变量 PV_n 为水箱的水位（由水位检测计提供），设定值为 70%，PID 输出控制变频器，即控制水箱注水调速电机的转速。要求开机后，先手动控制电机，水位上升到 70% 时，转换到 PID 自动调节。

分析：本系统的调节量（设为单极性信号）由水位计检测后经 A/D 变换送入 PLC（模拟量输入地址设为 AIW0）。用于控制电动机的转速信号由 PLC 执行 PID 指令后以单极性信号经 D/A 变换后送出（模拟量输出地址设为 AQW0）。本例假设根据实际情况，已选定采用 PI 控制，且增益、采样时间常数和积分时间常选为：K_C=0.3，T_S=0.1s，T_i=30s。PID 控制参数表如表 7-56 所示。

表 7-56 恒压供水 PID 控制参数表

地 址	参 数	数 值
VB100	过程变量当前值 PV_n	水位检测计提供的模拟量经 A/D 转换后的标准化数值
VB104	给定值 SP_n	0.7
VB108	输出值 M_n	PID 回路的输出值（标准化数值）
VB112	增益 K_c	0.3
VB116	采样时间 T_s	0.1
VB120	积分时间 T_i	30
VB124	微分时间 T_d	0（关闭微分作用）
VB128	上一次积分值 M_x	根据 PID 运算结果更新
VB132	上一次过程变量 PV_{n-1}	最近一次 PID 的变量值

如果手动/自动切换开关输入地址为 I0.0，恒压供水语句表程序如下所示，梯形图程序如图 7-94 所示。

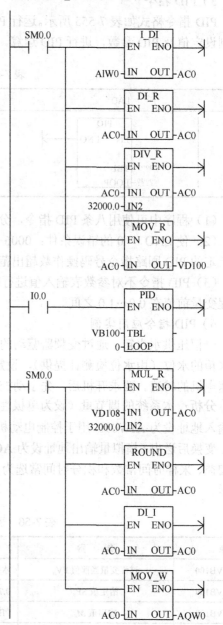

图 7-94 恒压供水 PID 控制梯形图程序

控制程序由主程序、子程序、中断程序构成。主程序用于调用初始化子程序，子程序用于建立 PID 回路初始参数表和设置中断，由于定时采样，所以采用定时中断（中断事件号为 10），设置周期时间和采样时间相同（0.1s），并写入 SMB34。中断程序用于执行 PID 运算，I0.0=1 时，执行 PID 运算，本例标准化时采用单极性（取值范围 32000）。

主程序：

```
LD      SM0.1
CALL    SBR_0
```

子程序（建立 PID 回路参数表，设置中断以执行 PID 指令）：

```
LD      SM0.0
MOVR    0.7，VD104        // 写入给定值（注满 70%）
MOVR    0.3，VD112        // 写入回路增益（0.25）
MOVR    0.1，VD116        // 写入采样时间（0.1 秒）
MOVR    30.0，VD120       // 写入积分时间（30 分钟）
MOVR    0.0，VD124        // 设置无微分运算
MOVB    100，SMB34        // 写入定时中断的周期 100ms
ATCH    INT_0，10         // 将 INT-0（执行 PID）和定时中断连接
ENI                       // 全局开中断
```

中断程序（执行 PID 指令）：

```
LD      SM0.0
ITD     AIW0，AC0         // 将整数转换为双整数
DTR     AC0，AC0          // 将双整数转换为实数
/R      32000.0，AC0      // 标准化数值
MOVR    AC0，VD100        // 将标准化 PV 写入回路参数表
LD      I0.0
PID     VB100，0          // PID 指令设置参数表起始地址为 VB100
LD      SM0.0
MOVR    VD108，AC0        // 将 PID 回路输出移至累加器
*R      32000.0，AC0      // 实际化数值
ROUND   AC0，AC0          // 将实际化后的数值取整
DTI     AC0，AC0          // 将双整数转换为整数
MOVW    AC0，AQW0         // 将数值写入模拟输出
```

7.6 典型简单电路的 PLC 程序设计

7.6.1 启动、保持、停止电路

启动、保持和停止电路（简称为"启保停"电路）用于控制 PLC 输出电路的接通和断开。PLC 的外部 I/O 接线图如图 7-95 所示。对应的梯形图如图 7-96、图 7-97 所示。所给梯形图程序均能实现"自锁"功能。启动、停止按钮也可以使用常闭触点。为了使梯形图和继电器-接触器控制系统的电路图中的触点的类型相同，启动、停止按钮一般使用常开按钮。

图 7-95　I/O 接线图　　　　图 7-96　用 S/R 指令实现的启动、保持、停止电路

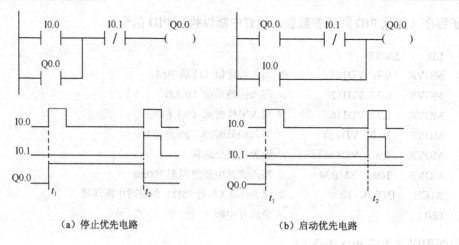

(a) 停止优先电路　　　　　　　　(b) 启动优先电路

图 7-97　启动、保持、停止电路

7.6.2　互锁电路

在如图 7-98 所示的互锁电路中，输入信号为 I0.0 和 I0.1，若 I0.0 先接通，M0.0 自保持，使 Q0.0 有输出，同时 M0.0 的常闭触点断开，此时即使 I0.1 再接通，也不能使 M0.1 动作，因此 Q0.1 无输出。若 I0.1 先接通，则情形与前述相反。因此，在控制环节中，该电路可实现信号的互锁。

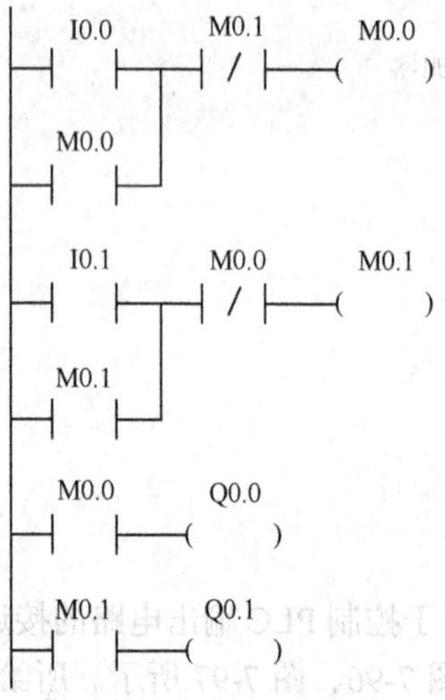

```
LD    I0.0
O     M0.0
AN    M0.1
=     M0.0
LD    I0.1
O     M0.1
AN    M0.0
=     M0.1
LD    M0.0
=     Q0.0
LD    M0.1
=     Q0.1
```

(a) 梯形图　　　　　　　　　　(b) 语句表

图 7-98　互锁电路

7.6.3　脉冲信号发生电路

在实际应用中，经常会用到一些脉冲信号，如用它们来控制灯光的闪烁。这样的脉冲用两个通电延时定时器即可实现。如图 7-99 所示为一个典型的脉冲信号发生电路，当 I0.0 控制信号有效时，Q0.0 输出一个通 1s 断 2s 的脉冲信号。

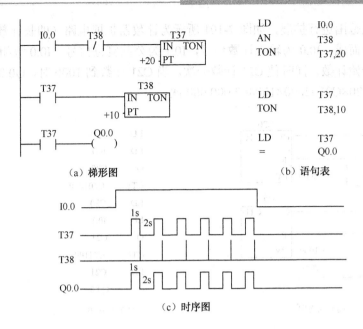

图 7-99 一个典型的脉冲信号发生电路

7.6.4 脉冲宽度可调电路

在输入信号宽度不规范的情况下，要求电路输出一个固定脉宽信号，且该脉宽可以调节。如图 7-100 所示为该电路的程序及时序图。在该电路中，通过调节 T37 的设定值的大小，就可以控制 Q0.0 输出的脉宽。该脉宽不受输入信号 I0.0 接通时间长短的影响。

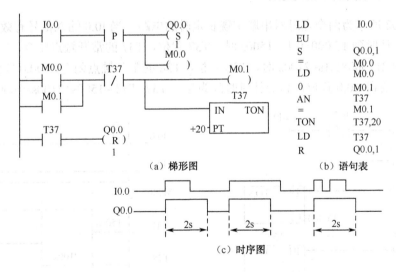

图 7-100 脉冲宽度可调电路

7.6.5 长计数电路

在 S7-200 系列 PLC 中，计数器的最大计数值为 32 767。如果计数范围超过该值，就需要对计数器的计数范围进行扩展，如图7-101所示为计数器扩展电路（即长计数电路），电路由三个计数器组合而成。I0.0为输入计数信号，I0.1为公共复位信号。I0.0每闭合2000次，C20自复位并重新开始计数，同时使C21计数一次。当C21计数到1000时，Q0.0被置位。此时的计数值为 $C_{总}=C20 \times C21=2000 \times 1000=2\,000\,000$ 次。

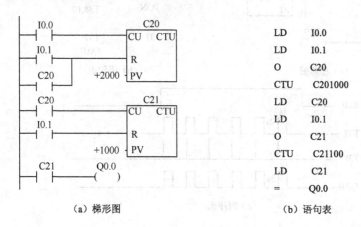

图7-101 长计数电路

7.6.6 长定时电路

在S7-200系列PLC中，定时器的最大定时值为3276.7s，不到1小时。若要实现长达数小时或数天的延时，则需利用多个定时器，或与计数器共同完成。

1. 定时器串联实现长定时电路

如图7-102所示为两个定时器串联实现长定时的电路。当I0.0输入信号有效时，T37开始计时，当T37计时到 $15\,000 \times 0.1s=1500s$ 时，T37置位，T37的常开触点闭合，T38开始计时，当T38计时到 $21\,000 \times 0.1s=2100s$ 时，T38置位，T38的常开触点闭合，Q0.0置位。从I0.0输入信号开始有效到Q0.0置位，总的计时时间为 $T_{总}=T37+T38=1500s+2100s=3600s$。

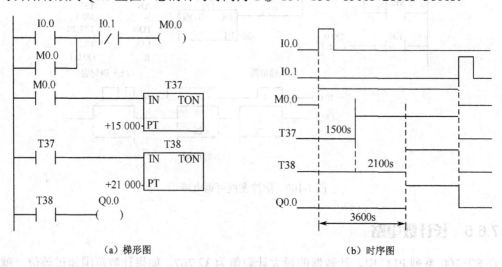

图7-102 两个定时器串联实现长定时的电路

2. 定时器与计数器组合实现长定时电路

如图 7-103 所示为定时器与计数器组合实现长定时的电路。在控制开关闭合后，开始 24 小时 30 分钟的长定时，延时时间到则 Q0.0 输出 30s 脉冲。在该电路中，Network1 中为 1 分钟定时，Network2 中为 1 小时定时，Network3 中为 24 小时定时，Network4 中使用了特殊状态触点 SM0.5（发出 1 秒脉冲）和计数器 C5 共同构成 30 分钟定时器。

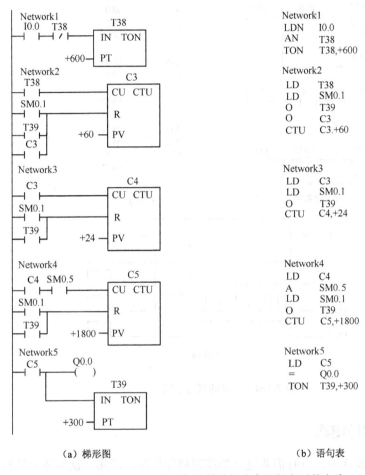

(a) 梯形图　　　　　　　　(b) 语句表

图 7-103　定时器与计数器组合实现长定时的电路

7.6.7　报警电路

报警电路是电气自动控制中不可缺少的重要环节。标准的报警功能应该是声光报警。当故障发生时，报警指示灯闪烁，报警电铃或蜂鸣器鸣响。操作人员知道发生故障后，按消铃按钮，把电铃关掉，报警指示灯从闪烁变为长亮。故障消失后，报警灯熄灭。另外报警，电路中还应设置试灯、试铃按钮，用于平时检测报警指示灯和电铃的好坏。

如图 7-104 所示为标准的报警电路。图中的 I0.0 为故障输入信号，I1.0 为消铃信号，I1.1 为试灯、试铃信号，Q0.0 为报警灯控制输出，Q0.7 为报警电铃控制输出。

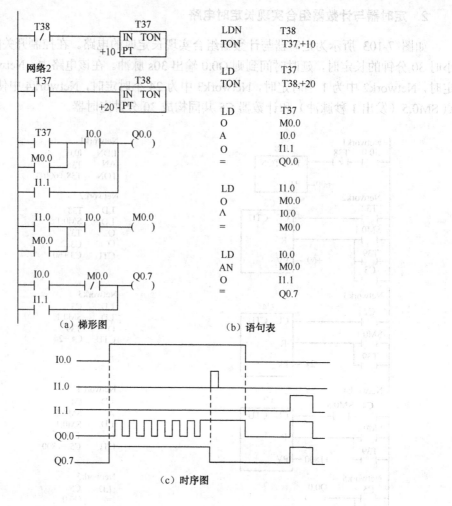

图 7-104 标准的报警电路

7.6.8 单按钮启停电路

在 PLC 控制电路设计中，有时需要进行单按钮启停控制，即第一次按下控制按钮，启动设备运行，第二次按下控制按钮，停止设备运行。图 7-105 给出了几种单按钮实现启停控制的电路程序。图中的 I0.0 为单按钮输入信号，Q1.0 为输出控制信号。

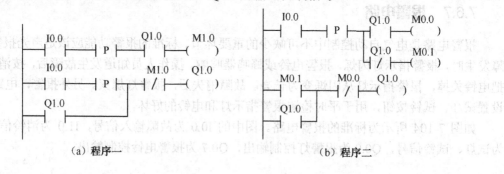

图 7-105 单按钮启停电路

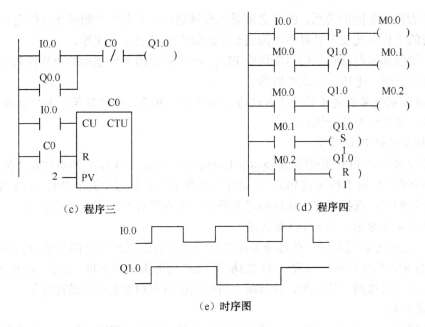

图 7-105 单按钮启停电路（续）

7.7 PLC 控制系统的设计及应用

7.7.1 PLC 控制系统设计概述

1. PLC 控制系统设计的基本原则

在了解 PLC 的基本工作原理和指令系统之后，就可以结合实际进行 PLC 的设计了。PLC 控制系统设计的基本原则如下：

（1）完整性原则，即充分发挥 PLC 的控制功能，最大限度地满足被控制的生产机械或生产过程的控制要求；

（2）经济性原则，即在满足控制要求的前提下，力求使控制系统经济、简单，维修方便；

（3）可靠性原则，即保证控制系统安全可靠；

（4）发展性原则，即考虑到生产发展和工艺的改进，在选用 PLC 时，在 I/O 点数和内存容量上应适当留有余地。

2. PLC 控制系统设计的主要步骤

PLC 控制系统的设计包括硬件设计和软件设计。所谓硬件设计，是指 PLC 及外部设备的设计；而软件设计是指 PLC 应用程序的设计。整个系统的设计一般按下面的步骤进行。

1）明确控制任务与要求

深入了解控制对象的工艺过程、工作特点、控制要求，并划分控制的各个阶段，归纳各个阶段的特点和各阶段之间的转换条件，画出控制流程图或功能流程图。

在这一阶段必须对被控对象的所有功能进行全面细致的了解，如对象的各种动作及动作时序、动作条件、必要的互锁与保护；电气系统与机械、液压、气动及各仪表等系统间的关系；

PLC 与其他智能设备间的关系，PLC 之间是否联网通信，突发性电源掉电（停电）及紧急事故处理；系统的工作方式及人机界面，需要显示的物理量及显示方式等。

在这一阶段还应明确哪些信号需送给 PLC，PLC 的输出需要驱动的负载性质（模拟量或数字量，交流或直流，电压、电流等级等）。

2）根据控制要求确定所需的输入设备（如按钮、开关、传感器等）和输出设备（如继电器、接触器、指示灯等执行机构）。

3）选择合适的 PLC 类型

根据被控对象对 PLC 控制系统技术指标的要求，确定 I/O 信号的点数及类型，据此确定 PLC 的类型和配置。对于整体式 PLC，应选定基本单元和各扩展单元的型号；对于模块式 PLC，应确定底板的型号，选择所需模块的型号及数量，编程设备及外围设备的型号。

4）I/O 点地址分配，绘制 I/O 接线图

I/O 信号在 PLC 接线端子上的地址分配是进行 PLC 控制系统设计的基础。对软件设计来说，I/O 点地址分配以后才可进行编程；对控制柜及 PLC 的外围接线来说，只有 I/O 地址确定以后，才可以绘制电气接线图、装配图，让装配人员根据线路图和安装图安装控制柜。

5）程序设计

根据系统的控制要求，采用合适的设计方法来设计 PLC 程序。程序要以满足系统控制要求为主线，逐一编写实现各控制功能或各子任务的程序，逐步完善系统指定的功能。

程序设计包括系统初始化程序、主程序、子程序、中断程序、故障应急措施和辅助程序的设计，小型开关量控制一般只有主程序。

（1）初始化程序。在 PLC 上电后，一般都要做一些初始化的操作，为启动做必要的准备，避免系统发生误动作。初始化程序的主要内容有：对某些数据区、计数器等进行清零，对某些数据区所需数据进行恢复，对某些继电器进行置位或复位，对某些初始状态进行显示等。

（2）检测、故障诊断和显示等程序。这些程序相对独立，一般在程序设计基本完成时再添加。

（3）保护和连锁程序。保护和连锁是程序中不可缺少的部分，必须认真加以考虑。它可以避免由于非法操作而引起的控制逻辑混乱。

对于简单的控制系统，特别是简单的开关量控制，可采用经验设计方法绘制梯形图。对于较复杂的控制系统，需要先根据总体要求和系统的具体情况确定应用程序的基本结构，绘制系统的控制流程图或功能表图，用于清楚表明动作的顺序和条件，然后设计出相应的梯形图。系统控制流程图或功能表图要尽可能详细、准确，以方便编程。

程序设计好后一般先作模拟调试。

模拟调试可以通过仿真软件来代替 PLC 硬件在计算机上调试程序。如果有 PLC 的硬件，可以用小开关和按钮模拟 PLC 的实际输入信号（如启动、停止信号）或反馈信号（如限位开关的接通或断开），再通过输出模块上各输出位对应的指示灯，观察输出信号是否满足设计的要求。需要模拟量信号 I/O 时，可用电位器和万用表配合进行。在编程软件中可以用状态图或状态图表监视程序的运行或强制设置某些编程元件状态。

6）控制柜或操作台的设计和现场施工

设计控制柜及操作台的电气布置图及安装接线图；设计控制系统各部分的电气互锁图；根据图纸进行现场接线，并检查。

程序设计与硬件实施可同时进行，因此 PLC 控制系统的设计周期可大大缩短。

7）系统整体调试（联机调试）

联机调试是将通过模拟调试的程序进一步进行在线统调。联机调试过程应循序渐进，从 PLC 只连接输入设备、再连接输出设备、再接上实际负载等逐步进行调试。如不符合要求，则对硬件和程序作调整。通常只需修改部分程序即可。

如果控制系统由几个部分组成，则应先进行局部调试，然后再进行整体调试；如果控制程序的步序较多，则可先进行分段调试，然后连接起来总调。

8）编制技术文件

技术文件应包括可编程序控制器的外部接线图等电气图纸、电气布置图、电气元件明细表、顺序功能图、带注释的梯形图和说明。

7.7.2 PLC 控制系统的硬件设计

PLC 硬件设计包括：PLC 及外围线路的设计、电气线路的设计和抗干扰措施的设计等。选定 PLC 的机型和分配 I/O 点后，硬件设计的主要内容就是电气控制系统的原理图的设计，电气控制元器件的选择和控制柜的设计。电气控制系统的原理图包括主电路和控制电路。控制电路中包括 PLC 的 I/O 接线和自动、手动部分的详细连接等。电器元件的选择主要是根据控制要求选择按钮、开关、传感器、保护电器、接触器、指示灯、电磁阀等。

1. PLC 的选型

选择能满足控制要求的适当型号的 PLC 是应用设计中至关重要的一步。目前，国、内外 PLC 生产厂家生产的 PLC 品种已达数百个，其性能各有特点。因此，在设计时，首先要尽可能考虑采用与本单位正在使用的同系列的 PLC，以便于学习和掌握；其次是要满足备件的通用性，这样可减少编程器的投资。由于 PLC 品种繁多，其结构形式、性能、容量、指令系统、价格等各有不同，适用场合也各有侧重，所以合理选择 PLC，对于提高 PLC 控制系统的技术经济指标有着重要作用。

在选择 PLC 机型时，主要考虑以下几点。

1）结构形式

从物理结构来讲，PLC 可分为整体式和模块式。对于工作过程比较固定，环境条件较好（维修量较小）的场合，可选用整体式 PLC，这样可以降低成本，在其他情况下可选用模块式 PLC，便于灵活地扩展 I/O 点数，并且有更多特殊 I/O 模块可供选择，维修更换模块及判断故障范围也很方便，其缺点是价格稍高。

2）控制规模

统计被控制系统的开关量、模拟量的 I/O 点数，并考虑以后的扩充（一般加上 10%~20% 的备用量），从而选择 PLC 的 I/O 点数和输出规格。

另外，要考虑 PLC 的结构，如果规模较大，以选用模块式 PLC 为好。如果被控对象以开关量控制为主，另需少量模拟量控制，就可选用带有 A/D、D/A 转换、数据传送及简单运算功能的小型 PLC，或者再选用模拟量控制模块。对于控制复杂、要求更高的被控系统，如含有较多的 I/O 点，对模拟量控制要求也较高，并且要求实际 PID 运算、闭环控制等功能，则可选用中、高档的 PLC。

3）存储容量估算。

用户程序所需的存储容量主要与系统的 I/O 点数、控制要求、程序结构长短等因素有关。

一般可按下式估算：存储容量=开关量输入点数×10+开关量输出点数×8+模拟通道数×100+定时器/计数器数量×2+通信接口个数×300+备用量。

4）特殊功能要求

控制对象不同会对 PLC 提出不同的控制要求。例如，用 PLC 替代继电器完成设备或生产过程控制的上限报警控制、时序控制等时，只需 PLC 的基本逻辑功能即可；对于需要模拟量控制的系统，则应选择配有模拟量 I/O 模块的 PLC，PLC 内部还应具有数字运算功能；对于需要进行数据处理及信息管理的系统，PLC 则应具有图表传送、数据库生成等功能；对于需要高速脉冲计数的系统，PLC 还应具有高速计数功能，且应了解系统所需的最高计数频率。另外，有些系统需要进行远程控制，此时应先配备具有远程 I/O 控制的 PLC。有的 PLC 还有一些特殊功能，如温度控制、位置控制、PID 控制等。如果选择合适的 PLC 及相应的智能控制模块，将使系统设计变得非常简单。

5）响应速度的要求

对于开关量的控制系统，无须考虑 PLC 的响应时间。因为现代的小型 PLC 一般都能满足要求。

对于模拟量控制系统，特别是闭环控制系统，就需要考虑 PLC 的响应时间。由于 PLC 采用扫描的工作方式，在最不利的情况下会引起 2~3 个扫描时间周期的延迟。为减小 I/O 的响应延迟时间，可以采用高速 PLC，或者采用高速响应模块，其响应的时间不受 PLC 扫描周期的影响，而只取决于硬件的延时。

6）可靠性的要求

一般来讲，PLC 控制系统的可靠性是很高的，能够满足大多数控制要求。对可靠性要求极高的系统，则需要考虑冗余控制系统或热备份系统。

7）PLC 机型统一的考虑

一个企业内部应尽可能地做到机型统一，或者尽可能地采用同一生产厂家的 PLC，因为同一机型便于备用件的采购和管理，模块可互为备份，可以减少备件的数量。同一厂家 PLC 的功能和编程式方法统一，利于技术培训，便于用户程序的开发和修改，也便于联网通信。

8）价格比较

由于生产 PLC 的厂家众多，同一个公司生产出的 PLC 也常常推出系列产品，再加上不同厂家的 PLC 的价格相差很大，有些功能类似、质量相当、I/O 点数相当的 PLC 的价格能相差 40%以上，所以需要用户仔细选择最适合自己要求的产品。

2. I/O 模块的选择

I/O 模块的价格占 PLC 价格的一半以上，不同的 I/O 模块，其结构与性能也不一样，它直接影响到 PLC 的应用范围和价格。

1）开关量 I/O 模块的选择

开关量 I/O 模块按结构可分为共点式、分组式、隔离式，如图 7-106 所示；按电压形式范围可分为直流 5V、12V、24V、48V、60V 和交流 110V、220V。每一个模块的点数有 4、8、16、32 点和 64 点等类型。

共点式、分组式模块抗干扰能力不如隔离式模块，但平均每点的价格较低。若信号之间不需要隔离，则可选共点式或分组式模块。

共点式、分组式模块上的 I/O 点数较多，受工作电压、工作电流和环境温度的限制，同时接通的点数不能超过该模块总点数的 60%。

分组式模块适合于有不同工作电压、不同工作电流要求的场合。不同组中可采用不同类型和不同电压等级的电压，但在同一组中，只能用同一类型和同一电压等级的电压。

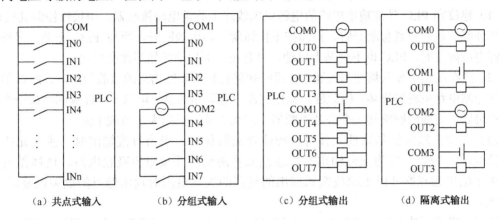

图 7-106 I/O 点结构形式

（1）开关量输入模块。开关量输入模块有直流输入、交流输入和交、直流输入三种类型。

直流输入模块的延时时间较短，可以直接与接近开关、光电开关等电子输入设备连接。低电压（如 5V、12V、24V）模块用于传输距离较近场合。当距离较远或环境干扰较强时，应选用高电压（如 48V、60V）模块。

交流输入模块可靠性高，抗干扰能力强，适合于有粉尘、油雾等恶劣环境。

开关量输入模块的工作电压应尽量与现场输入设备（有源设备）一致，可省去转换环节。对于无源输入信号，则需根据现场与 PLC 的距离远近来选择电压的高低。一般直流电压如 5V、12V、24V 属于低电压，传输距离不宜太长。当距离较远或环境干扰较强时，应选用高电压模块。在有粉尘、油雾等恶劣环境下，应选用交流电模块。

（2）开关量输出模块。开关量输出模块按输出方式可分为继电器输出模块、双向晶闸管输出模块、晶体管输出模块三种类型。

继电器输出模块适用电压范围广，导通压降小，承受瞬时过载能力强，且有隔离作用。但其动作速度慢，寿命（动作次数）有一定限制，驱动感性负载时的最大通断频率不得超过 1ns，适用于不频繁动作的交、直流负载。晶体管输出模块和双向晶闸管模块分别适用于直流和交流负载，它们的可靠性高，反应速度快，寿命长，但过载能力稍差。

在选用共点式或分组式输出模块时，不仅要考虑每点所允许的输出电流，还要考虑组或公共端所允许的最大电流，避免同时动作时电流超出范围而损坏输出模块。

2）模拟量 I/O 模块的选择

连续变换的温度、压力、位移等非电量最终都要先采用相应传感器转化成电压或电流信号，然后送入模拟量输入模块。模拟量输入模块有 2、4 或 8 个通道，应根据所需进行选取。模拟量输入模块按模拟量输入信号的形式来分有电压型和电流型。一般来讲，电流型的抗干扰能力强，但要根据输入设备来确定。另外，模拟量输入模块信号还有不同的范围，在选择时应加以注意。一般的模拟量输入模块都具有 12 位以上的分辨率，能够满足普通生产的精度要求。选择模拟量输入模块时还要考虑被控系统的实时性。例如，有的模块转换速度快，有的模块转换速度较慢,因考虑到滤波效果,模拟量输入模块大多用积分式转换,但其速度稍慢,在要求实时性较强的场合,则可选用专用的高速模块。

模拟量输出模块的选择方法与输入模块的选择方法大致相同。

3) I/O 设备与 PLC 连接时应注意的事项

(1) 建议在 PLC 外部输出电路的电源供电线路上装设电源接触器,用按钮控制其接通/断开。当外部负载需要紧急断开时,只需按下按钮就可将电源断开,而与 PLC 无关。另外,电源在停电后恢复时,PLC 也不会马上启动,只有在按下启动按钮后才会启动。

(2) 应在线路中加入熔断器(速熔)进行短路保护。当输出端的负载短路时,PLC 的输出元件和印制电路板将被烧坏,因此应在输出回路中加装熔断器。可以一个线圈回路接一个熔断器,也可以一组线圈回路接一个公共熔断器。熔丝电流应适当大于负载电流。

(3) 当输出端接的是感性元件时,应注意加装保护。当为直流输出时,感性元件两端应并接续流二极管;当为交流输出时,感性元件两端应并接阻容吸收电路。这样做是为了抑制由于输出触点断开时电感线圈感应出的很高的尖峰电压对输出触点的危害以及对 PLC 的干扰。

续流二极管可选额定电流为 1A 左右的二极管,其额定电压应为负载电压的 3 倍以上。阻容吸收电路可选 0.5W、100~120Ω 的电阻和 0.1pF 的电容。

(4) 当 PLC 的输出驱动的负载为电磁阀这类元件时,可在输出端和电磁阀之间加固态继电器(SSR)进行隔离。

(5) 白炽灯在室温和工作时的电阻值相差极大,通电瞬间会产生很大的冲击电流,因此额定电流为 2A 的继电器输出电路最多允许带 100W、220V/AC 的灯泡负载。

(6) 双向晶闸管输出电路的负载电流小于 10mA 时,可能出现晶闸管工作不正常的现象,这时应在负载两端并联一只电阻。

(7) 对于一些危险性大的电路,除了应在软件上采取联锁措施外,在 PLC 外部硬件电路上也应采取相应的措施。例如,异步电动机正、反转接触器的常闭触点应在 PLC 外部再组成互锁电路,以确保安全;过载保护用的热继电器也可接在 PLC 的外部电路中。

(8) PLC 的模拟量输出用于控制变速电动机的调节装置、阀门开度的大小(有的要先通过电—气转换装置,再去控制气动调节阀)等。模拟量输出有电流输出形式如 4~20mA,DC;也有电压输出形式,如 0~10V,DC 等。用户设计时可自行选择。

3. I/O 点地址分配

在进行 I/O 点地址分配时最好把 I/O 端元器件名称、元器件符号和地址编码以表格的形式列写出来。I/O 点地址分配表格式如表 7-57 所示。

表 7-57 I/O 点地址分配表格式

控制信号	信号名称	元件名称	元件符号	信号有效状态	地址编码
输入信号	系统启/停信号	转换开关	QS	电平信号,"1" 有效	I0.0
	M1 电动机启动信号	常开按钮	SB0	脉冲信号,上升沿有效	I0.1
	M1 电动机停止信号	常开按钮	SB1	脉冲信号,上升沿有效	I0.2
	…	…	…	…	…

续表

控制信号	信号名称	元件名称	元件符号	信号有效状态	地址编码
输出信号	M1 电动机驱动信号	接触器	KM1	电平信号,"1"有效	Q0.0
	系统运行指示信号	指示灯	HL1	电平信号,"1"有效	Q0.1
	系统故障指示信号	指示灯	HL2	电平信号,"1"有效	Q0.2
	…	…	…	…	…

4. 减少 PLC 输入和输出点的方法

在实际应用中,经常会遇到 I/O 点数不够的问题,可以通过增加扩展单元或扩展模块的方法解决,也可以通过对输入信号和输出信号进行处理,减少实际所需 I/O 点数的方法解决。

1) 减少输入点数的方法

(1) 分时分组输入。一般系统中设有"自动"和"手动"两种工作方式,两种方式不会同时执行。将两种方式的输入分组,从而减少实际输入点。如图 7-107 所示。PLC 通过 I1.0 识别"手动"和"自动",从而执行手动程序或自动程序。图中的二极管用来切断寄生电路。若图中没有二极管,转换开关在"自动",S_1、S_2、S_3 闭合,S_4 断开,这时电流从 L+端子流出,经 S_3、S_1、S_2 形成的寄生回路电流流入 I0.1,使 I0.1 错误的变为 ON。各开关串联了二极管后,切断寄生回路,避免了错误输入的产生。

(2) 输入触点合并法。将功能相同的常闭触点串联或将常开触点并联,就只占用一个输入点。一般多地点操作的启动、停止按钮、保护、报警信号可采用这种方式。如图 7-108 所示。

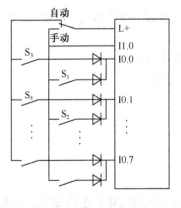
图 7-107 分时分组输入

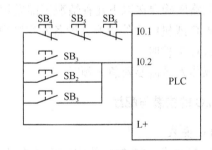
图 7-108 输入触点合并

(3) PLC 内部软件译码。利用少量输入,通过执行程序可获得多个输入控制信号。如图 7-109 所示,三个输入信号的组合,通过内部译码最多可获得 8 个输入,如图 7-110 所示。

(4) 将系统中的某些输入信号设置在 PLC 之外。系统中某些功能单一的输入信号,如一些手动操作按钮、热继电器的常闭触点就没有必要作为 PLC 的输入信号,可直接将其设置在输出驱动回路中。

(5) 单按钮启停控制。

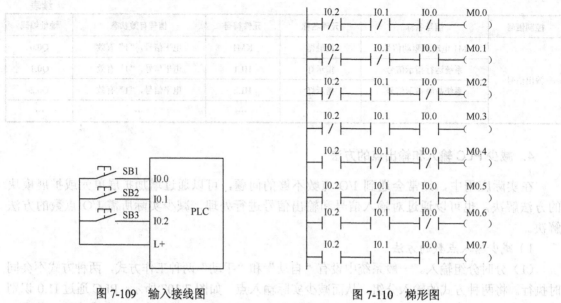

图 7-109 输入接线图　　　　　图 7-110 梯形图

2）减少输出点的方法

（1）在 PLC 输出功率允许的条件下，对于两个通断状态完全相同的负载，可将它们并联后共用一个 PLC 的输出点。

（2）负载多功能化。一个负载实现多种用途，如在 PLC 控制中，通过编程可以实现一个指示灯的平光和闪烁，表示两种不同的信息，节省了输出点。

5. 安全回路的设计

安全回路起保护人身安全和设备安全的作用。安全回路应能独立于 PLC 工作，并采用非半导体的机电元件以硬接线方式构成。

安全回路应确保在以下几种情况下能发挥安全保护作用：

（1）PLC 或机电元件检测到设备发生紧急异常状态时；

（2）PLC 失控时；

（3）操作人员需要紧急干预时。

6. PLC 的安装与配线

1）PLC 安装

（1）安装方式。S7-200 的安装方法有两种：底板安装和 DIN 导轨安装。底板安装是利用 PLC 机体外壳四个角上的安装孔，用螺钉将其固定在底版上。DIN 导轨安装是利用模块上的 DIN 夹子，把模块固定在一个标准的 DIN 导轨上。导轨安装既可以水平安装，也可以垂直安装。

（2）安装环境。PLC 适用于工业现场，为了保证其工作的可靠性，延长 PLC 的使用寿命，安装时要注意周围环境条件：环境温度在 0~55℃范围内；相对湿度在 35%~85%范围内（无结霜），周围无易燃或腐蚀性气体、过量的灰尘和金属颗粒；避免过度的震动和冲击；避免太阳光的直射和水的溅射。

（3）安装注意事项。除了环境因素，安装时还应注意：PLC 的所有单元都应在断电时安装、拆卸；切勿将导线头、金属屑等杂物落入机体内；模块周围应留出一定的空间，以便于机体周围的通风和散热。此外，为了防止高电子噪声对模块的干扰，应尽可能将 S7-200 模块与产生高电子噪声的设备（如变频器）分隔开。

2）PLC 的配线

PLC 的配线主要包括电源接线、接地、I/O 接线及对扩展单元的接线等。

（1）电源接线与接地。PLC 的工作电源有 120/230V 单相交流电源和 24V 直流电源。系统的大多数干扰往往通过电源进入 PLC，在干扰强或可靠性要求高的场合，动力部分、控制部分、PLC 自身电源及 I/O 回路的电源应分开配线，用带屏蔽层的隔离变压器给 PLC 供电。隔离变压器的一次侧最好接 380V，这样可以避免接地电流的干扰。输入用的外接直流电源最好采用稳压电源，因为整流滤波电源有较大的波纹，容易引起误动作。

良好的接地是抑制噪声干扰和电压冲击保证 PLC 可靠工作的重要条件。PLC 系统接地的基本原则是单点接地，一般用独自的接地装置，单独接地，接地线应尽量短，一般不超过 20m，使接地点尽量靠近 PLC。

（2）I/O 接线和对扩展单元的接线。可编程控制器的输入接线是指外部开关设备 PLC 的输入端口的连接线。输出接线是指将输出信号通过输出端子送到受控负载的外部接线。

I/O 接线时应注意：I/O 线与动力线、电源线应分开布线，并保持一定的距离，如需在一个线槽中布线时，须使用屏蔽电缆；I/O 线的距离一般不超过 300m；交流线与直流线、输入线与输出线应分别使用不同的电缆；数字量和模拟量 I/O 应分开走线，传送模拟量 I/O 线应使用屏蔽线，且屏蔽层应一端接地。

PLC 的基本单元与各扩展单元的连接比较简单，接线时，先断开电源，将扁平电缆的一端插入对应的插口即可。PLC 的基本单元与各扩展单元之间电缆传送的信号小，频率高，易受干扰。因此不能与其他连线敷设在同一线槽内。

7.7.3　PLC 程序设计常用的方法

PLC 程序设计常用的方法主要有经验设计法、继电器-接触器控制电路图转换为梯形图法、逻辑设计法、顺序控制设计法等。

1. 经验设计法

经验设计法即在一些典型的控制电路程序的基础上，根据被控制对象的具体要求进行选择组合，并多次反复调试和修改梯形图，有时需增加一些辅助触点和中间编程环节，才能达到控制要求。这种方法没有规律可遵循，设计所用的时间和设计质量与设计者的经验有很大的关系，因此称为经验设计法。经验设计法用于较简单的梯形图设计。采用应用经验设计法必须熟记一些典型的控制电路，如启保停电路、脉冲发生电路等，这些电路在前面的章节中已经介绍过。

2. 继电器-接触器控制电路图转换为梯形图法

继电器-接触器控制系统经过长期的使用，已有一套能完成系统要求的控制功能并经过验证的控制电路图，而 PLC 控制的梯形图和继电器-接触器控制电路图很相似，因此可以直接将经过验证的继电器-接触器控制电路图转换成梯形图。主要步骤如下：

(1) 熟悉现有的继电器接触器控制线路图；

(2) 对照 PLC 的 I/O 端子接线图，将电路图上的被控器件（如接触器线圈、指示灯、电磁阀等）转换成接线图上对应的输出点的编号，将电路图上的输入装置（如传感器、按钮开关、行程开关等）触点都换成对应的输入点的编号；

(3) 将电路图中的中间继电器、定时器用 PLC 的辅助继电器、定时器来代替；

(4) 画出全部梯形图，并进行简化和修改。

这种方法对简单的控制系统是可行的，比较方便，但对于较复杂的控制电路就不适用了。

3. 逻辑设计法

逻辑设计法是以布尔代数为理论基础，根据生产过程中各工步之间的各个检测元件（如行程开关、传感器等）状态的变化，列出检测元件的状态表，确定所需的中间记忆元件，再列出各执行元件的工序表，然后写出检测元件、中间记忆元件和执行元件的逻辑表达式，最后将其转换成梯形图。该方法在单一的条件控制系统中非常好用，相当于组合逻辑电路，但在和时间有关的控制系统中就会变得很复杂。

4. 顺序控制设计法

顺序控制设计法是根据功能流程图进行设计。功能流程图是按照顺序控制的思想根据工艺过程，根据输出量的状态变化，将一个工作周期划分为若干顺序相连的步，在任何一步内，各输出量 ON/OFF 状态不变，但是相邻两步输出量的状态是不同的。所以，可以将程序的执行分成各个程序步，通常用顺序控制继电器的位 S0.0~S31.7 代表程序的状态步。使系统由当前步进入下一步的信号称为转换条件，又称步进条件。转换条件可以是外部的输入信号，如按钮、指令开关、限位开关的接通/断开等；也可以是程序运行中产生的信号，如定时器、计数器的常开触点的接通等；转换条件还可能是若干个信号的逻辑运算的组合。一个三步循环步进的功能流程图如图 7-111 所示，功能流程图中的每个方框代表一个状态步，如图中 1、2、3 分别代表程序 3 步状态。与控制过程的初始状态相对应的步称为初始步，用双线框表示。可以分别用 S0.0、S0.1、S0.2 表示上述三个状态步，程序执行到某步时，该步状态位置 1，其余为 0。如执行第一步时，S0.0=1，而 S0.1，S0.2 全为 0。每步所驱动的负载，称为步动作，用方框中的文字或符号表示，并用线将该方框和相应的步相连。状态步之间用有向连线连接，表示状态步转移的方向，有向连线上没有箭头标注时，方向为自上而下，自左而右。有向连线上的短线表示状态步的转换条件。

例如，用 PLC 控制红、绿灯循环显示（要求循环间隔时间为 1s）。根据控制要求首先画出红绿灯顺序显示的功能流程图，如图 7-112 所示。启动条件为按钮 I0.0，步进条件为时间，状态步的动作为点红灯，熄绿灯，同时启动定时器，步进条件满足时，关断本步，进入下一步。

梯形图程序如图 7-113 所示。当 I0.0 输入有效时，启动 S0.0，执行程序的第一步，输出 Q0.0 置 1（点亮红灯），Q0.1 置 0（熄灭绿灯），同时启动定时器 T37，经过 1s，步进转移指令使得 S0.1 置 1，S0.0 置 0，程序进入第二步，输出点 Q0.1 置 1（点亮绿灯），输出点 Q0.0 置 0（熄灭红灯），同时启动定时器 T38，经过 1s，步进转移指令使得 S0.0 置 1，S0.1 置 0，程序进入第一步执行。如此周而复始，循环工作。

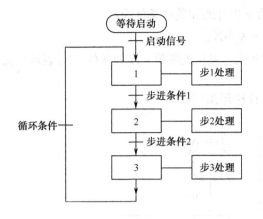
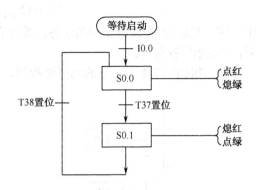

图 7-111 循环步进功能流程图　　　　图 7-112 红绿灯循环显示流程图

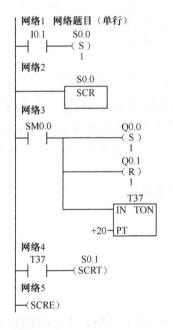
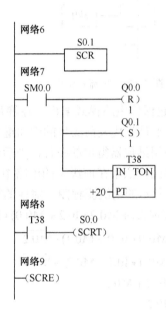

图 7-113 红绿灯循环显示梯形图

顺序控制设计法是根据功能流程图，以步为核心，从起始步开始一步一步地设计下去，直至完成。首先将被控制对象的工作过程按输出状态的变化分为若干步，并指出工步之间的转换条件和每个工步的控制对象。这种工艺流程图集中了工作的全部信息。在进行程序设计时，可以用中间继电器 M 来记忆工步，一步一步地顺序进行，也可以用顺序控制指令来实现。

下面详细介绍功能流程图的种类及编程方法。

（1）单流程及编程方法。功能流程图的单流程结构形式简单，如图 7-114 所示，其特点是：每一步后面只有一个转换，每个转换后面只有一步。各个工步按顺序执行，上一工步执行结束，转换条件成立，立即开通下一工步，同时关断上一工步。

在图 7-114 中，当 $n-1$ 为活动步时，转换条件 b 成立，则转换实现，n 步变为活动步，同时 $n-1$ 步关断。由此可见，第 n 步成为活动步的条件是：$X_{n-1}=1$，b=1；第 n 步关断的条件只有

一个 $X_{n+1}=1$。用逻辑表达式表示功能流程图的第 n 步开通和关断条件为：

$$X_n = (X_{n-1} \cdot b + X_n) \cdot \overline{X_{n+1}}$$

式中，等号左边的 X_n 为第 n 步的状态，等号右边 X_{n+1} 表示关断第 n 步的条件，X_n 表示自保持信号，b 表示转换条件。

举例：根据图 7-115 所示的功能流程图，设计梯形图程序。

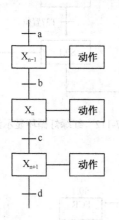

图 7-114 单流程结构

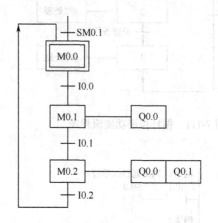

图 7-115 单流程功能图

① 使用起保停电路模式编程。在梯形图中，前级步为活动步且转换条件成立时，才能进行步的转换，于是将代表前级步的中间继电器的常开接点与转换条件对应的接点串联，作为代表后续步的中间继电器得电的条件。当后续步被激活，应将前级步关断，所以用代表后续步的中间继电器常闭接点串在前级步的电路中。

如图 7-8 所示的功能流程图，对应的状态逻辑关系为：

$M0.0 = (SM0.1 + M0.2 \cdot I0.2 + M0.0) \cdot \overline{M0.1}$

$M0.1 = (M0.0 \cdot I0.0 + M0.1) \cdot \overline{M0.2}$

$M0.2 = (M0.1 \cdot I0.1 + M0.2) \cdot \overline{M0.0}$

$Q0.0 = M0.1 + M0.2$

$Q0.1 = M0.2$

对于输出电路的处理应注意：Q0.0 输出继电器在 M0.1、M0.2 步中都被接通，应将 M0.1 和 M0.2 的常开接点并联去驱动 Q0.0；Q0.1 输出继电器只在 M0.2 步为活动步时才接通，所以用 M0.2 的常开接点驱动 Q0.1。

使用起保停电路模式编制的梯形图程序如图 7-116 所示。

② 使用置位、复位指令编程。S7-200 系列 PLC 有置位和复位指令，且对同一个线圈置位和复位指令可分开编程，所以可以实现以转换条件为中心的编程。

当前步为活动步且转换条件成立时，用 S 将代表后续步的中间继电器置位（激活），同时用 R 将本步复位（关断）。

图 7-115 所示的功能流程图中，如用 M0.0 的常开接点和转换条件 I0.0 的常开接点串联作为 M0.1 置位的条件，同时作为 M0.0 复位的条件。这种编程方法很有规律，每一个转换都对应一个 S/R 的电路块，有多少个转换就有多少个这样的电路块。用置位、复位指令编制的梯形图程序如图 7-117 所示。

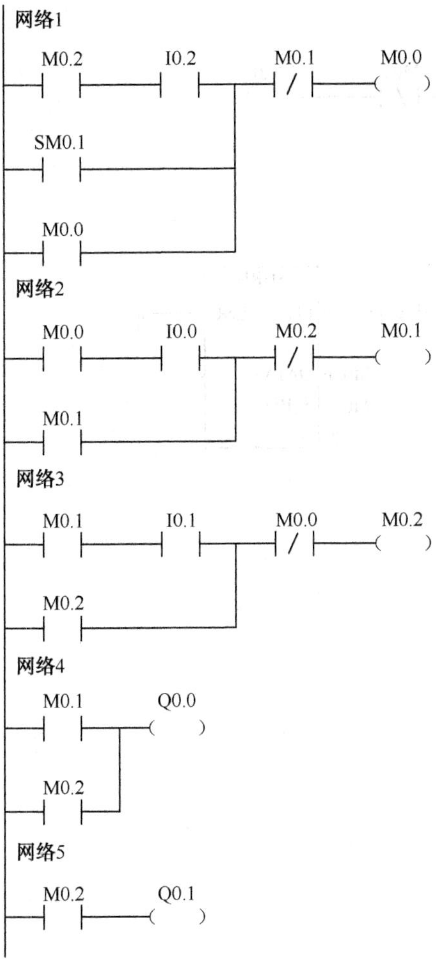

图 7-116　用起保停电路模式编写的程序 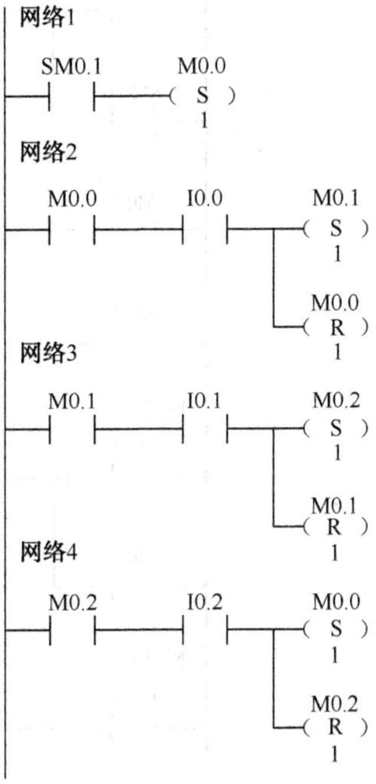　　图 7-117　用 S/R 指令编写的程序

③ 使用移位寄存器指令编程。单流程的功能流程图各步总是顺序通断,并且同时只有一步接通,因此很容易采用移位寄存器指令实现这种控制。对于图 7-115 所示的功能流程图,可以指定一个两位的移位寄存器,用 M0.1、M0.2 代表有输出的两步,移位脉冲由代表步状态的中间继电器的常开接点和对应的转换条件组成的串联支路并联提供,数据输入端(DATA)的数据由初始步提供。对应的梯形图程序如图 7-118 所示。在梯形图中将对应步的中间继电器的常闭接点串联连接,可以禁止流程执行的过程中移位寄存器 DATA 端置"1",以免产生误操作信号,从而保证了流程的顺利执行。

④ 使用顺序控制指令编程。使用顺序控制指令编程,必须使用 S 状态元件代表各步,如图 7-119 所示。

其对应的梯形图如图 7-120 所示。

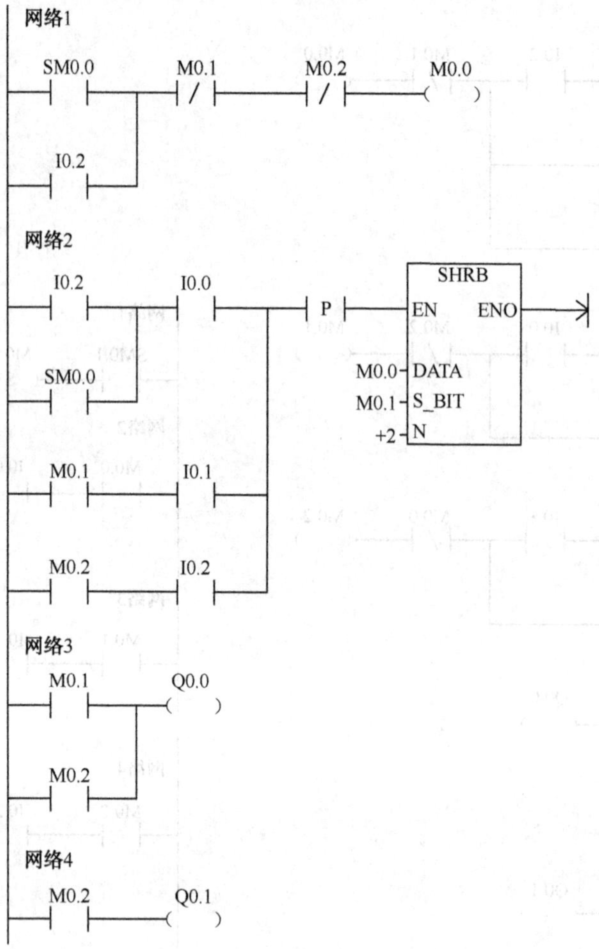

图 7-118 用移位寄存器指令编写的程序

（2）选择分支及编程方法。选择分支分为两种，如图 7-121 所示为选择分支开始，7-122 所示为选择分支结束。

选择分支开始是指：一个前级步后面紧接着若干个后续步可供选择，各分支都有各自的转换条件。

选择分支结束（又称选择分支合并）是指：几个选择分支在各自的转换条件成立时转换到一个公共步上。

在图 7-121 中，假设 2 为活动步，若转换条件 a=1，则执行工步 3；如果转换条件 b=1，则执行工步 4；转换条件 c=1，则执行工步 5。即哪个条件满足，则选择相应的分支，同时关断上一步。一般只允许选择其中一个分支。在编程时，若图 7-121 中的工步 2、3、4、5 分别用 M0.0、M0.1、M0.2、M0.3 表示，则当 M0.1、M0.2、M0.3 之一为活动步时，都将导致 M0.0=0，所以在梯形图中应将 M0.1、M0.2 和 M0.3 的常闭接点与 M0.0 的线圈串联，作为关断 M0.0 步的条件。

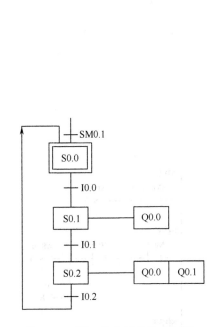

图 7-119 用 S 状态元件代表各步　　图 7-120 用顺序控制指令编写的梯形图

在图 7-122 中，如果步 6 为活动步，转换条件 d=1，则工步 6 向工步 9 转换；如果步 7 为活动步，转换条件 e=1，则工步 7 向工步 9 转换；如果步 8 为活动步，转换条件 f=1，则工步 8 向工步 9 转换。若图 7-122 中的工步 6、7、8、9 分别用 M0.4、M0.5、M0.6、M0.7 表示，则 M0.7（工步 9）的启动条件为：M0.4·d+ M0.5·e+ M0.6·f，在梯形图中，则为 M0.4 的常开接点串联与 d 转换条件对应的触点、M0.5 的常开接点串联与 e 转换条件对应的触点、M0.6 的常开接点串联与 f 转换条件对应的触点，三条支路并联后作为 M0.7 线圈的启动条件。

举例：根据图 7-123 所示的功能流程图，设计梯形图程序。

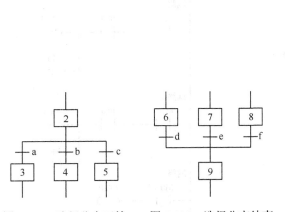

图 7-121 选择分支开始　　图 7-122 选择分支结束　　图 7-123 选择分支功能图

① 使用起保停电路模式编程。
对应的状态逻辑关系为：
M0.0 = (SM0.1 + M0.3·I0.4 + M0.0)·$\overline{M0.1}$·$\overline{M0.2}$
M0.1 = (M0.0·I0.0 + M0.1)·$\overline{M0.3}$

$M0.2 = (M0.0 \cdot I0.2 + M0.2) \cdot \overline{M0.3}$

$M0.3 = (M0.1 \cdot I0.1 + M0.2 \cdot I0.3 + M0.3) \cdot \overline{M0.0}$

$Q0.0 = M0.1$

$Q0.1 = M0.2$

$Q0.2 = M0.3$

对应的梯形图程序如图 7-124 所示。

② 使用置位、复位指令编程。

对应的梯形图程序如图 7-125 所示。

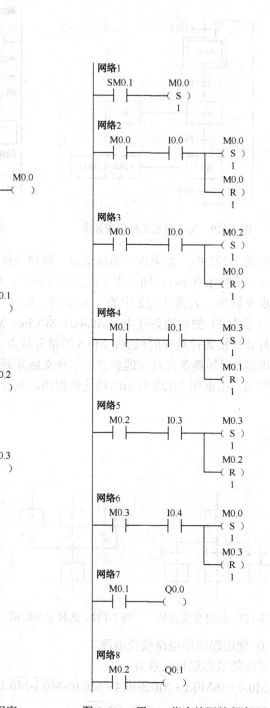

图 7-124　用起保停电路模式编写的程序　　图 7-125　用 S/R 指令编写的程序

③ 使用顺序控制指令编程。

对应的功能流程图如图 7-126 所示。对应的梯形图程序如图 7-127 所示。

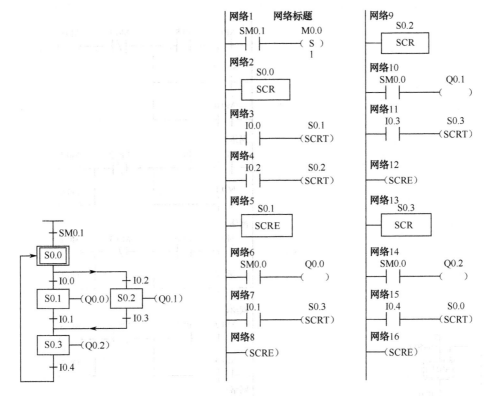

图 7-126 用 S 状态元件代表各步的流程图　　图 7-127 用顺序控制指令编写的梯形图

（3）并行分支及编程方法。并行分支也分两种，图 7-128（a）为并行分支的开始，图 7-128（b）为并行分支的结束，也称为合并。

并行分支的开始是指当转换条件实现后，同时使多个后续步激活。为了强调转换的同步实现，水平连线用双线表示。在图 7-128（a）中，当工步 2 处于激活状态，若转换条件 e=1，则工步 3、4、5 同时启动，工步 2 必须在工步 3、4、5 都开启后，才能关断。

并行分支的合并是指：当前级步 6、7、8 都为活动步，且转换条件 f 成立时，开通步 9，同时关断步 6、7、8。

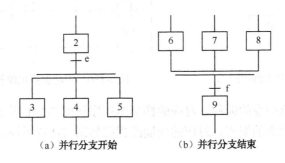

(a) 并行分支开始　　(b) 并行分支结束

图 7-128 并行分支

举例：根据图 7-129 所示的功能流程图，设计梯形图程序。

① 使用起保停电路模式的编程。对应的梯形图程序如图 7-130 所示。

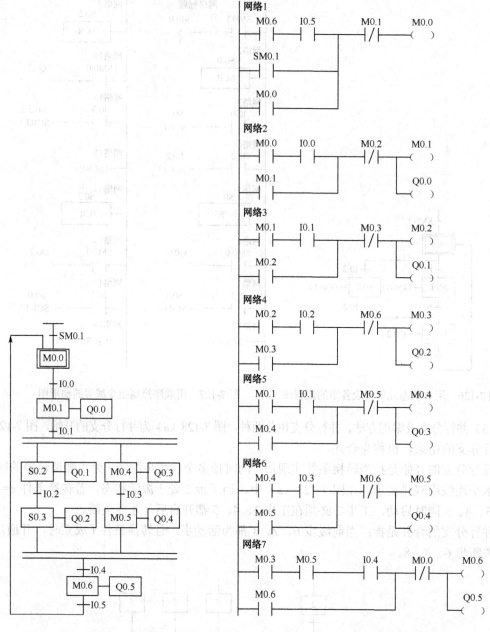

图 7-129　并行分支流程图　　　图 7-130　用起保停电路模式编写的程序

② 使用置位、复位指令的编程。对应的梯形图程序如图 7-131 所示。

③ 使用顺序控制指令的编程。对应的功能流程图如图 7-132 所示。对应的梯形图程序如图 7-133 所示。

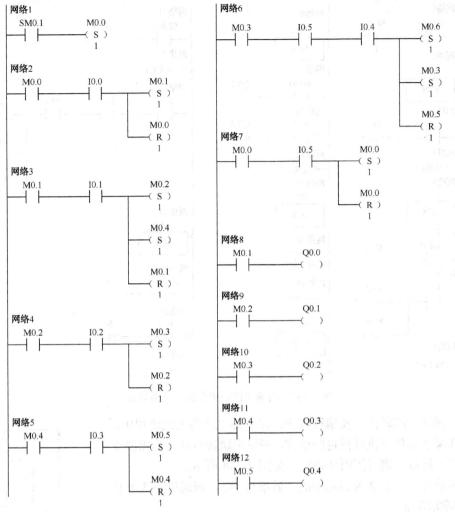

图 7-131 用 S/R 指令编写的梯形图

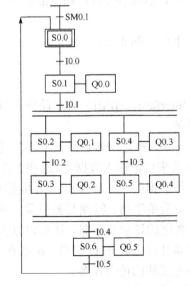

图 7-132 用 S 状态元件代表各步的并行分支流程图

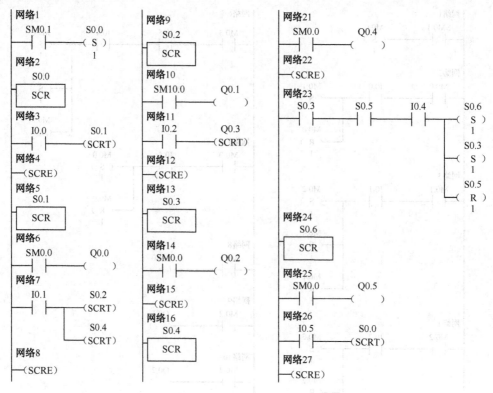

图 7-133 用顺序控制指令编写的梯形图

（4）循环、跳转流程及编程方法。在实际生产的工艺流程中，若要求在某些条件下执行预定的动作，则可用跳转程序。若需要重复执行某一过程，则可用循环程序。如图 7-134 所示。

跳转流程：当步 2 为活动步时，若条件 f=1，则跳过步 3 和步 4，直接激活步 5。

循环流程：当步 5 为活动步时，若条件 e=1，则激活步 2，循环执行。

编程方法和选择流程类似，不再详细介绍。

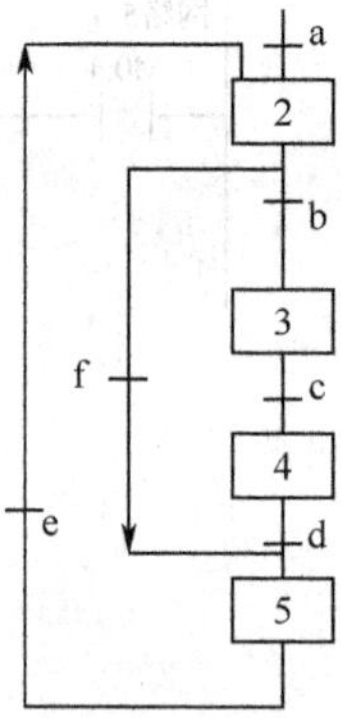

图 7-134 循环、跳转流程图

7.7.4 人机界面设计

人机界面（Human Machine Interface，HIMI）就是操作人员和机器设备之间实现数据交换的设备。

20 世纪 90 年代中期之前，完成人机之间数据交换的手段还比较落后，如使用数码管来显示实时数据，使用 BCD 码拨动开关来设定输入数据等。这些方法既占用了 PLC 的输入/输出点，接线也麻烦，并且不容易完成大量数据的设定和显示。20 世纪 90 年代中期之后，出现了设定显示单元和触摸屏，人机交互变得简单生动。特别是触摸屏，现在几乎已成了人机界面的代名词。它不仅可用于参数的设置、数据的显示和存储，还可以以曲线、图形等形式直观反映工业控制系统的流程，其稳定性和可靠性可以与 PLC 相当，能够在恶劣的工业环境中长时间运行，是现代工业自动化控制领域中不可或缺的辅助设备。

1. HMI 的功能

现在 HMI 能实现的功能主要有如下几方面。

（1）参数设定及发布控制命令。通过 HMI 可以在 PLC 外部进行相关输入参数的设定，或通过画面上的输入按钮、开关等来发出控制命令。

（2）控制过程的动态显示。PLC 内部的信息和实时控制过程的画面可以通过触摸屏或显示面板显示。

（3）报警功能。当报警信号出现时，可以通过屏幕显示报警画面，也可以对报警信息进行处理。

（4）信息处理功能。可以对需要的参数进行列表显示、曲线分析，也可以进行有关信息的打印。

（5）数据记录。用来记录过程数据或重要的设定参数。

（6）远程通信。通过网络或通信系统访问和控制远程数据。

2. HMI 的分类

现代的 HMI 大致有以下类型。

1）文本显示设定单元（TD，Text Display）

这是一种小型的和廉价的 HMI，只能进行最基本的参数设定和文字信息显示，不能显示画面，而且处理的信息量也有限。它主要用于对 HMI 要求较低的场合。

西门子的产品主要有 TD200/TD200C、TD400C 等，这些文本显示器专为 S7-200 PLC 而设计。TD200 使用液晶（有背光 LED），能显示 2 行，每行 20 个字符或 10 个汉字，有 4 个可编程的功能键和 5 个系统键，最多可以处理 80 个报警信息、64 个过程画面、864 个变量。

TD200C 的最大特点是可由用户定义按键布局，按键的多少（最多 20 个键）、大小、位置都可以改变。除此之外，TD200C 还增加了符号嵌入、直接对 PLC 存储单元的数值进行编辑、改变 PLC 的操作模式等功能。

TD400C 为新一代文本显示器，支持所有 TD200 的功能，用户可以自定义面板的背景颜色、图标及按键功能（15 个）。液晶显示屏最大显示 4 行×12 个中文字符。

2）操作员面板（Operator Panel，OP）

它由液晶显示屏和薄膜按键组成。有些产品上的按键有 30 个左右，可以满足在恶劣环境使用，非常可靠和安全，每个按键有一百万次的使用寿命。

西门子的产品主要有 OP73micro、OP73、OP77A、OP77B、OP177B、OP277 等。

OP73micro 和 OP73 是 TD200 的升级产品，可以显示位图、棒图。OP73 还可以显示文字信息，功能比前者更强。

OP77A 和 OP77B 是全新型、高性价比的操作员面板。有 8 个可编程的功能键和 23 个系统键，有多种接口方式连接到计算机，后者还可以进行配方，存储器也比前者大。

OP177B 是 5.7 in（14.78 cm）的 STN（Super Twisted Nematic）液晶显示器，俗称伪彩显示器。有 24 个功能键，处理的画面数、变量数和报警/事件信息数也比较多。

OP277 也是一种 STN 液晶操作员面板，功能比 OP177B 更强一些。

3）触摸屏（Touch Panel，TP）

不需要键盘和鼠标，只须用手轻触屏幕的相应位置即可实现参数设定、发布命令等操作。触摸屏直观、美观，安装方便，占用位置少，是现在 HMI 的主流产品，如西门子 TP177B 触摸屏。

西门子的产品主要有 TP170micro、TP177micro、TP070、TP170A、TP170B、TP177A、TP177B、TP270 等。

TP170micro 和 TP177micro 是专为 S7-200 PLC 设计的新型的触摸屏，显示器为 5.7 in（14.78 cm）的 STN-LCD。前者因为自带处理器，所以功能稍强。

TP070 也是专为 S7-200 PLC 设计的触摸屏，显示器为 5.7 in（14.78 cm）的 STN–LCD，在画面数、变量数等方面不如上面的 TP170micro 和 TP177micro。

TP170A/B 是可以适应于多数 PLC 的触摸屏产品，显示器为 5.7 in（14.78 cm）的 STN-LCD，后者功能更强大，还有彩色和单色之分。

TP177A/B 是 TP170A/B 的替代产品，它们在功能上更为强大，TP177B 可以用于除 S7-200 PLC 外的其他 PLC。

TP270 有 5.7 in（14.78cm）和 10.4 in（26.42cm）两种，显示器为 STN-LCD。除具有强大的数据处理能力外，在通信接口、显示技术等方面也更胜一筹。

4）多功能面板（Multi-Panel，MP）

多功能面板是 HMI 的最高端产品。它采用 TFT（Thin Flim Tran-sistor）液晶显示器，俗称真彩显示器，既有薄膜键盘式的产品，也有触摸屏产品，可靠性高、功能强大，可扩展是其主要特色。

西门子的产品主要有 MP270B、MP370、MP277 等。

5）按钮面板

它是把一些按键和指示灯等都集中在一块面板上，上面的按键、指示灯和 PLC 中的输入点、输出点相对应。这个面板通过 PROFIBUS-DP 或 MPI 与 PLC 通信，从而起到节省连线、安装时间和成本的作用，目前在实际项目中使用不多。

西门子的产品主要有 PP7、PP17-1、PP17-2 等。

3. HMI 和 PLC 的联系

为了实现 HMI 和 PLC 之间数据的相互交换，就必须解决两者之间的通信问题。一般来说，HMI 的生产厂家给用户配置了相应的组态软件。使用组态软件就可以非常方便和简单地完成它们之间的数据交互。

组态软件在国内是一个约定俗成的概念，并没有明确的定义，它可以理解为"组态式监控软件"。"组态（Configure）"的含义是"配置"、"设定"、"设置"等意思，是指用户通过类似"搭积木"的简单方式来完成自己所需要的软件功能，而不需要编写计算机程序，也就是所谓的"组态"。它有时候也称为"二次开发"，组态软件就称为"二次开发平台"。人机界面生成软件就叫工控组态软件。目前，国内外组态软件众多。

实际使用时，首先在装有组态软件的 PC 中对 HMI 进行组态。组态包括画面设计、表格设计、报警功能设计等。各种画面和表格中设置有 PLC 控制系统中所需要设定的输入数、操作元素，也有要实时显示的输出参数。所以，进行组态最重要的是要建立 HMI 和 PLC 之间交换数据所使用的变量表。用户不用去管 HMI 和 PLC 之间是如何完成通信的，而只需把组态程序设计好即可。

HMI 不一定只和一家的 PLC 产品配合，它们可以适应许多厂家的 PLC，只要在组态软中有它们的驱动程序就行。

组态程序在 PC 上设计好后需下载到 HMI 中，然后 HMI 使用合适的电缆连接到 PLC 的通信口上，这时就可以进行调试了。反复调试没问题后，即可投入正式使用。

4. HMI 在 S7-200 PLC 控制系统中的使用

1）西门子的组态软件

在 S7-200 PLC 控制系统中，对于文本显示器 TD 类的 HMI，使用 Micro/WIN 即可对其进行组态。对于 OP 和 TP 类的 HMI，西门子提供的组态软件有两种：ProTool 和 WinCC flexible。

ProTool 是西门子较早的 HMI 组态软件，使用简单，除新开发的 HMI 产品外，它适合大多数文本和面板 HMI 产品。WinCC flexible 是一种更强大的组态软件，适合所有的 HMI 产品使用。ProTool 适用于单用户系统，而 WinCC flexible 可以满足更多的需求，从单用户、多用户到基于网络的工厂自动化控制与监视。

WinCC flexible 使自动化控制过程更加透明化，组态更加简单，更容易设计出个性化的人机界面，能够实现用于具有不同性能设备的操作和应用，并能够应用多达 32 种语言组态项目画面，以及实现远程信息交换。

2）组态软件的主要功能

对于 HMI 的组态软件，不管是西门子的或其他公司的软件，也不管其功能如何，一般都具有以下一些主要功能。

（1）组态画面对象。软件中提供设计画面用的按钮、开关等元素，用户可以设置输入数据，可以实时改变输入元素的状态；也可以显示输出元素的实时值。画面和图表中相应的元素可以根据所连接对象的状态实时改变颜色、形状等。时间、日期也是经常用到的元素。一个小控制系统，可能也有十几幅画面，使用几十个变量。这是 HMI 的最主要和最基本的功能。

（2）用户管理。可以设定不同级别的密码进行分级管理。不同的人员所享有的权限不同，如只有较高级别的人才能修改重要的参数，而级别较低的人则只能观看画面。

（3）报警及报警处理。当控制系统产生故障或者某些参数满足报警的条件时，可以通过 HMI 进行报警信息显示和记录等工作。

（4）趋势图显示。使用对时间轴的变化曲线来显示参数的实时值。因为实际意义不大，所以一般较少使用这种功能。

（5）数据记录。可以开辟一个数据存储区来记录需要保存的历史数据；但因为 HMI 不是 PC，所以它的存储能力有限，不可能使其保存大量的数据。数据存储或历史数据处理不是 HMI 的强项，要么不使用该功能，即使使用也是存储一定范围和时间段内的数据。

（6）报表功能。可以把参数以表格的形式显示、输出；但对普通组态软件来说，一般不具备表格的管理功能和复杂数据处理功能。

（7）运行脚本。可以在 HMI 的元素中增加逻辑控制功能，即可以编写简单的程序来限定这些元素的逻辑功能。

（8）其他功能。有些高端 HMI 还具备打印、参数配方及管理、OPC 数据交换等功能。

3）HMI 和 S7-200 PLC 的配合

可以通过 PPI（点到点通信）和 MPI（多点通信）方式将 HMI 和 S7-200 PLC 相连。

在 S7-200 PLC 控制系统中使用 HMI 时要注意以下几点：

（1）有不少专门用于 S7-200 PLC 的 HMI 产品。这些产品专门针对其设计，性价比较高，所以如果不是有较高的要求，建议首选这些产品。

（2）使用的通信方式不同（PPI 通信或 MPI 通信）、选用的 HMI 产品不同，所能连接的最大 S7-200 PLC 的个数也不一样。例如使用 TP170B 时，PPI 方式允许连接一个 S7-200 PLC，而 MPI 方式允许连接 4 个 S7-200 PLC；使用专为 S7-200 PLC 设计的 TD 产品和新型的 Micro 产品，则在两种通信方式下，最多都只能连接一个 PLC。

（3）在 MPI 方式下，S7-200 PLC 的每个通信口最多只能连接 3 个 HMI，最大的通信波特率为 187.5 kbps，而 EM277 最多能连接 5 个 HMI，最大的通信波特率为 12 Mbps。

（4）HMI 在 S7-200 PLC 控制系统（网络）中，是作为主站出现的。大部分简单应用情况下，都是单主站系统，一个 HMI 对应一个 PLC。但在控制网络系统中，HMI 和 S7-200 PLC 也可以组成多主站系统。这时要选择相应的具备多主站通信功能的通信方式、HMI 和通信电缆。

（5）TD400C 和新型的 TD200 产品需要 Micro/WIN V4.0 以上的版本才能组态；新型的专为 S7-200 PLC 设计的 Micro 型 HMI 只能使用 WinCC flexible 组态软件组态，其余都可以使用 ProTool 组态软件组态。

7.7.5 提高 PLC 控制系统可靠性的措施

由于 PLC 是专门为工业生产环境而设计的控制装置，所以一般不需要采取什么特殊措施就可以直接在工业环境使用。但如果环境过于恶劣，电磁干扰特别强烈，或安装使用不当，都不能保证系统的正常安全运行。干扰可能使 PLC 接收到错误的信号，造成误动作，或使 PLC 内部的数据丢失，严重时甚至会使系统失控。在系统设计时，应采取相应的可靠性措施，以消除或减少干扰的影响，保证系统的正常运行。

1. 工作环境要适宜

1）环境温度要适宜

PLC 要求环境温度在 0～55℃之间，安装时不能放在发热量大的元件下面，四周通风散热的空间要足够大。

工作环境温度高时，要在控制柜内设置风扇或冷风机或把控制系统置于有空调的控制室内。工作环境温度低时，一是在控制柜内设置加热器；二是停运时不切断控制器和 I/O 模块的电源。

2）环境湿度要适宜

PLC 要求空气的相对湿度在 35%～85%（无凝露）之间。湿度大，水分容易通过金属表面的缺陷浸入内部，引起内部元件的恶化，印制板可能由于高压或高浪涌电压而引起短路。在极干燥的环境下，绝缘物体上会产生静电，特别是集成电路，由于输入阻抗高，所以可能因静电感应而损坏。控制器不运行时，温度、湿度的急骤变化可能引起结露，使绝缘电阻大大降低，特别是交流输入/输出模块，绝缘的恶化可能产生预料不到的事故。

对湿度过大的环境，一是把控制柜设计成密封型，并加入吸湿剂；二是把外部干燥的空气引入控制柜内；三是在印制板上涂覆一层保护层，如松香水等。在湿度低、干燥的环境下，人体应尽量不接触模块，以防感应静电而损坏器件。

3）注意环境污染

PLC 系统周围空气中不能混有尘埃、导电性粉末、腐蚀性气体、油雾和盐分等。尘埃引起接触部分接触不良，或堵住过滤器的网眼；导电性粉末可引起误动作，或绝缘性能变差和短路等；油雾可能会引起接触不良和腐蚀塑料；腐蚀性气体和盐分会腐蚀印制电路板、接线头及开关触点，造成继电器或开关类的可动部件接触不良。

对不清洁环境中的空气可采取以下措施：一是控制柜采用密封型结构；二是控制柜内充入正压清洁空气，使外界不清洁空气不能进入控制柜内部。

4）远离振动和冲击源

一般 PLC 的震动和冲击频率超过极限时，会引起电磁阀或断路器误动作、机械结构松动、电气部件疲劳损坏以及连接器的接触不良等后果。在有震动和冲击时，主要措施是要查明震动源，采取相应的防震措施，如采用防震橡皮、对震动源隔离等。

5）远离强干扰源

PLC 应远离强干扰源，如大功率晶闸管装置、高频设备和大型动力设备等，同时 PLC 还应该远离强电磁场和强放射源，以及易产生强静电的地方。

2. 抑制供电系统干扰

1）系统供电电源设计

PLC 控制系统的供电电源均由电网供电。电网覆盖范围广，自身容易受到空间电磁干扰。另外，电网内部的变化，如刀开关操作浪涌、大型电力设备起停、交直流传动装置引起的谐波、电网短路暂态冲击等，都会通过输电线路传到 PLC 系统，从而造成设备失控或误动作。

在 PLC 供电系统中，一般采取隔离变压器、UPS 电源、双路供电等措施。

（1）使用隔离变压器的供电系统。对于电源引入的电网干扰可以安装带屏蔽层的变比为 1∶1 的隔离变压器，以减少设备与地之间的干扰，还可以在电源输入端串接 LC 滤波电路，抑制干扰信号从电源线传导到系统中。

图 7-135 所示为使用隔离变压器的供电系统图，PLC 和 I/O 系统分别由各自的隔离变压器供电，并与主电路电源分开。这样当某一部分电源出现故障，不会影响其他部分，当输入、输出供电中断时 PLC 仍能继续供电，提高了供电的可靠性。隔离变压器与 PLC 和 I/O 之间应采用双绞线连接。

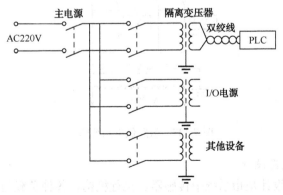

图 7-135　使用隔离变压器的供电系统图

（2）UPS 供电系统。不间断电源 UPS 是电子计算机的有效保护配置，当输入交流电失电时，UPS 能自动切换到输出状态继续向控制器供电。图 7-136 所示是 UPS 的供电系统图，根据 UPS 的容量在交流电失电后可继续向 PLC 供电 10～30 分钟。因此对于非长时间停电的系统，其效果更加显著。

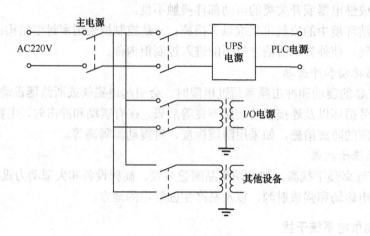

图 7-136　UPS 的供电系统图

（3）双路供电系统。为了提高供电系统的可靠性，交流供电最好采用双路，其电源应分别来自两个不同的变电站。当一路供电出现故障时，能自动切换到另一路供电。双路供电系统图如图 7-137 所示。KV 为欠电压继电器，若先合 A 开关，KV-A 线圈得电，铁芯吸合，其动断触点 KV-A 断开 B 路，这样完成 A 路供电控制，然后合上 B 开关，而 B 路此时处于备用状态。当 A 路电压降低到整定值时，KV-A 欠电压继电器铁芯释放，KV-A 的动断触点闭合，则 B 路开始供电，与此同时 KV-B 线圈得点，铁芯吸合，其动断触点 KV-B 断开 A 路，完成 A 路到 B 路的切换。

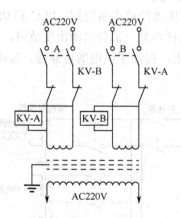

图 7-137　双路供电系统图

2）I/O 模板供电电源设计

I/O 模板供电电源设计是指系统中传感器、执行机构、各种负载与 I/O 模板之间的供电电源设计。在实际应用中，普遍使用的 I/O 模板基本上采用 24V 直流供电电源和 220V 交流供电电源。这里主要介绍这两种供电情况下数字量 I/O 模板的供电设计。

(1) 24V 直流 I/O 模板的供电设计。24V 直流 I/O 模板的一般供电设计如图 7-138 所示。图中给出了主机电源中输入/输出模板各一块，以及扩展单元中输入/输出模板各一块的情况。对于包括多个单元在内的多个输入/输出模板的情况也与此相同。图中的 24V 直流稳压电源为 I/O 模板供电。为防止检测开关和负载的频繁动作影响稳压电源工作，在 24V 直流稳压电源输出端并接一个电解电容。开关 Q1 控制 DO 模板供电电源；开关 Q2 控制 DI 模板供电电源。在系统启动时，应首先启动 PLC 的主机电源后再合上 Q2 和 Q1。当现场输入设备或执行机构发生故障时，可立即断开开关 Q1 和开关 Q2。

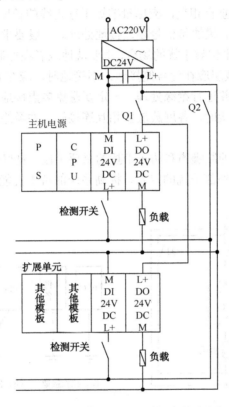

图 7-138　24V 直流 I/O 模板的一般供电设计

(2) 220V 交流 I/O 模板的供电设计。对于实际工业过程，除了 24V 直流模板外，还广泛地使用着 220V 交流 I/O 模板，所以有必要强调一下 220V 交流 I/O 模板的供电设计。

在前面 24V 直流 I/O 模板供电设计的基础上，只要去掉 24V 直流稳压电源，并将图 7-138 中的直流 24V 输入/输出模板换成交流 220V 输入/输出模板，就实现了 220V 交流 I/O 模板的供电设计，如图 7-139 所示。图中给出的是在一个主机单元中，输入/输出模板各一块的情况，交流 220V 电源可直接取自整个供电系统的交流稳压器的输出端，对于包括扩展单元的多块输入/输出模板与此完全相同。要注意的是，在交流稳压器的设计时要增加相应的容量。

3. 正确接地

接地的目的通常有两个，一为了安全，二是为了抑制干扰。正确的接地，既能抑制电磁干扰的影响，又能抑制设备向外发出干扰；而错误的接地，反而会引入严重的干扰信号，使 PLC 系统将无法正常工作。

安全接地是将机器设备的外壳或设备内独立器件的外壳接地,用于保护人身安全和防止设备漏电。

PLC 控制系统接地时,最好采用控制器与其他设备分别接地方式,如图 7-140(a)所示,也可以采用公共接地,如图 7-140(b)所示,但禁止使用串联接地方式,如图 7-140(c)所示,因为这种接地方式会产生 PLC 与设备之间的电位差。

PLC 的接地线应尽量短,接地点应尽量靠近 PLC,接地点与控制器之间的距离不大于 50m;同时,接地电阻要小于 100Ω,接地线的截面应大于 2mm^2。接地线应尽量避开强电回路和主回路的电线,不能避开时,应垂直相交,应尽量缩短平行走线的长度。

开关量信号不需要接地,模块量信号要做接地处理。一般要求信号线必须要有唯一的参考地,屏蔽电缆遇到有可能产生传导干扰的场合,也要就地或者在控制室唯一接地,防止形成"地环路"。信号源接地时,屏蔽层应在信号侧接地;不接地时,应在 PLC 侧接地;信号线中间有接头时,屏蔽层应牢固连接并进行绝缘处理,一定要避免多点接地;多个测点信号的屏蔽双绞线与多芯对绞总屏蔽电缆连接时,各屏蔽层应相互连接好,并经绝缘处理,选择适当的接地处单点接点。

实践证明,接地往往是抑制噪声和防止干扰的重要手段,良好的接地方式可在很大程度上抑制内部噪声的耦合,防止外部干扰的侵入,提高系统的抗干扰能力。

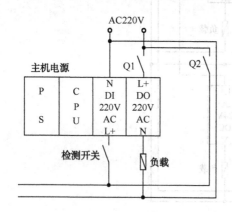

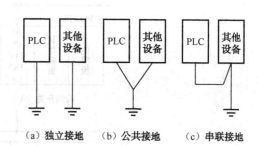

(a)独立接地　(b)公共接地　(c)串联接地

图 7-139　220V 交流 I/O 模板的供电设计　　图 7-140　220V 交流 I/O 模板的供电设计

4. PLC 输入/输出电路可靠性设计

设计输入/输出电路通常考虑以下问题。

(1)一般情况下,输入/输出器件可以直接与 PLC 的输入/输出端子相连,但是当配线距离较长或接近强干扰源,或大负荷频繁通断的外部信号,最好加中间继电器进行隔离。

(2)开关量信号(如按钮、限位开关、接近开关等提供的信号)一般对电缆无特殊要求,可选用一般的电缆,信号传输距离远时,可选用屏蔽电缆。

模拟信号和高速信号线(如脉冲传感器、计数码盘等提供的信号)应选择屏蔽电缆。

(3)输入电路一般由 PLC 内部提供电源,输出电路需根据负载额定电压和额定电流外接电源。输出电路需注意每个输出点可能输出的额定电流及公共端子的总电流的大小。

(4)对于双向晶闸管及晶体管输出型的 PLC,如输出点接感性负载,为保证输出点的安全和防止干扰,需并接过电压吸收回路。对交流负载应并接浪涌吸收回路,如阻容电路(电阻取

51～120Ω，电容取 0.1～0.47F，电容的额定电压应大于电源峰值电压）或压敏电阻。对直流负载需并接续流二极管，续流二极管可以选 1A 的管子，其额定电压应大于电源电压的三倍。

（5）当接近开关、光电开关这一类两线式传感器的漏电流较大时，可能出现故障的输入信号。通常在输入端并联旁路电阻，以减小输入电阻。

（6）为防止负载短路损坏 PLC，输出公共端需加熔断器保护。

（7）对重要的互锁，如电动机正反转等，需在外电路中用硬件再互锁。

5．合理的安装与布线

（1）PLC 应远离强干扰源，如电焊机、大功率硅整流装置和大型动力设备，不能与高压电器装在同一个控制柜内。

（2）在控制柜内，PLC 应远离动力线（两者的距离应大于 200mm）。

（3）与 PLC 装在同一控制柜内的电感性负载，如功率较大的接触器、继电器线圈，应并联 RC 消弧电路。

（4）通信电缆要求可靠性高，有的通信电缆的信号频率很高，一般应选择 PLC 生产厂家提供的专用电缆，在要求不高或信号频率较低时，也可以选用带屏蔽的双绞线电缆，但品质要好。

（5）PLC 的 I/O 线和大功率线应分开走线，如必须在同一线槽内，分开捆扎交流线、直流线，若条件允许，分槽走线最好，这不仅能使其有尽可能大的空间距离，并能将干扰降到最低限度。

（6）PLC 的输入线与输出线最好分开走线，开关量与模拟量线路也要分开敷设。模拟量信号线应采用屏蔽线，并将电缆的屏蔽层接地，接地电阻应小于屏蔽层电阻的 1/10。交流输出线和直流输出线不要用同一根电缆，输出线应尽量远离高压线和动力线，避免并行。

6．抑制信号线上的干扰

对信号线的干扰主要是来自空间的电磁辐射，有差模干扰和共模干扰两种。

差模干扰是指叠加在测量信号线上的干扰信号，这种干扰大多是频率较高的交变信号，其来源一般是耦合干扰。抑制常态干扰的方法有：在输入回路接 RC 滤波器或双 T 滤波器；尽量采用双积分式 A/D 转换器，由于这种积分器工作的特点，具有一定的消除高频干扰的作用；将电压信号转换成电流信号再传输。

共模干扰是指信号线上共有的干扰信号，一般是由被测信号的接地端与控制系统的接地端存在一定的电位差引起的，这种干扰在两条信号线上的周期、幅值基本相等情况下，采用上面的方法无法消除或抑制。应采用如下方法：采用双差分输入的差动放大器，这种放大器具有很高的共模抑制比；输入线采用绞合线，绞合线能降低共模干扰，其感应互相抵消；采用光电隔离的方法，可以消除共模干扰；使用屏蔽线，并单边接地；为避免信号失真，对于较长距离传输的信号要注意阻抗匹配。

7．抑制变频器干扰

变频器干扰一是变频器启动及运行过程中产生谐波对电网产生传导干扰，引起电网电压畸变，影响电网的供电质量；二是变频器的输出会产生较强的电磁辐射干扰，影响周边设备的正常工作。

抑制变频器干扰的措施，一般有下面几种：

(1) 加隔离变压器。主要是针对来自电源的传导干扰,可以将绝大部分的传导干扰阻隔在隔离变压器之前,同时还兼有电源电压变换的作用。

(2) 使用滤波器。滤波器分有源和无源两种,一般采用无源滤波器。滤波器具有较强的抗干扰能力,还具有防止将设备本身的干扰传导给电源,有些还兼有尖峰电压吸收功能。

(3) 使用输出电抗器。在变频器到电动机之间增加交流电抗器,主要是减少变频器输出过程中线路产生的电磁辐射。电抗器必须装在距离变频器最近的地方。

如果使用铠装电缆作为变频器与电动机的连线时,可以不使用这种方法。但电缆的铠要在变频器端可靠接地,接地的铠要原样不动,不能钮成绳或辨,不能用其他导线延长,变频器侧要接在变频器的地线端子上,再将变频器接地。

8. 设计必须的安全保护环节

1) 短路保护

当 PLC 输出设备短路时,为了避免 PLC 内部输出元件损坏,应该在 PLC 外部输出回路中装上熔断器,进行短路保护。最好在每个负载的回路中都装上熔断器。

2) 互锁与联锁措施

除在程序中保证电路的互锁关系,PLC 外部接线中还应该采取硬件的互锁措施,以确保系统安全可靠地运行,如电动机正、反转控制,要利用接触器 KM_1、KM_2 常闭触点在 PLC 外部进行互锁。在不同电机或电器之间有联锁要求时,最好也在 PLC 外部进行硬件联锁。采用 PLC 外部的硬件进行互锁与联锁,这是 PLC 控制系统中常用的做法。

3) 失压保护与紧急停车措施

PLC 外部负载的供电线路应具有失压保护措施,当临时停电再恢复供电时,不按下"启动"按钮 PLC 的外部负载就不能自行启动。这种接线方法的另一个作用是,当特殊情况下需要紧急停机时,按下"停止"按钮就可以切断负载电源,而与 PLC 毫无关系。

4) 重大故障的报警及防护

对于易发生重大事故的场所,为了确保控制系统在重大事故发生时仍能可靠地报警及防护,应将与重大故障有联系的信号通过外电路输出,以使控制系统在安全状况下运行。

9. 必要的软件措施

有时硬件措施不一定完全消除干扰的影响,采用一定的软件措施加以配合,对提高 PLC 控制系统的抗干扰能力和可靠性能起到很好的作用。例如,通过程序消除开关量输入信号抖动,对可能出现的故障编写故障的检测与诊断程序。

PLC 具有很完善的自诊断功能,如出现故障,借助自诊断程序可以方便地找到出现故障的部件,更换后就可以恢复正常工作。实践证明,外部设备的故障率远高于 PLC,而这些设备故障时,PLC 不会自动停机,可使故障范围扩大。为了及时发现故障,可用梯形图程序实现故障的自诊断和自处理。例如,对定时运行设备进行超时检测,对运行期间的出现的信号逻辑错误进行检测,通过相应的检测程序发现故障并报警。

10. 采用冗余系统

在石油、化工、冶金等行业的某些系统中,要求控制装置有极高的可靠性。如果控制系统发生故障,将会造成停产、原料大量浪费或设备损坏,给企业造成极大的经济损失。但是仅靠提高控制系统硬件的可靠性来满足上述要求是远远不够的，因为 PLC 本身可靠性的提高是有一定的限度。使用冗余系统就能够比较有效地解决上述问题。

在冗余系统中，整个 PLC 控制系统（或系统中最重要的部分，如 CPU 模块）由一套或多套完全的系统作为备份。例如，两块 CPU 模块使用相同的用户程序并行工作，其中一块是主 CPU，另一块是备用 CPU；主 CPU 工作，而备用 CPU 的输出是被禁止的，当主 CPU 发生故障时，备用 CPU 自动投入运行，系统可不受停机损失。

11. 做好系统检修与维护

PLC 的可靠性很高，但环境的影响及内部元件的老化等因素，也会造成 PLC 不能正常工作。如果等到 PLC 报警或故障发生后再去检查、修理，终归是被动的。如果能经常定期地做好维护、检修，就可以做到系统始终工作在最佳状态下。因此，定期检修与做好日常维护是非常重要的。一般情况下检修时间以每 6 个月至一年 1 次为宜，当外部环境条件较差时，可根据具体情况缩短检修间隔时间。

PLC 检查及维护的主要内容如表 7-58 示。

表 7-58 PLC 维护检修内容

序 号	检修项目	检修内容
1	供电电源	在电源端子处测电压变化是否在标准范围内
2	外部环境	环境温度（控制柜内）是否在规定范围（0~55℃） 环境湿度（控制柜内）是否在规定范围（相对湿度：35%~85%） 积尘情况（一般不能积尘）
3	输入输出电源	在输入、输出端端子上测电压变化是否在标准范围内
4	安装状悉	各单元是否可靠固定、有无松动 连接电缆的连接器是否完全插入旋紧 外部配件的螺钉是否松动
5	寿命元件	锂电池寿命等

PLC 控制系统一旦出现故障报警，应充分利用其自诊断功能，快速确定故障原因。PLC 控制系统虽未出现故障报警，但发生异常时，首先应检查电源电压、PLC 及 I/O 端子的螺丝和接插件是否松动，以及有无其他异常，然后再根据 PLC 基本单元上设置的各种 LED 的指示灯状况，以检查 PLC 自身和外部有无异常。

1）输入指示

不管输入单元的 LED 灯亮还是灭，请检查输入信号开关是否确实在 ON 或 OFF 状态。如果输入开关的额定电流容量过大或由于油侵入等原因，容易产生接触不良。当输入开关与 LED 灯亮用电阻并联时，即使输入开关 OFF 但并联电路仍导通，仍可对 PLC 进行输入。如果使用光传感器等输入设备，由于发光/受光部位粘有污垢等，引起灵敏度变化，有可能不能完全进入"ON"状态。在比 PLC 运算周期短的时间内，不能接收到 ON 和 OFF 的输入。如果在输入端子上外加不同的电压时，会损坏输入回路。

2）输出指示

不管输出单元的 LED 灯亮还是灭，如果负载不能进行 ON 或 OFF，主要是由于过载、负载短路或容量性负载的冲击电流等，引起继电器输出接点黏合，或接点接触面不好导致接触不良。

7.7.6 PLC 工程应用实例

1. 组合机床机械滑台 PLC 控制系统的设计

组合机床机械滑台的继电器-接触器控制线路如图 7-141 所示。该控制线路中有两台电动机,一台为快速进给电动机 M_2,用来拖动滑台快进或快退;另一台为慢速工进拖动电动机 M_1。主轴旋转由另一台专门电动机拖动,由 KM 控制(图中虚线内)。滑台在快进或快退过程中,工进电动机可以工作,也可以不工作。而工作进给时只允许工进电动机单独工作,快速进给电动机不工作并由电磁制动器 YB 制动。试将该线路改为用 PLC 控制。

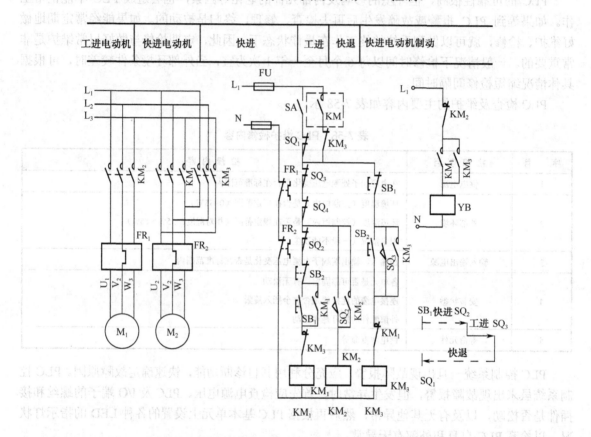

图 7-141 组合机床机械滑台的继电器-接触器控制线路图

1)组合机床机械滑台控制原理的分析

图 7-140 中的 SQ_1、SQ_2、SQ_3 分别为原位、快进转工进及终点限位开关,SQ_4 为超行程保护限位开关,SA 为单独调整开关,YB 为快速电动机的电磁制动器,具有断电制动作用。对组合机床机械滑台具有一次工进的电气控制线路的分析如下。

当主轴启动后,KM 常开触点闭合,此时按下 SB_1,KM_1 得电并自锁,快进电动机制动器 YB 通电松闸,电机 M_2 正转,滑台快进,碰到限位开关 SQ_2 时,由快进转入工进;此时电动机 M_2 断电并迅速制动,继电器线圈 KM_2 接通,电动机 M_1 通电,当滑台碰到限位开关 SQ_3 时,电动机 M_1 断电,继电器线圈 KM_3 接通,电动机 M_2 反转,进入快退,当滑台碰到限位开关 SQ_1 时,表明滑台已完成一个行程回到了原位。在滑台工作的过程中,电动机 M_1 的正、反转要进行互锁。

图 7-140 中的 SA 为方便滑台调整而设置的开关，SQ_4 为超行程保护开关。当滑台向前越位时，SQ_4 被压下，切断工作台进给电路而停车，同时可设报警装置，通知操作者来处理。SB_2 为快退按钮，在工作台进给过程中或因超行程而停止在终点位置时，按下 SB_2，滑台便快退，回到原位自动停止。该控制线路还具有过载保护功能，即任一台电动机过载都将使控制线路断电。

2）组合机床机械滑台具有一次工进的 PLC 控制系统的设计

通过对组合机床机械滑台一次工进控制线路的分析可知，系统中共有开关量 I/O 点 13 个，其中输入点 9 个，输出点 5 个。该机械滑台 PLC 控制系统选用西门子 S7-200 系列 PLC 中的 CPU224 即可满足控制需要，其 I/O 地址分配如表 7-59 所示，I/O 接线图如图 7-142，梯形图如图 7-143 所示。

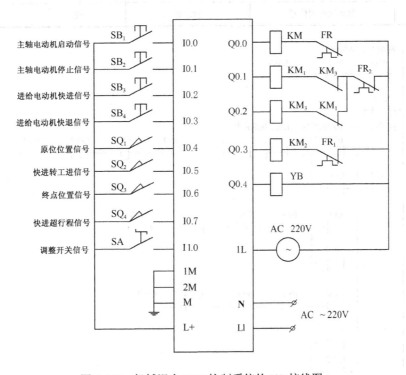

图 7-142　机械滑台 PLC 控制系统的 I/O 接线图

表 7-59　I/O 地址分配表

控制信号	信号名称	元件名称	元件符号	地址编码
输入信号	主轴电动机启动信号	常开按钮	SB_1	I0.0
	主轴电动机停止信号	常开按钮	SB_2	I0.1
	进给电动机快进信号	常开按钮	SB_3	I0.2
	进给电动机快退信号	常开按钮	SB_4	I0.3
	原位位置信号	限位开关	SQ_1	I0.4
	快进转工进信号	限位开关	SQ_2	I0.5

续表

控制信号	信号名称	元件名称	元件符号	地址编码
输入信号	终点位置信号	限位开关	SQ_3	I0.6
	快进超行程信号	限位开关	SQ_4	I0.7
	调整开关信号	转换开关	SA	I1.0
输出信号	主轴电动机控制信号	接触器	KM	Q0.0
	进给电动机快进控制信号	接触器	KM_1	Q0.1
	进给电动机快退控制信号	接触器	KM_3	Q0.2
	进给电动机工进控制信号	接触器	KM_2	Q0.3
	制动器控制信号	制动器	YB	Q0.4

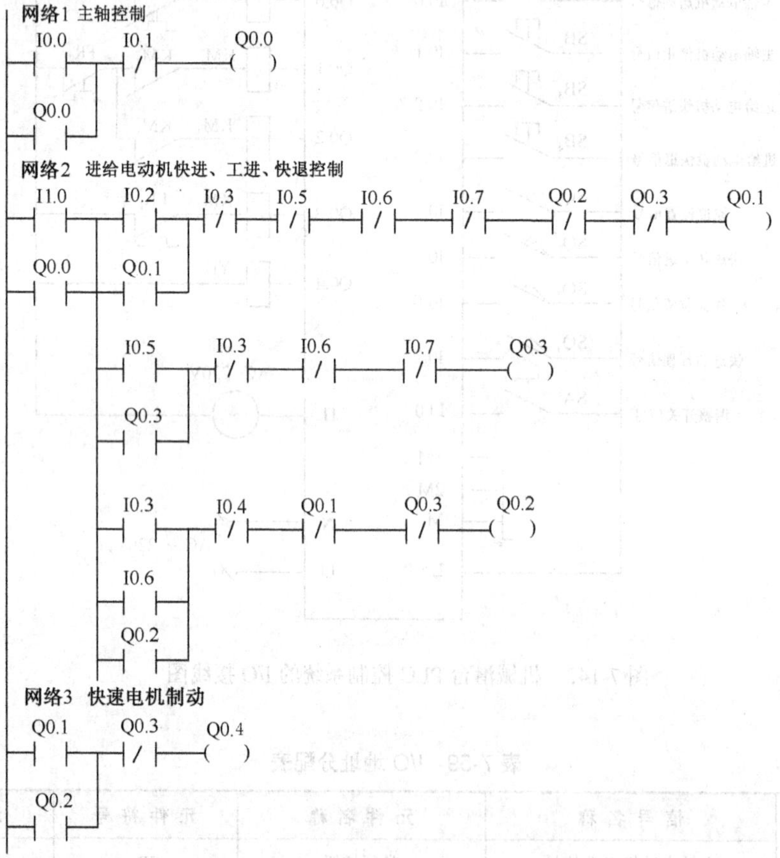

图 7-143 机械滑台 PLC 控制系统的梯形图

2. 电动机堵转停车报警程序

控制要求：为防止电动机堵转时由于热保护继电器失效而损坏，特在电动机转轴上加装一联动装置随转轴一起转动。当电动机正常转动时，每转一圈（50ms）该联动装置使接近开关 K_1 闭合一次，则系统正常运行。若电动机非正常停转超过 100ms，即接近开关 K_1 不闭合超过

100ms，则自动停车，同时红灯闪烁报警（2.5s 亮，1.5s 灭）。

根据控制要求可知，PLC 系统中需要一个启动信号、一个停车信号、一个检测输入信号，共计 3 个输入点；需要控制电动机运行和堵转报警信号，共计 2 个输出点。该电动机堵转停车报警控制系统选用西门子 S7-200 系列 PLC 即可，其 I/O 地址分配和控制程序分别如表 7-60 和图 7-144 所示。

表 7-60　I/O 地址分配表

控制信号	信号名称	元件名称	元件符号	地址编码
输入信号	电动机启动信号	常开按钮	SB_0	I0.0
	电动机停止信号	常开按钮	SB_1	I0.1
	堵转检测信号	接近开关	K_1	I0.2
输出信号	电动机驱动信号	接触器	KM_1	Q0.0
	堵转报警信号	指示灯	HL_1	Q0.2

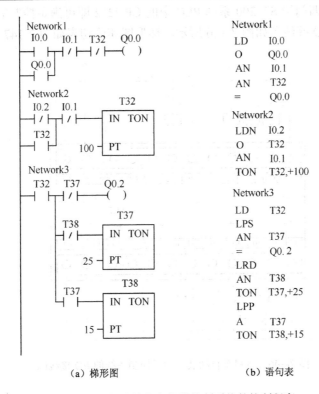

(a) 梯形图　　　(b) 语句表

图 7-144　电动机堵转停车报警控制系统的控制程序

3. 运料车自动装、卸料 PLC 控制系统设计

控制要求：

（1）某运料车如图 7-145 所示，可在 A、B 两地分别启动。运料车启动后，自动返回 A 地停止，同时，料斗门由电磁阀 Y_1 控制打开，开始下料。1min 后，电磁阀 Y_1 断开，关闭料斗门，运料车自动向 B 地运行。运料车到达 B 地后停止，小车底门由电磁阀 Y_2 控制打开，开始卸料。

1min 后，运料车底门关闭，开始返回 A 地。之后重复运行。

（2）运料车在运行过程中，可用手动开关使其停车。再次启动后，可重复步骤（1）中的动作。

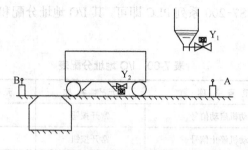

图 7-145　运料车自动装、卸料控制示意图

根据控制要求可知，PLC 系统中需要两个启动信号、两个限位信号、一个停车信号，共计 5 个输入点；需要控制电动机正反转，控制电磁阀 Y_1 和 Y_2，共计 4 个输出点。该运料车自动装卸料控制系统选用西门子 S7-200 系列 PLC 中的 CPU222 即可满足控制需要，其 I/O 地址分配如表 7-61 所示，I/O 接线图如图 7-146 所示，梯形图和语句表如图 7-147 所示。

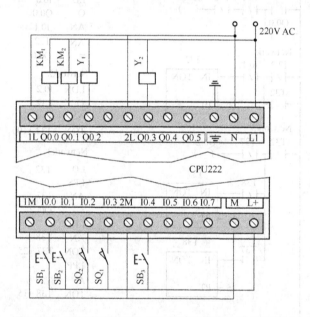

图 7-146　运料车自动装、卸料控制系统的 I/O 接线图

表 7-61　I/O 地址分配表

控制信号	信号名称	元件名称	元件符号	地址编码
输入信号	B 点启动信号	常开按钮	SB_1	I0.0
	A 点启动信号	常开按钮	SB_2	I0.1
	A 点限位信号	限位开关	SQ_2	I0.2
	B 点限位信号	限位开关	SQ_1	I0.3
	停止运行信号	常开按钮	SB_3	I0.4

续表

控制信号	信号名称	元件名称	元件符号	地址编码
输出信号	向 A 点前进信号	电动机正转控制接触器	KM$_1$	Q0.0
	向 B 点前进信号	电动机反转控制接触器	KM$_2$	Q0.1
	装料控制信号	电磁铁	Y$_1$	Q0.2
	卸料控制信号	电磁铁	Y$_2$	Q0.3

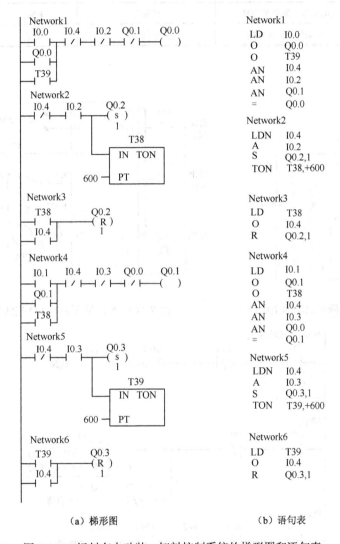

（a）梯形图　　　　　　（b）语句表

图 7-147 运料车自动装、卸料控制系统的梯形图和语句表

4. 利用 PLC 实现三相笼型异步电动机 Y-△降压启动控制

三相笼型异步电动机 Y-△降压启动的主电路如图 7-148 所示，根据主电路得 PLC 的 I/O 地址分配如表 7-62 所示，I/O 接线图如图 7-149 所示，电路中采取了硬件机械触点互锁。梯形图程序如图 7-150 所示。

表 7-62　I/O 地址分配表

控制信号	信号名称	元件名称	元件符号	地址编码
输入信号	电动机启动信号	常开按钮	SB$_1$	I0.0
	电动机停止信号	常开按钮	SB$_2$	I0.1
	电动机过载保护信号	热继电器常闭触点	FR	I0.2
输出信号	电动机驱动信号	接触器	KM$_1$	Q0.0
	电动机三角形 Y 连接	接触器	KM$_2$	Q0.1
	电动机星形 △ 连接	接触器	KM$_3$	Q0.2

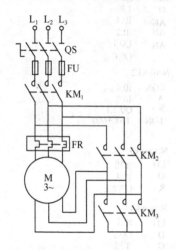
图 7-148　Y-△降压启动的主电路

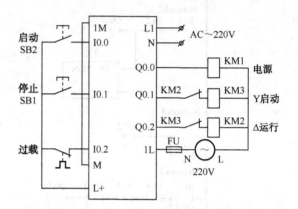
图 7-149　Y-△降压启动 I/O 接线图

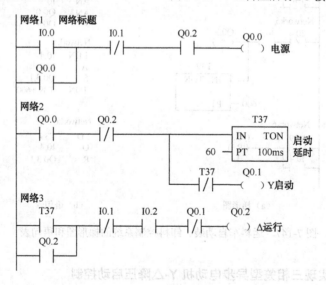
图 7-150　Y-△降压启动梯形图（一）

考虑到梯形图的执行时间非常短，接触器机械触点动作的延迟，程序中可以采用软件延时的方法，确保 KM$_3$ 主触点完全断开后，KM$_2$ 主触点才能闭合。相应的梯形图程序如图 7-151 所示。另外利用数据传送指令也可以实现 Y-△降压启动控制，控制程序如图 7-152 所示。

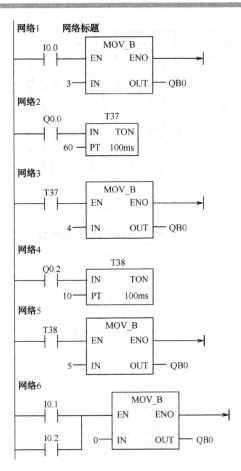

图 7-151 Y-△降压启动梯形图（二）　　图 7-152 Y-△降压启动梯形图（三）

5. 利用 PLC 实况三台电动机顺序启动、反序停止控制

控制要求：按下启动按钮后，M_1 开始启动，5 秒后，M_2 开始启动，15 秒后，M_3 启动；按下停止按钮后，3 台电动机按 M_3 先停止、5 秒 M_2 停止、15 秒后 M_1 停止。

根据控制要求，M_1、M_2、M_3 三台电动机顺序启动、反序停止控制的主电路如图 7-153 所示。选用西门子 S7-200 系列 PLC，其 I/O 地址分配如表 7-63 所示，I/O 接线图如图 7-154 所示，利用顺序控制指令编写控制程序，梯形图如图 7-155 所示。如果采用 RS 触发器指令编写控制程序，梯形图如图 7-156 所示。图 7-156 中使用的是 SR 置位优先指令，当置位信号 S1 和复位信号 R 都为 1 时，置位优先，输出 1。

表 7-63 三台电机顺序启动、反序停止控制 I/O 地址分配表

控制信号	信号名称	元件名称	元件符号	地址编码
输入信号	电动机启动信号	常开按钮	SB_1	I0.0
	电动机停止信号	常开按钮	SB_2	I0.1
输出信号	M1 电动机驱动信号	接触器	KM_1	Q0.0
	M2 电动机驱动信号	接触器	KM_2	Q0.1
	M3 电动机驱动信号	接触器	KM_3	Q0.2

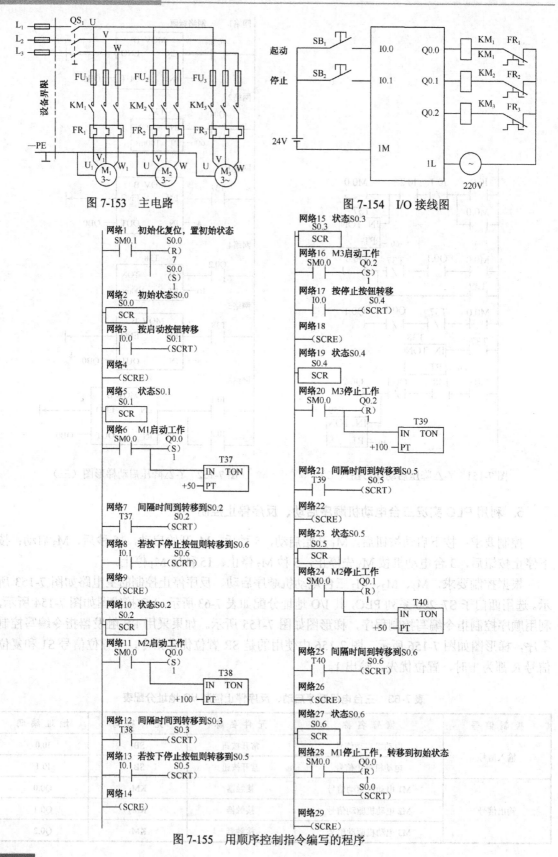

图 7-153 主电路
图 7-154 I/O 接线图
图 7-155 用顺序控制指令编写的程序

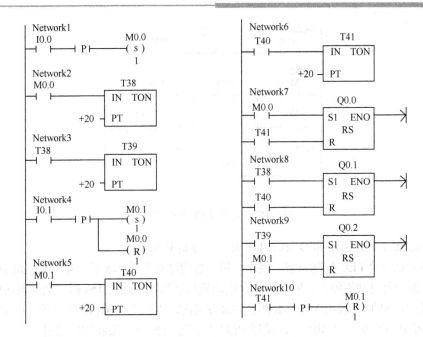

图 7-156 用置位优先指令 SR 编写的程序

习题与思考题

7-1 PLC 有哪些主要特点？
7-2 比较 PLC 控制与继电器控制的优缺点？
7-3 PLC 可以用在哪些领域？
7-4 构成 PLC 的主要部件有哪些？各部件的作用是什么？
7-5 PLC 的输入单元、输出单元有哪些类型？各有何特点？
7-6 PLC 是按什么样的工作方式工作的？
7-7 什么是 PLC 的扫描周期？其扫描过程分为几个阶段？各阶段完成什么任务？
7-8 PLC 的主要性能指标有哪些？
7-9 PLC 有哪些编程语言？各有什么特点？
7-10 S7-200 系列 PLC 对数字量扩展模块与模拟量扩展模块的地址编号是如何规定的？
7-11 有一个控制系统需要 15 点数字量输入，30 点数字量输出，7 点模拟量输入和 2 点模拟量输出。试问：
（1）选用何种主机最合适？
（2）如何选择扩展模块？
（3）根据扩展模块与主机模块的连接关系，写出各模块的地址编号。
7-12 试设计一个 50 小时 30 分钟的长延时程序。
7-13 写出图 7-157 所示梯形图的语句表，并分析其功能。

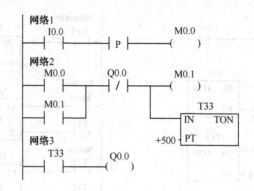

图 7-157 习题 7-13 的梯形图

7-14 写出图 7-158 所示梯形图的语句表，并分析其功能。

7-15 试设计一个 PLC 控制系统。要求：第一台电动机启动 10s 后，第二台电动机自动启动，运行 5s 后，第一台电动机停止，同时第三台电动机自动启动，运行 15s 后，全部电动机停止。

7-16 某生产机械要求由 M_1、M_2 两台电动机拖动，M_2 能在 M_1 启动一段时间后自行启动，但 M_1、M_2 可单独控制启动和停止。试用 PLC 控制完成相应电路和程序设计。

7-17 试用 PLC 来实现三台交流电动机相隔 3s 顺序启动，逆序停止的控制线路。

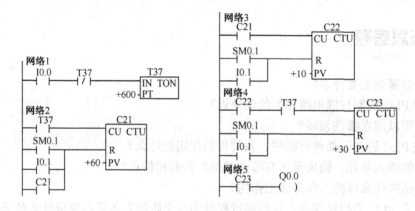

图 7-158 习题 7-14 的梯形图

7-18 试设计一个运料小车的自动控制程序。运料小车由一台笼型异步电动机拖动，小车运料到位后自动停车，延时 5min 后自动返回，回到原位自动停车 2min 后，自行前进，往复运行。在小车运行过程中进行可手动控制。

7-19 试设计两台电动机相互协调运转的 PLC 控制线路。控制要求：M_1 运转 10s，停止 5s，M_2 与 M_1 相反，M_1 运行，M_2 停止；M_2 运行，M_1 停止，如此反复动作 3 次，M_1、M_2 均停止。两台电动机动作示意图如图 7-159 所示。

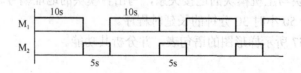

图 7-159 两台电动机运行示意图

7-20 试设计送料小车 PLC 控制线路。送料小车在 3 个位置自动往返运行，如图 7-160 所示，其一个工作周期的控制要求如下：

(1) 按下启动按钮 SB_1，台车电机 M 正转，台车前进，碰到限位开关 SQ_1 后，台车电动机反转，台车后退。

(2) 台车后退碰到限位开关 SQ_2 后，台车电动机 M 停转，停 5s。第 2 次前进，碰到限位开关 SQ_3，再次后退。

(3) 当后退再次碰到限位开关 SQ_2 时，台车停止。延时 5s 后重复上述动作。

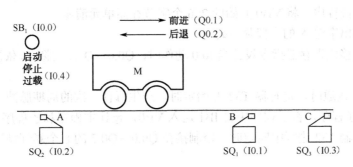

图 7-160 送料小车往返示意图

7-21 试设计自动门 PLC 控制线路。图 7-161 为自动门控制示意图，利用两套不同的传感器系统来完成控制要求。超声波开关发射声波，当有人进入超声开关的作用范围时，超声开关便检测出物体反射的回波。光电开关由两个元件组成：内光源和接收器。光源连续地发射光束，由接收器加以接收。如果人或其他物体遮断了光束，光电开关便检测到这个人或物体。作为对这两个开关的输入信号的响应，PLC 产生输出控制信号去驱动门电动机，从而实现升门和降门。除此之外，PLC 还接受来自门顶和门底两个限位开关的信号输入，用以控制升门动作和降门动作的完成。

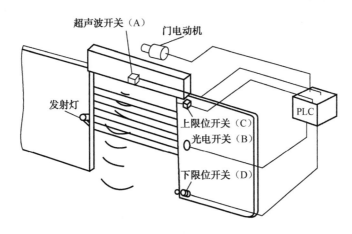

图 7-161 自动门示意图

7-22 利用定时中断功能编制一个程序，实现如下功能：当 I0.0 由 OFF→ON，Q0.0 亮 1s，灭 1s，如此循环反复直至 I0.0 由 ON→OFF，Q0.0 变为 OFF。

7-23 试设计一个照明灯的控制程序。当接在 I0.0 上的声控开关感应到声音信号后，接在

Q0.0 上的照明灯可发光 30s。如果在这段时间内声控开关又感应到声音信号，则时间间隔从头开始。这样可确保最后一次感应到声音信号后，灯光可维持 30s 的照明。

7-24 用简单设计法设计一个对锅炉鼓风机和引风机控制的梯形图程序。控制要求：

（1）开机前首先启动引风机，10s 后自动启动鼓风机；

（2）停止时，立即关断鼓风机，经 20s 后自动关断引风机。

7-25 运用算术指令完成[（100+200）×10]/3 算式的运算。

7-26 求 sin（65°）的函数值。

7-27 编写一段程序，将 VB0 开始的 256 个字节存储单元清零。

7-28 编程输出字符 A 的七段显示码。

7-29 请使用移位寄存器指令设计当 I0.0 动作时，Q0.0~Q0.7 每隔 1s 依次输出为 1，8s 后全部输出。

7-30 当 I0.0 接通时，定时器 T32 开始定时，产生每秒一次的周期脉冲。T32 每次定时时间到时调用一个子程序，在子程序中将 IB1 送入 VB0，设计主程序和子程序。

7-31 用定时器 T32 进行中断定时，控制接在 Q0.0~Q0.7 的 8 个彩灯循环左移，每秒移动一次，设计程序。

第8章 机电传动系统的微机控制

机电传动系统的控制除了采用前面所述的继电器-接触器控制系统及PLC控制系统之外，还可以采用微机控制系统。机电传动系统的微机控制是一项以执行电动机作为控制对象，通过微型计算机控制执行电动机的各个运行参数从而控制整个机电传动系统的控制模式。该控制技术是融入了电力电子技术、微电子技术、微机控制技术和传感器技术等多学科的机电一体化技术。微型计算机在机电传动控制系统中的应用可以使机电传动控制系统具有数值运算、逻辑判断及信息处理的功能，可以采用新的控制策略使机电传动系统具有更好的静态特性及动态响应性。可以说，在融合了微机控制之后，机电传动系统步入了高精度、高性能和高智能化的新阶段。

8.1 微机控制系统的组成与特点

微型计算机简称微机，出现于20世纪70年代。随着大规模及超大规模集成电路制造工艺的迅速发展，微机的性能及性价比越来越高。同时，电力电子技术的发展使得大功率电子器件的性能迅速提高。因此，应用微机通过大功率电子器件来控制各类电动机，可以实现各种新颖的、高性能的控制策略，可以使电动机的各种潜在能力得到充分的发挥，使电动机的性能更符合使用的要求。

1. 微机控制系统的组成

电动机微机控制系统包括硬件和软件两大部分，其硬件组成如图8-1所示，它主要由电动机、微型计算机、传感器、功率放大元件等部件构成。其中微型计算机的核心部分包括中央处理器（CPU）、内部存储器、输入/输出通道和接口电路等；微型计算机的外围设备包括键盘、显示器、磁盘驱动器及打印机等。软件指计算机的程序系统可分为系统软件和应用软件。系统软件包括管理微型计算机的操作系统、各种语言编译程序、调试系统、诊断系统等。应用软件包括针对具体电动机控制要求而编写的描述控制规律，以及对输入信号进行处理以形成输出信号的那些程序。

在电动机微机控制系统中，电动机是被控对象，微型计算机则起控制器的作用。微型计算机对输入信号进行存储和加工，按要求形成控制指令，输出数字控制信号。其中有的信号经过放大可直接控制步进电动机或逆变器等用数字脉冲信号驱动的部件，有的信号则要经过数模（D/A）转换器转换成模拟信号，再经功率放大后通过调节器对电动机的电压、电流等物理参数进行控制。如果系统采用闭环控制，则诸如电动机的转角、转速和转矩等物理参数均由相应的传感器分别进行检测测量，并及时反馈给计算机，使计算机能够根据实时信号进行实时处理。

若传感器输出的信号是模拟信号,则需要先经过采样保持器等器件处理,再经过模数(A/D)转换变成数字信号后输入微型计算机;若传感器输出的信号是数字信号,则经整形、光耦隔离等处理后直接输入微型计算机。电动机的诸如转角、转速及加速度等参数需要提前人为设定预设值,可以通过键盘或其他设备输入微型计算机。显示器可以将电动机的各种运行参数及微型计算机的控制过程等用户希望了解的数据及时准确地显示出来。

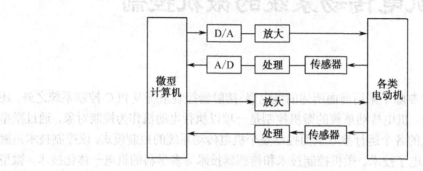

图 8-1 电动机微机控制系统的硬件组成

总体来说,在电动机的微机控制系统中,微型计算机主要需要完成如下工作:

(1)实时控制,即根据用户给定的要求及控制规律,对电动机的转速、转角等物理量实现在线实时控制。

(2)监控,即完成电动机控制的实时监控,实现事故报警、事故处理、系统诊断与管理等工作。

(3)数据处理,即完成电动机微机控制系统中必要的数据采集、分析处理、计算、显示、记录等。

2. 电动机微机控制系统的特点

虽然随着计算机及信息化的高速发展,全数字控制系统成为当前及今后发展的方向,但由于目前国内机电系统中模拟信号电动机仍然使用较多,所以在很多电动机微机控制系统中都采用了由数字部件和模拟部件组成的混合系统。在微机控制系统中,通常是既有模拟信号,也有数字信号;既有连续信号,也有离散信号。例如,电动机的电流信号为连续模拟信号,但这些信号对于只能识别和处理"0"与"1"的微机控制系统来说根本无法识别。因此,必须将这些连续的模拟信号通过采样保持器转换为离散模拟信号,并通过 A/D 转换器转换为离散数字信号后才能输入微型计算机,再由微型计算机一次一次进行离散处理。因此,对于电动机微机控制系统而言,微型计算机在处理外界信息时总要有一个采样过程,则电动机微机控制系统必然是一种采样控制系统。

电动机微机控制系统主要有以下特点。

(1)电路简单。电动机微机控制系统的硬件电路比较简单,用少量的芯片就可完成很多功能,且易于通用化。

(2)分时操作,多机控制。电动机微机控制系统可以分时操作,且一台微机可起到多个控制器的作用,为多个控制回路服务;可以控制多个电动机,使多台电动机联动,完成机电传动系统复杂的复合功能。

(3)软件控制智能、灵活。微机有记忆和判断功能,且系统的控制方式由软件(即程序)

决定，若要改变控制规律，一般不必改变系统的硬件，只要按新的控制规律编出新的控制程序即可。而且可在运行中随时根据电动机的不同工作状态，选择最优的系统参数、系统结构及控制策略等，使系统具有很强的灵活性和适应性。

（4）可以实现复杂控制。微机的运算速度快，精度高，有丰富的逻辑判断功能和大容量的存储单元，因此有可能实现复杂的控制规律，如采用参数辨识、优化控制等现代控制理论所提供的控制算法，以达到较高的控制质量。

（5）控制精度高。微机控制系统中的数字量的运算不会出现模拟电路中所遇到的零点漂移问题，其被控量可以很大，也可以很小，都较容易保证足够的控制精度。

（6）人机交互及机机交互能力强。微机控制系统具有很强的信息处理能力，可以完成各种数据的实时处理，及时给操作人员提供有用的信息和指示；可提供友好的人机界面，容易和上级计算机联系，构成庞大的控制系统，实现集成控制。

正是由于电动机微机控制系统具有上述特点，使得电动机微机控制的理论及应用发展非常迅速，新的产品不断涌现，新的控制技术迅速得以普及。可以说，机电传动系统中采用电动机微机控制系统是今后发展的方向。

当然，比较简单的电动机控制系统不一定非要采用微机控制，采用微机控制有时只会使系统的复杂程度和价格提高。因此，对于具体的电动机控制要求，应根据实际情况，实事求是地进行技术经济分析，以便确定合理的控制方案。

机电传动系统不同控制方式之间的比较如表 8-1 所示。

表 8-1 继电器控制系统、PLC 控制系统、微机控制系统主要特点比较

项 目	继电器控制系统	PLC 控制系统	微机控制系统
功能	用大量继电器布线逻辑实现顺序控制	用程序可以实现各种复杂控制	用程序可以实现各种复杂控制、功能最强
改变控制内容	改变硬件接线逻辑、工作量大	修改程序较简单	修改程序、技术难度较大
可靠性	受机械触点寿命限制	平均无故障工作时间长	一般比 PLC 差
工作方式	顺序控制	顺序扫描	中断处理、响应最快
接口	直接与生产设备连接	直接与生产设备连接	要设计专门的接口
环境适应性	环境差，会降低可靠性和寿命	可适应一般工业生产现场环境	要求有较好的环境
抗干扰性	能抗一般电磁干扰	一般不用专门考虑抗干扰问题	要专门设计抗干扰措施，否则易受干扰
维护	定期更换继电器，维修费时	现场检查、维修方便	技术难度较高
系统开发	图样多、安装接线工作量大、调试周期长	设计容易、安装方便、调试周期短	系统设计较复杂、调试难度大、需专门计算机知识
通用性	一般是专用	较好，适应面广	要进行软硬件改造才能作其他用
硬件成本	少于 30 个继电器的系统成本低	比微机系统高	一般比 PLC 低

8.2 直流电动机的调速控制系统

8.2.1 直流电动机的调速方法

由第2章中的直流电动机转速方程式（2-13）可知，调速方法有以下四种。

1. 调压调速

在定子磁场不变的情况下，通过控制施加在电枢绕组两端的电压大小来控制电动机的转速和输出转矩。这种调速方法的优点主要有：①可以实现无级调速，平滑性很好；②由于机械特性斜率不变，所以相对稳定性较好；③可以调节至较低的转速，因此调速范围较广；④调速过程能量损耗较小。由于电动机绕组绝缘的限制，电枢电压一般不允许超过额定电压 U_N，所以这种调速方法只能在额定转速以下进行调节。当负载转矩一定时，电枢电流能保持一定而不随转速而变化，因此这种调速方法适合于恒转矩负载。综上所述，调压调速属于恒转矩调速的范畴，适用于额定转速以下一定范围内的无级调速的场合。

2. 变阻调速

在一定的外加电压下，通过改变串接于电枢回路的调速电阻大小可实现调速。这种调速方法的缺点是：①由于所串电阻所需的截面大，所以只能分较少的挡位调节，调速的平滑性差；②低速时，特性较软，稳定性较差；③轻载时，调速效果不大；④因为电枢电流不变，电阻功率损耗与电阻成正比，则转速越低，须串入的电阻越大，电阻损耗越大，效率越低；⑤考虑到上述因素，电动机的转速不宜调得太低，因此也就限制了其调速范围，一般为2～3。但是这种调速方法具有设备简单，操作方便的优点，适用于短时调速。它在小功率有级调速的场合中得到了广泛的应用。

3. 弱磁调速

通过改变励磁电流的大小来改变定子励磁磁通的大小，从而可控制电动机的转速和输出转矩。这种调速方法的主要缺点是：调速只能在额定转速以上范围进行，若转速调得过高，则因励磁过弱和电枢电流过大，会使换向性能变坏，还可能会出现不稳定现象，同时转速升高又受到换向和机械强度的限制，因此其调速范围不广，只能适用于额定转速以上的小范围内无级调速场合。普通电动机的调速范围为1.2～2，特殊设计时可达到3～4。

4. 调压调磁调速

互相协调地改变电枢电压与激磁磁通，使弱磁调速与降压调速的优点互补，可以获得较宽的无级调速范围，但采用这种调速磁时电动机的结构较复杂。

8.2.2 直流电动机的脉宽调制（PWM）电路

直流电动机的调压调速是机电传动系统中常用的直流调速方法。过去，直流电动机是通过控制晶闸管整流电路中的晶闸管控制角的大小来实现调压调速的。随着电力电子技术和微机技术的发展，脉宽调制调速的应用越来越广泛。

脉宽调制调速系统与晶闸管调速系统相比较，具有以下优点：①开关频率高，滤波装置小，电动机容易连续调速,谐波小,直流电动机的损耗发热小;②调速范围宽,可达1:10000,且低速运行稳定;③响应速度快,动态抗干扰能力强;④控制电路简单,系统效率高;⑤功率因数高,对电网谐波污染小等。

直流脉宽调制(Pulse Width Modulation,PWM)调速又称直流斩波调速,它是在直流电源电压基本不变的情况下利用电子开关的通断,将直流电压变成一定频率的方波电压,通过调节开关通断的时间来控制方波脉冲的宽度,进而调节电枢端的平均电压值,达到实现直流电动机速度调节的目的。

1. 直流脉宽调制电路的工作原理

脉宽调速原理示意图如图 8-2 所示。将图 8-2(a)中的开关 S 进行周期性地开、闭,其在一个周期 T 内闭合的时间为 τ,则一个外加的固定直流电压 U 被按一定频率开闭的开关 S 加到电动机的电枢上,电枢上的电压波形将是一列方波信号,其高度为 U、宽度为 τ,如图 8-2(b)所示。

电动机电枢两端的平均电压为

$$U_d = \frac{1}{T}\int_0^T U dt = \frac{\tau}{T} U = \rho U \tag{8-1}$$

式中 $\rho = \tau/T = U_d/U$($0 < \rho < 1$)称为导通率(或称占空比)。

当 T 不变时,只要改变导通时间 τ,就可以改变电枢两端的平均电压 U_d。当 τ 从 $0 \sim T$ 改变时,U_d 由零连续增大到 U。在实际电路中,一般使用自关断电力电子器件来实现上述的开关作用,如 GTR、MOSFET、IGBT 等器件。图 8-2(a)中的二极管是续流二极管,当 S 断开时,由于电枢电感的存在,电动机的电枢电流可通过该续流二极管形成回路而继续流动,因此尽管该电路的电压呈脉动状,但电流还是连续的。

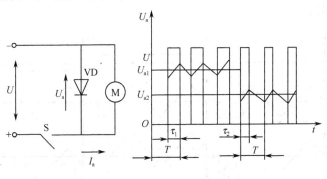

(a)原理图　　(b)加载在电动机电枢上的电压波形

图 8-2　脉宽调速原理示意图

2. 脉宽调制(PWM)驱动电路

脉宽调制(PWM)驱动电路由两部分组成,一部分是电压-脉宽变换器,另一部分是开关功率放大器,如图 8-3 所示。

1)电压-脉宽变换器

电压—脉宽变换器的作用是根据控制指令信号对脉冲宽度进行调制,以便用宽度随指令变化的脉冲信号去控制大功率晶体管的导通时间,实现对电枢绕组两端电压的控制。

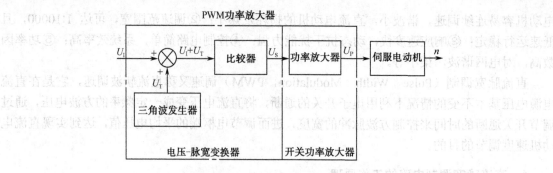

图 8-3 脉宽调制（PWM）驱动电路的组成框图

电压-脉宽变换器由三角波发生器、加法器和比较器组成。三角波发生器用于产生一定频率的三角波 U_T，该三角波经加法器与输入的指令信号 U_I 相加，产生信号 U_I+U_T，然后送入比较器。比较器是一个工作在开环状态下的运算放大器，具有极高的开环增益及限幅开关特性。两个输入端的信号差的微弱变化，会使比较器输出对应的开关信号。一般情况下，比较器的负输入端接地，信号 U_I+U_T 从其正输入端输入。当 $U_I+U_T>0$ 时，比较器输出满幅度的正电平；当 $U_I+U_T<0$ 时，比较器输出满幅度的负电平。

电压-脉宽变换器对信号波形的调制过程如图 8-4 所示。可见，由于比较器的限幅特性，输出信号 U_S 的幅度不变，但脉冲宽度随 U_I 的变化而变化。U_S 的频率由三角波的频率所决定。

(1) 当 $U_I=0$ 时，输出信号 U_S 为正负脉冲宽度相等的矩形脉冲。
(2) 当 $U_I>0$ 时，U_S 的正脉宽大于负脉宽。
(3) 当 $U_I<0$ 时，U_S 的负脉宽大于正脉宽。
(4) 当 $U_I \geq U_{TPP}/2$（U_{TPP} 是三角波的峰-峰值）时，U_S 为一个正直流信号；当 $U_I \leq U_{TPP}/2$ 时，U_S 为一个负直流信号。

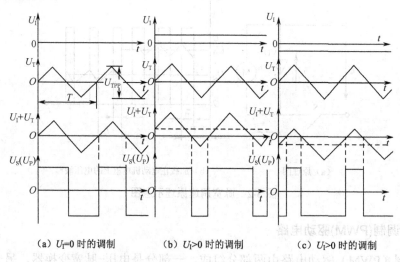

图 8-4 电压-脉宽变换器对信号波形的调制过程

目前已有集成化的电压-脉宽变换器芯片，如 LM3524 等。此外，有些单片机本身也具有 PWM 输出功能，如 80C552、8098 等，其输出脉冲宽度及频率可由编程确定，应用起来非常方便。有些 PLC 也具有 PWM 输出功能。

2）开关功率放大器

开关功率放大器的作用是对电压-脉宽变换器输出的信号 U_S 进行放大，输出具有足够功率的信号 U_P，以驱动直流伺服电动机。

开关功率放大器可采用大功率晶体管构成（也可采用其他的电力电子开关器件）。根据各晶体管基极所加的控制电压波形，其输出方式可分为单极性输出、双极性输出和有限单极性输出三种方式。如图 8-5 所示是双极性输出的 H 型桥式 PWM 晶体管功率放大器的电路原理图。

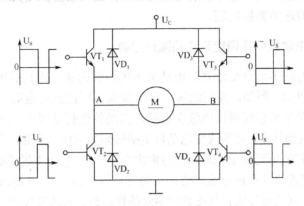

图 8-5　H 型桥式 PWM 晶体管功率放大器的电路原理图

在图 8-5 中，由大功率晶体管 $VT_1 \sim VT_4$ 组成 H 型桥式结构的开关功放电路，由续流二极管 $VD_1 \sim VD_4$ 构成在晶体管关断时直流伺服电动机绕组中能量的释放回路。U_S 来自于电压-脉宽变换器的输出，$-U_S$ 可通过对 U_S 反相获得。当 $U_S>0$ 时，VT_1 和 VT_4 导通；当 $U_S<0$ 时，VT_2 和 VT_3 导通。按照控制指令的不同情况，该功放电路及其所驱动的直流伺服电动机可有以下 4 种工作状态。

（1）当 $U_I=0$ 时，U_S 的正、负脉宽相等，直流分量为零，VT_1 和 VT_4 的导通时间与 VT_2 和 VT_3 的导通时间相等，流过电枢绕组中的平均电流等于零，电动机不转。但在交流分量作用下，电动机在停止位置处微振，这种微振有动力润滑作用，可消除电动机启动时的静摩擦，减小启动电压。

（2）当 $U_I>0$ 时，U_S 的正脉宽大于负脉宽，直流分量大于零，VT_1 和 VT_4 的导通时间长于 VT_2 和 VT_3 的导通时间，流过绕组中的电流平均值大于零，电动机正转，且随着 U_I 的增加，转速增加。

（3）当 $U_I<0$ 时，U_S 的直流分量小于零，电枢绕组中的电流平均值也小于零，电动机反转，且反转转速随着 U_I 的减小而增加。

（4）当 $U_I \geq U_{TPP}/2$ 或 $U_I \leq -U_{TPP}/2$ 时，U_S 为正或负的直流信号，VT_1 和 VT_4 或 VT_2 和 VT_3 始终导通，电动机在最高转速下正转或反转。

双极式 PWM 变换器主要有如下优点：

（1）电流是连续的；

（2）可使电动机在四个象限中运行；

（3）电动机停止时，有微振电流，能消除摩擦死区；

（4）低速时每个晶体管的驱动脉冲仍较宽，有利于晶体管的可靠导通；

（5）低速时平稳性好，调速范围宽。

双极式 PWM 变换器的缺点为：在工作过程中，四个功率晶体管都处于开关状态，开关损耗大，且容易发生上、下两管直通的事故。为了防止上、下两管同时导通，在一管关断和另一管导通的驱动脉冲之间应设置逻辑延时。

8.2.3 直流电动机调速的微机控制系统

在直流电动机调速系统中，有晶闸管可控整流调速和脉宽调制（PWM）调速两种主要形式，它们既可以采用模拟控制，也可以采用微机数字控制。下面将从控制系统基本电路入手讨论这两种直流电动机调速的微机控制。

1. 晶闸管-直流电动机可逆调速系统的微机控制

在生产实践中，有许多场合要求直流电动机不仅能够调速，而且能快速四象限运行——正、反向电动与正、反向制动。例如，龙门刨床工作台要求不断在正向电动、正向快速制动、反向电动与反向快速制动四个状态间频繁地依次切换，其最佳选择是采用可逆调速系统。

要改变直流电动机的转向，必须改变电动机电磁转矩的方向。由第2章中的电磁转矩的基本方程式（2-9）可知，直流电动机电磁转矩的方向由电枢电流 I_a 和主磁通 Φ 的方向决定，改变主磁通 Φ（励磁电流）或者改变电枢电流的方向（两者只能选其一），才能改变电动机电磁转矩的方向。由于励磁回路时间常数较大，直接影响系统的快速性，且改变励磁电流方向时易出现"飞车"现象，故现在主要采用改变电枢电流的方向和大小来实现可逆调速。鉴于励磁回路的功率远远小于电枢回路的功率，所以对于快速反应性能要求不高，转向切换不频繁的大容量直流可逆系统，如卷扬机、矿井提升机、电力机车等，可考虑采用励磁绕组极性反接的可逆调速系统。

由于晶闸管整流器只允许电流单向流动，所以为了改变电枢电流方向，可采用两组可控整流桥构成可逆调速电路，分别提供两个方向的电枢电流。两组可控整流桥的连接方式有交叉连接法和反并联接法，这两种接法对应的电路从本质而言没有多大差别，目前应用较多的是采用同一交流电源向两组可控整流桥供电的反并联（反极性并联）电路。

晶闸管-直流电动机可逆调速系统的微机控制系统原理性框图如图 8-6 所示，该系统由三大部分构成，即主电路、微机控制单元和脉冲功率放大电路，图中虚线框中的各功能方块均由 80C51 单片微机构成的数字控制系统的软、硬件来实现。

1）主电路

主回路由反并联的两组三相晶闸管全控整流桥 I、整流桥 II 构成，实现直流电动机的四象限可逆运行。速度检测元件采用直流测速发电动机 TG，电流检测元件采用交流电流互感器。

2）微机控制单元

图 8-6 对应的控制系统为典型的双闭环系统。ASR 为速度数字 PID 调节器，ACR 为电流数字 PID 调节器。速度反馈信号 U_{fn} 取自同轴直流测速发电动机 TG，它首先经过 A/D 转换再经过数字滤波后变为数字量的速度反馈信号 D_{fn}。利用电流互感器测取与电枢电流 I_d 成正比的晶闸管整流器电源侧的交流电流，经整流后获得电流反馈信号 I_{fi}，再经过 A/D 转换和数字滤波后得到电流数字量反馈信号 D_{fi}。外加转速给定参考电压 U_{gn} 经 A/D 后得到速度数字控制信号 D_{gn}。

由 80C51 单片机构成的数字控制部分完成调速系统的逻辑无环流可逆运行控制、速度及电流的闭环 PID 调节和两组可控整流器的数字触发功能。系统的控制过程如下：速度的数字给定 D_{gn} 和速度的数字反馈量 D_{fn} 比较后得误差信号 ΔD_n，经速度数字 PID 运算后输出 D_n。D_n 作为电流环的数字给定值，与电流的数字反馈量 D_{fi} 比较后得误差信号 ΔD_i，经电流数字 PID 运算后输出 D_c，D_c 为数字触发器的脉冲移相给定信号。D_c 经数字触发控制生成相应移相角为 α 的晶闸管触发脉冲，经功率放大和逻辑开关控制后送至相应的晶闸管整流桥，实现直流电动机正（反）转运行控制。

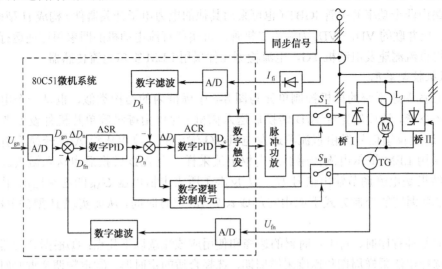

图 8-6　晶闸管—直流电动机可逆调速系统的微机控制系统原理性框图

数字逻辑控制单元以速度调节器的输出量 D_n 的正负来判别调速系统所需转矩的极性，从而决定哪个桥工作及相应的工作状态；用电流反馈信号 D_{fi} 的大小来判别系统主回路电流是否为零，从而决定桥Ⅰ与桥Ⅱ间切换的时间，再通过对电子开关 S_I、S_{II} 的控制，确定开放和封锁哪组整流桥。

3）脉冲功率放大电路

脉冲功率放大电路的主要目的是对微机控制单元输出的脉冲控制信号进行放大，满足晶闸管门极触发的相关要求。

2. 直流电动机可逆脉宽调速系统的微机控制

直流电动机可逆脉宽调速系统的微机控制系统原理性框图如图 8-7 所示，该系统由三大部分构成，即主电路、微机控制单元和驱动电路。

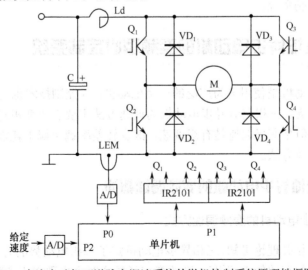

图 8-7　直流电动机可逆脉宽调速系统的微机控制系统原理性框图

1) 主电路

主电路由四个功率开关管 IGBT（也可采用其他的电力电子开关器件）构成 H 型桥式电路，与各 IGBT 反并联的 $VD_1 \sim VD_4$ 为续流二极管，可实现直流电动机的四象限可逆运行。速度检测元件采用直流测速发电动机 TG，电流检测元件采用 LEM 霍尔电流传感器。

2) 微机控制单元

可逆脉宽调速系统的微机控制单元与图 8-6 中虚框内的结构类似，也是一个电流、速度 PID 双闭环系统，速度给定经 A/D 转换后送入微机（也可由键盘等单片机外设或者上位机直接输入），速度反馈信号经由直流测速发电机 TG 输出的速度电压经 A/D 转换后引入微机；电流反馈采用 LEM 霍尔电流传感器对电枢电流采样，经 A/D 转换后也送入微机。双闭环调节控制的结果是电流调节输出信号 U_c，U_c 反映了所需电枢电压 U_{AB} 的占空比 ρ，由式（8-1）可知，在定频调宽的控制方式下应由它形成 τ、$T-\tau$ 的定时时间，从而实现 H 型桥 IGBT 的通、断控制。

在编写软件程序时，对于定时器的选择和使用应该注意以下几点：①根据开关器件的开关频率合理选择电流采样周期和速度采样周期，选择合适的定时器；②定频调宽调制时，可根据电流调节器输出的 D_c，通过表格查询方法获得定时时间 t_1、$T-t_1$；③定时器的中断服务程序主要完成速度和电流的控制。其中，速度环中断服务程序实现速度的 PI 调节，产生电流给定信号，电流环中断服务程序实现电流的 PI 调节，产生定时时间常数。

3) 驱动电路

$Q_1 \sim Q_4$ 为各 IGBT 的基极驱动信号，它们将 80C51 单片机 P1 口输出的基极驱动信号加以隔离和放大，输出一定功率的门极电压 $U_{g1} \sim U_{g4}$，按照双极性方式（或者单极性方式）控制各 IGBT 的通、断，实现直流电动机的四象限可逆运行。根据开关元件的功率要求，驱动电路可以由四个单驱模块（如 TLP250、EXB840）等构成，也可以由两驱模块（如 IR2101）等构成。

目前，出现了一些专用于直流电动机驱动与控制的集成电路，如美国国家半导体公司（NS）推出的 LMD18200 芯片是专用于直流电动机 H 型桥式驱动的组件。同一 LMD18200 芯片上集成有 CMOS 控制电路和 DMOS 功率器件，利用它可以与主处理器、电动机和增量型编码器构成一个完整的运动控制系统。

8.3 三相交流异步电动机的变频调速控制系统

三相交流异步电动机是使用最为广泛的一类电动机，其控制技术也是整个机电传动控制技术中最活跃的一个分支。三相交流异步电动机的调速方法主要有改变极对数调速、改变转差率调速和变频调速等。但是变极调速是有级调速，改变转差率调速属于耗能型调速，因此，变频调速是最为理想的调速方法。

8.3.1 三相交流异步电动机的变频调速概述

1. 三相交流异步电动机的变频调速方式

由交流电动机的相关理论可知，三相异步电动机定子每相电动势的有效值为 $E_1=4.44f_1N_1\Phi$，如果定子每相电动势的有效值 E_1 不变，则改变定子频率时会出现以下两种情况：

（1）如果 f_1 大于电动机的额定频率 f_{1N}，气隙磁通 Φ 就会小于额定气隙磁通 Φ_N，结果是电动机的铁芯没有得到充分利用，造成浪费。

（2）如果 f_1 小于电动机的额定频率 f_{1N}，气隙磁通 Φ 就会大于额定气隙磁通 Φ_N，结果是电动机的铁芯产生过饱和，从而导致过大的励磁电流，使电动机功率因数、效率下降，严重时会因绕组过热烧坏电动机。

因此，要想实现变频调速，且在不损坏电动机的情况下充分利用电动机铁芯，应保持每极气隙磁通 Φ 不变。

1）基频以下的恒磁通变压变频调速

如果要使磁通 Φ 保持不变，当频率 f_1 从基频（额定频率 f_{1N}）向下调时，必须降低 E_1，使 E_1/f_1=常数，即采用电动势与频率之比为常数进行控制。这种控制称为恒磁通变压变频调速。但是这种方法存在 E_1 难以直接检测和直接控制的问题。当 E_1 和 f_1 的值较高时，定子的漏阻抗压降相对较小，如忽略不计，则可认为 $E_1 \approx U_1$，此时只要保持定子相电压 U_1 和频率 f_1 的比值为常数，即 U_1/f_1=常数即可。这就是恒压频比控制方式，是近似的恒磁通控制。由于在基频以下调速时磁通 Φ 保持不变，电动机在不同的转速下都具有额定的电流，转矩恒定，所以这种调速方法属于恒转矩调速。

2）基频以上的弱磁通恒压变频调速

在基频以上调速时，频率可以从 f_{1N} 向上增加，但由于 U_1 不能超过额定电压值 U_N，所以将使磁通 Φ 随频率的上升而降低，相当于直流电动机弱磁升速的情况。由于在基频以上调速时 $U_1=U_N$ 不变，所以当频率升高时，电动机的同步转速随之升高，气隙磁动势减弱，最大转矩减小，输出功率基本不变。这种变频调速方法叫做恒压弱磁调速法，它属于恒功率调速。

2. 三相交流异步电动机变频后的机械特性及其补偿

1）变频后电动机的机械特性

满足 U_1/f_1=常数时，变频后电动机的机械特性如图 8-8 所示。

从图 8-8（a）中可以看到，当电动机在基频以下调速时，曲线近似平行下降，这说明减速后的电动机仍然保持原来较硬的机械特性，但是电动机的临界转矩却随着电动机转速的下降而逐渐减小，这就造成了电动机带负载能力的下降。这样的机械特性难以和直流调速系统相比。

低频时临界转矩减小的原因从根本上说，是因为用 U_1/f_1=常数近似代替了 E_1/f_1=常数。从能量传递的角度看，因为 f_1 下降引起 U_1 成正比下降，输入功率 P_1 也成正比下降，但 I_1 等于额定电流不变，所以 $I_1^2 R_a$（铜损）也不变，定子侧铁损变化不大，因此损耗功率几乎不变。于是，传递到转子的电磁功率 P_m 的下降比例大于输入功率 P_1 的下降比例，临界转矩 T_{max} 也随之减少。从电动势平衡的角度看，f_1 下降引起 U_1 成正比下降，因为 I_1 不变，所以阻抗压降 ΔU 基本不变，而反电动势 E_1 所占比例则逐渐减小。因此，当 U_1/f_1=常数时，比值 E_1/f_1 实际上是随 f_1 的下降而减小的，主磁通 Φ 随之减小，则电动机的临界转矩 T_{max} 也随之减小。

当电动机在基频以上调速时，如图 8-8（b）所示，当频率 f_1 升高时，不仅临界转矩下降，而且曲线工作段的斜率开始增大，从而会使机械特性变软。造成这种现象的原因是：当频率 f 升高时，电源电压不能相应升高。这是因为电动机绕组的绝缘强度限制了电源电压不能超过电动机的额定电压，所以磁通量 Φ 将随着频率 f 的升高而反比例下降。磁通量的下降使电动机的转矩下降，最终造成电动机的机械特性变软。

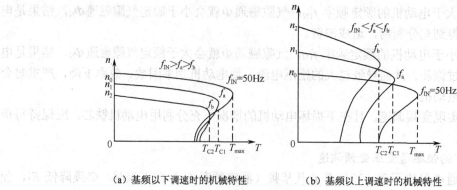

(a) 基频以下调速时的机械特性　　　　(b) 基频以上调速时的机械特性

图 8-8　变频调速后电动机的机械特性

2）V/F 转矩补偿法

变频后机械特性的下降将使电动机带负载能力减弱，影响交流电动机变频调速的使用。因此人们开始想办法来解决这个问题。一种简单的解决方法是采用 V/F 转矩补偿法。

V/F 转矩补偿法的原理是：当频率下降时，适当提高 U_1/f_1 的比值，以补偿 ΔU 所占比例增大的影响，从而保持磁通 Φ 恒定，使电动机转矩回升。这种方法称为转矩补偿，也叫转矩提升。这种调整临界转矩的方法称为 V/F 控制法。

注意，V/F 转矩补偿法只能补偿向基频以下调速时的机械特性，而对于基频以上调速时的机械特性不能进行补偿。

通常，变频器提供多条比值不同的 V/F 线，供用户根据不同机械的具体情况进行选择。

3. 三相交流异步电动机变频调速控制的主要优点

迄今为止，交流异步电动机变频调速控制所达到的性能指标已经能够和直流电动机的调速性能媲美，并具有极大的经济效益。其主要优点有以下几个：

（1）调速范围广。目前通用变频调速的最低工作频率为 0.5Hz，如果额定频率 f_{IN}=50Hz，则在额定转速以下，调速范围可达到 $D≈50/0.5=100$。D 实际是同步转速的调节范围，与实际转速的调节范围略有出入。较高档次变频器的最低工作频率仅为 0.1Hz，则额定转速以下的调速范围可达到 $D=500$。

（2）调速平滑性好。在频率给定信号为模拟量时，其输出频率的分辨率大多为 0.05Hz。以 4 极电动机（$p=2$）为例，每两挡之间的转速差为

$$\varepsilon_n \approx \frac{60 \times 0.05}{2} = 1.5(\mathrm{r/min})$$

如果频率给定信号为数字量，则输出频率的分辨率可达 0.002Hz，每两挡间的转速差为

$$\varepsilon_n \approx \frac{60 \times 0.002}{2} = 0.06(\mathrm{r/min})$$

由此可以看出，变频调速具有很高的调速平滑性。

（3）工作特性（静态特性与动态特性）能够和直流调速系统相媲美。

（4）经济效益高。例如，带风机、水泵等离心式通风机型负载的三相交流异步电动机每年要消耗电厂发电总量的 1/3 以上，如果它们改用变频调速，则全国每年可以节省几十吉瓦的电力。这也是变频调速技术发展十分迅速的主要原因之一。

8.3.2 变频器简介

自 20 世纪 80 年代以来，交流电动机变频调速技术在工业化国家已经开始了规模化应用，各国相继研究开发了许多优秀的变频调速系统和成套设备——变频器。变频器即电压频率变换器，是一种将固定频率的交流电转换成频率、电压连续可调的交流电，供给电动机使其运转的电源装置。

1. 变频器的主要类型

变频调速的实现需使用变频器，变频器的类型有很多种，主要有以下几种分类。

1）根据变流环节分类

（1）交-交变频器。用于把频率固定的交流电源直接变换成频率连续可调的交流电源。其主要优点是没有中间环节，变频效率高，但其连续可调的频率范围窄，一般为额定频率的 1/2 以下。该类变频器主要用于大容量、低转速的系统，如轧钢机、水泥回转窑等。

（2）交-直-交变频器。它先把频率固定的交流电变成直流电（整流），再把直流电逆变成频率可调的三相交流电（逆变）。主要由可控整流器、滤波器和逆变器三部分组成。可控整流器用于电压控制，可控逆变器用于频率控制。由于直流电逆变成交流电的环节比较容易控制，所以该方法的频率调节范围和改善变频后的电动机的特性都具有明显的优势。

交-交变频器与交-直-交变频器主要特点比较如表 8-2 所示。

表 8-2 交-交变频器与交-直-交变频器主要特点比较

变频器类型 比较内容	交-交变频器	交-直-交变频器
换能方式	一次换能，效率高	两次换能，效率低
换流方式	电网电压过零时换流	强迫换流或负载换流
元件数量	较多	较少
元件利用率	较低	较高
调频范围	输出最高频率为电网频率的 1/3~1/2	调频范围宽
电网功率因数	较低	采用控整流桥调压，低频低压时效率低；采用 PWM 方式调压，功率因数高
适用场合	低速大功率拖动	各种场合

2）根据直流电路的滤波方式分类

（1）电压型变频器。交-直-交变频器装置中的中间滤波环节采用大电容滤波时，输出电压是比较平直的矩形波或阶梯波，该结构变频器称为电压型变频器，如图 8-9（a）所示。直流侧并联的大容量滤波电容，用来存储能量以缓冲直流回路与电动机之间的无功功率传输。在理想情况下，这种变频器是一个内阻为零的恒压源。

（2）电流型变频器。当交-直-交变频器装置中的中间滤波环节采用大电感滤波时，输出电流是比较平直的矩形波或阶梯波，该结构变频器称为电流型变频器，如图 8-9（b）所示。直流侧串联的大电感用来限制电流的变化，吸收无功功率。因串入了大电感，故电源的内阻很大，类似于恒流源。

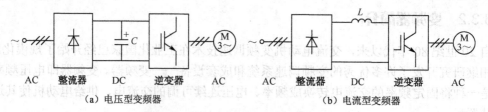

(a) 电压型变频器　　　　　　　　　　(b) 电流型变频器

图 8-9　电流型变频器和电压型变频器

电流型变频器和电压型变频器主要特点比较如表 8-3 所示。

表 8-3　电压型变频器与电流型变频器主要特点比较

变频器类型 比较内容	电压型变频器	电流型变频器
直流回路滤波环节	电容器	电抗器
输出波形	电压为矩形波，电流近似为正弦波	电流为矩形波，电压近似为正弦波
动态输出阻抗	小	大
再生制动	需要在电源侧设置反并联逆变器	方便，不附加设备
无功功率处理	通过反馈二极管返还	用换流电容处理
过流及短路保护	困难	容易
动态特性	较慢，如用 PWM 则快	快
对晶闸管要求	耐压一般，关断时间要求短	耐压高，对关断时间无严格要求
线路结构	较复杂	较简单
适用范围	多机拖动	单机、多机拖动

3）根据控制方式分类

（1）V/F 控制变频器。V/F 控制变频器在改变频率的同时控制变频器的输出电压，使控制电压与频率之比保持一定，即使磁通保持一定。V/F 控制方式属于开环控制，无须速度传感器，其控制电路简单经济，多用于通用变频器，如风机和泵类机械的节能运行、生产流水线的节能控制等领域中。

（2）矢量控制变频器。矢量控制变频器根据交流电动机的动态数学模型，将供给电动机的定子电流在理论上分成产生磁场的电流分量（磁场电流）和与磁场垂直、产生转矩的电流分量（转矩电流）两部分并分别加以控制，两者合成后决定定子电流大小，然后供给三相交流异步电动机，从而达到控制电动机转矩的目的。矢量控制变频器可以使三相交流异步电动机具有与直流电动机相同的控制性能，目前已经广泛应用于生产实际中。

一般的矢量控制系统均需速度传感器，然而速度传感器是整个传动系统中最不可靠的环节，安装也很麻烦，因此，现代的变频器又推广使用无速度传感器矢量控制技术，它的速度反馈信号不是来自于速度传感器，而是通过 CPU 对电动机的一些参数进行计算得到的一个转速的实か值。对于很多新系列的变频器都设置了"无反馈矢量控制"这一功能，这里"无反馈"是指不需要用户在变频器的外部再加其他的反馈环节，矢量控制时变频器内部还是存在反馈的。本书后面介绍的西门子 MM440 变频器就是一款高性能矢量控制变频器，可以进行"有/无传感器矢量控制"设置。

（3）DTC 控制。DTC 控制即直接转矩控制，是继矢量控制之后发展起来的另一种高性能的异步电动机控制方式，其基本思想是在准确观测定子磁链的空间位置和大小并保持其幅值基本恒定以及准确计算负载转矩的条件下，通过控制电动机的瞬时输入电压来控制电动机定子磁链的瞬时旋转速度，改变它对转子的瞬时转差率，从而达到直接控制电动机输出的目的。

不同于矢量控制，直接转矩控制具有鲁棒性强、转矩动态响应好、控制结构简单、计算简便等优点，它在很大程度上解决了矢量控制中结构复杂、计算量大、对参数变化敏感等问题。然而作为一种诞生不久的新理论、新技术，自然有其不完善不成熟之处，一是在低速区，由于定子电阻的变化带来了一系列问题，主要是定子电流和磁链的畸变非常严重；二是低速时转矩脉动大，限制了调速范围。

随着现代科学技术的不断发展，直接转矩控制技术必将有所突破，具有广阔的应用前景。目前，该技术已成功地应用在电力机车牵引的大功率交流传动上。

V/F 控制变频器、矢量控制变频器与直接转矩控制变频器主要特点比较如表 8-4 所示。

表 8-4 V/F 控制变频器、矢量控制变频器与直接转矩控制变频器主要特点比较

比较内容	控制方式	V/F 控制		矢量控制		直接转矩控制
		开环	闭环	不带速度传感器	带速度传感器	
速度控制范围		<1:40	<1:60	1:100	1:1000	1:100
启动转矩		3Hz 时, 150%	3Hz 时, 150%	1Hz 时, 150%	0Hz 时, 150%	0Hz 时, 150%～200%
静态速度精度%		±0.3	±0.3	±0.2	±0.2	±0.2
零速度运行		不可	不可	不可	可以	可以
控制响应速度		慢	慢	较快	快	快
特点	优点	结构简单，调节容易	结构简单，调压精度高	力矩响应好，速度控制范围广	力矩控制性能良好，调速精度高，速度控制范围广	不需要速度传感器，力矩响应好，速度控制范围广，结构较简单，对于多机拖动具有负载平衡功能
	缺点	低速时，力矩难保证，不能力矩控制，调速范围小	低速时，力矩难保证，不能力矩控制，调速范围小	实时性较差，计算比较复杂，控制精度受计算机精度的影响	需要高精度速度传感器，因此应用受限	低速时转矩波动，需设定电动机的参数，需要有自动测试功能

在实际应用中，还有一些其他非智能控制方式在变频器的控制中得以实现，例如转差频率控制、电压空间矢量控制、自适应控制、滑模变结构控制、差频控制、环流控制、频率控制等。

另外，一些智能控制方式如神经网络控制、模糊控制、专家系统、学习控制等在变频器的具体应用中也有一些成功的范例。

4）按输出电压的调制方式分类

（1）PAM（脉幅调制）。它是通过调节输出脉冲的幅值来进行输出控制的一种方式。在调节过程中，整流器部分负责调节电压或电流，逆变器部分负责调频。

（2）PWM（脉宽调制）。它是通过改变输出脉冲的占空比来实现变频器输出电压的调节，因此，逆变器部分需要同时进行调压和调频。目前，普遍应用的是脉宽按正弦规律变化的正弦脉宽调制方式，即 SPWM 方式。

5）按变频器用途分类

（1）通用变频器。通用变频器的特点是通用性，是变频器家族中应用最为广泛的一种。通用变频器主要包含两大类：节能型变频器和高性能通用变频器。

① 节能型变频器：它是一种以节能为主要目的而简化了其他一些系统功能的通用变频器，控制方式比较单一，主要应用于风机、水泵等调速性能要求不高的场合，具有其体积小、价格低等优势。

② 高性能通用变频器：它在设计中充分考虑了变频器应用时可能出现的各种需要，并为这种需要在系统软件和硬件方面都做了相应的准备，使其具有较丰富的功能如：PID 调节、PC 闭环速度控制等。高性能通用变频器除了可以应用于节能型变频器的所有应用领域之外，还广泛应用于电梯、数控机床等调速性能要求较高的场合。

（2）专用变频器。这是一种针对某一种（类）特定的应用场合而设计的变频器，为满足某种需要，这种变频器在某一方面具有较为优良的性能。如电梯及起重机用变频器等，还包括一些高频、大容量、高压等变频器。

2. 变频器的组成结构

变频器一般由主电路、控制电路和保护电路等部分组成。主电路用来完成电能的转换（整流和逆变）；控制电路用来实现信息的采集、变换、传送和系统控制；保护电路除了用于防止因变频器主电路的过压、过流引起的损坏外，还应保护异步电动机及传动系统等。

变频器的内部结构框图和主要外部端口如图 8-10 所示。

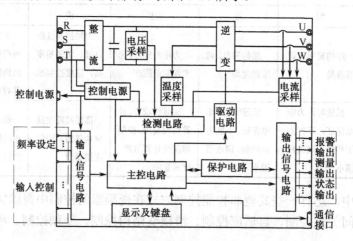

图 8-10　变频器的内部结构框图和主要外部端口

1）主电路

图 8-10 中最上部流过大电流的部分即为变频器的主电路。主电路进行电力变换，为电动机提供调频调压电源。主电路由 3 部分组成：变流器部分——将交流工频电源转换为直流电；平滑回路部分——吸收在变流器部分和逆变器部分产生的电压脉冲；逆变器部分——将直流电重新变换为交流电。

主电路的外部接口分别是连接外部电源的标准电源输入端（可以是三相或者单相），以及为电动机提供变频变压电源的输出端（三相）。

2）控制电路

给主电路提供控制信号的电路称为控制电路，其核心是由一个高性能的主控制器组成的主控电路，它通过接口电路接收检测电路和外部接口电路传送来的各种检测信号和参数设定值，根据其内部事先编制的程序进行相应的判断和计算，为变频器的其他部分提供各种控制信息和显示信号。采样检测电路完成变频器在运行过程中各部分的电压、电流、温度等参数的采集任务。键盘/显示部分是变频器自带的人机界面，完成参数设置、命令信号的发出及各种信息和数据的显示。控制电源为控制电路提供稳定的高可靠性的直流电源。

输入/输出接口部分也属于控制电路部分，是变频器的主要外部联系通道。

输入信号接口主要有：

（1）频率信号设定端，给定电压或电流信号，通过它来进行频率设置；

（2）输入控制信号端，主要用来控制电动机的运行、停止、正转、反转和点动等，也可用来进行频率的分段控制。其他还有紧急停车、复位和外接保护等。

输出信号接口主要有：

（1）状态信号端，一般为晶体管输出，状态信号主要是变频器运行信号和频率达到信号等；

（2）报警信号端，一般为继电器输出，当变频器发生故障时，输出点接通；

（3）测量信号端，供外部显示仪表测量、显示频率信号和电流信号等用。

3）保护电路

当变频器发生故障时，保护电路应完成事先设定的各种保护。

3. 变频器的主要技术指标

1）输入侧的主要额定数据

输入侧的额定值主要是电压和相数。国内小容量的变频器输入指标有：三相交流，380V/50Hz；单相交流，220V/50Hz。

2）输出侧的主要额定数据

（1）输出电压额定值 U_N（V）：由于变频器在变频的同时也要变压，所以其输出电压额定值是指输出电压中的最大值。

（2）输出电流额定值 I_N（A）：是指允许长时间输出的最大电流。

（3）输出容量 S_N（kV·A）：S_N 与 U_N 和 I_N 的关系为

$$S_N = \sqrt{3} U_N I_N$$

（4）配用电动机容量 P_N（kW）：变频器规定的配用电动机的容量，适用于长期连续负载运行。

（5）超载能力：变频器的超载能力是指输出电流超过额定值的允许范围和时间。大多数变频器规定其值为 $150\% I_N$、60s，$180\% I_N$、0.5s。

3）频率指标

（1）频率范围：即变频器能够输出的最高额率 f_{max} 和最低频率 f_{min} 之差。各种变频器规定的频率范围不一样，一般最低工作频率为 0.1~1Hz，最高工作频率为 120~650Hz。

（2）频率精度：指变频器输出频率的准确程度，通常用变频器的实际输出和设定频率之间的最大误差与最高工作频率之比的百分数来表示。

4. 变频器的选择方法

变频器的选择主要包括种类选择和容量选择两大方面。

1) 种类选择

目前市场上的变频器，主要有通用型变频器、高性能变频器和专用变频器三类。通用型变频器指配备一般 V/F 控制方式的变频器，也称简易变频器。高性能变频器通常指配备矢量控制功能的变频器。该类变频器的自适应功能更加完善，用于对调速性能要求较高的场合。专用变频器是专门针对某种类型的机械而设计的变频器，如泵、风机用变频器，电梯专用变频器等。

2) 容量选择

变频器容量的选择归根到底是选择其额定电流。总的选择原则是变频器的额定电流一定要大于拖动系统在运行过程中的最大电流。在大多数情况下，变频器都是驱动单一的电动机，并且都是软启动，这时变频器的额定电流选择为电动机额定电流的 1.05～1.1 倍即可。当一台变频器驱动多台电动机时，多数情况是单独软启动的场合，则变频器的额定电流选择为多个电动机中最大电动机额定电流的 1.05～1.1 倍即可。其他更详细的有关变频器容量的选择，需要参考变频器的使用手册。

8.3.3 SPWM 电压型变频器

1. 正弦波脉宽调制（SPWM）的基本工作原理

在变频器将直流电变为定频定压或调频调压的交流电时，往往用到两种调制方法：调幅调制法（PAM）和脉宽调制法（PWM）。调幅调制法（PAM）是指在调节频率的同时，通过调节直流电压的幅值来改变有效电压的大小。这种方法需要同时调节整流和逆变两个部分，并且两者之间还需满足一定的关系，其控制电路比较复杂。脉宽调制法（PWM）是在调节频率的同时，不改变直流电压的幅值，而是通过改变输出电压的脉冲占空比来改变有效电压大小的一种方法。这种方法只需控制逆变电路便可以实现，其控制电路比较简单。

不论是 PAM 还是 PWM，其输出电压和电流的波形都是非正弦波，同时又具有许多谐波成分。因此，为了使输出电流的波形接近于正弦波，又提出了正弦波脉宽调制法（SPWM）。SPWM 变频器属于交-直-交静止变频装置，它先将 50Hz 交流电经整流变压器变到所需电压后，再经二极管整流和电容滤波形成恒定直流电压，然后送入由 6 个大功率晶体管（或 IGBT）构成的逆变器主电路，输出三相频率和电压均可调整的等效于正弦波的脉宽调制波（SPWM 波），由此即可拖动三相异步电动机进行运转。这种变频器结构简单，电网功率因数接近 1，且不受逆变器负载大小的影响，系统动态响应快，输出波形好，电动机可在近似正弦波的交变电压下运行，脉动转矩小，扩展了调速范围，提高了调速性能，因此在交流驱动调速中得到了广泛应用。正弦波脉宽调制（SPWM）型 V/F 控制的变频调速系统组成框图如图 8-11 所示，该系统由主回路和控制电路等组成。

1) SPWM 的概念及其原理

根据面积等效原理，把一个正弦半波分成 N 等分，然后把每一等分的正弦曲线与横坐标轴所包围的面积都用一个与此面积相等的等高矩形脉冲来代替，这样可得到 N 个等高而不等宽的脉冲序列，其波形如图 8-12 所示。它对应着一个正弦波的半周。对正、负半周都这样处理，即可得到相应的 $2N$ 个脉冲，这就是与正弦波等效的正弦脉宽调制波。这种脉冲的宽度按正弦规律变化而且和正弦波等效的 PWM 波形称为 SPWM 波形。这种调制形式称为正弦波脉宽调制（SPWM）。

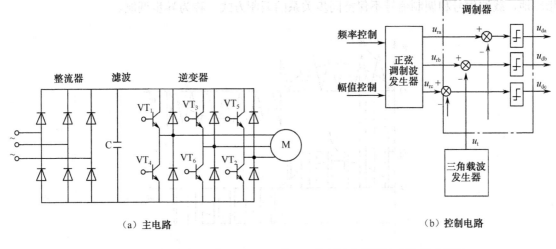

(a) 主电路　　　　　　　　　　　　　　(b) 控制电路

图 8-11　正弦波脉宽调制（SPWM）型 V/F 控制的变频调速系统组成框图

SPWM 波形可用计算机软件技术产生，或用专用集成电路芯片产生；也可采用模拟式电路以"调制"理论为依据产生，其方法是用一组等腰三角形波与一个正弦波进行比较，得到一组等幅而脉冲宽度随时间按正弦规律变化的矩形脉冲，即 SPWM 波，如图 8-13 所示，其相交的时刻（即交点）作为开关管"开"或"关"的时刻。

等腰三角形波称为载波，正弦波则称为调制波。正弦波的频率和幅值是可控制的。如图 8-13 所示，改变正弦波的频率，就可以改变输出电源的频率，从而改变电动机的转速；改变正弦波的幅值，也就改变了正弦波与载波的交点，使输出脉冲系统的宽度发生变化，从而可改变输出电压。

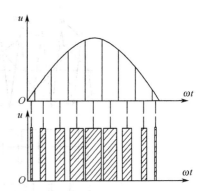

图 8-12　SPWM 的输出波形及与正弦波等效的 SPWM 波形

对三相逆变开关管生成 SPWM 波的控制可以有两种方式，一种是单极性控制，另一种是双极性控制。

采用单极性控制时，每半个周期内，逆变桥同一桥臂的上、下两只逆变开关管中，只有一只逆变开关管按图 8-13 的规律反复通断，而另一只逆变开关管始终关断；在另外半个周期内，两只逆变开关管的工作状态正好相反。在图 8-13 所示的单极性 PWM 控制方式（单相桥逆变）波形中，u_r 和 u_c 的交点时刻控制功率开关的通断。

采用双极性控制时，在每个周期内，逆变桥同一桥臂的上、下两只逆变开关管交替开通与关断，形成互补的工作方式。如图 8-14 所示为三相桥式 PWM 逆变电路输出的双极性波形。

2）常见的 SPWM 波的调制方法

正弦波脉宽调制的方法很多，但没有统一的分类方法，比较常见的有同步调制和异步调制、单极性调制和双极性调制等。

（1）同步调制和异步调制。在 SPWM 逆变电路中，载波频率与调制信号频率之比称为载波比。载波比等于常数，并在变频时使载波信号和调制信号保持同步的调制方式称为同步调制。

相应地，载波信号和调制信号不保持同步关系的调制方式，称为异步调制。

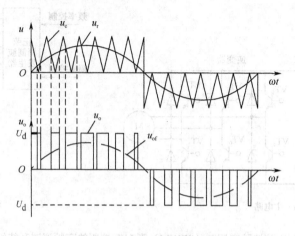

图 8-13　SPWM 波的生成方法

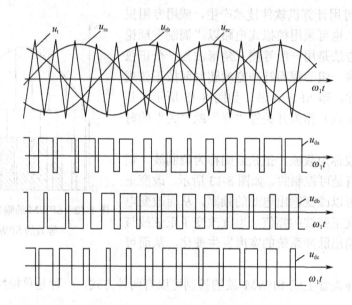

图 8-14　三相格式 PWM 逆变电路输出的双极性波形

　　同步调制控制相对比较复杂，通常采用微机控制；在调制信号的半个周期内，输出的脉冲数是固定的，脉冲的相位也是固定的；正、负半周的脉冲对称，没有偶次谐波，并且半个周期脉冲排列的左右也是对称的；输出波形等效于正弦波。其缺点是：当逆变器输出频率很低时，每个周期内的 SPWM 波形脉冲数过少，低频谐波分量较大，使负载电动机产生转矩脉动和噪声。

　　通常异步调制的载波频率固定不变，因此当调制信号频率发生变化时，载波比也发生变化。这种调试方式控制相对简单，在调制信号的半个周期内，输出脉冲的个数不固定，脉冲相位也不固定，正、负半周的脉冲不对称，存在偶次谐波，而且半个周期内前后 1/4 周期的脉冲也不对称。当载波比越大时，半个周期内调制的 SPWM 波形脉冲数越多，正、负半周期脉冲不对称和半个周期内前后 1/4 周期脉冲不对称的影响越小，输出波形越接近正弦波。因此在采用异步调制控制方式时，要尽量提高载波频率，从而在调制信号频率较高时仍能保持较大的载波比，使不对称的影响尽量减小，输出波形接近正弦波。异步调制提高了低频时的载波比，有利于减少负载电动机的转矩脉动与噪声。但异步控制方式在改善低频工作性能的同时，又失去了同步调制的优点。当载波比 N 随着输出频率的降低而连续变化时，它不可能总是 3 的倍数，势必使输出电压波形及其相位都发生变化，难以保持三相输出的对称性，从而造成电动机工作不平稳。

实际应用中多采用分段同步调制方式，它集同步和异步调制方式之所长，而克服了两者的不足。在一定频率范围内采用同步调制，以保持输出波形对称的优点，在低频运行时，使载波比有级地增大，以采纳异步调制的长处，这就是分段同步调制方式。具体地说，把整个变步范围划分为若干频段，在每个频段内都维持 N 恒定，而对不同的频段取不同的 N 值，当频率低时，N 值可取大些。采用分段同步调制方式时，需要增加调制脉冲切换电路，从而增加了控制电路的复杂性。

（2）单极性调制和双极性调制。如果在调制信号的正半周或负半周内，对应的 SPWM 波形也只有相应的正极性或负极性脉冲，则这种调制方式称为单极性调制。相反，如果在调制信号的正半周或负半周内，对应的 SPWM 波形有正、负两种极性的脉冲，则这种调制方式称为双极性调制。

单极性调制的每半个周期内，逆变桥同一桥臂的两个逆变器中，只有一个器件按脉冲序列的规律时通时断地工作，另一个完全截止。而在另半个周期内，两个器件的工作情况正好相反。双极性调制中的逆变桥在工作时，同一桥臂的两个逆变器件总是按相电压脉冲序列的规律交替地导通和关断。

3）实施 SPWM 的基本要求

（1）必须实时地计算出调制波（正弦波）和载波（三角波）的所有交点的时间坐标，根据计算结果，有序地向逆变桥中各逆变器件发出"通"和"断"的动作指令。

（2）调节频率时，一方面，调制波与载波的周期要同时改变；另一方面，调制波的振幅要随频率而变，而载波的振幅则不变。因此每次调节后，所有交点的时间坐标都必须重新计算。

2. SPWM 脉冲的生成方法

生成 SPWM 脉冲的方法有很多，大致可以分为三类：一是完全由模拟电路生成；二是由数字电路生成；三是由模拟电路与数字电路相结合生成。

采用模拟电路来实现 SPWM 的控制原理简单，速度快，不像数字电路采用软件计算需要一定的时间。然而这种方法的缺点是所需硬件较多，且有温漂现象，会影响精度，降低系统的性能，而且它不够灵活，改变参数和调试比较复杂。

采用数字电路的 SPWM 逆变器，可采用以软件为基础的控制模式。它先按照不同的数字模型，用计算机算出各切换点并将其存入内存，然后通过查表及必要的计算生成 PWM 波。其效果受到指令功能、运算速度、存储容量和算法的限制，有时难以得到很好的实时性。特别是在高频电力电子器件被广泛应用后，完全依靠软件生成 SPWM 波的方法实际上很难适应高开关频率的要求。

近年来，一些厂商推出了专用于生成三相或单相 SPWM 波形控制信号的大规模集成电路芯片，如 Marconi 公司的 MA818，Philips 公司的 MKⅡ，Siemens 公司的 SLE4520 等。有些单片微处理器本身就带有直接输出 SPWM 信号的端口，如 8098、8XC196MC 等。采用这样的集成电路芯片，可以大大减轻计算机的负担，使计算机可以空出大量时间用于检测和监控。

8.3.4 通用变频器的介绍及应用

目前在工业中使用的变频器可以分为通用变频器和专用变频器两大类。随着通用变频器技术的发展，功能逐渐成熟和增多，通用变频器的应用范围日趋广泛。通用变频器在国内市场上流行的品牌多达几十种，主要有西门子公司的 MM4、MM3、SINAMICS G110 等系列变频器，ABB 公司的 ACS400、ACS550、ACS600、ACS800 等系列变频器，富士的 FRENIC5000G11S/P11S 系列变频器、FVR-E11S 系列变频器及三菱、施耐德、LG 等厂家的众多系列变频器。由于功能不同，不同的变频器在使用上稍有差别，但大部分的使用方法是一样的。下面以西门子 MICROMASTER 440（简称 MM440）为例，简要说明变频器的特点。

1. MM440 变频器的型号

MM440 变频器的型号有 8 种：A~F、FX 和 GX。每种变频器的额定功率按字母顺序排列越来越大，另外在每种型号中都有单相和三相两种输入电压。举例如下。

1）A 型变频器的两种规格

（1）单相交流电压输入/三相交流电压输出，输入电压为 220~240VAC，功率为 0.12~0.75kW。

（2）三相交流电压输入/三相交流电压输出，输入电压为 380~480VAC，功率为 0.37~1.5kW。

2）F 型变频器的三种规格

（1）单相交流电压输入/三相交流电压输出，输入电压为 220~240VAC，功率为 37~45kW。

（2）三相交流电压输入/三相交流电压输出，输入电压为 380~480VAC，功率为 45~75kW。

（3）三相交流电压输入/三相交流电压输出，输入电压为 500~600VAC，功率为 45~75kW。

2. MM440 变频器的主要特点

（1）易于安装、设置参数和调试。
（2）牢固的 EMC（电磁兼容性）设计。
（3）可由 IT（中性点不接地）电源供电。
（4）对控制信号的响应是快速和可重复的。
（5）参数设置的范围很广，确保它可对广泛的应用对象进行配置。
（6）具有多个继电器输出。
（7）具有多个模拟量输出（0~20mA）。
（8）6 个带隔离的数字输入并可切换为 NPN/PNP 接线。
（9）2 个模拟输入。
① IN1：0~10V，0~20mA 和-10~+10V。
② IN2：0~10V，0~20mA。
（10）2 个模拟输入可以作为第 7 和第 8 个数字输入。
（11）BICO(二进制数据方式互联连接，内部功能互连)技术。
（12）脉宽调制的频率高，因此电动机运行的噪声低。
（13）内置 RS-485 串行通信接口。
（14）详尽的变频器状态信息和全面的信息功能。

(15) 能够实现矢量控制、V/F 控制。
(16) 快速电流限制（FCL）功能，可避免运行中不应有的跳闸。
(17) 内置的直流注入制动。
(18) 具备复合制动功能，改善制动特性。
(19) 内置的制动单元(仅限外形尺寸为 A～F 的 MM440 变频器)。
(20) 加速/减速斜坡特性具有可编程的平滑功能。
(21) 具有比例、积分和微分（PID）控制功能的闭环控制。
(22) 各组参数的设定值可以相互切换。
(23) 具备自由功能块。
(24) 具备动力制动的缓冲功能。
(25) 定位控制的斜坡下降曲线。

3. MM440 变频器的控制方式

可以通过相应的参数设置，改变 MM440 变频器的控制方式，即变频器输出电压与频率的控制关系。MM440 主要有以下几种控制方式。

1) 线性 V/F 控制

在这种模式下，变频器输出电压与频率为线性关系，适用于恒定转矩负载。

2) 带磁通电流控制（FCC）的线性 V/F 控制

在这种模式下，变频器根据电动机特性实时计算所需要的输出电压，以此来保持电动机的磁通处于最佳状态。这种方式可以改变电动机的效率和动态响应性。

3) 平方 V/F 控制

在这种模式下，变频器输出电压平方与频率为线性关系，适用于变转矩负载。

4) 特性曲线可编程的 V/F 控制

变频器输出电压与频率为分段线性关系，这种模式可应用在某一特定频率下以为电动机提供特定的转矩。

5) 带能量优化控制（ECO）的线性 V/F 控制

这种模式的特点是变频器自动增加或降低电动机电压，搜寻并使电动机运行在损耗最小的工作点。

6) 有/无传感器矢量控制

用固有的滑差补偿对电动机的速度进行控制。采用这一控制方式时，可以得到大的转矩，改善瞬态响应特性和具有优良的速度稳定性，而且在低频时可以提高电动机的转矩。

7) 有/无传感器的矢量转矩控制

在这种模式下，变频器可以直接控制电动机的转矩。当负载要求具有恒定的转矩时，变频器通过改变电动机的输出电流可使电动机的输出转矩维持在某一设定的数值。

4. MM440 变频器的功能方框图

MM440 变频器的功能方框图如图 8-15 所示。

MM440 变频器属于电压型的交-直-交型变频器。由电源端输入单相或者三相恒压恒频的标准正弦交流电压，经整流电路将其转换成直流电压并经电容进行滤波，然后在微控制器的控制下，逆变电路将直流电压逆变成电压和频率均可调节的三相交流电输出。MM440 变频器的控制端子的端子号、标识符及功能如表 8-5 所示。

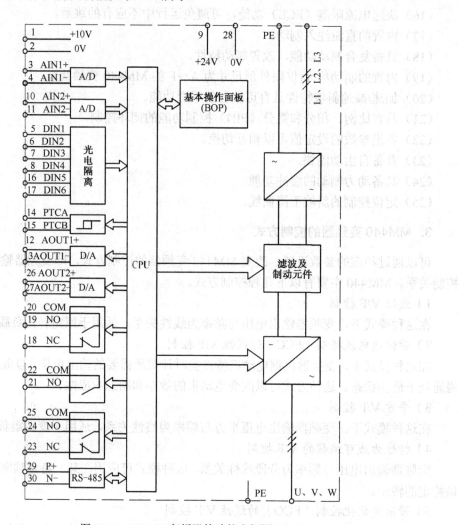

图 8-15 MM440 变频器的功能方框图

表 8-5 控制端子的端子号、标识符及功能

端子号	标识符	功 能
1	—	输出+10V
2	—	输出 0V
3	AIN1+	模拟输入 1（+）
4	AIN1-	模拟输入 1（-）
5	DIN1	数字输入 1
6	DIN2	数字输入 2
7	DIN3	数字输入 3
8	DIN4	数字输入 4
9	—	带电位隔离的输出+24V/最大 100mA

续表

端子号	标识符	功能
10	AIN2+	模拟输入2（+）
11	AIN2-	模拟输入2（-）
12	AOUT1+	模拟输出1+
13	AOUT1-	模拟输出1-
14	PTCA	连接温度传感器 PTC/KTY84
15	PTCB	连接温度传感器 PTC/KTY84
16	DIN5	数字输入5
17	DIN6	数字输入6
18	DOUT1/NC	数字输出1/NC 常闭触点
19	DOUT1/NO	数字输出1/NO 常开触点
20	DOUT1/COM	数字输出1/切换触点
21	DOUT2/NO	数字输出2/NO 常开触点
22	DOUT2/COM	数字输出2/切换触点
23	DOUT3/NC	数字输出3/NC 常闭触点
24	DOUT3/NO	数字输出3/NO 常开触点
25	DOUT3/COM	数字输出3/切换触点
26	AOUT2+	模拟输出2+
27	AOUT2-	模拟输出2-
28	—	带电位隔离的输出 0V/最大 100mA
29	P+	RS485 串口
30	N-	RS485 串口

MM440 变频器可以使用数字操作面板控制，也可以使用端子控制，还可以使用 RS-485 通信接口对其进行远程控制。它通过各个控制参数设定变频器的操作方式。MM440 变频器的功能非常强大，可以选择和设定的参数很多，主要有变频器参数、电动机参数、命令和数字 I/O 参数、模拟 I/O 参数、设定值通道和斜坡函数发生器参数、电动机控制参数、通信参数、报警、警告和监控参数、PI 控制器参数等。在具体使用各参数时需要参考详细的技术手册，这里不再详细介绍。

8.3.5 PLC 控制变频器的方法及应用

在工业自动化控制系统中，最为常见的是 PLC 和变频器的组合应用，并且产生了多种多样的 PLC 控制变频器的方法。

1. 利用 PLC 的模拟量输出模块控制变频器

PLC 的模拟量输出模块输出 0~5V 电压信号或 4~20 mA 电流信号，作为变频器的模拟量输入信号，控制变频器的输出频率。这种控制方式接线简单，但需要选择与变频器输入阻抗匹配的 PLC 输出模块，且 PLC 的模拟量输出模块价格较为昂贵，此外还需采取分压措施使变频器适应 PLC 的电压信号范围,在连接时注意将布线分开,保证主电路一侧的噪声不传至控制电路。

2. 利用 PLC 的开关量输出控制变频器

PLC 的开关输出量一般可以与变频器的开关量输入端直接相连。这种控制方式的接线简单,抗干扰能力强。利用 PLC 的开关量输出可以控制变频器的启动/停止、正/反转、点动、转速和加减时间等,能实现较为复杂的控制要求,但只能有级调速。

使用继电器触点进行连接时,有时存在因接触不良而误操作现象;使用晶体管进行连接时,则需要考虑晶体管自身的电压、电流容量等因素,保证系统的可靠性。另外,在设计变频器的输入信号电路时,若输入信号电路连接不当,有时也会造成变频器的误动作。例如,当输入信号电路采用继电器等感性负载,继电器开闭时,产生的浪涌电流带来的噪声有可能引起变频器的误动作,应尽量避免。

3. 使用 RS-485 通信口控制。

在这种连接方法中,PLC 和变频器通过一条通信电缆连接,并将 PLC 的通信协议和变频器的 RS-485 通信协议的通信格式设成一样,然后通过 PLC 软件完成对变频器的控制。这种方法无须其他外部接线,除完成传统应用的功能外,还能进行内部的数据通信等。

这种连接方式大大减少了布线的数量,而且更改控制功能时,无须重新布线。

下面以一个最简单也最常用的例子来讲解 MM440 变频器与 S7-200 PLC 的配合使用。

在该例子中,要求控制系统能够控制电动机的正、反转和停止动作,另外还要能够平滑地调节电动机的转速。

(1) PLC 部分的设计

在这里使用了 S7-200 系列 PLC 中的 CPU222 和模拟量扩展模块 EM235,其地址分配如下。

I0.0:电动机正转控制按钮 SB_1。
I0.1:电动机停止控制按钮 SB_2。
I0.2:电动机反转控制按钮 SB_3。
Q0.0:电动机正转控制端(接 MM440 端口 5)。
Q0.1:电动机反转控制端(接 MM440 端口 6)。
AIW0:EM235 模拟量输入通道 1,接一个精密电位器。
AQW0:EM235 模拟量输出通道 1,接 MM440 的端口 3 和 4。

整个控制系统的接线原理图如图 8-16 所示。

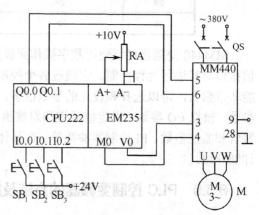

图 8-16 控制系统的接线原理图

(2) 变频器参数的设置

本例中使用基本操作面板对变频器的参数进行设置。首先按下 P 键对变频器进行复位,使变频器参数值回到出厂时的状态。然后将使用的电动机参数输入变频器,使变频器能根据电动机的特性决定输出。假设使用的电动机型号为 JW7114,则设置的电动机参数如表 8-6 所示。

表 8-6 电动机参数表

参数号	出厂值	设定值	说　明
P0003	1	1	用户访问级为标准级
P0010	0	1	快速调速
P0100	0	0	功率以 kW 为单位，频率为 50Hz
P0304	230	380	电动机额定电压（V）
P0305	3.25	1.05	电动机额定电流（A）
P0307	0.75	0.37	电动机额定功率（kW）
P0310	50	50	电动机额定频率（Hz）
P0311	0	1400	电动机额定转速（r/min）

电动机参数设置完成后，设置 P0010 为 0，使变频器处于准备状态，然后设置变频器控制端口开关操作控制参数，如表 8-7 所示。

表 8-7 控制端口开关操作控制参数

参数号	出厂值	设定值	说　明
P0003	1	1	用户访问级为标准级
P0004	0	7	命令和数字 I/O
P0070	2	2	命令源选择"由端子排输入"
P0003	1	2	用户访问级为扩展级
P0004	0	7	命令和数字 I/O
*P0701	1	1	数字输入端 1 接通正转，断开停止
*P0702	1	2	数字输入端 2 接通反转，断开停止
P0003	1	1	用户访问级为标准级
P0004	0	10	设定值通道和斜坡函数发生器
P1000	2	2	频率设定值选择为模拟输入
P1080	0	0	电动机运行的最低频率
P1082	50	50	电动机运行的最高频率
*P1120	10	5	斜坡上升时间（s）
*P1121	10	5	斜坡下降时间（s）

（3）控制程序

S7-200PLC 的梯形图控制程序如图 8-17 所示。

按下正转按钮 SB_1 时，I0.0 为 1，Q0.0 得电，变频器端口 5 为"ON"，电动机正转。调节电位器 RA，则可改变变频器的频率设定值，从而调节正转速度的高低。按下停止按钮 SB_2 后，I0.1 为 1，Q0.0 失电，电动机停止转动。

按下反转按钮 SB_3 时，I0.2 为 1，Q0.1 得电，变频器端口 6 为"ON"，电动机反转。调节电位器 RA，则可改变变频器的频率设定值，从而调节反转速度的高低。按下停止按钮 SB_2 后，I0.1 为 1，Q0.1 失电，电动机停止转动。

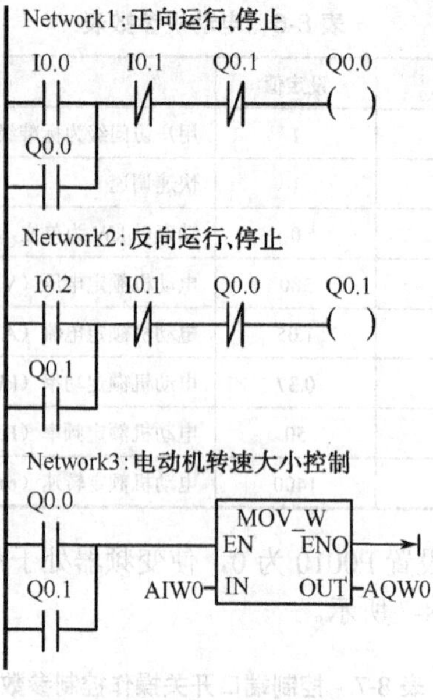

图 8-17 梯形图控制程序

8.4 步进电动机的微机控制

通过前面对步进电动机的学习,可以知道步进电动机是一种能将电脉冲信号转换成角位移或线位移的机电元件,它实质上是一种多相或单相同步电动机。使用步进电动机时,只需要将单路电脉冲信号先通过脉冲分配器转变为电动机所需求的多路(单路)脉冲信号,再经功率放大后分别送入步进电动机各相绕组即可使步进电动机准确运行。每输入一个脉冲到脉冲分配器,步进电动机就会转动一个步距角。在正常运行情况下,步进电动机转过的总角度与输入的脉冲数成正比;连续输入一定频率的脉冲时,电动机的转速与输入脉冲的频率保持严格的对应关系,不受电压波动和负载变化的影响。由于步进电动机能直接接受数字量输入,所以它特别适合于微机控制。步进电动机控制系统的组成框图如图 8-18 所示。

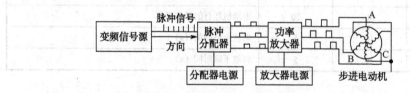

图 8-18 步进电动机控制系统的组成框图

8.4.1 步进电动机的脉冲分配

步进电动机的各相绕组必须按照一定的顺序通电才能正常工作。环形分配器的主要功能就是把来源于控制环节的时钟脉冲按一定的规律分配给步进电动机驱动器的各相输入端,控制励磁绕组的导通或截止。同时,由于电动机有正、反转要求,所以这种环形分配器的输出既是周期性的,又是可逆的。

步进电动机的环形分配器有硬件和软件两种形式。硬件环形分配器可分为集成触发器型、专用集成电路芯片型等。集成元器件的使用,使环形分配器的体积大大缩小,可靠性和抗干扰能力提高,并具有较好的响应速度,而且显示直观、维护方便。软件环形分配器采用微机的软件实现脉冲分配,因此它往往受到微机运算速度的限制,有时难以满足高速实时控制的要求。

1. 硬件脉冲分配器

1) 集成触发器型环形分配器

硬件环形分配器需根据步进电动机的相数和通电方式设计,图 8-19 所示是一个三相六拍环形分配器。分配器的主体是三个 J-K 触发器。三个 J-K 触发器的 Q 输出端分别经各自的功放电路与步进电动机 A、B、C 三相绕组连接。当 $Q_A=1$ 时,A 相绕组通电;当 $Q_B=1$ 时,B 相绕组通电;当 $Q_C=1$ 时,C 相绕组通电。$W_{+\Delta x}$ 和 $W_{-\Delta x}$ 是步进电动机的正、反转控制信号。通过对三个控制信号 C_{AJ}、C_{BJ}、C_{CJ} 的控制,使对应各相依次通电,完成对步进电动机的控制。

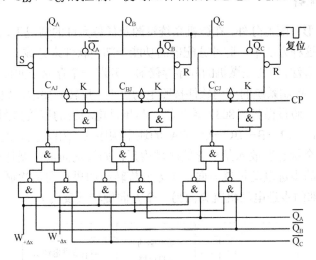

图 8-19 一个三相六拍环形分配器

2) 专用集成电路芯片型环形分配器

集成触发器型环形分配器的硬件电路复杂,使用较少。目前使用广泛的是专用集成电路芯片环形分配器,如 CH250 和前面介绍的 L297 等。其中,CH250 专用于三相步进电动机。CH250 采用双列 16 引脚封装,引脚图如图 8-20 所示。

引脚说明:

J_{3r}、J_{3L} 两端子是三相双三拍的控制端,J_{6r}、J_{6L} 是三相六拍的控制端,三相双三拍工作时,若 $J_{3r}=1$,而 $J_{3L}=0$,则电动机正转;若 $J_{3r}=0$,$J_{3L}=1$,则电动机反转;三相六拍供电时,若 $J_{6r}=1$,$J_{6L}=0$,则电动机正转;若 $J_{6r}=0$,$J_{6L}=1$,电动机反转。

CL 端是时钟脉冲输入端,EN 是时钟脉冲允许端,用以控制时钟脉冲的允许与否。当脉冲 CP 由 CL 端输入,只有 EN 端为高电平时,时钟脉冲的上升沿才起作用。CH250 也允许以 EN 端作脉冲 CP 的输入端,此时,只有 CL 为低电平时,时钟脉冲的下降沿才起作用。

R 是双三拍的复位端,R* 是六拍的复位端。

图 8-21 是使用 CH250 控制步进电动机按照三相六拍通电方式工作的接线图。

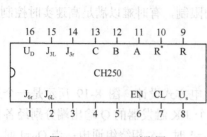
图 8-20 CH250 引脚图

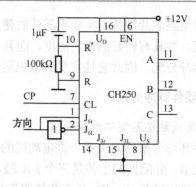
图 8-21 三相六拍通电方式时的接线图

2. 软件脉冲分配器

除了采用硬件环形分配器分外，在微机系统资源及任务允许的情况下，还可以采用软件环形分配脉冲的方法。在这种方法中，脉冲分配器的功能全部由软件来完成。

采用这种纯软件方法，需要在微机的程序存储器中开辟一个存储空间以存放各绕组的通电状态，形成一张状态表。控制系统的应用软件按照电动机正、反转的要求，顺序将状态表的内容取出来送至功率放大器。假设微机（8031 单片机）与步进电动机的连接如图 8-22 所示，如果希望步进电动机按照 A—AB—B—BC—C—CA 的通电顺序（三相六拍）运行，需建立如表 8-8 所示的状态表。将这个状态表放入某个存储区域内后，如果正向依次循环读取表值并将表值输出至 P1 口，则外部的步进电动机就会向一个方向旋转；如果反向依次循环读取表值并将表值输出至 P1 口，则外部的步进电动机就会向另一个方向旋转（反转）。

图 8-22 步进电动机控制图

表 8-8 三相六拍状态表

序号	功放反相放大时需存储的内容	功放直接放大时需存储的内容	通电状态
1	1111,1110 B (FEH)	0000,0001 B (01H)	A
2	1111,1100 B (FCH)	0000,0011 B (03H)	AB
3	1111,1101 B (FDH)	0000,0010 B (02H)	B
4	1111,1001 B (F9H)	0000,0110 B (06H)	BC
5	1111,1011 B (FBH)	0000,0100 B (04H)	C
6	1111,1010 B (FAH)	0000,0101 B (05H)	CA

由软件完成脉冲分配工作，不仅使线路简化，成本下降，而且可根据应用系统的需要，灵活地改变步进电机的控制方案。但这种方法占用了微机控制系统的大部分时间及精力，只能用于微机系统资源比较宽松且微机控制任务不是很饱满的系统中。

8.4.2 步进电动机的驱动电路

由于微机控制系统输出的脉冲电流往往都是毫安级的，而步进电动机旋转起来需要很大的驱动电流（一般为 1~10A），所以步进电动机不能直接接到微机上工作，必须使用专用驱动电路来驱动。由于驱动电路的输出直接驱动电动机绕组，因此，功率放大电路的性能对步进电动机的运行性能影响很大。对驱动电路要求的核心问题是提高步进电动机的快速性和平稳性。

驱动电路分为单极性驱动和双极性驱动。常见的驱动电路有以下几种。

1. 单极性驱动电路

对于反应式步进电动机，绕组电流只要求向一个方向流动，因此其驱动电路采用单极性驱动。下面介绍几种不同性能的单极性驱动电路。

1）单电压驱动电路

图 8-23 所示是步进电动机单相的驱动电路。L 为电动机绕组，VT 为功率晶体管。在绕组中串联电阻 R 是为了减小时间常数（$\tau=L/(R_L+R)$，R_L 为绕组电阻），缩短绕组中电流上升的过渡时间，从而提高工作速度。电阻 R 两端并联电容 C，是由于电容上的电压不能突变，在 VT 由截止到导通的瞬间，电源电压全落在绕组上，使电流上升更快，所以，电容 C 又称为加速电容。

二极管 VD 在 VT 截止时起续流和保护作用，以防绕组产生的反电势击穿。串联电阻 R_D 使电流下降更快，从而使绕组电流波形后沿变陡。

这种电路的缺点是 R 上有功率损耗，效率低。为了提高快速性，需加大 R 的值，随着电阻加大，电源电压也必须提高，功率功耗也进一步加大。因此，这种方法一般只适用于对速度要求不高的小功率步进电动机。

2）高低压驱动电路

高低压功率驱动电路的结构及控制信号如图 8-24 所示。当高压管 VT_2 及低压管 VT_1 均导通时，绕组 L 由高压电源供电，此时 VD_2 反向偏置，低压电源不供电；当高压管 VT_2 关断，低压管 VT_1 导通时，VD_2 导通，绕组由低压电源供电。当高压管 VT_2 及低压管 VT_1 均关断时，绕组电流通过续流二极管 VD_1 流向高压电源。

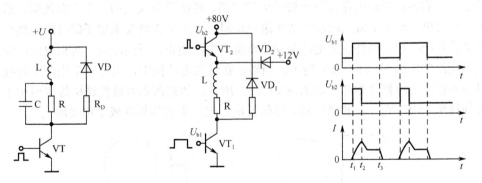

图 8-23 单电压驱动电路（1 相）　　图 8-24 高低压驱动电路的结构及控制信号

高低压驱功电路有两个输入控制信号，一个是高压有效控制信号 U_{b2}，另一个是该相的驱动控制信号 U_{b1}。U_{b1} 和 U_{b2} 应保持同步，且上升沿在同一时刻出现。高压管 VT_2 的导通时间不能太大也不能太小。太大时，电动机电流过载；太小时，高频性能的改善不明显。与电动机的电气时间常数相当时比较合适，一般可取 0.1~0.3ms。

高低压驱动线路的优点是：功耗小，启动力矩大，突跳频率和工作频率高。缺点是：大功率管的数量要多用一倍，增加了驱动电源，电流波形呈凹行，低频时振动较大。

3）斩波恒流驱动电路

斩波恒流驱动电路实际上是带有连续电流检测的高、低压驱动电路，如图 8-25 所示。与高低压驱动电路不同的是，低压管发射极串联一个小的电阻 R_e 并接地，电动机绕组的电流经这个小电阻流入地中，小电阻的压降与电动机绕组电流成正比，这个电阻称为取样电阻。

在斩波恒流驱动电路中，由于驱动电压较高，电动机绕组回路又不串电阻，所以电流上升很快。当电流到达所需要的数值时，由于取样电阻的反馈控制作用，关断高压电源；当电流下降到设定值时，接通高压电源。当电流到达所需要的数值时，再次关断高压电源。这样根据主回路电流的变化情况，反复地接通和关断高压电源，使电流波顶维持在需求的范围内，从而保证在很大的频率范围内电动机都能输出恒定的转矩。斩波恒流驱动电路绕组电流变化如图 8-26 所示。

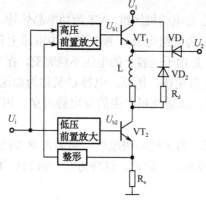

图 8-25 斩波恒流驱动电路

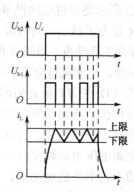

图 8-26 斩波恒流驱动电路波形图

斩波恒流驱动的特点是：高频响应大大提高；输出转矩均匀；消除了共振现象；线路较复杂。

2. 双极性驱动电路

以上介绍的各种驱动电路都是单极性驱动电路，即绕组电流只向一个方向流动，适用于反应式步进电动机。至于永磁式或混合式步进电动机，由于工作时要求定子磁极的极性交变，所以通常要求其绕组由双极性驱动电路驱动，即绕组电流能正、反向流动。两相双极性混合式步进电动机绕组结构如图 8-27（a）所示。当然，在这类电动机中，也可以采用带中间抽头的绕组，以便可以采用单极性驱动，如图 8-27（b）所示。如把两相双极性结构做成四相单极性结构，会使绕组利用不充分，要想达到同样的性能，电动机的体积和成本都要增大。

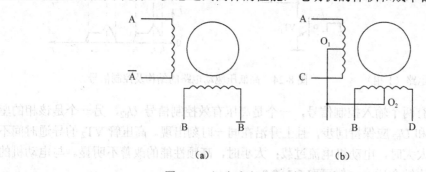

图 8-27 混合式步进电动机定子绕组结构

如果系统能提供合适的正、负功率电源，则双极性驱动电路将相当简单。然而，大多数系统只有单极性功率电源，这时就需要采用全桥式驱动电路来进行驱动。由于双极性桥式驱功电路较为复杂，所以过去仅用于大功率步进电动机。但近年来出现了集成化的双极性驱动芯片，使它能方便地对采用双极性的步进电动机进行控制。下面以由L298双H桥驱动器和L297步进电动机斩波驱动控制器组成的双极性斩波驱功电路为例，介绍集成化驱动电路的应用。

L298 是一款单片集成的高电压、高电流、双路全桥式电动机驱动芯片，它的逻辑电路使用5V电源，可接受标准TTL逻辑电平信号，其功放级使用5~46V电压，相电流可达2.5A，可以驱动电感性负载（如继电器、线圈、DC和步进电动机）。L298提供两个使能输入端，可以在不依赖于输入信号的情况下，使能或禁用L298器件。L298低位晶体管的发射器连接在一起，而其对应的外部端口则可用来连接一个外部感应电阻。L298还提供一个额外的电压输入，因此其逻辑电路可以工作在更低的电压下。L298的内部结构如图8-28所示。

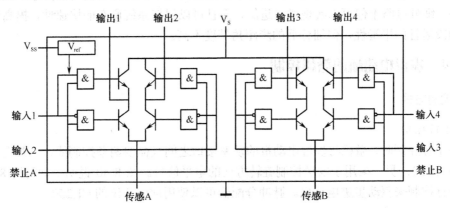

图 8-28　L298 的内部结构

L297 是一种步进电动机斩波驱动控制器，它能产生四相控制信号，可用于双极性两相步进电动机或四相单极性步进电动机的控制，能够用单四拍、双四拍、四相八拍方式控制步进电动机。芯片内的PWM斩波器电路可在开关模式下调节步进电动机绕组中的电流。该集成电路采用模拟/数字兼容的I^2L技术，使用5V的电源电压，全部信号的连接都与TTL/CMOS或集电极开路的晶体管兼容。L297的特性是只需要时钟、方向和模式输入信号。其相位是由内部产生的，因此可减轻微机和程序设计的负担。L297的内部结构框图如图8-29所示。

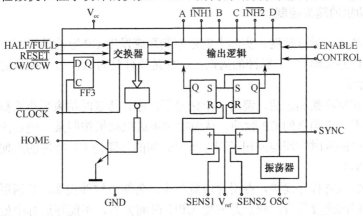

图 8-29　L297 的内部结构框图

由 L297 加驱动器组成的步进电动机控制电路具有如下优点：使用元件少，组件的损耗低，可靠性高，体积小，软件开发简单，并且微机的硬件费用大大减少。如用功率晶体管或达林顿管，则能得到更大的电动机绕组电流。

8.4.3 步进电动机的细分电路

细分电路亦称微步驱动。他通过控制步进电动机各相绕组中电流的大小和比例，在不改变电动机结构参数的情况下，使步距角减小到原来的几分之一至几十分之一。比如把步进驱动器设置成 5 细分，假设原来步距角为 1.8°，那么设成 5 细分后，步距角就是 0.36°，也就是说原来一步可以走完的，设置细分后需要走 5 步。采用细分电路后，电动机绕组中的电流不是由零跃升到额定值，而是经过若干小步的变化才能达到额定值，所以绕组中的电流变化比较均匀。细分技术，使步进电动机步距角变小，使转子到达新的稳定点所具有的动能变小，从而振动可显著减小。细分电路不但可以实现微量进给，而且可以保持系统原有的快速性，提高步进电动机在低频段运行的平滑性，但细分后的步距角精度不高。

8.4.4 步进电动机的微机控制

1. 控制方式

1）串行控制

采用串行控制时，微机与步进电动机的功率接口之间只需要两条控制线：一条用于发送走步脉冲串（CP），另一条用于发送控制旋转方向的电平信号。图 8-30 说明了如何用 8051 单片机通过串行控制来驱动步进电动机。脉冲分配器可以使用前面介绍的 CH250。

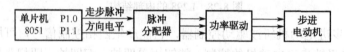

图 8-30　串行控制示意图

2）并行控制

用微型计算机的并行端口直接控制步进电动机各相驱动电路的方法，称为并行控制。如图 8-22 所示。并行控制的脉冲分配必须由微型计算机系统完成。

2. 步进电动机的速度控制

控制步进电动机的运行速度，实际上就是控制系统发出 CP 脉冲的频率或者换相的周期。控制系统可用两种办法确定 CP 脉冲的周期，一种是软件延时法，另一种是定时器延时法。

1）软件延时法

这种方法是在每次换相之后，调用一个延时子程序，待延时结束后再次执行换相。这样周而复始，即可发出一定频率的 CP 脉冲，从而控制步进电动机按照某一确定的转速运转。可以得出，延时子程序的延时时间与换相子程序所用时间的和即是 CP 脉冲的周期，也是步进电动机的步进频率的倒数。

这种方法的优点是程序简单，占用片内资源少，全部由软件实现，且调用不同的延时子程序就可以实现不同的速度运行；缺点是占用 CPU 时间太多，不能在运行中处理其他的工作，显然，这种方法虽然简单，但也只能在较简单的控制过程中采用。

2）定时器延时法

微机系统一般均带有几个定时/计数器。在步进电动机的转速控制中，可利用其中某个定时器加载适当的定时值，经过一定的时间，定时器溢出，产生中断信号，暂停主程序的执行，转而执行定时器中断服务程序，于是产生硬件延时效果。若将步进电动机换相子程序放在定时器中断服务程序之中，则定时器每中断一次，电动机就换相一次，定时器定时的大小就决定了电动机换相的频率，从而同实现对电动机的速度控制。当然，对于高精度要求的转速控制场合，只考虑定时器的定时值是不够的，还要考虑诸如加载定时器、开关定时器、中断响应等待时间、中断响应进出时间等对转速的影响，从而对定时器的定时值进行合理的修正。

3. 步进电动机的加速度控制

在点位控制系统中，步进电动机从起点至终点的运行速度都有一定要求。如果要求运行的速度小于系统的极限启动频率（速度），则系统可以以要求的速度直接启动，运行至终点后可立即停发脉冲串而令其停止。在本工步的运行过程中，系统的速度可认为恒定。但在一般情况下，系统的极限启动频率是比较低的，而要求的运行速度往往较高。如果系统以要求的速度直接启动，则会因为该速度已超过极限启动频率（速度）而不能正常启动，并可能发生丢步或根本不运行的情况。系统运行起来之后，如果到达终点时立即停发脉冲串，令其立即停止，则会因为系统的惯性而冲过终点的现象，使点位控制发生偏差。因此，在点位控制系统中，运行过程都需要有一个加速—恒速—减速—低恒速—停止的过程，如图8-31所示。

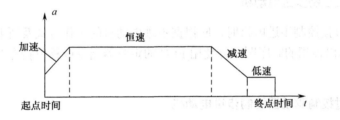

图8-31 点位控制运行过程

对于非常短的距离，如仅仅数步范围内，则电动机的加、减速过程没有实际意义，只要按启动频率（速度）运行即可。在稍长距离中，电动机可能只有加、减速过程而没有恒速过程。对于中等或较长的运行距离，电动机加速后必须有一个恒速过程。各种系统在工作过程中，都要求加、减速过程时间尽量短，而恒速的时间尽量长。特别是在要求快速响应的工作中，从起点至终点运行的时间要求最短，这就必须要求升速、减速的过程最短而恒速时的速度最高。于是，升速时的起始速度应等于或略小于系统的极限启动频率（速度），而不是从零开始。减速过程结束时的速度一般应等于或略低于启动速度，再经数步低速运行后停止。

升速的规律一般有两种选择：一是按照直线规律升速；二是按照指数规律升速。按直线规律升速时，加速度为恒定的，因此要求电动机产生的转矩为恒值。从电动机本身的特性来看，在转速不是很高的范围内，输出的转矩可基本认为恒定。但实际上电动机转速升高时，由于反电势和绕组电感的作用，绕组电流会逐渐减少，所以输出转矩会有所下降。按指数规律升速时，加速度是逐渐下降的，接近电动机输出转矩随转速变化的规律。

用微机对步进电动机进行加、减速控制，实际上就是改变输出 CP 脉冲的时间间隔，升速时使脉冲串逐渐密集，减速时使脉冲串逐渐稀疏。微机用定时器中断方式来控制电动机变速时，实际上是不断改变定时器装载值的大小。为了减少加、减速对微机系统的要求，现实中一般常用离散的办法来逼近理想的升、降速曲线。为了减少每步计算装载值的时间，在设计系统时就把各离散点的速度所需的装载值固化在系统的 ROM 中，在系统运行时再通过查表的方法查出所需的装载值，从而可大幅度减少占用 CPU 的时间，提高系统的响应速度。

系统在执行加、减速的控制过程中，还需要准备下列数据。

（1）加、减速的斜率。在直线加速过程中，速度不是连续变化，而是按上述分档阶段变化的。为与要求的升速斜率相逼近，必须确定每个速度台阶上运行的时间。时间越小，升速越快，反之则慢。时间的大小可以升速最快而又不丢步为原则，由理论分析或实验确定。

（2）升速过程的总步数。在电动机升速过程中，会一直对这个总步数进行递减操作，当其值减至零时表示升速过程完毕，转入恒速运行。

（3）恒速运行总步数。在电动机恒速运行过程中，会一直对这个总步数进行递减操作。当其值减至零时表示恒速过程完毕，开始转入减速运行。

（4）减速运行的总步数。这个步数可以与升速总步数相同。减速过程的规律也与升速过程相同，只是按相反的顺序进行即可。

8.4.5 步进电动机的 PLC 控制

1. PLC 直接控制步进电动机

使用 PLC 直接控制步进电机时，应根据步进电动机的工作方式及所要求的频率（步进电动机的速度），画出各相的时序图，并使用 PLC 的定时器指令或移位指令产生满足控制要求的脉冲信号。

2. PLC 通过控制驱动器控制步进电动机

在对步进电动机进行控制时，常常会采用步进电动机驱动器对其进行控制。步进电动机驱动器采用超大规模的硬件集成电路，具有高度的抗干扰性及快速的响应性，不易出现死机或丢步现象。使用步进电动机驱动器控制步进电动机，可以不考虑各相的时序问题（由驱动器处理），只要考虑输出脉冲的频率及步进电动机的方向。PLC 的控制程序也简单得多。

在使用步进电动机驱动器时，需要的高频脉冲控制信号可通过 PLC 的高频脉冲输出获得。

图 8-32 所示是两相混合式步进电动机正、反转控制的 PLC 接线图。PU 为步进脉冲信号，DR 为方向控制信号。PLC 的 Q0.0 输出高速脉冲至步进电机驱动器的 PU 端，Q0.1 控制步进电机反转（反转时 Q0.1 为 ON）。I0.0 控制正转，I0.1 控制反转，I0.2 控制停止。控制程序如图 8-33 所示。

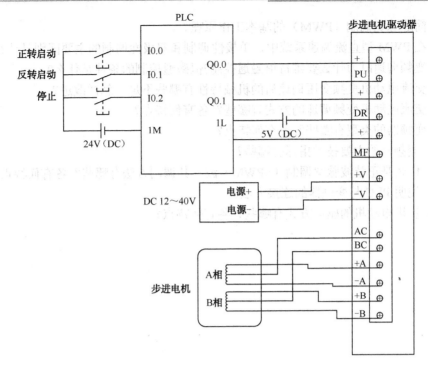

图 8-32 步进电动机正、反转控制接线图

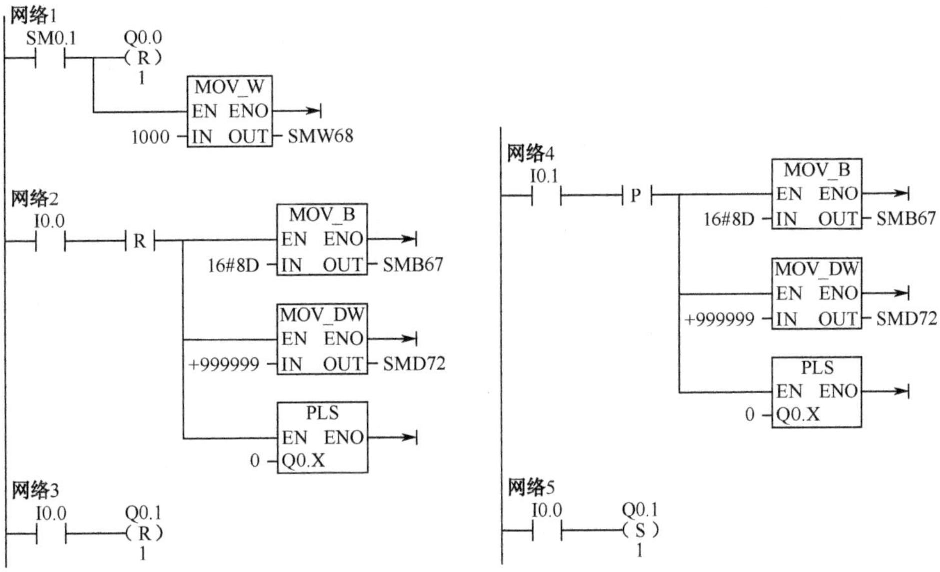

图 8-33 步进电动机正、反转控制梯形图程序

习题与思考题

8-1 电动机微机控制有哪些主要特点？

8-2 常用电力电子开关器件有哪些？说明其作用与特点。

8-3 直流电动机的调速方法有哪些？各有何特点？

8-4 简述脉宽调制（PWM）的基本工作原理？
8-5 在 PWM 型直流调速系统中，单极性调制和双极性调制的主要区别是什么？
8-6 变频调速时为什么要维持恒磁通控制？恒磁通控制的条件是什么？
8-7 交流电动机变频变压调速后的机械特性有哪些不足？怎样改进？
8-8 交流电动机变频调速的方式有哪些？各有何特点？
8-9 变频器的类型有哪些？各有何特点？
8-10 变频器的主要技术指标有哪些？
8-11 什么是正弦波脉宽调制（SPWM）波？其调制方法有哪些？各有何特点？
8-12 说明 PLC 与变频器的连接方法。
8-13 步进电动机的驱动方式有哪些？各有何特点？

参 考 文 献

[1] 赵莉华,曾成碧. 电动机学. 北京:机械工业出版社,2009.
[2] 胡虔生,胡敏强. 电动机学. 2版. 北京:中国电力出版社,2009.
[3] 郁建平. 机电控制技术. 北京:科学出版社,2006.
[4] 张爱玲,李岚,梅丽凤. 电力拖动与控制. 北京:机械工业出版社,2003.
[5] 杨耕,罗应力,等. 电动机与运动控制系统. 北京:清华大学出版社,2006.
[6] 任志锦. 电机与电气控制. 北京:机械工业出版社,2002.
[7] 周宏甫. 机电传动控制. 北京:化学工业出版社,2006.
[8] 李金钟. 电机与电气控制. 北京:中国劳动社会保障出版社,2007.
[9] 李光友,王建民,孙雨萍. 控制电机. 北京:机械工业出版社,2008.
[10] 巫付专,王晓雷. 控制电机及其应用. 北京:电子工业出版社,2008.
[11] 谢卫. 控制电机. 北京:中国电力出版社,2008.
[12] 王炳实. 机床电气控制. 北京:机械工业出版社,2002.
[13] 王永华. 现代电气控制及PLC应用技术. 北京:北京航空航天大学出版社,2008.
[14] 马如宏. 机电传动控制. 西安:西安电子科技大学出版社,2009.
[15] 陈白宁,段智敏,刘文波. 机电传动控制基础. 沈阳:东北大学出版社,2008.
[16] 邓星钟. 机电传动控制. 武汉:华中科技大学出版社,2007.
[17] 周宏甫. 机电传动控制. 北京:化学工业出版社,2008.
[18] 张万忠,刘明芹. 电器与PLC控制技术. 北京:化学工业出版社,2003.
[19] 余雷声. 电气控制与PLC应用. 北京:机械工业出版社,2004.
[20] 王仁祥. 通用变频器选型与维修技术. 北京:中国电力出版社,2004.
[21] 张燕宾. SPWM变频器变频调速应用技术. 北京:机械工业出版社,2005.
[22] 姚锡禄. 变频器控制技术与应用. 福州:福建科学技术出版社,2005.
[23] 陈建明. 电气控制与PLC应用. 北京:电子工业出版社,2010.
[24] 姚锡禄. 变频器控制技术与应用. 福州:福建科学技术出版社,2005.
[25] 陈立定,等. 电气控制与可编程控制器. 广州:华南理工大学出版社,2001.
[26] 吴忠俊,黄永红. 可编程序控制器原理及应用. 北京:机械工业出版社,2004.
[27] 赵燕,周新建. 可编程控制器原理与应用. 北京:中国林业出版社;北京大学出版社,2006.

反侵权盗版声明

电子工业出版社依法对本作品享有专有出版权。任何未经权利人书面许可，复制、销售或通过信息网络传播本作品的行为，歪曲、篡改、剽窃本作品的行为，均违反《中华人民共和国著作权法》，其行为人应承担相应的民事责任和行政责任，构成犯罪的，将被依法追究刑事责任。

为了维护市场秩序，保护权利人的合法权益，我社将依法查处和打击侵权盗版的单位和个人。欢迎社会各界人士积极举报侵权盗版行为，本社将奖励举报有功人员，并保证举报人的信息不被泄露。

举报电话：（010）88254396；（010）88258888
传　　真：（010）88254397
E-mail:　　dbqq@phei.com.cn
通信地址：北京市海淀区万寿路 173 信箱
　　　　　电子工业出版社总编办公室
邮　　编：100036